水泥基材料
流变学

RHEOLOGY OF
FRESH CEMENT-BASED MATERIALS

史才军　元　强　焦登武　编著

化学工业出版社

·北京·

内容简介

本书主要介绍了水泥基材料流变学基本原理、水泥基材料流变测试技术以及流变学在混凝土技术中的工程应用三部分内容。其中，水泥基材料流变学基本原理部分，介绍了水泥基材料流变学的基本概念，详细讨论了水泥浆体流变学和混凝土流变学，论述了水泥基材料流变性能的影响因素和作用机理，阐明了材料组成与流变性能之间的理论关系；水泥基材料流变测试技术部分，介绍了水泥基材料流变性能的经验性测试方法，阐明了经验性测试参数与流变参数之间的理论关系，总结了应用于水泥浆体和砂浆混凝土的流变仪种类，并详细讨论了不同流变仪的工作原理、测试过程和数据分析；流变学在混凝土技术中的工程应用部分，介绍了基于流变学的混凝土配合比设计方法和基本原理，总结了自密实混凝土流变性能的影响因素，阐明了流变学与自密实混凝土模板压力、稳定性之间的理论关系，论述了其他水泥基材料包括碱激发材料、水泥浆回填材料和纤维增强水泥基材料的流变学，介绍了流变学在泵送和 3D 打印混凝土技术中的应用。

本书可作为水泥混凝土材料及土木工程方向的研究人员和工程技术人员的参考资料。

图书在版编目（CIP）数据

水泥基材料流变学 / 史才军，元强，焦登武编著.
北京：化学工业出版社，2025. 6. -- ISBN 978-7-122
-47696-8

Ⅰ. TB333.2

中国国家版本馆 CIP 数据核字第 2025A9V752 号

责任编辑：韩霄翠　窦　臻　　　　　装帧设计：王晓宇
责任校对：张茜越

出版发行：化学工业出版社
　　　　　（北京市东城区青年湖南街 13 号　邮政编码 100011）
印　　装：北京建宏印刷有限公司
787mm×1092mm　1/16　印张 17½　彩插 3　字数 398 千字
2025 年 8 月北京第 1 版第 1 次印刷

购书咨询：010-64518888　　　　　　售后服务：010-64518899
网　　址：http://www.cip.com.cn
凡购买本书，如有缺损质量问题，本社销售中心负责调换。

定　　价：168.00 元　　　　　　　　版权所有　违者必究

　　流变学是研究物质流动和变形的学科，是自然科学的一个独立分支。 水泥基材料的流变学对其施工性能、泵送性能以及 3D 打印等新技术具有重要影响，并且由于水泥水化产生的物理化学反应，水泥基材料呈现出更为复杂的流变性能。 由于水泥基材料流变学的重要性，近年来吸引了越来越多的学者在水泥基材料流变模型、测试技术、流变调控技术、流变性能预测等方面开展相关研究，然而，人们对水泥基材料流变学的研究远未达到满意的地步，无法对水泥基材料的流变性能准确地测试、预测和调控，许多科学和技术问题有待进一步研究。

　　本书系统总结了新拌水泥基材料流变学已取得的研究成果及最新研究进展。 过去十余年，本书作者得到了水泥基材料流变相关的国家重点研发计划课题、国家自然科学基金优秀青年基金等国家级重点课题的持续资助，培养了十余名硕士、博士研究生，他们的研究成果也融入了本书。

　　本书分为三部分，包括水泥基材料流变学的基本原理、测试技术和工程应用。 在基本原理部分介绍了水泥基流变学的基本概念、水泥浆体流变学以及混凝土材料的流变学；在测试技术部分介绍了水泥基材料流变性能的经验性测试方法、水泥浆体流变测试方法和砂浆混凝土流变测试方法；在工程应用方面介绍了基于流变学的混凝土配合比设计方法、流变与自密实混凝土、其他水泥基材料的流变性能、流变与泵送、流变与 3D 打印。

　　本书可作为水泥混凝土材料及土木工程领域研究者的参考用书，也可供相关专业研究生参考使用。 由于编者水平有限，书中难免出现疏漏之处，敬请读者批评指正。

编著者

2025 年 2 月

目录
CONTENTS

第 1 章
流变学及水泥基材料简介

　　流变学是研究物质流动和变形的科学。本章首先介绍了流变学的发展历史，论述了弹性、黏性、黏弹性理论的起源和本征方程，阐明了流变学的基本原理，并定义了黏度、牛顿流体、非牛顿流体和流变模型等专业术语；接着介绍了水泥和混凝土的发展历史及其研究背景，强调了研究水泥基材料流变性的必要性；最后概述了本书的主要内容。

1.1　流变学的主体和客体

　　流变学是从应力、应变、温度和时间等方面研究物质流动与变形的科学，最早由拉斐特学院的尤金·库克·宾汉姆教授提出[1]。流变学（rheology）一词源于希腊语中的 rheo 和 logia，其中"rheo"表示"流动"，"logia"表示"研究"。1929 年成立的美国流变学会已经接受了这一定义。流变学最初用于描述沥青、润滑剂、涂料、塑料和橡胶等物质的性能和流动行为。经过一百年的发展，流变学已经成为一门独立且重要的自然科学分支，并在许多产业和研究领域得到了广泛的应用，例如：

① 塑料、橡胶和其他聚合物熔体或溶液；

② 食品，如巧克力、番茄酱、酸奶等；

③ 金属、合金等；

④ 新拌状态和长期负荷下的混凝土以及陶瓷、玻璃等；

⑤ 润滑剂、油脂、密封剂等；

⑥ 个人护理品和药品；

⑦ 涂料、印刷油墨；

⑧ 泥浆、煤、矿物、矿浆等；

⑨ 土壤、冰川和其他地质形成物；

⑩ 生物材料，如骨骼、肌肉和血液等。

　　总之，流变学在许多领域的发展已趋于成熟。

　　流变学主要关注的是"物质如何对外部施加的力作出反应"这一问题。换言之，流变学描述了力、变形和时间之间的关系。在介绍流变学之前，有必要简要回顾一下物质的弹性、黏性和黏弹性行为的发展历史，如图 1.1 所示。

Robert Hooke于
1678年提出弹性
理论

Newton于1687
年提出黏性定律

Wilhelm Weber于
1835年发现丝线
并非完全弹性变形

Claude-
Louis Navier

Sir George
Stokes

Stokes于1845年推导出牛顿
流体的Navier-Stokes方程

Bingham于
1916年提出
Bingham模型

Woldemar于1892
年提出Kelvin-Voigt
模型

Maxwell于1864
年提出Maxwell
定律

图1.1 流变学的发展历史

当弹性固体在弹性极限内受到恒定的力时，会发生有限的变形；当移除所施加的力后，变形将完全恢复。这种材料特性通常被称为弹性。单位面积 $A(\mathrm{m}^2)$ 所受的力 $F(\mathrm{N})$ 定义为应力 $\sigma(\mathrm{Pa})$，位移梯度称为应变 γ。1678 年，Robert Hooke 建立了弹性理论[2]，他指出"螺旋弹簧伸长量和所受拉伸力成正比"，即胡克弹性模型。典型的线弹性固体是弹簧，如图1.2所示，施加的力与弹性极限内的距离成正比；撤去外力后，弹簧会立即恢复其初始形状。如果施加的应力超过弹性极限，弹簧将永久变形。在胡克定律中，外加应力 σ（Pa）和应变 γ（无量纲参数）之间的关系遵循以下本构方程：

$$\sigma = G\gamma \qquad (1.1)$$

图1.2 胡克弹性模型

式中，G 为弹性模量，Pa，是衡量固体抵抗变形的能力。胡克定律的著名应用包括可伸缩笔、压力计、弹簧秤、钟表的平衡轮等。需要指出的是，胡克定律只适用于描述小尺度下固体的变形行为。当应变超过材料本身可承受的范围时，胡克定律将不再有效。

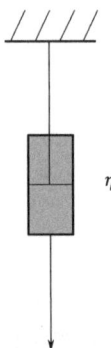

对于理想的黏性液体，材料在施加的应力下持续变形，当去除应力后变形无法恢复。艾萨克·牛顿（Isaac Newton）于 1687 年出版了《自然哲学的数学原理》一书，提出了牛顿黏性定律，可用图1.3所示的黏壶来描述这种理想的黏性行为。当施加外应力时，黏壶立即开始变形，并以恒定的速度 $v(\mathrm{m/s})$ 继续变形，直到应力移除。速度的梯度定义为剪切速率，用符号 $\dot{\gamma}(\mathrm{s}^{-1})$ 表示，计算公式为：

图1.3 牛顿黏性定律

$$\dot{\gamma} = v/h \qquad (1.2)$$

式中，h 是间隙高度，m。变形越大，所需要的应力越大。施加的应力和剪切速率的比值定义为剪切黏度或动态黏度 $\eta(\mathrm{Pa \cdot s})$，用下式表示：

$$\eta = \sigma / \dot{\gamma} \tag{1.3}$$

黏度是流体的重要特性之一，描述了液体的流动阻力，与流体内部摩擦力有关。牛顿黏性定律是大多数纯液体的基本流动模型，这类液体被称为牛顿流体，后面的章节将对此进行进一步讨论。图 1.4 展示了胡克定律和牛顿黏性定律对应变的应力响应。

在 1900 年代以前，胡克定律和牛顿黏性定律被广泛用于描述固体和液体的变形行为。1835 年，Wilhelm Weber 发现，虽然丝绸线是一种类似固体的材料，但其行为并不能用胡克定律来完美地描述。事实上，从流变学的角度来看，固体和液体之间没有明确的界限。弹性固体材料在足够高的剪应变下可以发生不可恢复的变形，而黏性液体在极低的剪应变下可能表现出弹性行为[2]。

由于牛顿黏性定律和胡克定律不适用于某些液体和固体，因此引入了黏弹性这一概念来描述介于理想弹性行为（胡克定律）和理想黏性行为（牛顿黏性定律）之间的物质的变形行为。图 1.5 所示的 Maxwell 模型和图 1.6 所示的 Kelvin-Voigt 模型是黏弹性材料最典型的流变模型。Maxwell 模型是由 James Clerk Maxwell 于 1864 年提出，由一个弹簧和一个黏壶串联组成，是最简单的黏弹性液体模型。在施加外部应力 σ 时，在很短的时间内，Maxwell 模型表现出弹性行为，并由弹性模量 G 控制，而在较长的时间之后，黏性行为占主导地位，由黏度 η 控制。这意味着应变由两部分组成，一个是对应于弹簧的瞬时弹性部分，另一个是随时间变化的黏性部分。Maxwell 模型的应变和应力之间的关系用以下公式描述：

$$\frac{\mathrm{d}\gamma}{\mathrm{d}t} = \frac{\sigma}{\eta} + \frac{1}{G} \times \frac{\mathrm{d}\sigma}{\mathrm{d}t} \tag{1.4}$$

如果对 Maxwell 模型施加一个突然的变形，应力在一个时间（η/G）内衰减。这个特征时间尺度也被称为松弛时间，这种现象被定义为应力松弛。当变形时间短于松弛时间时，Maxwell 模型表现出类似固体的弹性行为。

最简单的黏弹性固体可以用 Kelvin-Voigt 模型来表示，如图 1.6 所示，该模型由一个弹簧和一个黏壶并联组成。施加外部应力后，黏壶会延缓弹簧的响应，因此应变的产生会被延迟。也就是说，当变形时间小于松弛时间 η/G 时，该系统表现为黏性液体行为，变形时间较长时，则表现为弹性行为。Kelvin-Voigt 模型的应变 γ 和应力 σ 随时间的变化关系表示为：

$$\sigma = G\gamma + \eta \frac{\mathrm{d}\gamma}{\mathrm{d}t} \tag{1.5}$$

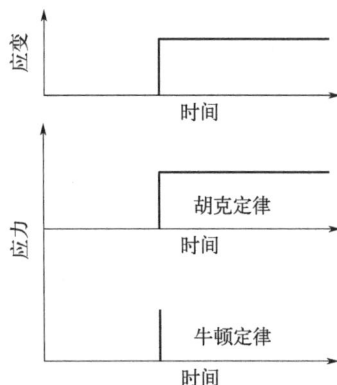

图 1.4　胡克定律和牛顿黏性定律对应变的应力响应

图 1.5　Maxwell 模型

Maxwell 模型适用于具有弹性响应的液体,而 Kelvin-Voigt 模型则用于描述具有黏性行为的固体。然而,这两个模型并不足以评价真实物质的黏弹性行为。因此,一些更复杂的模型如 Bingham 模型和 Burger 模型等逐渐被提出来描述黏弹性流体的响应行为。例如,Bingham 模型可以看作是一个三参数模型,由一个黏性元件和一个塑性元件并联,再与一个弹性元件串联在一起组合而成[3],如图 1.7 所示。具有弹性模量 G 的弹性元件与时间无关,代表弹性行为;具有黏度 η 的黏性元件和具有阈值应力 σ_y 的塑性元件的并联单元具有时间依赖性,描述了物质的黏塑性响应行为。Bingham 模型的剪切速率和外加应力之间的关系为:

$$\frac{\mathrm{d}\gamma}{\mathrm{d}t}=\begin{cases} \dfrac{1}{G}\times\dfrac{\mathrm{d}\sigma}{\mathrm{d}t} & \sigma\leqslant\sigma_y \text{ 时} \\[3mm] \dfrac{1}{G}\times\dfrac{\mathrm{d}\sigma}{\mathrm{d}t}+\dfrac{\sigma-\sigma_y}{\eta} & \sigma>\sigma_y \text{ 时} \end{cases} \tag{1.6}$$

可以看出,公式(1.6) 的第二部分类似于 Maxwell 模型的本构方程,即公式(1.4),唯一区别是应力被差值 $\sigma-\sigma_y$ 代替。因此,Bingham 模型在 $\sigma\leqslant\sigma_y$ 时表现出弹性行为,而在高于阈值 σ_y 的外加应力下,表现出黏性行为。Bingham 模型的应力响应行为如图 1.8 所示。

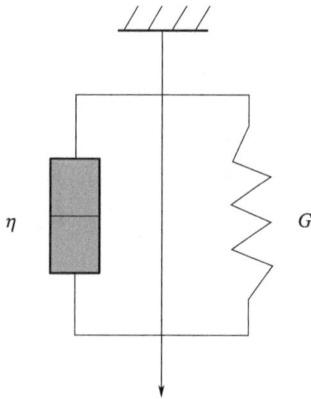

图 1.6　Kelvin-Voigt 模型　　　　　图 1.7　Bingham 模型示意

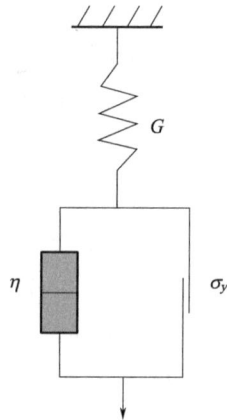

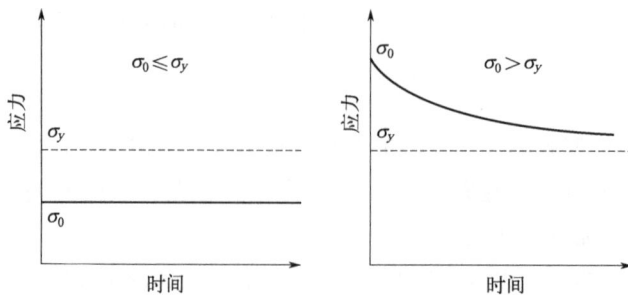

图 1.8　Bingham 模型的应力响应行为

油、水等纯流体的流动行为遵循牛顿黏性定律。然而,对于一些流体如涂料、奶酪、番茄酱、浆体和悬浮液,牛顿黏性定律不再适用。因此,研究流体流动行为的科学即流变学应运而生。下面简要介绍流体流变学的基本原理,包括黏度、牛顿流体和非牛顿流体的定义,以及水泥基材料的流变性。

1.2　流变学的基本原理

1.2.1　黏度的定义

一般来说，物质的流动行为有两种基本类型，即剪切流动和拉伸流动。本书主要关注流体以不同速度相互滑动的剪切流动。典型的剪切流动示意如图 1.9 所示，其中上层以最大速度 $v(\mathrm{m/s})$ 滑动，而底层保持静止。外力 $F(\mathrm{N})$ 在单位面积 $A(\mathrm{m^2})$ 内产生剪应力 $\tau(\mathrm{Pa})$，如公式(1.7)所示，其响应结果是上层移动特定的距离 $x(\mathrm{m})$，底层则保持静止。这种流动行为也被定义为层流。如果上层和底层之间的距离用 $h(\mathrm{m})$ 表示，则物质的变形梯度定义为剪切应变 γ（无量纲参数），速度梯度称为剪切速率 $\dot{\gamma}(\mathrm{s^{-1}})$，分别由公式(1.8)和公式(1.9)计算。剪切应力与剪切速率的关系曲线被称为流动曲线[4]。

$$\tau = F/A \tag{1.7}$$

$$\gamma = x/h \tag{1.8}$$

$$\dot{\gamma} = v/h \tag{1.9}$$

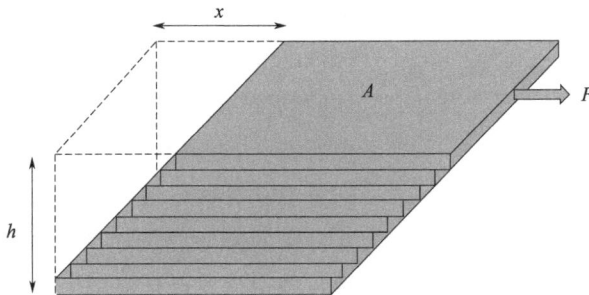

图 1.9　剪切流动的典型示意

如上一节所提到，黏度定义为稳定剪切状态下，剪切应力与剪切速率之间的比值，用 $\eta(\mathrm{Pa \cdot s})$ 表示，如公式(1.10)所示，这个定义也被称为动力黏度（dynamic viscosity）：

$$\eta = \tau/\dot{\gamma} \tag{1.10}$$

工程应用中还有其他不同的黏度术语。例如，动力黏度和密度的比值定义为运动黏度（kinematic viscosity）：

$$\nu = \frac{\eta}{\rho} \tag{1.11}$$

式中，ν 为运动黏度，$\mathrm{m^2/s}$；ρ 为流体的密度，$\mathrm{m^3/kg}$。运动黏度是衡量流体在重力作用下流动的内部阻力。

表观黏度（apparent viscosity）是流动曲线上某一点的剪切应力和剪切速率的比值。对于线性牛顿流体，表观黏度等同于动力黏度。然而，对于非线性流动曲线，表观黏度是指从原点到流动曲线上某一点的斜率，其大小取决于剪切速率和剪切应力。

微分黏度（differential viscosity）表示剪切应力与剪切速率的导数，即：

$$\eta_{diff} = \frac{\partial \tau}{\partial \dot{\gamma}} \tag{1.12}$$

式中，η_{diff} 为微分黏度，Pa·s。塑性黏度（plastic viscosity）是水泥基材料流变学中最常用的黏度参数，其定义为剪切速率趋近于无穷大时的微分黏度的值：

$$\eta_{pl} = \mu = \lim_{\dot{\gamma} \to \infty} \frac{\partial \tau}{\partial \dot{\gamma}} \tag{1.13}$$

相反，当剪切速率趋近于零时的微分黏度定义为零剪切黏度（zero shear viscosity），用 η_0 表示：

$$\eta_0 = \lim_{\dot{\gamma} \to 0} \frac{\partial \tau}{\partial \dot{\gamma}} \tag{1.14}$$

对于匀质性的悬浮液，也有一些特定的黏度术语。例如，悬浮液的黏度 η 与悬浮介质的黏度 η_s 的比值通常被称为相对黏度 η_r（relative viscosity），表示为：

$$\eta_r = \frac{\eta}{\eta_s} \tag{1.15}$$

1.2.2 牛顿流体

根据黏度可以对流体进行分类。牛顿流体是遵循牛顿黏性定律［公式(1.10)］的最简单流体，其黏度与剪切速率或剪切应力无关。牛顿流体的黏度恒定，正如《自然哲学的数学原理》一书中所说："在其他条件相同的情况下，由于液体各部分没有滑移，因此所产生的阻力与液体各部分相互分离的速度成正比。"牛顿流体的流动曲线可以用一条通过原点且斜率为 η 的剪切应力与剪切速率的关系直线来表示，如图 1.10 所示。然而，事实上，没有任何一种真实流体可以完美地用牛顿模型来描述，但为了便于应用和计算，一些常见的液体和气体（如水、酒精和空气）在普通条件下可以被假定为牛顿流体。一些常见牛顿流体的黏度值见表 1.1。

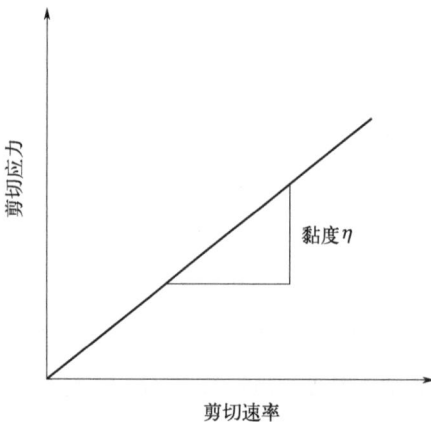

图 1.10 牛顿流体模型

表 1.1 常见牛顿流体的黏度

物质	黏度/(mPa·s)	温度/℃	参考文献
空气	0.01	20	[5]
水	1.0016	20	[6]
水银	1.526	25	[6]
苯	0.604	25	[6]

物质	黏度/(mPa·s)	温度/℃	参考文献
全脂牛奶	2.12	20	[7]
咖啡奶油	10	25	[6]
橄榄油	56.2	26	[7]
蓖麻油	600	20	[5]
蜂蜜	2000～10000	20	[8]
番茄酱	5000～20000	25	[9]
沥青	10000000000	20	[5]

1.2.3　非牛顿流体

所有不遵循牛顿黏性定律的流体均可被称为非牛顿流体。对于非牛顿流体，黏度随剪切应力或剪切速率的变化而变化。与通过原点且斜率不变的牛顿流动曲线相比，非牛顿流体表现出不同的流动曲线。而对于一些黏度与剪切速率无关的非牛顿流体，例如 Bingham 流体，其流动曲线仍然表现出与牛顿流体不同的行为。此时，仅依靠黏度不足以描述非牛顿流体的流变行为。因此，研究人员提出了各种不同的模型或本构方程来区分非牛顿流体的流变行为，如图 1.11 所示。

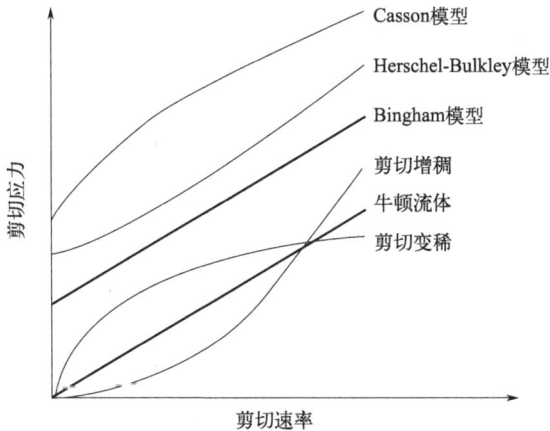

图 1.11　非牛顿流体的常用模型

如前所述，与牛顿流体相比，非牛顿流体都表现出不同的流动行为。实际上，有些流体具有屈服应力，当施加低于屈服应力的剪切应力时，流体无法流动，只发生弹性变形；当施加的剪切应力超过屈服应力时，内部网络结构会被破坏，材料像流体一样开始发生流动。具有屈服应力的材料通常被称为是黏塑性材料。对于屈服应力为零但黏度取决于剪切速率的材料，其流变行为可用剪切应力与剪切速率呈指数关系的幂律（Power）模型[10] 来表示：

$$\tau = a\dot{\gamma}^{b} \tag{1.16}$$

式中，a 为黏度系数，Pa·s；b 为流变指数。当流变指数 $b > 1$ 时，流动曲线向上凹陷，黏度随剪切速率的增加而增加，材料呈现剪切增稠或膨胀性行为，如图 1.11 所示。相反，如果流变指数 $b<1$，则流动曲线向下凹，意味着材料表现出剪切变稀或假塑性行为，即黏度随剪切速率的增加而降低。对于悬浮液而言，剪切变稀或增稠的行为与颗粒在悬浮介质中的分布有关，如图 1.12 所示，当颗粒沿着施加的剪切应力方向重新排列，则材料表现出剪切变稀行为；如果剪切促使形成团簇结构，则材料表现出剪切增稠行为。剪切变稀或增稠的行为取决于固体颗粒的浓度和物理特性，如形状、粒径和密度。一般来说，当颗粒浓度高于 75% 时，悬浮液会出现剪切增稠行为。

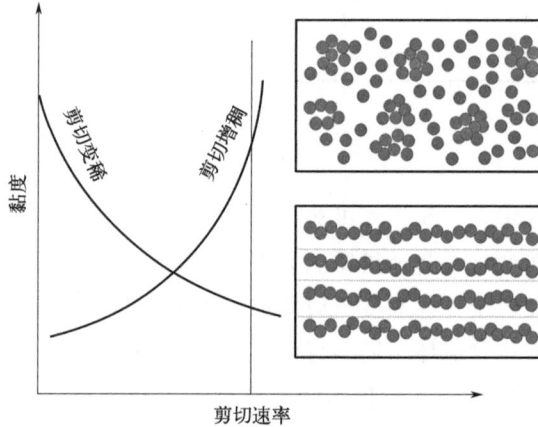

图 1.12　剪切变稀和剪切增稠行为内在机理示意

对于具有屈服应力且黏度与剪切速率或剪切应力无关的材料，其流变行为可以用 Bingham 模型来描述[11]，其本构方程为：

$$\tau=\tau_0+\mu\dot{\gamma} \tag{1.17}$$

式中，τ_0 为屈服应力，Pa；μ 为塑性黏度，Pa·s。Bingham 模型中的塑性黏度与牛顿流体模型中的黏度具有相同的物理意义，即定义为剪切应力与剪切速率的比值。生活中最常见的宾汉姆流体是牙膏和涂料。

对于具有屈服应力但黏度与剪切速率有关的材料，其流动行为可由 Herschel-Bulkley 模型表征[12]：

$$\tau=\tau_0+a\dot{\gamma}^b \tag{1.18}$$

式中，a 为黏度系数，Pa·s；b 为流变指数。当 $b<1$ 时，材料表现出剪切变稀行为；当 $b>1$ 时，材料表现出剪切增稠行为。如果 $b=1$，该模型变为 Bingham 模型的方程。值得一提的是，从 Herschel-Bulkley 模型无法直接得到塑性黏度，但可通过黏度系数和流动指数计算得到等效塑性黏度 μ_e：

$$\mu_e=\frac{3a}{b+2}\dot{\gamma}_{\max}^{b-1} \tag{1.19}$$

式中，$\dot{\gamma}_{\max}$ 为最大剪切速率。另一个典型的描述具有屈服应力流体的非线性流动曲线的模型是 Casson 模型：

$$\tau^{1/2}=\tau_0^{1/2}+\mu^{1/2}\dot{\gamma}^{1/2} \tag{1.20}$$

表 1.2 总结了一些文献中常用于描述非牛顿流体流变行为的方程。

表 1.2　常见非牛顿流体的流变学方程

模型	公式	参考文献
Power	$\tau = A\dot{\gamma}^{b}$	[10]
Bingham	$\tau = \tau_0 + \mu\dot{\gamma}$	[11]
改进 Bingham	$\tau = \tau_0 + a\dot{\gamma} + b\dot{\gamma}^{2}$	[13]
Herschel-Bulkley	$\tau = \tau_0 + a\dot{\gamma}^{b}$	[12]
Casson	$\tau^{1/2} = \tau_0^{1/2} + \mu^{1/2}\dot{\gamma}^{1/2}$	[14]
Generalized Casson	$\tau^{m} = \tau_0^{m} + [\eta_\infty\dot{\gamma}]^{m}$	[14]
Papo-Piani	$\tau = \tau_0 + \eta_\infty\dot{\gamma} + K\dot{\gamma}^{n}$	[14]
De Kee	$\tau = \tau_0 + \eta\dot{\gamma}e^{-a\dot{\gamma}}$	[15]
Vom Berg	$\tau = \tau_0 + B\sinh^{-1}(\dot{\gamma}/C)$	[16]
Eyring	$\tau = a\dot{\gamma} + B\sinh^{-1}(\dot{\gamma}/C)$	[17]
Roberston-Stiff	$\tau = a(\dot{\gamma} + C)^{b}$	[15]
Atzeni	$\dot{\gamma} = a\tau^{2} + b\tau + \delta$	[18]
Williamson	$\tau = \eta_\infty\dot{\gamma} + \tau_{\mathrm{f}}\dfrac{\dot{\gamma}}{\dot{\gamma} + \Gamma}$	[19]
Sisko-Ellis	$\tau = a\dot{\gamma} + b\dot{\gamma}^{c}\ (c<1)$ $\eta = \eta_\infty + K\dot{\gamma}^{n-1}$	[19]
Shangraw-Grim-Mattocks	$\tau = \tau_0 + \eta_\infty\dot{\gamma} + \alpha_1[1 - \exp(-\alpha_2\dot{\gamma})]$	[19]
Yahia-Khayat	$\tau = \tau_0 + 2(\sqrt{\tau_0\eta_\infty})\sqrt{\dot{\gamma}e^{-a\dot{\gamma}}}$	[15]

1.2.4　触变性

　　有些流体表现出与时间相关的剪切变稀行为，这种流体被称为触变性流体。触变性（thixotropy）的概念最早由 Freundlich[20] 提出，它来源于古希腊语中 tixis 和 tropo 两个词："tixis" 表示触碰，"tropo" 表示变化。简单地说，触变性意味着通过触碰流体会发生变化。从学术角度，触变性的定义是当对静止的悬浮液施加外部剪切应力时，黏度随着时间持续下降，当移除剪切应力时，黏度逐渐恢复[21]，如图 1.13 所示。根据触变性的定义，触变性材料的黏度在流动状态下表现出逐渐降低的现象，而且这种现象是可逆的。由于在移除剪切应力后，被破坏的结构不能立即重新恢复，因此触变性只出现在剪切变稀的流体中。日常使用的产品如牙膏、涂料、番茄酱和发胶等都是触变性流体。

　　触变性可以通过滞后环面积[23,24]、结构破坏面积[25]、静态屈服应力[22]、触变指数[26]、应力恢复[27]、储能模量[28,29] 等进行定量表征。欲了解更多关于触变性的内容，读者可以参考文献 [21] 和 [30]。触变性在水泥基材料中的典型应用是基于挤压的 3D 打印工艺[31,32]，在该工艺中，材料需要在泵管和喷嘴中轻松流动并被挤出，但在被挤出后，其内部结构需要快速完成结构重建以建立力学强度。

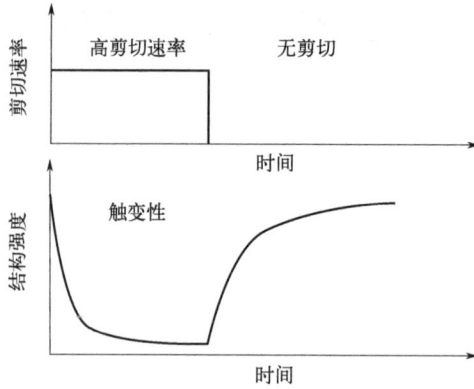

图 1.13　触变性的示意图[22]

1.2.5　反触变性

　　与触变性相反，随时间变化的剪切增稠行为被定义为反触变性。这种黏度上升现象源于剪切作用下材料内部结构的动态重组，其中持续外力促使材料内部颗粒团聚。触变性和反触变性的流动曲线示意如图 1.14 所示。典型的反触变性的流体包括石膏浆体、奶油和打印机墨水。在不断地摇晃或搅拌下，这些材料会变得更加坚硬。此外，颗粒体积分数低于 10%的悬浮液通常会表现出反触变行为。

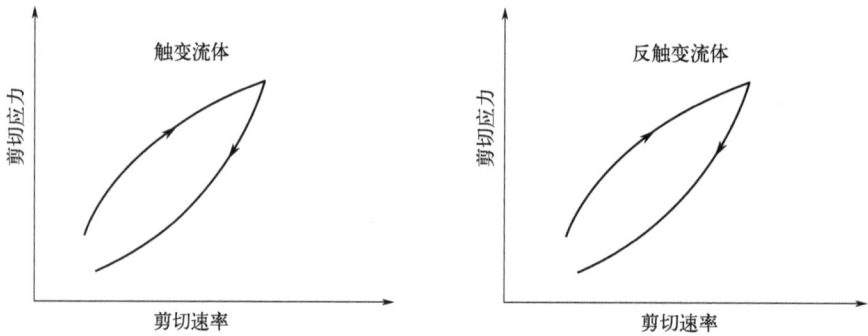

图 1.14　触变性与反触变性示意图

　　图 1.15 总结了流体各种流变行为的包含关系。

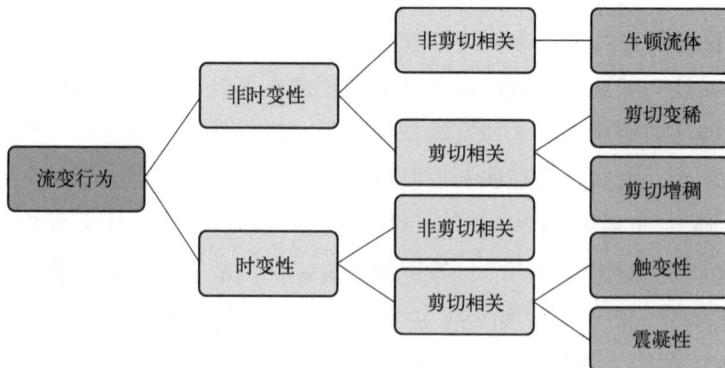

图 1.15　材料流变行为总结

1.3　水泥基材料

1.3.1　水泥和混凝土的发展历史

英国砖瓦匠和建筑工人 Joseph Aspdin 被公认为是波特兰水泥的第一个发明者。1824 年，他取得了利用石灰石和黏土混合物烧制熟料粉末的专利，由于含有较多的硅酸钙，这种粉末可以在水中硬化，而且能长期抗水，强度非常高。因为该产品的外观颜色与当时建筑上常用的英国波特兰出产的石灰石相似，故称之为波特兰水泥（Portland Cement），我国称之为硅酸盐水泥。当然，Aspdin 发明的水泥是一种水硬石灰，其矿物组成与现在的水泥完全不同。尽管如此，Aspdin 的专利还是赋予了他使用波特兰水泥一词的优先权。Aspdin 的水泥专利无疑是开创性的工作，为现代水泥的发展打开了一扇大门。Joseph Aspdin 因此被誉为"硅酸盐水泥之父"，如图 1.16 所示。世界第一个水泥厂建于波兰的格罗济茨，于 1857 年开始投入生产。然而，当时的水泥质量非常差，不能用于大规模的应用[33]。

(a)　　　　　　　　　　　　(b)

图 1.16　Joseph Aspdin（a）和一块位于利兹的牌匾（b）

在硅酸盐水泥的发展史上，生产工艺和质量控制是现代水泥大规模生产的重中之重。回转窑的发明使现代水泥的大规模生产成为可能[33]，促使水泥生产由间歇式生产工艺转变为连续式生产工艺，水泥质量显著提高。1877 年，Thomas Crampton 首次为一种带有旋转圆筒内衬耐火砖的窑炉申请专利。1885 年，美国人 Frederick Ransome 生产了一个 6.5m 长的圆柱形窑，但它的工作效果不佳。1898 年，美国人 Hurry 和 Seaman 成功建造了第一座完全使用煤炭作为能源的回转窑。从此，水泥成为世界上主要的建筑材料，水泥工业的蓬勃发展满足了世界各地的建筑、道路、桥梁、大坝和工厂的巨大需求。图 1.17 给出了由美国地质调查局发布的 1995～2020 年全球水泥的产量趋势图。2023 年的世界水泥产量如图 1.18（见文后彩插）所示，由于中国近年来大规模的基础设施建设，中国的水泥产量占全球产量的 51.21%。

考虑到经济和技术等原因，水泥主要与砂石一起使用以生产砂浆和混凝土。一方面，砂石比水泥便宜很多，可以降低生产成本；另一方面，砂石的体积和化学特性更加稳定，可以

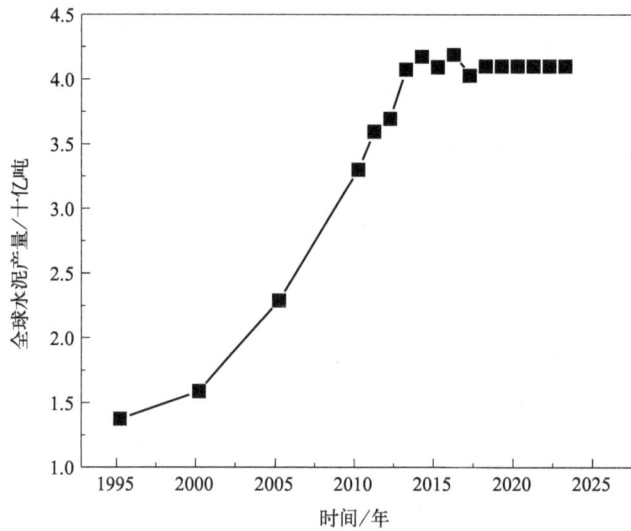

图 1.17 1995~2020 年全球水泥产量（数据来源：美国地质调查局）

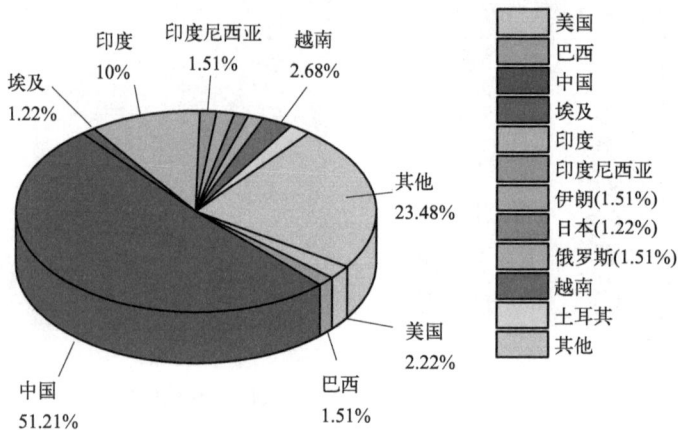

图 1.18 2023 年世界水泥产量（数据来源：美国地质调查局）

提高砂浆或混凝土的体积和化学稳定性。砂浆是由水泥、砂和适量的水搅拌而成的混合物，通常用于黏合砖块或砌块，以及一些特殊的应用，如灌浆砂浆和地面砂浆等。混凝土是粗集料（如小石子或碎石）、细集料（如砂子）、水泥和足够的水搅拌而成的混合物，常被应用于主要结构构件。

基础设施的巨大需求和对建筑材料的各种要求刺激了混凝土技术的发展，促使混凝土成为最重要和最广泛使用的建筑材料。现代混凝土发展史上最重要的时间点有以下几个：

1867 年，Joseph Monier 介绍了混凝土的增强方法，作为主要复合材料被应用于基础设施中。

1870 年，开始生产预制构件。因为可以在工厂生产，结构质量、噪声和污染可以得到更好的控制，因此预制构件目前仍然非常流行。很多国家和权威机构都试图提高预制构件的比例，并减少现场浇筑的构件。

1907 年，Koenen 发明了预应力混凝土，充分利用了混凝土的抗压强度和钢材的抗拉强度。预应力混凝土被应用于许多重载结构中，如大跨度的桥梁和横梁。

1924 年，Bolomey 提出了混凝土强度的计算公式，即便是一百年后的今天，Bolomey 方程仍被作为设计现代混凝土最重要的方程之一。

1950 年，由萘甲醛磺酸盐聚合而成的减水剂最早被用于改善混凝土的流动度。化学外加剂技术发展很快，减水剂演变为高效减水剂，使得制备高强混凝土成为可能。

1980 年，Aïtcin 首次提出高性能混凝土（high-performance concrete，HPC）的概念。HPC 具有比普通混凝土更好的性能和工作性。采用普通和特殊材料配制这种特殊的混凝土时，必须满足各种性能的共同要求。

1988 年，Okamura 发明了自密实混凝土（self-compacting concrete，SCC）。SCC 无需振动，在自身重量下即可流动并填充模板。由于其经济和技术上的优势，SCC 在预制构件、大截面加固等行业得到了广泛的应用。

1994 年，De Larrard 等[34] 首先基于优化的颗粒堆积模型，发明了具有低孔隙率、高抗压强度（120MPa 以上）、高耐久性和自密实性的超高性能混凝土（ultra-high performance concrete，UHPC）。1997 年，UHPC 首次被用于建造一座加拿大的人行天桥。

1.3.2　水泥基材料新拌性能

（1）坍落度与流变仪

混凝土的新拌性能决定了硬化混凝土的强度等级、弹性模量、耐久性甚至颜色是否符合设计要求。在最早期，工人们基本是通过主观的方法来评价混凝土的新拌特性，很难对其做出定量的评价。Abrams 可能是第一位认识到新拌混凝土工作性能重要性的知名研究人员。他提出了坍落度试验来定量评价新拌混凝土的工作性。基于以下原因，坍落度至今仍被普遍使用，作为新拌混凝土的质量控制措施：坍落度装置相当便宜和简单；坍落度测试非常容易操作；坍落度结果不仅反映了混凝土的流动性，而且可以大致判断混凝土的泌水性和黏聚性。

尽管坍落度试验一直是最广泛使用的评价混凝土工作性的方法，Tattersall 等[35] 指出，坍落度试验是一种没有科学依据的经验性方法，试验结果与基本物理参数几乎没有关系。不同的操作者可能对同一混凝土得出不同的坍落度值。此外，具有相同坍落度值的两种混凝土可能具有截然不同的工作性能。因此，流变学开始被引入水泥基材料中，以定量描述混凝土的新拌性能。大量的研究发现，流变学中许多成熟的分析方法和物理模型都可以应用于混凝土学中，还可以采用各种流变学测试技术表征混凝土的黏弹性行为。

水泥浆体是一种悬浮在水中的微米级颗粒的悬浮液，普通流变仪可以直接应用于其流变性能测试。因此，早在 20 世纪 50 年代就开始研究水泥浆体的流变行为。1995 年，Tattersall 在《自然》杂志上发表了他关于水泥浆体结构破坏的开创性工作[36]。在这项工作中，他们试图从理论上理解水泥浆体结构的破坏行为，之后有许多关于水泥浆体流变行为的论文被发表出来。

由于新拌混凝土中粗骨料粒径较大，普通的流变仪不适合测量其流变行为。到了 20 世纪 70 年代，研究人员专门为混凝土发明了一种具有宽间隙的旋转叶片或同轴圆柱流变仪，用于测量扭矩和转速之间的关系，但该测试结果并不能进行复杂的数学转换，转变为剪切应力与剪切速率的关系，这是因为当时研究人员只是试图寻找一种更准确的试验方法来代替坍落度试验。Tattersall 成功开发了一款实用的流变测试装置，被称为两点式流变仪，如图 1.19 所示，可以在实验室和现场中使用[37]。该装置至少测试两个不同剪切速率下的剪切应力，从而计算流变参数，例如屈服应力和塑性黏度。这个测试装置开始把流变学的概念引入混凝土科学和技术中。混凝土是具有摩擦和碰撞机制的流动，由于浆体含量较低，混凝土在流动时大部分骨料直接接触，并不能像水一样流动。因此，基于连续流体力学的流变学并不能很好地表征这种材料的流动行为。Tattersall 认为新拌混凝土工作性的两点测试比迄今为止所采用的经验性测试方法更有优势[35]。

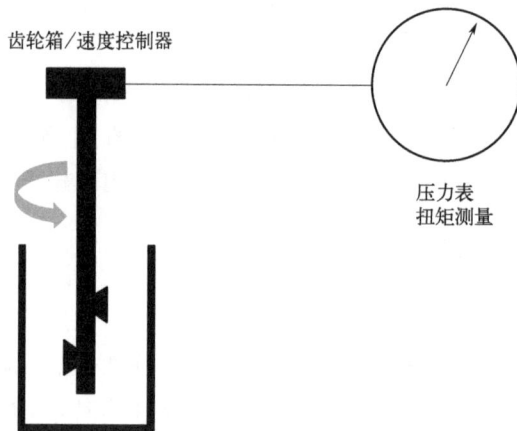

齿轮箱/速度控制器

压力表
扭矩测量

图 1.19　Tattersall 两点式流变仪示意[38]

1988 年，随着 SCC 的发明，混凝土和流变学之间建立了密切的联系。SCC 是一种富含水泥浆体的混凝土，大部分骨料悬浮在水泥浆体中，可以像水一样在自重作用下流动，在流动过程中骨料不再直接接触。因此，流变学理论和实验装置完全适用于 SCC。SCC 的发明和广泛应用激发了研究流变学的热情。SCC 的流变性能与普通混凝土的工程应用和性能截然不同，自密实混凝土的高流动性是保证自密实性能的必要条件。由于浆体和骨料的密度差异，SCC 比普通混凝土更容易发生泌水和离析，因此 SCC 需要高黏度的水泥浆体基体来提高抗离析的能力。

（2）流变仪的种类

随后，许多利用更精确的分析模型、配备了计算机控制和自动数据采集系统的精密测试装置逐渐被发明。例如，Wallevik 等[39] 在 20 世纪 90 年代开发了一种用于新拌混凝土的新型同轴圆筒流变仪。该流变仪已成功商业化，现在最新版本为 ConTec Viscometer 5，如图 1.20(a) 所示。该流变仪测试部位包括一个直径为 100mm 的圆柱和一个直径为 145mm 的圆筒容器，其容量约为 17L 混凝土。ConTec Viscometer 5 能够测试坍落度大于 120mm 的混凝土，在测试过程中，外筒旋转，而记录扭矩的内筒则保持静止状态。

(a) ConTec Viscometer 5 流变仪　　　　　　(b) CEMAGREF 流变仪

(c) IBB 流变仪　　　　　(d) BTRHEOM 流变仪　　　　　(e) ICAR 流变仪

图 1.20　混凝土流变仪

1993 年，法国研制出了一个世界上最大的同轴流变仪，其容器半径为 1200mm，转子直径为 760mm，混凝土容量达 500L。它被命名为 CEMAGREF 流变仪[40]，如图 1.20(b) 所示。然而，由于其体积较大，这种流变仪未能实现市场化应用。

1994 年，加拿大的 Beaupré[41] 开发了 IBB 流变仪，如图 1.20(c) 所示。IBB 的叶片运动模式呈行星式运动，而不是轴向运动。测试样品约为 21L 混凝土，主要测试坍落度在 20～300mm 的混凝土。

1996 年，de Larrard 等[42] 在巴黎的 Ponts et Chaussées 实验室（LCPC）开发了 BTRHEOM 流变仪，如图 1.20(d) 所示，BTRHEOM 流变仪是唯一的一个测试混凝土流变性能的平板流变仪。这种流变仪需要 7L 左右的混凝土，其坍落度至少为 100mm，并且作为便携式流变仪，可以在施工现场使用。

2004 年，Koehler[43] 和他的同事在得克萨斯大学奥斯汀分校的国际集料研究中心（ICAR）研制了 ICAR 流变仪，如图 1.20(e) 所示。这种流变仪便于携带，可以安装不同大小的叶片和容器，适用于现场测试。ICAR 流变仪适用于坍落度大于 75mm 的混凝土。

混凝土的类型由塑性贫水泥混凝土到流动性极高的 SCC，所采用的流变仪也不同，很难比较不同研究人员得到的流变结果。因此，为了建立不同流变仪得到的流变结果的联系，来自不同国家的组织开展了几个项目来比较不同的流变仪，这些测试项目已经执行了几轮。第一次测试于 2000 年在法国的 Nante 进行[44]。结果发现，对于不同类型的拌合物，不同流变仪得到的屈服应力和塑性黏度的排序基本一致，然而，其绝对值存在明显差异。2003 年在美国俄亥俄州克利夫兰进行的第二轮测试证实了 2000 年的发现[45]。另外，也有人指出混凝土组成中的微小变化可能导致流变仪的测试结果发生巨大变化。RILEM TC MRP（水泥基材料流变性能的测定）于 2018 年在法国 Bethune 组织了一次新的流变试验，以评价不同砂浆和混凝土混合物的流变性能[46]。

随着胶凝材料的不断水化，水化产物填充在空隙中，并在颗粒之间相互连接形成网络结构[47,48]，导致新拌混凝土的流变性能随时间不断变化。研究表明，C—S—H 链是水泥浆体在早期发生硬化的主要原因[49,50]。因此，新拌水泥基材料的黏弹性和流变性能随着胶凝材料的持续水化而改变，这对水泥基材料的许多工程应用（如搅拌、运输、泵送、浇筑、3D 混凝土打印、智能浇筑等）具有十分重要的意义[30]。

众所周知，混凝土虽然具有很高的抗压强度，但其脆性较大，抗拉性能很差，容易导致结构失效，发生重大灾难。纤维增强混凝土（FRC）是以水泥浆体、砂浆或混凝土为基材，以非连续的短纤维或连续的长纤维作为增强材料，均匀掺和在混凝土中而组成的一种新型水泥基复合材料，改善了传统混凝土抗拉性能差、延性差等缺点，发展得相当迅速。在混凝土中掺入纤维会改变其流变性能，FRC 的悬浮液是一种非牛顿流体，由于颗粒的运动而产生流动阻力，因此，纤维增强混凝土的流变学也与普通混凝土的流变学不同。

总的来说，水泥基材料的流变性远比其他材料复杂，原因如下：

① 复杂的成分。水泥基材料是无机材料，可能包括各种类型的颗粒，如水泥、粉煤灰、矿渣、硅灰、骨料和纤维等。此外，许多有机聚合物经常被用来改善其性能。

② 随时间变化。水泥颗粒与水接触后开始发生水化并持续进行，持续的水化作用导致水泥基材料的流变性随时间变化。

③ 从纳米到毫米的多尺度颗粒体系。水泥基材料包括微米级颗粒，如水泥和粉煤灰，以及尺寸为毫米的砂和粗骨料。

然而，水泥基材料流变学的复杂性并没有打消研究人员的热情。人们对水泥基材料的流变性进行了大量的研究，包括流变学的基本原理、测试方法和性能预测。水泥基材料的流变学不仅仅是"流动与变形的研究"，其根本的物理和化学机理对于流变学的研究也变得越来越重要，这使得水泥基材料流变学进入了分子水平，即微流变学（micro-rheology）。流变学领域的先进技术和创新成果在促进混凝土技术的发展中发挥了重要作用。

1.4 本书简介

流变学对水泥基材料的研究非常有用，特别是自密实混凝土和 3D 打印混凝土等新技术、新工艺对流变性能提出了新的要求。水泥基材料复杂而独特的流变特性引起了越来越多研究人员的关注。本书主要介绍新拌水泥基材料的流变行为，而硬化水泥混凝土的流变学不在本书讨论的范围之内。本书内容主要包含以下三部分：

第一部分论述了水泥基材料流变性的基本原理，介绍了水泥基材料流变学的基本知识（第 1～3 章）。水泥基材料根据颗粒大小可分为两大类，即水泥浆体和含有粗细骨料的砂浆、混凝土。水泥浆体是一种具有间隙孔溶液和微米级颗粒的悬浮液，颗粒之间的胶体作用对水泥浆体的流变性有很大的影响。在混凝土中，砂子和粗骨料的尺寸为毫米级，根据水泥浆体的流变性能和骨料比例，在混凝土流动过程中，润滑、摩擦或碰撞占主导地位。所有这些都在本部分详细讨论。

第二部分讨论了水泥基材料流变性的测试技术（第 4～6 章）。目前已存在 100 多种方法来评价水泥基材料的流变特性，有的利用具有可靠科学依据的流变仪，有的则采用传统经验性方法。此外，由于混凝土中骨料尺寸较大，普通流变仪并不适用。因此，已开发许多专门用于混凝土的流变仪，可以准确测量水泥基材料的流变参数。

第三部分论述了流变学在混凝土技术中的工程应用（第 7～11 章）。新技术总是伴随着对材料的新要求，甚至是需要发明新材料。自密实混凝土、新型胶凝材料（如碱激发材料和纤维增强水泥基材料）和数字制造等，均对混凝土的流变性能提出了新的要求。

参 考 文 献

[1] Bingham E C. Fluidity and plasticity [M]. New York: McGraw-Hill, 1922.

[2] Barnes H A, Hutton J F, Walters K. An introduction to rheology [M]. Amsterdam: Elsevier, 1989.

[3] Liingaard M, Augustesen A, Lade P V. Characterization of models for time-dependent behavior of soils [J]. International Journal of Geomechanics, 2004, 4 (3): 157-177.

[4] Banfill P. The rheology of cement paste: Progress since 1973 [M]//Wierig H J. Properties of Fresh Concrete: Proceedings of the International RILEM Colloquium. Boca Raton: CRC Press, 1990, 3-9.

[5] Chhabra R P, Richardson J F. Non-Newtonian flow and applied rheology: engineering applications [M]. Butterworth-Heinemann, 2011.

[6] Rumble J R. CRC handbook of chemistry and physics [M]. Boca Raton, FL: CRC Press, 2018.

[7] Rumble J R. CRC handbook of chemistry and physics [M]. Boca Raton, FL: CRC Press, 2018.

[8] Yanniotis S, Skaltsi S, Karaburnioti S. Effect of moisture content on the viscosity of honey at different temperatures [J]. Journal of Food Engineering, 2006, 72: 372-377.

[9] Koocheki A, Ghandi A, Razavi S M, et al. The rheological properties of ketchup as a function of different hydrocolloids and temperature [J]. International Journal of Food Science & Technology, 2009, 44: 596-602.

[10] Ostwald W. de Waele-Ostwald equation [J]. Kolloid Zeitschrift, 1929, 47 (2): 176-187.

[11] Bingham E C. An investigation of the laws of plastic flow [M]. Washington: US Government Printing Office, 1917.

[12] Herschel W H, Bulkley R. Konsistenzmessungen von gummi-benzollösungen [J]. Kolloid-Zeitschrift, 1926, 39: 291-300.

[13] Feys D, Verhoeven R, De Schutter G. Evaluation of time independent rheological models applicable to fresh self-compacting concrete [J]. Applied Rheology, 2007, 17 (5): 56244-1-56244-10.

[14] Papo A, Piani L. Flow behavior of fresh Portland cement pastes [J]. Particulate science and technology, 2004, 22 (2): 201-212.

[15] Yahia A, Khayat K H. Applicability of rheological models to high-performance grouts containing supplementary cementitious materials and viscosity enhancing admixture [J]. Materials and Structures, 2003, 36: 402-412.

[16] Vom Berg W. Influence of specific surface and concentration of solids upon the flow behaviour of

cement pastes [J]. Magazine of concrete research, 1979, 31 (109): 211-216.

[17] Atzeni C, Massidda L, Sanna U. Comparison between rheological models for portland cement pastes [J]. Cement and Concrete Research, 1985, 15 (3): 511-519.

[18] Atzeni C, Massida L, Sanna U. A rheological model for Portland cement pastes [J]. Il Cemento, 1983, 80.

[19] Papo A. Rheological models for cement pastes [J]. Materials and Structures, 1988, 21: 41-46.

[20] Freundlich H, Juliusburger F. Thixotropy, influenced by the orientation of anisometric particles in sols and suspensions [J]. Transactions of the Faraday Society, 1935, 31: 920-921.

[21] Mewis J, Wagner N J. Thixotropy [J]. Advances in colloid and interface science, 2009, 147: 214-227.

[22] Lowke D. Thixotropy of SCC—A model describing the effect of particle packing and superplasticizer adsorption on thixotropic structural build-up of the mortar phase based on interparticle interactions [J]. Cement and Concrete Research, 2018, 104: 94-104.

[23] Roussel N. A thixotropy model for fresh fluid concretes: Theory, validation and applications [J]. Cement and concrete research, 2006, 36 (10): 1797-1806.

[24] Jiao D, Shi C, Yuan Q. Time-dependent rheological behavior of cementitious paste under continuous shear mixing [J]. Construction and Building Materials, 2019, 226: 591-600.

[25] Khayat K H, Omran A, Magdi W A. Evaluation of thixotropy of self-consolidating concrete and influence on concrete performance [C]. Proceedings 3rd Iberian Congress on Self Compacting Concrete, Madrid, 2012: 3-16.

[26] Patton T C. Paint flow and pigment dispersion [M]. New York: Interscience Publishers, 1964, 479.

[27] Qian Y, Kawashima S. Use of creep recovery protocol to measure static yield stress and structural rebuilding of fresh cement pastes [J]. Cement and Concrete Research, 2016, 90: 73-79.

[28] Yuan Q, Zhou D, Khayat K H, et al. On the measurement of evolution of structural build-up of cement paste with time by static yield stress test vs. small amplitude oscillatory shear test [J]. Cement and Concrete Research, 2017, 99: 183-189.

[29] Jiao D, El Cheikh K, Shi C, et al. Structural build-up of cementitious paste with nano-Fe_3O_4 under time-varying magnetic fields [J]. Cement and Concrete Research, 2019, 124: 105857.

[30] Jiao D, De Schryver R, Shi C, et al. Thixotropic structural build-up of cement-based materials: A state-of-the-art review [J]. Cement and Concrete Composites, 2021, 122: 104152.

[31] Yuan Q, Li Z, Zhou D, et al. A feasible method for measuring the buildability of fresh 3D printing mortar [J]. Construction and Building Materials, 2019, 227: 116600.

[32] De Schutter G, Lesage K, Mechtcherine V, et al. Vision of 3D printing with concrete - Technical, economic and environmental potentials [J]. Cement and Concrete Research, 2018, 112: 25-36.

[33] Hewlett P, Liska M. Lea's chemistry of cement and concrete [M]. London: Butterworth-Heinemann, 2019.

[34] De Larrard F, Sedran T. Optimization of ultra-high-performance concrete by the use of a packing model [J]. Cement and Concrete Research, 1994, 24: 997-1009.

[35] Tattersall G H, Banfill P. The rheology of fresh concrete [M]. London: Pitman Books Limited, 1983.

［36］　Tattersall G. Structural breakdown of cement pastes at constant rate of shear ［J］. Nature，1955，175：166-166.

［37］　Tattersall G H，Bloomer S. Further development of the two-point test for workability and extension of its range ［J］. Magazine of Concrete Research，1979，31：202-210.

［38］　Ferraris C F. Measurement of the rheological properties of high performance concrete：State of the art report ［J］. Journal of Research of the National Institute of Standards and Technology，1999，104：461-478.

［39］　Wallevik O，Gjørv O. 25 Development Of A Coaxial Cylinders Viscometer For Fresh Concrete ［M］. Properties of Fresh Concrete：Proceedings of the International RILEM Colloquium，CRC Press，1990，213.

［40］　Coussot P. Rhéologie des boues et laves torrentielles：étude de dispersions et suspensions concentrées ［M］. Paris：Editions Quae，1993.

［41］　Beaupré D. Rheology of high performance shotcrete ［M］. Vancouver：University of British Columbia，1994.

［42］　Hu C，De Larrard F，Sedran T，et al. Validation of BTRHEOM，the new rheometer for soft-to-fluid concrete ［J］. Materials and Structures，1996，29：620-631.

［43］　Koehler E，Fowler D. Development of a Portable Rheometer for Fresh Portland Cement Concrete ［R］. (2004-8).

［44］　Ferraris C F，Brower L E. Comparison of Concrete Rheometers：International Test at LCPC ［R］. (2000-10).

［45］　Ferraris C F，Brower L E. Comparison of Concrete Rheometers：International tests at MB ［R］. (2003-5).

［46］　Feys D，Sonebi M，Amziane S，et al. An overview of RILEM TC MRP Round-Robin testing of concrete and mortar rheology in Bethune，France，May 2018 ［C］. 2nd International RILEM Conference Rheology and Processing of Construction Materials (RheoCon2)，2019.

［47］　Huang T，Yuan Q，He F，et al. Understanding the mechanisms behind the time-dependent viscoelasticity of fresh C3A-gypsum paste ［J］. Cement and Concrete Research，2020，133：106084.

［48］　Huang T，Yuan Q，Zuo S，et al. Evolution of elastic behavior of alite paste at early hydration stages ［J］. J Am Ceram Soc，2020，103：6490-6504.

［49］　Roussel N，Ovarlez G，Garrault S，et al. The origins of thixotropy of fresh cement pastes ［J］. Cement and Concrete Research，2012，42：148-157.

［50］　Wallevik J E. Thixotropic investigation on cement paste：Experimental and numerical approach ［J］. Journal of Non-Newtonian Fluid Mechanics，2005，132：86-99.

第 2 章

水泥浆体流变学

新拌混凝土和砂浆可以视为水泥浆体和骨料的悬浮液的混合物，其流变特性与水泥浆体的流变性以及骨料的物理性质和含量密切相关。本章首先介绍了水泥浆体宏观流变性相关的微观特性（第 2.1 节），然后从配合比（第 2.2 节）和拌和过程（第 2.3～2.5 节）的角度讨论了影响水泥浆体流变性能的因素。

2.1 颗粒间相互作用力

水泥浆体是一种含有水和水泥颗粒的悬浮液体系，有时也会引入矿物掺合料颗粒，其流变特性具有悬浮液的普遍特性。悬浮颗粒的体积分数、颗粒形状和尺寸分布以及液体介质的流变特性都会直接影响水泥浆体的流变特性。此外，水泥颗粒的水化和化学外加剂的作用也会使水泥浆体的流变特性变得更加复杂。由于水化产物和化学外加剂的存在，颗粒间相互作用发生改变。从微观力学角度来看，水泥浆体的流变特性由粒子间相互作用力决定，包括胶体相互作用力、布朗力、水动力和接触力。

2.1.1 胶体相互作用力

水泥悬浮液中存在几种类型的非接触力：短距离内水泥颗粒通过（通常为引力）范德华力相互影响，另外粒子表面的离子吸附也会产生静电作用力[1-3]。在胶凝材料中使用聚合物型外加剂会产生空间位阻效应，这被认为是产生静电斥力的主要原因[4,5]。不同的相互作用都会在粒子间引入非接触力，其大小主要取决于它们的间隔距离。

在水泥浆体中，范德华力是主导的胶体作用力，它决定了粒子间距离[2,6]。粒子间力可由以下公式得出：

$$F \cong \frac{A_0 a^*}{12H^2} \tag{2.1}$$

式中，a^* 为"接触"点的曲率半径；H 为"接触"点处的表面间距；A_0 是非延迟 Hamaker 常数[7]。

在不含聚合物的情况下，H 的值在几个纳米[1,7]。然而，聚合物吸附引起的空间位阻

会影响 H 值，因此 H 由水泥颗粒表面聚合物吸附的构象决定。典型聚合物吸附导致 H 的数量级约为 5nm。现有研究表明，聚合物的分子结构可能会影响其在水泥颗粒表面的吸附构象[6]。

(1) 范德华力

范德华力由三个分量组成，即 Keesom 作用力、Debye 作用力和 London 色散力，其中 London 色散力最为主要[8-10]。这种力是由相邻分子中诱导偶极子之间的相互作用引起的，并且总是导致粒子之间的吸引力。范德华力势能是 Hamaker 常数和几何因子的乘积。Hamaker 常数取决于颗粒的介电性能和悬浮介质，而几何因子取决于颗粒的大小、形状以及颗粒间距。对于水泥，由于材料的高度复杂性，尚无法测定 Hamaker 常数的值[2]。目前已报道的结果是基于对其他矿物的假设和测量。

(2) 静电斥力

悬浮液中的颗粒表面带电，反离子（电荷相反的离子）被吸引到粒子上，导致这些反离子的浓度随着与粒子距离的增加而降低，从而形成扩散双电层[8]。当两个粒子接近时，它们的扩散双电层发生重叠，产生更高浓度的反离子。因此，为了降低这种过高的反离子浓度，将会产生渗透压，从而使得粒子相互排斥。

(3) 空间位阻

吸附到颗粒表面的聚合物分子可以为其他粒子创建几何屏障。因此，两个粒子间距离不能小于聚合物产生的分离距离。与范德华力和静电斥力相比，聚合物引起的电势绝对值不是粒子间距的单调递减函数。相反，它表现出更为突然的变化：其特征值从靠近粒子表面处逐渐降低，并在距离粒子表面约等于聚合物有效长度的位置降低为零[8]。这种排斥机制称为空间位阻，是一种纯几何现象。

2.1.2　布朗力

当温度高于 0K 时，物质分子都会产生热运动。热能等于 kT，其中 k 是 Boltzmann 常数，T 是以开尔文为单位的温度。对于悬浮在特定介质中的较大颗粒，与重力和黏滞阻力相比，温度施加的能量相对较低。热活化不会影响悬浮液的行为。然而，对于小于 $1\mu m$ 的颗粒，布朗力（kT/a，即布朗能或热能，除以颗粒半径 a）具有与重力相似或更高的数量级，这意味着它不能再被忽略。布朗运动相对于粒子间力的相对幅度可通过无量纲参数 N_r 进行估算，如式(2.2)表示：

$$N_r = \frac{A_0 d}{12HkT} \tag{2.2}$$

式中，A_0 为 Hamaker 常数，J；d 为粒径，m；k 为 Boltzmann 常数，J/K；T 为热力学温度，K；H 为表面间距，m。如果 N_r 大于 1，则与范德华力相比，热运动可以忽略不计。对于没有添加聚合物和超细掺合料的传统水泥悬浮液，与胶体相互作用相比，布朗运动可以忽略[10,11]。

布朗力使胶体粒子（也称为布朗粒子）以随机模式永久运动[12]。高黏度的悬浮介质通过高扩散通量可以减缓布朗运动。随着粒径的减小，相对于其他作用力布朗运动变得更重要。布朗粒子的下限设置为 1nm，低于该下限时，分子的体积效应变得显著，并且不能再假设悬浮介质是均匀的。

2.1.3 水动力

对于流动状态下的悬浮液体系，其中的颗粒会受到水动力，该水动力倾向于促进颗粒移动。同时，向粒子施加黏滞阻力以耗散动能。对于剪切场中的球形颗粒，水动力的大小与颗粒直径的平方（d^2）成正比[7]。剪切场中施加在颗粒上的水动力 F_H 可以使用式(2.3)计算：

$$F_H = \frac{3}{2}\pi\eta_s d^2\dot\gamma \tag{2.3}$$

式中，η_s 为液相黏度，Pa·s；d 为颗粒直径，m；$\dot\gamma$ 为剪切速率，s^{-1}。

2.2 组分对流变性能的影响

水泥基材料的配合比与设计要求有关。水泥浆体通常由胶凝材料、水和化学外加剂组成。水泥浆体的流变性受各组分之间的比例和特性的影响。本节讨论了胶凝材料的体积分数、间隙溶液的特性、胶凝材料的比例和特性以及化学外加剂对浆体流变性的影响。

2.2.1 胶凝材料的体积分数

作为悬浮液，水泥浆体的流变性在很大程度上受悬浮颗粒体积分数的影响。对于颗粒体积分数较低（小于 0.03%）的悬浮液，爱因斯坦提出了一个简单的悬浮液黏度方程，即式(2.4)：

$$\eta = \eta_s(1 + 2.5\phi) \tag{2.4}$$

式中，η_s 为周围流体的黏度；ϕ 为固体颗粒的体积分数。

然而，水泥浆体的体积分数通常远高于 0.03%。对于高体积分数悬浮液，其黏度方程更符合 Kreiger-Dougherty 模型，即等式(2.5)：

$$\eta = \eta_s\left(1 + \frac{\phi}{\phi_m}\right)^{-[\eta]\phi_m} \tag{2.5}$$

式中，ϕ_m 为最大体积分数；$[\eta]$ 为特性黏数。基于这些模型，可知水泥浆体的黏度受水泥颗粒浓度的影响。水灰比越高，黏度越低。

此外，高体积浓度的堆积密度和微观结构形成也决定了水泥浆体的黏度。由于水泥浆体是一种高浓度悬浮液，且水泥颗粒不是球形的，其几何形状随水化过程而变化，因此颗粒之间的相互作用很重要。水泥悬浮液的屈服应力也受体积分数的影响。根据 Zhou 等的研究，矾土悬浮液的屈服应力随体积分数的增加呈幂律增加[13]。Yodel 屈服应力模型可表征颗粒悬浮液的屈服应力，如式(2.6) 所示[14]。

$$\tau_0 \cong m\frac{A_0 a^*}{d^2 H^2} \times \frac{\phi^2(\phi - \phi_{perc})}{\phi_m(\phi_m - \phi)} \tag{2.6}$$

式中，m 为一个前置因子，取决于粒径分布；d 为颗粒平均直径；a^* 为接触点的曲率半径；H 为接触点处的表面间距；A_0 为非延迟 Hamaker 常数；ϕ 为固体体积分数；ϕ_m 为粉末的最大堆积分数。

上述内容表明，除了颗粒的体积分数外，颗粒大小、粒径分布、最密堆积、渗流阈值和粒子间作用力都会影响颗粒悬浮液的屈服应力。

水泥浆体中的固体体积分数不仅影响其流变参数，还影响其流动形态。Roussel 等总结了不同体积分数和剪切速率范围的水泥浆体中颗粒之间的主要相互作用，以及相应的流动形态，如图 2.1 所示[7]。

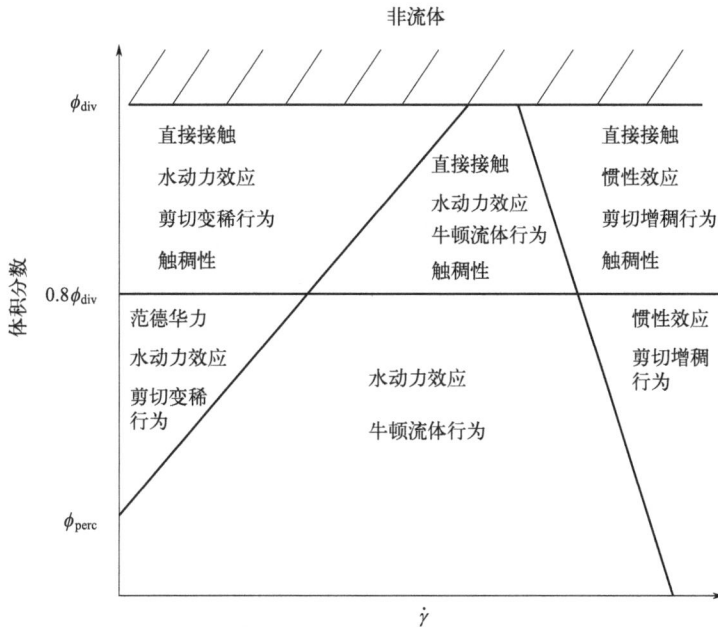

图 2.1　水泥悬浮液的流变——物理分类[7]

由图 2.1 可知，存在一个渗流体积分数 ϕ_{perc}，当固体体积分数低于该分数时，颗粒之间没有直接发生接触或相互作用；高于该分数，悬浮液表现出屈服应力。存在一个临界体积分数 ϕ_{div}，在该体积分数以上，屈服应力和黏度发散。该临界体积分数取决于悬浮液的絮凝程度和强度。此外，存在一个过渡体积分数 $0.85\phi_{div}$，将屈服应力主要由范德华相互作用网络控制的悬浮液和主要由直接接触网络控制的高浓度悬浮液区别开来。在低应变率区域，以范德华力为主导，并引起剪切变稀的宏观行为。随着应变率的增加，水动力变得更为重要。然而，在高应变率下，颗粒惯性占主导地位，可能导致剪切增稠行为。

另外，水泥浆体具有触变性，这种特性受固体体积分数的影响。触变性是一种可逆特性，在扰动条件下材料的黏度降低，扰动停止后，随着时间的推移，原始结构将恢复[10]。它起源于水泥颗粒之间的聚集，且可能受到颗粒间距和体积分数的影响。根据 Lowke 的研究，水泥浆体因触变性导致的结构构筑随固体体积分数的增加而增加[15]。随着固体体积分数的增加，颗粒之间的距离减小，而胶体相互作用及初始水化反应对触变行为的贡献均受到颗粒间距的调控。

2.2.2 间隙溶液

减水剂是可流动水泥浆体中不可或缺的成分,其通过分散颗粒来增强流动性。间隙溶液中的非吸附的聚合物可能会增加浆体的黏度,特别是在高性能或超高性能水泥浆体中,其水胶比非常低,且使用了大量高效减水剂。据报道,高效减水剂(SP)溶液的黏度 η_s 与溶液中 SP 浓度 ϕ_{sp} 的关系可由等式(2.7)拟合[16]。SP 浓度越大,溶液黏度越大。

$$\eta_s = \eta_0 (1 - \phi_{sp})^a \tag{2.7}$$

除了聚合物的浓度外,间隙溶液中的离子浓度也会影响水泥浆体的流变性。一方面,离子浓度影响粒子双电层的厚度[17,18]。Debye-Hückel 长度 $(1/\kappa)$ 方程表示为双电层的厚度[等式(2.8)][19,20]。

$$\frac{1}{\kappa} = \sqrt{\frac{\varepsilon\varepsilon_0 RT}{2F^2 I}} \tag{2.8}$$

式中,ε_0 为真空的介电常数;ε 为色散介质的介电常数(相对介电常数);R 为气体常数;T 为热力学温度;F 为法拉第常数;I 为离子强度。随着离子强度的增加,双电层的厚度减小,从而导致团聚增加/增强。

另一方面,水泥浆体中的硫酸根离子浓度也影响 SP 在水泥颗粒上会吸附行为[21,22]。由于硫酸根离子和 SP 在水泥颗粒上会竞争吸附,在水相中硫酸根离子浓度高的情况下,SP 的吸附将减少[23,22]。

2.2.3 水泥

普通水泥熟料的矿物成分主要为 C_3S、C_2S、C_3A 和 C_4AF。在粉磨水泥时,有时会在熟料中加入适量的石膏。各矿物成分的水化速率和反应需水量不同。因此,水泥浆体的流变性能会受到水泥矿物成分的影响。当水泥与水接触时释放出各种离子,例如 SO_4^{2-}、OH^-、Na^+ 和 K^+ 等。如第 2.2.2 小节所述,可通过增加离子强度来增强粒子间的团聚,从而产生更大的屈服应力。此外,较高的水化速率会加快流动性损失,反之亦然。对于含有高效减水剂的水泥浆体,这些离子可能会影响高效减水剂在水泥颗粒上的吸附,从而影响水泥浆体的流变性能。水泥细度(普通水泥为 $350\sim400m^2/kg$)对其流变性能也有很大影响,因为在流动性一定时,细水泥需要更多的水,且细水泥比粗水泥更快发生水化。

许多学者已经研究了水泥的化学成分和物理特性对流变性能的影响。在相同坍落度下,高 Al_2O_3 或 C_2S 含量的水泥会增加需水量,而高烧失量、高碳酸盐添加量和高 C_3S 含量的水泥则会降低需水量[24]。Havard 和 Gjorv 研究了水泥中石膏与半水化合物的比例对混凝土流变的影响:对于 C_3A 和碱含量较高的水泥,降低石膏与半水化合物的比例能降低屈服应力,但塑性黏度变化不大;对于 C_3A 和碱含量较低的水泥,石膏与半水化合物比例对流变性能的影响不大[25]。此外,将硫酸盐含量从 3% 降至 1% 会导致屈服应力和塑性黏度降低。Dils 等研究了水泥化学组成和细度对相同坍落度下超高性能混凝土流变性能的影响，发现高 C_3A 含量、高比表面积、高碱含量和低 SO_3 含量的水泥降低了混凝土的工作性[26]。

Chen 等指出超细水泥对浆体流变性能的影响取决于含水量：当水胶比高于 0.24 时，掺加超细水泥增加了屈服应力和黏度，当水胶比低于 0.22 时，掺加超细水泥降低了屈服应力和黏度[27]。在较低用水量下，掺加超细颗粒能够填充水泥颗粒间的空隙，增加了体系的堆积密度和释放了团聚结构中的水，明显增加了包裹水泥颗粒表面的水膜厚度，从而改善了水泥浆体的流变性能。在较高用水量下，掺加超细水泥对水膜厚度的影响不明显，但由于比表面积增大从而增加了屈服应力和塑性黏度。由此可见，水泥的化学组成（主要是 C_3A、C_3S、SO_3 含量和碱含量）、烧失量以及物理性质（如细度、需水量和比表面积等），对流变性能有很大的影响。

2.2.4　矿物掺合料

矿物掺合料通常是水泥基材料中不可或缺的辅助胶凝材料，它们对工作性、强度、耐久性以及环境效益有积极影响。本节介绍了几种最常用的矿物掺合料，包括粉煤灰、磨细高炉矿渣、硅灰和石灰石粉，并综述了它们对水泥基材料流变性的影响。由于矿物掺合料可通过改变浆体相来改变水泥基材料的流变性，且混凝土流变性与浆体相的流变性呈正相关，因此本节还综述了矿物掺合料对混凝土流变性影响的结果。

（1）粉煤灰

粉煤灰是一种火山灰材料，SiO_2、Al_2O_3 含量高，CaO 含量低，在室温下能与水和 $Ca(OH)_2$ 发生反应[28]。粉煤灰可延缓早期水化，延长凝结时间，并提高长期强度。粉煤灰由晶体、玻璃和少量未燃烧的碳组成。玻璃体包含光滑的球形玻璃体颗粒和不规则的低孔隙率小颗粒，而未燃烧的碳呈疏松多孔状。粉煤灰的化学成分和相组成取决于煤的矿物成分、燃烧条件和收集器设置。从物理特性上讲，粉煤灰为粒径在 $0.4\sim10\mu m$ 的细颗粒，具有密度低（$2.0\sim2.2g/cm^3$）、比表面积高（$300\sim500m^2/kg$）、质地轻等特点[27]。粉煤灰的类型决定了其表面结构。例如，C 类粉煤灰（FAC）为不规则的颗粒，其表面呈蜂窝状 [图 2.2(a)]，而 F 类粉煤灰（FAF）颗粒则多数为球状并呈现出光滑的表面纹理 [图 2.2(b)]。

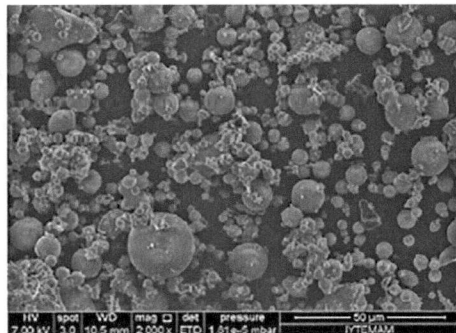

(a) C类粉煤灰　　　　　　　　　　　　　(b) F类粉煤灰

图 2.2　C 类和 F 类粉煤灰颗粒的 SEM 图[29]

如图 2.3（见文后彩插）所示，掺加粉煤灰对混凝土的流变性能有很明显的影响。Laskar 等发现低掺量的粉煤灰降低了屈服应力，而高掺量的粉煤灰却稍微增加屈服应力[30]；Beycioğlu 等认为表面光滑的球形粉煤灰颗粒能够降低用水量，从而改善自密实混凝土的流动性、通过性以及黏度[31]；Jalal 等发现掺加 15% 的粉煤灰能够使自密实混凝土的扩展度从 800mm 增加到 870mm，T_{500} 扩展时间从 1.7s 降低到 1.1s[32]；然而，Park 等却发现掺加粉煤灰稍微降低了屈服应力，且随着粉煤灰掺量的增加，屈服应力和塑性黏度稍微增加[33]；Rahman 等观察到粉煤灰能够显著增加自密实混凝土的触变性和塑性黏度[34]。

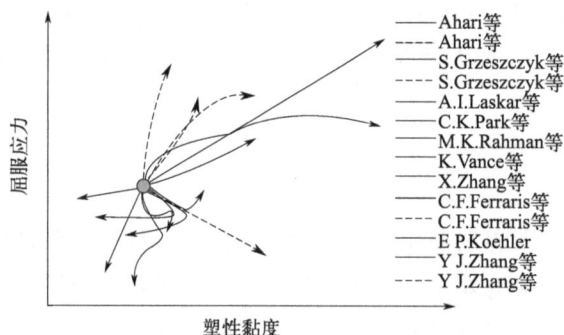

图 2.3　粉煤灰对流变性能影响的典型结果[35]

　　粉煤灰的种类对混凝土的流变性也有影响。Ahari 等探究了不同掺量的 F 类和 C 类粉煤灰对自密实混凝土流变性能的影响，发现与 C 类粉煤灰相比，F 类粉煤灰能够显著降低混凝土的塑性黏度[36,29]。粉煤灰的细度或粒度分布也会显著影响工作性：增加粉煤灰的平均粒径，混凝土的扩展度先降低到一定值后逐渐增加，最佳平均粒径约 3μm[37,38]；此外，Lee 等指出粉煤灰的粒径范围越宽，水泥浆体的流动性越好[39]。

　　由于粉煤灰的相对密度较低，用相同质量的粉煤灰替换水泥可增加水泥浆的体积，成比例地降低水泥浆中的水泥浓度，从而减少絮凝水泥颗粒连接的数量，这被称为"稀释效应"[40,41]。球状粉煤灰颗粒及其光滑的表面促进了颗粒滑动，减少了角颗粒之间的摩擦力，这被称为"滚珠轴承效应"。由于相邻颗粒间距增加，而粉煤灰的粒径分布比水泥更大，这一影响将会被放大[42]。由于填充效应，细粉煤灰的加入提高了浆体的堆积密度，颗粒絮体中残留的水分减少，从而改善了浆体的流动性。此外，粉煤灰可以延缓水化早期，延长凝结时间。须注意的是，粉煤灰中未燃烧的碳可以大量吸附高效减水剂分子或水，甚至产生负 Zeta 电位，这会导致更高的黏度[43]。因此，粉煤灰的置换率、表面结构、粒径分布或比表面积以及未燃碳含量可通过稀释效应、滚珠轴承效应、填充效应和吸附效应影响浆体的流变特性。

（2）磨细高炉矿渣

　　磨细高炉矿渣（GBFS）是钢铁产业的副产品，颗粒细小，几乎完全为无定形态。GBFS 的玻璃含量主要由淬火速率决定。GBFS 中的 CaO、SiO_2 和 Al_2O_3 的总含量高达 90%。GBFS 具有水硬性，但其水化速率比硅酸盐水泥慢得多。GBFS 的相对密度约为 2.90，其体积密度为 1200～1300kg/m³。在英国、美国和印度，用布莱恩法测量的 GBFS

的比表面积分别为 $375\sim425\mathrm{m^2/kg}$、$450\sim550\mathrm{m^2/kg}$ 和 $350\sim450\mathrm{m^2/kg}$；在中国，GBFS 的比表面积高于 $450\mathrm{m^2/kg}$[44]。

由于矿渣取代水泥能够改善拌合物的工作性能并降低 CO_2 排放，因此被广泛应用于水泥浆体、砂浆和混凝土材料中。矿渣对水泥基材料流变性能的影响如图 2.4（见文后彩插）所示。由图可知，大部分研究表明掺加矿渣降低了塑性黏度，而矿渣对屈服应力的影响则比较复杂。Park 等发现随着矿渣掺量的增加，屈服应力先降低后增加，而塑性黏度则降低[33]；Ahari 等研究表明矿渣取代水泥降低了屈服应力和塑性黏度，同时在 0.44 水胶比时掺入 18% 的矿渣使触变滞回环面积降低 10% 左右[29]；Derabla 则发现矿渣的比表面积虽低于水泥，但掺加矿渣使自密实混凝土的塑性黏度由 150Pa·s 降低到了 121Pa·s，在相同掺量下，含结晶矿渣的自密实混凝土拌合物的塑性黏度由 150Pa·s 降低到了 91Pa·s[45]。然而，在一些研究中，掺加矿渣能够增加拌合物的塑性黏度。Tattersal 研究发现在较低水泥用量（$200\mathrm{kg/m^3}$）时，掺加矿渣能够降低屈服应力且增加塑性黏度[46]；唐修生等探究了不同流动度时高掺量矿渣复合浆体的流变性能，结果发现掺加矿渣的复合浆体具有高塑性黏度、低稳定性和低流动速率的特征[47]。这可能是因为高比表面积的矿渣需水量更高。

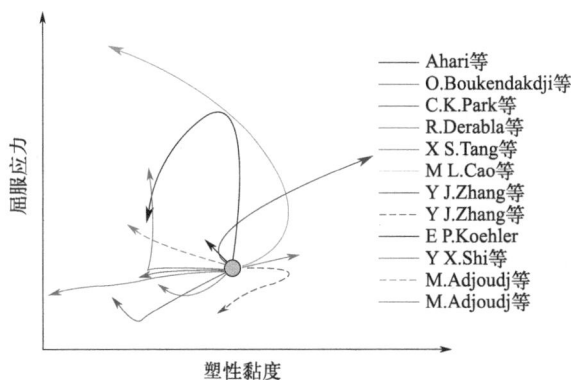

图 2.4　矿渣对流变性能影响的典型结果[35]

一般来说，GBFS 具有高比表面积和高化学活性，这可能对水泥基材料的流变性能产生积极影响，但也可能是消极影响。水泥混凝土的流变性能得到改善的原因如下：水泥颗粒中截留的水可能会通过细 GBFS 颗粒的微填充效应得到释放，而高比表面积可能吸附更多高效减水剂。然而，这些特性也会导致矿渣的需水量更大，导致流变性能降低。因此，GBFS 对流变性能的影响取决于置换率、化学组成、比表面积或细度、吸附效果和需水量。

（3）硅灰

硅灰是生产金属硅和硅合金时电弧炉中的副产品。其颗粒极细，平均粒径为 $0.1\sim0.3\mu m$，$0.1\mu m$ 以下的颗粒占 80% 以上。硅灰的比表面积为 $20000\sim28000\mathrm{m^2/kg}$，分别是水泥和粉煤灰的 $80\sim100$ 倍和 $50\sim70$ 倍，且圆形颗粒易造成结块。因此，细硅灰颗粒能够填充固体颗粒间的空隙，改善体系的级配，增加胶凝体系的堆积密度，起到润滑作用。而且能够吸附减水剂分子形成双电层结构，高比表面积甚至可以吸附多层高效减水剂分子[30,33,48]。硅灰中极细玻璃颗粒 SiO_2 的含量高（85%～96%），且化学活性高于粉煤灰。因此，硅灰的高细度和高化学活性会增加需水量和颗粒间摩擦[49-51]。

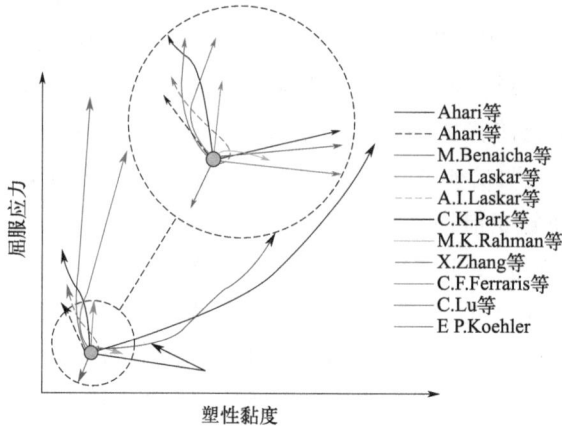

图 2.5　硅灰对流变性能影响的典型结果[35]

硅灰对水泥基材料流变性能影响的部分研究结果如图 2.5（见文后彩插）所示。从图 2.5 可知，大多研究表明掺加硅灰增加了屈服应力和塑性黏度，降低了混凝土材料的流动性，也大大增加了絮凝率[34,29]。因此硅灰常被作为无机增黏剂用于泵送混凝土、水下混凝土、喷射混凝土等匀质性和黏聚性要求较高的混凝土中。然而，由于微填充效应和润滑效应的存在，掺加硅灰有时也能够降低拌合物的塑性黏度[29,36,52]。但 Yun 等指出硅灰导致流动阻力显著增加，而塑性黏度略有降低[53]。另外，硅灰对混凝土流变性能的影响效果也与减水剂的种类、水胶比有一定的关系。Laskar 等发现使用聚羧酸减水剂时硅灰增加了混凝土的初始屈服应力，而使用萘系减水剂时硅灰降低了混凝土的初始屈服应力[30]。Nanthagopalan 等研究了水胶比对浆体流动性能的影响，结果如图 2.6 所示，可以发现随着水胶比的降低，相对屈服应力和相对塑性黏度的增加量逐渐增加[50]。因此，在研究硅灰对普通混凝土流变性的影响时，有必要了解硅灰与高效减水剂类型和其含量之间的相互作用。总之，因为微填充效应、润滑作用和吸附作用，硅灰本身的高比表面积和高化学活性是影响流变性能的最重要因素。另外，硅灰带来的效应也与减水剂的种类、水胶比有很大的关系。

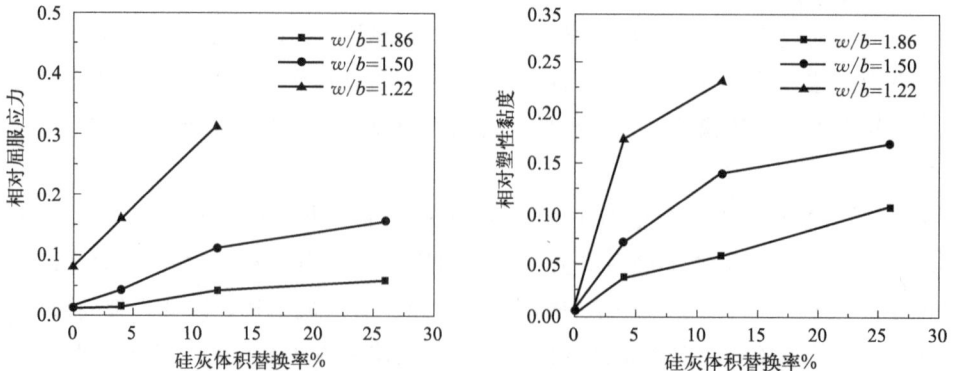

图 2.6　硅灰体积替换率对流变性能的影响[50]

（4）石灰石粉

惰性石灰石粉是一种优质廉价的矿物掺合料，其主要成分是碳酸钙（$CaCO_3$）。石灰石颗粒粗糙且不规则，增加了水泥颗粒间的黏附力和摩擦力[54]。用于混凝土的石灰石粉的平均粒径在 $1\mu m$ 以下至数十微米以上。石灰石粉对高效减水剂具有较高的吸附能力，从而提高了混凝土体系的分散能力。然而，比水泥更细的石灰石粉末需水量更大。

图 2.7（见文后彩插）总结了文献中所报道的石灰石粉末对流变特性的影响：有研究表明掺入石灰石粉会增加屈服应力和塑性黏度，导致混凝土工作性降低；也有研究表明，掺入石灰石粉可降低屈服应力和塑性黏度。Rahman 等认为增加石灰石粉含量导致絮凝率显著增加[34]。例如，掺 15％石灰石粉的混凝土的结构构筑速率约为参比混凝土的 1.5 倍。石灰石粉对流变性能的影响取决于颗粒堆积和需水量，受制于颗粒比表面积或粒径分布[42]。Ma 等发现屈服应力和塑性黏度随着石灰石粉粒径的减小而增加[55]。Vance 等发现随着石灰石粉末粒径从 $0.7\mu m$ 增加到 $15\mu m$，屈服应力和塑性黏度均降低[42]。他们指出，比普通硅酸盐水泥细的颗粒通常会增加屈服应力和塑性黏度，而添加比水泥粗的颗粒则产生相反的效果[42]。这是因为较细的颗粒会减小颗粒间距并增加颗粒间的接触，而较粗的颗粒会增加颗粒间距并降低悬浮液的剪切阻力。此外，较大的石灰石颗粒可减少水膜面积，并提供更多的额外水[56]，从而降低了絮凝的可能性。

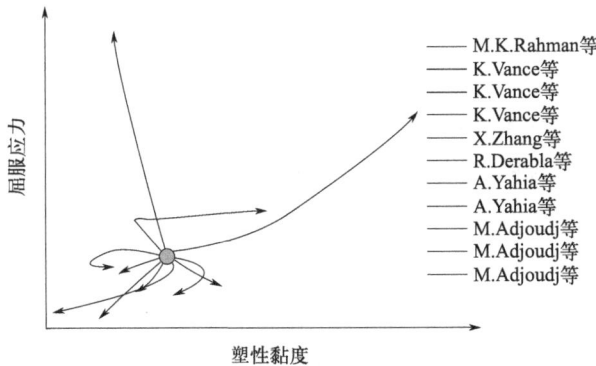

图 2.7　石灰石粉末对流变性能影响的典型结果[35]

虽然粒度分布的影响非常重要，但石灰石粉末生产方法的影响也不容忽视。Felekoğlu 等认为较细的石灰石填料不会显著改变黏度，而较粗的石灰石填料可有效增加黏度[43]。较细的石灰石填料是碎石生产的过滤系统副产品。然而，粗石灰石粉是一种特殊的白色石灰石填料，其吸附性较低。总之，石灰石粉对流变性能的影响可以归结于其粒径分布和生产方法决定的形态效应、填充效应和吸附效应。

（5）三元胶凝体系

设计三元胶凝体系是提高水泥基材料各种性能的好方法，包括工作性、流变性、强度、耐久性、成本和二氧化碳排放量等各方面。本小节讨论了含有粉煤灰和矿渣、硅灰或石灰石粉的三元体系的流变特性。研究表明，三元胶凝体系制备的混凝土的流变参数处于相同替代水平下分别掺加单一矿物外加剂时所得数值之间[30,33,57,58]。在水泥-高炉矿渣-粉煤灰三元浆体中，粒径分布范围是控制屈服应力的关键参数[59]。因此，即使是少量的粉煤灰也会对工作性能产生显著影响。同理，具有较宽粒径分布的任何其他矿物掺合料也可能具有类似的效果。Vance 等发现在含有石灰石和低粉煤灰含量（5%）的三元浆体中，塑性黏度随着细石灰石的替换量增加而增加，而含粗石灰石的浆体的塑性黏度保持不变。然而，在较高的粉煤灰含量（10%）下，即使是含有细石灰石的浆体，屈服应力也会降低[42]。虽然随着细石灰石的添加，颗粒间距减小，颗粒间接触的数量增加，但球形粉煤灰可分离固体颗粒，补偿了细颗粒的积极影响，从而降低了屈服应力和塑性黏度。

添加超细矿物掺合料（如硅灰）可以增加堆积密度，填充水泥颗粒之间的空隙，释放团聚结构中截留的水，形成富余的水膜进行润滑。但同时，由于其较大的表面积，水膜厚度将变薄。通过添加细度介于水泥和硅灰之间的胶凝材料，例如粉煤灰，可以释放凝聚结构中截留的水，且不会过度增加表面积[60]。这样，可以获得更大的水膜厚度和更好的流动性。此外，添加更宽粒径分布的矿物掺合料也可以增加颗粒堆积和富余水，从而有效分离水泥颗粒。在这种情况下，粒子之间的胶体相互作用强度将大幅下降，导致粒子渗流网络的破坏，从而降低屈服应力[59]。

2.2.5　化学外加剂

随着高性能混凝土的广泛应用，外加剂已成为混凝土不可或缺的组成部分。化学外加剂的类型对新拌混凝土的流变性能有很大影响。

（1）减水剂

为获得一定的经济和技术效益，高效减水剂已成为制备高性能混凝土必不可少的组分之一。由于静电斥力和空间位阻效应的存在，掺加减水剂能够显著降低水泥基材料的屈服应力和塑性黏度。高效减水剂的效率取决于减水剂分子在水泥颗粒上的吸附以及吸附分子产生的斥力。对于新一代高效减水剂，空间位阻效应似乎优于静电效应[14]。随着减水剂掺量的增加，颗粒间的距离增加，胶体作用力降低，从而降低了悬浮液的屈服应力[61]。另外，减水剂分子能够吸附在水泥颗粒表面，增强水泥颗粒的分散性，减少了成核基体的数目并增加颗粒间的桥接距离，从而改善新拌混凝土的流变性能[62,63]。

减水剂改善混凝土流变性能的效率取决于减水剂的种类和结构。图 2.8 表示了不同种类的减水剂对掺加矿渣的自密实混凝土流变性能的影响，可以看出掺加聚羧酸系减水剂的拌合物具有较高的屈服应力和较低的塑性黏度。Papo 等发现在三聚氰胺甲醛树脂、改性木质素磺酸盐和改性丙烯酸树脂三种减水剂中，改性丙烯酸树脂减水剂改善水泥浆体流变性能的效果最好[64]。萘系减水剂分子分散效率适中，但引气效果和保坍性较差，而聚羧酸减水剂分子由聚乙烯主链、烯支链和吸附组分组成，其分散性能、保坍性和凝结效应良好[65-67]。减水剂分子的化学结构也是影响混凝土流变性能的重要因素。Mardani-Aghabaglou 等探究了四种具有相同主链但分子量和羧酸基侧链密度不同的聚羧酸减水剂对自密实混凝土流变性能的影响，结果发现拌合物的屈服应力仅与减水剂掺量有关，而随着羧酸基侧链密度的增加，由于空间位阻增加，混凝土的塑性黏度降低[68]。

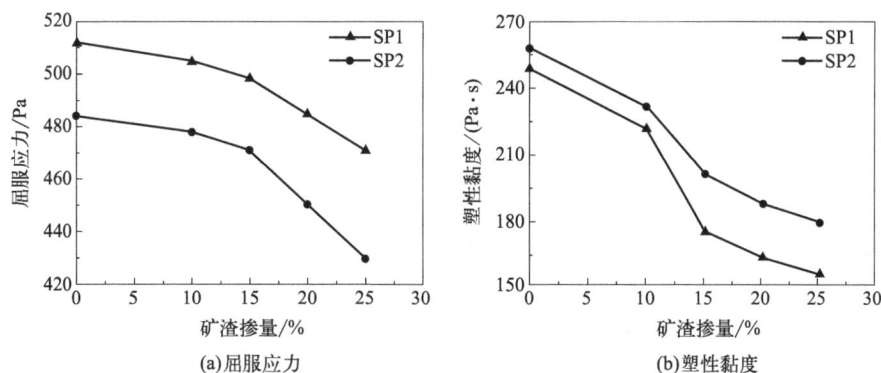

图 2.8 减水剂种类对自密实混凝土流变性能的影响[67]

SP1—聚羧酸系减水剂；SP2—萘系减水剂

（2）黏度改性剂

黏度改性剂（VMA）是用来改善混凝土匀质性和黏聚性的一种新型化学外加剂，可改善混凝土的流变性。在混凝土中加入 VMA 能够降低非均质混凝土离析的风险，获得用于水下修复、幕墙和深基础墙的稳定混凝土。VMA 的作用模式取决于所用聚合物的类型和浓度。有机 VMA 比如 Welan 胶和纤维素衍生物的作用机理可分为三类，即吸附效应、关联效应和缠结效应[69]。吸附的纤维素醚可以减缓硅酸钙的成核，产生的空间位阻取代范德华引力，然后形成一个新的相互作用网络，桥接水泥颗粒[70]。而具有高比表面积的无机 VMA 主要通过增加细颗粒的含量和浆体的保水能力，从而增加触变性。

经 VMA 改性的混凝土具有高塑性黏度、高屈服值和剪切变稀行为。VMA 的效率取决于其类型和浓度[69]。Schmidt 指出在 20℃时，VMA 对屈服应力的影响远大于聚羧酸减水剂（PCE）的影响，并且与引入基于改性马铃薯淀粉的 VMA 的混凝土相比，基于丁丹胶的 VMA 的混凝土可保持更好的性能[71]。此外，基于羟丙基甲基纤维素的 VMA 降低了高性能湿拌喷射混凝土的流动阻力，但增加了塑性黏度，劣化喷射性和可泵性[53]。研究表明，在相同塑性黏度下，基于多糖的 VMA 引起的屈服应力增加最大，而基于二氧化硅的 VMA 引起的屈服应力增加最小[72]。Assaad 等发现加入 VMA 显著增加了高流动性混凝土的触变性[73]。而 Brumaud 等发现临界变形量随 VMA 剂量增加[70]。一方面，桥接粒子的数量增加，从而增加了较大粒子间相对位移的概率。另一方面，高 VMA 浓度的疏水相互作用形成大尺寸的团聚体，可承受更高的拉伸[74,75]。而不同类型的 VMA 也可能具有相同的效果。有研究发现掺加 0.1% 的 VMA 和采用 10% 的硅灰取代水泥配制的自密实混凝土具有相同的流变性能和力学性能，在一定条件下增黏剂和硅灰可相互替代[49]。

VMA 通常与高效减水剂结合使用，以改善流变性能和力学性能。然而，两种不同化学外加剂的不相容问题可能影响一些混凝土性能。Khayat 指出纤维素衍生物通常与三聚氰胺基高效减水剂结合使用，因为它们与萘系高效减水剂不相容[69]。有研究表明聚萘甲醛磺酸钠盐或聚羧酸醚基高效减水剂与 Welan 胶基 VMA 复配制备的浆料流动性能良好[76]。唯一的区别是，添加聚羧酸醚-Welan 胶混合物的浆体表现出触变性，而添加聚萘甲醛磺酸钠盐-Welan 胶混合物的浆体则无触变性。此外，含有 VMA 的混凝土浆体，其流变行为通常取决于剪切应力。在足够低的剪切应力下，含有VMA的混凝土浆体表现为剪切变稀，而在较高的剪切应力下，浆体表现为剪切增稠[77]。在低剪切应力下，浆体的流动会导致固体颗粒的解絮凝和VMA聚合物的解缠结和排列。综上所述，VMA的效率取决于其类型和浓度、高效减水剂的类型和施加的剪切应力。

(3) 引气剂

引气剂能够改善混凝土的工作性能和抗冻融能力，被广泛应用于高耐久性的混凝土中。引气剂主要是不同表面活性剂的混合物，其化学组成包括亲水基和憎水基部分，能够在新拌混凝土中引入大量的气泡，起到润滑作用并增加浆体体积，从而影响混凝土的稠度[78]。

关于引气剂对流变性能的影响，He等发现砂浆稠度随引气量的增加呈略微增加的趋势，但稠度值一般不高[79]。引气剂的使用往往会降低流动阻力和旋转黏度，有效地提高高性能湿拌喷射混凝土的可泵性，而旋转黏度的降低率随含气量的增加而降低[53]。由于气泡的润滑效应和体积效应，Tattersall等指出流动阻力和旋转黏度持续下降直到引气量达到5%，超过该含量，这两个参数保持稳定[57]。然而，另有研究表明添加引气剂显著降低了塑性黏度，但对屈服应力的影响不显著[80,81]。Struble和Rahman还发现随着引气剂掺量的增加，水泥浆体的屈服应力升高，而塑性黏度降低[82,83]。屈服应力升高的原因可能是气泡的桥接作用增加了颗粒间的黏结，当气泡桥梁被破坏之后浆体开始发生流动，而气泡的润滑作用能够降低塑性黏度。此外，含有气泡悬浮液的流变行为还取决于剪切速率。因为与悬浮液相比，气泡通常很硬且不会储存任何能量[84]。因此，在无剪切作用力或剪切应力较小时，气泡能形成絮凝团簇结构增加屈服应力，一旦拌合物开始流动，气泡则能够降低黏度，改善流动性[85]。

2.3 温度对流变的影响

温度可通过改变外加剂的行为和水泥基材料颗粒之间的相互作用来影响水泥基材料的流变性能。不同温度下，胶凝材料颗粒的絮凝速率和水泥水化动力学会发生变化，影响时变流变特性。

含减水剂水泥浆体的黏度随温度升高而降低，而静态和动态屈服应力随温度升高而增加。然而，温度对屈服应力的影响只有在减水剂用量较低的情况下才明显。对于高减水剂用量的水泥浆体，发现屈服应力的变化不受温度影响[86]。

Nawa等发现水泥浆体的流动性随温度的升高并非呈现单调变化。20℃时流动性最小，而温度越高，流动性损失越大[87]。一方面，温度的升高会增加聚羧酸减水剂的吸附量，增强胶凝材料颗粒之间的空间阻力，并提高浆体的流动性。另一方面，温度的升高促进了水化过程，一些聚合物分子被困在水化产物层间，从而降低其性能。

温度会显著影响聚羧酸减水剂的性能。在含聚羧酸系减水剂的水泥浆体中，由于水泥的水化速率较高，温度越高，水泥表面吸附的聚羧酸酯/醚越多，新拌水泥浆体中的自由水含量越低[88]。Yamada等将聚羧酸减水剂在较低温度下的低分散性归因于混合水中的高硫酸盐离子浓度[89]。

温度对流变参数的时变特性影响更为显著。研究表明高温对水泥浆体流变性的影响受高效减水剂（SP）用量的影响[90-92]。当 SP 剂量低于饱和水平时，高温下屈服应力随时间的增加明显较大，而当 SP 剂量高于饱和水平时，温度对屈服应力随时间演变的影响不太明显。类似的原理也适用于温度和时间对塑性黏度的影响。不少学者研究了温度和时间对流变参数的耦合影响，并建立了水化时间和流变参数之间的相关性[93-95]。对于含聚胺或聚萘高效减水剂的砂浆，屈服应力和塑性黏度随温度和水化呈线性关系。然而，对于含有聚羧酸高效减水剂的流动砂浆，其流变性能可能受到混合料配比和温度的影响。此外，在水灰比为0.42 的砂浆中，温度对黏度变化的影响比水灰比为 0.53 的砂浆更为明显。

2.4　剪切对流变的影响

众所周知，混凝土在现代工程应用中的操作过程包括搅拌、运输、泵送、模板浇筑等。在每个过程中，新拌混凝土承受的剪切速率不同。例如，高剪切速率下的搅拌可为新拌混凝土提供"解絮凝状态"[96]。运输过程中施加的剪切速率与转速、滚筒体积和混凝土本身的流变特性有关，其值在 $1\sim8s^{-1}$ 之间变化[97]。在泵送过程中，新拌混凝土同时承受极高的剪切应力和压力。因此，屈服应力和含气量显著增加，新拌混凝土的黏度降低[98,99]。然而，浇筑到模板中后，混凝土受到剪切应力的唯一来源是重力，因此施加的剪切速率通常小于 $0.1s^{-1}$[100]。需注意，新拌混凝土中水泥浆体经历的剪切速率取决于混凝土的性质[96]。拌和过程，即剪切历史，在新拌混凝土流变性和稳定性随时间的演变中起着重要作用。

悬浮液中颗粒的分散和团聚在很大程度上取决于所施加的剪切速率。如前所述，高剪切速率的搅拌和泵送操作几乎可以完全破坏水泥浆体的网络结构。虽然在相同的剪切条件下，混凝土中的浆体比纯浆体承受更高的剪切速率，但使用高速搅拌机制备的水泥浆体的流变特性与混凝土中混合的浆体的流变特性相当[37,101]。此外，充分混合的水泥浆体包含的团聚结构很少，并且塑性黏度较低[102]。然而，由于水泥浆体是具有更大平均弦长的团聚体，一旦混合强度高于阈值，流变性能就会恶化[103,104,108]。最近，Mostafa 等评估了额外剪切对水泥悬浮液分散状态的有效性，发现施加与上述剪切阈值相对应的旋转剪切速率可以显著提高新拌水泥悬浮体系的分散性[105]。

混凝土的流变特性与浆体基质的分散状态有关，并且受剪切历史的影响[106,107]。通常，较高的剪切速率可以分解浆体中的絮体，从而改善流动性[9,10]。然而，也有研究表明极高的剪切速率会降低水泥浆体的流动性[109]。一方面，在高速搅拌下，水泥浆体中会形成较弱但较大的水泥团聚体[104]，因此，超过阈值搅拌速度后，水泥浆体的流变参数将会增加。另一方面，剪切历史也会影响浆料的聚集和破碎动力学，且聚集所需的时间尺度比絮凝结构的分解时间长[106]。Ma 等发现，更长的剪切持续时间有利于形成更分散的结构，并降低静态屈服应力及其重建速率[110]。增加预剪切时间可以增加储能模量值，导致更贯通的 C-S-H 网络。因此，需要了解剪切作用对水泥基材料流变行为的影响，以便更准确地评估其在真实情况下的流变性。

2.5 压力对流变的影响

水泥基材料在泵送的管道或模板中流动时会受到压力，在压力作用下其流变特性可能不同。Kim 等使用带有高压电池的旋转流变仪评估了压力对水泥浆体流变特性的影响，被认为代表了混凝土在泵送过程中沿其轮廓形成的润滑层的行为[111]。对水灰比在 0.35～0.6 的水泥浆体使用同一程序进行测试，该程序模拟了实际泵送过程的条件。实验模拟了剪切速率、剪切持续时间和 0～30MPa 的压力水平。结果表明，在一定的水灰比（0.40）以下，压力升高会导致流变特性的变化，而当水灰比高于该阈值时，变化可以忽略不计。此外，在低水灰比下，水泥浆体的触变性可在加压后逆转为流凝性[111]。

2.6 本章小结

可以将水泥浆体视为一个悬浮液体系，其中包含从微观到宏观尺寸的颗粒。颗粒之间的相互作用，包括胶体相互作用力、布朗力和水动力，是控制水泥浆体流变性的根源。

水泥浆体具有触变性，与时间有关。水泥浆体的流变性不仅受配合比的影响，还受加工工艺的影响。配合比因素，即胶凝材料的体积分数、间隙溶液的特性、胶凝材料的比例和特性以及化学外加剂，可通过改变颗粒之间的相互作用来改变水泥浆体的流变行为。水泥的矿物成分影响水泥浆体的水化速率和需水量，也可以改变间隙溶液中的化学环境，并进一步改变水泥颗粒的团聚，从而影响水泥浆体的流变性。矿物掺合料，如粉煤灰、矿渣粉、硅灰和石灰石粉，主要通过改变颗粒的物理性质（包括比表面积、粒径分布和颗粒形状）来影响流变性能。化学外加剂（包括高效减水剂、VMA 和引气剂）则通过直接影响颗粒间相互作用来改变流变性。

加工因素，即温度、剪切力和压力，会通过改变水泥浆体中的絮凝和水化反应来改变水泥浆体的流变性。升高温度可提高高效减水剂在水泥浆中的吸附效率，促进水泥水化。剪切作用可以破坏部分絮体，改变分散状态。此外，原先未与水接触的水泥颗粒在接触水后，其表面可能发生额外的溶解和高效减水剂的吸附，从而促进水泥水化和减水剂的作用。目前关于压力作用下水泥浆体流变性的研究仍然相当有限。

参 考 文 献

[1] Flatt R J. Towards a prediction of superplasticized concrete rheology [J]. Materials and structures, 2004，37（5）：289-300.

[2] Flatt R J. Dispersion forces in cement suspensions [J]. Cement and Concrete Research, 2004，34（3）：399-408.

[3] Flatt R J, Bowen P. Electrostatic repulsion between particles in cement suspensions：Domain of validity of linearized Poisson-Boltzmann equation for nonideal electrolytes [J]. Cement and Concrete Research, 2003，33（6）：781-791.

[4] Banfill P F G. A discussion of the papers "rheological properties of cement mixes" by M. Daimon and DM Roy [J]. Cement and Concrete Research, 1979，9（6）：795-796.

[5]　Yoshioka K，Sakai E，Daimon M，et al. Role of steric hindrance in the performance of superplasticizers for concrete [J]. Journal of the American Ceramic Society，1997，80（10）：2667-2671.

[6]　Flatt R J，Schober I，Raphael E，et al. Conformation of adsorbed comb copolymer dispersants [J]. Langmuir，2009，25（2）：845-855.

[7]　Roussel N，Lemaître A，Flatt R J，et al. Steady state flow of cement suspensions：A micromechanical state of the art [J]. Cement and Concrete Research，2010，40（1）：77-84.

[8]　Hiemenz P C，Rajagopalan R. Principles of colloid and surface chemistry [M]. New York：Marcel Dekker，1997.

[9]　Wallevik J E. Rheology of particle suspensions：fresh concrete，mortar and cement paste with various types of lignosulfonates [M]. Fakultet for ingeniørvitenskap og teknologi，2003.

[10]　Jiao D，De Schryver R，Shi C，et al. Thixotropic structural build-up of cement-based materials：A state-of-the-art review [J]. Cement and Concrete Composites，2021，122：104152.

[11]　Jiao D，Lesage K，Yardimci M Y，et al. Flow behavior of cementitious-like suspension with nano-Fe_3O_4 particles under external magnetic field [J]. Materials and Structures，2021，54（6）：1-12.

[12]　Perrin J. Atoms [M]. New York：D. Van Nostrand Company，1916.

[13]　Zhou Z，Solomon M J，Scales P J，et al. The yield stress of concentrated flocculated suspensions of size distributed particles [J]. Journal of Rheology，1999，43（3）：651-671.

[14]　Flatt R J，Bowen P. Yodel：A yield stress model for suspensions [J]. Journal of the American Ceramic Society，2006，89（4）：1244-1256.

[15]　Lowke D. Thixotropy of SCC—A model describing the effect of particle packing and superplasticizer adsorption on thixotropic structural build-up of the mortar phase based on interparticle interactions [J]. Cement and Concrete Research，2018，104：94-104.

[16]　Liu J，Wang K，Zhang Q，et al. Influence of superplasticizer dosage on the viscosity of cement paste with low water-binder ratio [J]. Construction and Building Materials，2017，149：359-366.

[17]　Hunter R J. Foundations of colloid science [M]. Oxford：Oxford University Press，2001.

[18]　Cosgrove T. Colloid science：principles，methods and applications [M]. New Jersey：John Wiley & Sons，2010.

[19]　Yang M，Neubauer C M，Jennings H M. Interparticle potential and sedimentation behavior of cement suspensions：Review and results from paste [J]. Advanced Cement Based Materials，1997，5（1）：1-7.

[20]　Overbeek J T G. Interparticle forces in colloid science [J]. Powder technology，1984，37（1）：195-208.

[21]　Yamada K，Ogawa S，Hanehara S. Working mechanism of poly-beta-naphthalene sulfonate and poly-carboxylate superplasticizer types from point of cement paste characteristics [J]. Special Publication，2000，195：351-366.

[22]　Yamada K，Hanehara S，Matsuhisa M. Fluidizing mechanism of cement paste added with polycarboxylate type superplasticizer analyzed from the point of adsorption behavior [J]. Proceeding of the Japan concrete Institute，1998，20（2）：63-78.

[23]　Yamada K，Ogawa S，Hanehara S. Controlling of the adsorption and dispersing force of polycarboxylate-type superplasticizer by sulfate ion concentration in aqueous phase [J]. Cement and Concrete Research，2001，31（3）：375-383.

[24] Hope B B, Rose K. Statistical analysis of the influence of different cements on the water demand for constant slump. Properties of fresh concrete [C]. Proc of the Coll, RILEM, Chapman and Hall. 1990: 179e186.

[25] Havard J, Gjorv O E. Effect of gypsum-hemihydrate ratio in cement on rheological properties of fresh concrete [J]. Materials Journal, 1997, 94 (2): 142-146.

[26] Dils J, Boel V, De Schutter G. Influence of cement type and mixing pressure on air content, rheology and mechanical properties of UHPC [J]. Construction and Building Materials, 2013, 41: 455-463.

[27] Chen J J, Kwan A K H. Superfine cement for improving packing density, rheology and strength of cement paste [J]. Cement and Concrete Composites, 2012, 34 (1): 1-10.

[28] Taylor H F W. Cement chemistry [M]. London: Thomas Telford, 1997.

[29] Ahari R S, Erdem T K, Ramyar K. Thixotropy and structural breakdown properties of self consolidating concrete containing various supplementary cementitious materials [J]. Cement and Concrete Composites, 2015, 59: 26-37.

[30] Laskar A I, Talukdar S. Rheological behavior of high performance concrete with mineral admixtures and their blending [J]. Construction and Building Materials, 2008, 22 (12): 2345-2354.

[31] Beycioğlu A, Aruntaş H Y. Workability and mechanical properties of self-compacting concretes containing LLFA, GBFS and MC [J]. Construction and Building Materials, 2014, 73: 626-635.

[32] Jalal M, Fathi M, Farzad M. Effects of fly ash and TiO_2 nanoparticles on rheological, mechanical, microstructural and thermal properties of high strength self compacting concrete [J]. Mechanics of Materials, 2013, 61: 11-27.

[33] Park C K, Noh M H, Park T H. Rheological properties of cementitious materials containing mineral admixtures [J]. Cement and Concrete Research, 2005, 35 (5): 842-849.

[34] Rahman M K, Baluch M H, Malik M A. Thixotropic behavior of self compacting concrete with different mineral admixtures [J]. Construction and building materials, 2014, 50: 710-717.

[35] Jiao D, Shi C, Yuan Q, et al. Effect of constituents on rheological properties of fresh concrete-A review [J]. Cement and Concrete Composites, 2017, 83: 146-159.

[36] Ahari R S, Erdem T K, Ramyar K. Effect of various supplementary cementitious materials on rheological properties of self-consolidating concrete [J]. Construction and Building Materials, 2015, 75: 89-98.

[37] Ferraris C F, Obla K H, Hill R. The influence of mineral admixtures on the rheology of cement paste and concrete [J]. Cement and concrete research, 2001, 31 (2): 245-255.

[38] Li G, Wu X. Influence of fly ash and its mean particle size on certain engineering properties of cement composite mortars [J]. Cement and Concrete Research, 2005, 35 (6): 1128-1134.

[39] Lee S H, Kim H J, Sakai E, et al. Effect of particle size distribution of fly ash-cement system on the fluidity of cement pastes [J]. Cement and Concrete Research, 2003, 33 (5): 763-768.

[40] Bentz D P, Ferraris C F, Galler M A, et al. Influence of particle size distributions on yield stress and viscosity of cement-fly ash pastes [J]. Cement and Concrete Research, 2012, 42 (2): 404-409.

[41] Malhotra V M, Mehta P K. Pozzolanic and cementitious materials [M]. Boca Raton: CRC Press, 2004.

[42] Vance K, Kumar A, Sant G, et al. The rheological properties of ternary binders containing Portland

cement, limestone, and metakaolin or fly ash [J]. Cement and Concrete Research, 2013, 52: 196-207.

[43] Felekoğlu B, Tosun K, Baradan B, et al. The effect of fly ash and limestone fillers on the viscosity and compressive strength of self-compacting repair mortars [J]. Cement and concrete research, 2006, 36 (9): 1719-1726.

[44] Pal S C, Mukherjee A, Pathak S R. Investigation of hydraulic activity of ground granulated blast furnace slag in concrete [J]. Cement and Concrete Research, 2003, 33 (9): 1481-1486.

[45] Derabla R, Benmalek M L. Characterization of heat-treated self-compacting concrete containing mineral admixtures at early age and in the long term [J]. Construction and Building Materials, 2014, 66: 787-794.

[46] Tattersall G H. Workability and quality control of concrete [M]. Boca Raton: CRC Press, 1991.

[47] Tang X, Cai Y, Wen J, et al. Correlation Between Slump Flow and Rheological Parameters of Compound Pastes with High Volume of Ground Slag [J]. Journal of The Chinese Ceramic Society, 2014, 42 (5): 648-652.

[48] Nehdi M, Mindess S, Aïtcin P C. Rheology of high-performance concrete: effect of ultrafine particles [J]. Cement and Concrete Research, 1998, 28 (5): 687-697.

[49] Benaicha M, Roguiez X, Jalbaud O, et al. Influence of silica fume and viscosity modifying agent on the mechanical and rheological behavior of self compacting concrete [J]. Construction and Building Materials, 2015, 84: 103-110.

[50] Nanthagopalan P, Haist M, Santhanam M, et al. Investigation on the influence of granular packing on the flow properties of cementitious suspensions [J]. Cement and Concrete Composites, 2008, 30 (9): 763-768.

[51] Collins F, Sanjayan J G. Effects of ultra-fine materials on workability and strength of concrete containing alkali-activated slag as the binder [J]. Cement and concrete research, 1999, 29 (3): 459-462.

[52] Zhang X, Han J. The effect of ultra-fine admixture on the rheological property of cement paste [J]. Cement and Concrete Research, 2000, 30 (5): 827-830.

[53] Yun K K, Choi S Y, Yeon J H. Effects of admixtures on the rheological properties of high-performance wet-mix shotcrete mixtures [J]. Construction and Building Materials, 2015, 78: 194-202.

[54] Ma K, Long G, Xie Y, et al. Factors on affecting plastic viscosity of cement-fly ash-limestone compound pastes [J]. Journal of The Chinese Ceramic Society, 2013, 41 (11): 1481-1486.

[55] Ma K, Long G, Xie Y, et al. Rheological properties of compound pastes with cement-fly ash-limestone powder [J]. Journal of the Chinese Ceramic Society, 2013, 41 (5): 582-587.

[56] Uysal M, Yilmaz K. Effect of mineral admixtures on properties of self-compacting concrete [J]. Cement and Concrete Composites, 2011, 33 (7): 771-776.

[57] Tattersall G, Banfill P. The rheology of fresh concrete [M]. London: Pitman Books Limited, 1983.

[58] Gesoğlu M, Özbay E. Effects of mineral admixtures on fresh and hardened properties of self-compacting concretes: binary, ternary and quaternary systems [J]. Materials and Structures, 2007, 40 (9): 923-937.

[59] Kashani A, San Nicolas R, Qiao G G, et al. Modelling the yield stress of ternary cement-slag-fly ash

pastes based on particle size distribution [J]. Powder Technology，2014，266：203-209.

[60] Li Y，Kwan A K H. Ternary blending of cement with fly ash microsphere and condensed silica fume to improve the performance of mortar [J]. Cement and Concrete Composites，2014，49：26-35.

[61] Perrot A，Lecompte T，Khelifi H，et al. Yield stress and bleeding of fresh cement pastes [J]. Cement and Concrete Research，2012，42（7）：937-944.

[62] Kwan A K H，Fung W W S. Effects of SP on flowability and cohesiveness of cement-sand mortar [J]. Construction and Building Materials，2013，48：1050-1057.

[63] Lowke D，Kränkel T，Gehlen C，et al. Effect of cement on superplasticizer adsorption，yield stress，thixotropy and segregation resistance [M]. Chapter：Design，production and placement of self-consolidating concrete，Springer，2010：91-101.

[64] Papo A，Piani L. Effect of various superplasticizers on the rheological properties of Portland cement pastes [J]. Cement and Concrete Research，2004，34（11）：2097-2101.

[65] Hanehara S，Yamada K. Rheology and early age properties of cement systems [J]. Cement and Concrete Research，2008，38（2）：175-195.

[66] Zuo Y F，Sui T B，Wang D M. Effect of Superplasticizers on Rheologic Performance of Fresh Cement Paste [J]. Concrete，2004，（09）：38-40.

[67] Boukendakdji O，Kadri E H，Kenai S. Effects of granulated blast furnace slag and superplasticizer type on the fresh properties and compressive strength of self-compacting concrete [J]. Cement and concrete composites，2012，34（4）：583-590.

[68] Mardani-Aghabaglou A，Tuyan M，Yılmaz G，et al. Effect of different types of superplasticizer on fresh，rheological and strength properties of self-consolidating concrete [J]. Construction and Building Materials，2013，47：1020-1025.

[69] Khayat K H. Effects of antiwashout admixtures on fresh concrete properties [J]. Materials Journal，1995，92（2）：164-171.

[70] Brumaud C，Baumann R，Schmitz M，et al. Cellulose ethers and yield stress of cement pastes [J]. Cement and Concrete Research，2014，55：14-21.

[71] Schmidt W，Brouwers J，Kühne H C，et al. Effects of superplasticizer and viscosity-modifying agent on fresh concrete performance of SCC at varied ambient temperaturese [C]. Production and Placement of Self-Consolidating Concrete：Proceedings of SCC2010，Montreal，Canada，2010，Springer Netherlands，2010：65-77.

[72] Leemann A，Winnefeld F. The effect of viscosity modifying agents on mortar and concrete [J]. Cement and Concrete Composites，2007，29（5）：341-349.

[73] Assaad J，Khayat K H，Mesbah H. Assessment of thixotropy of flowable and self-consolidating concrete [J]. ACI Materials Journal，2003，100（2）：99-107.

[74] Bülichen D，Kainz J，Plank J. Working mechanism of methyl hydroxyethyl cellulose（MHEC）as water retention agent [J]. Cement and Concrete Research，2012，42（7）：953-959.

[75] Bülichen D，Plank J. Mechanistic study on carboxymethyl hydroxyethyl cellulose as fluid loss control additive in oil well cement [J]. Journal of Applied Polymer Science，2012，124（3）：2340-2347.

[76] Prakash N，Santhanam M. A study of the interaction between viscosity modifying agent and high range water reducer in self compacting concrete [C]. Measuring，Monitoring and Modeling Concrete

Properties: An International Symposium dedicated to Professor Surendra P. Shah, Northwestern University, USA. Dordrecht: Springer Netherlands, 2006: 449-454.

[77] Bouras R, Kaci A, Chaouche M. Influence of viscosity modifying admixtures on the rheological behavior of cement and mortar pastes [J]. Korea-Australia Rheology Journal, 2012, 24 (1): 35-44.

[78] Du L, Folliard K J. Mechanisms of air entrainment in concrete [J]. Cement and concrete research, 2005, 35 (8): 1463-1471.

[79] He Z M, Liu J Z, Wang T H. Influence of air entraining agent on performance of inorganic thermal insulating mortar [J]. Applied Mechanics and Materials, 2011, 71: 490-493.

[80] Carlsward J, Emborg M, Utsi S, et al. Effect of constituents on the workability and rheology of self-compacting concrete [C]. The 3rd International RILEM Symposium on Self-Compacting Concrete, France. 2003: 143-153.

[81] Wallevik O H, Wallevik J E. Rheology as a tool in concrete science: The use of rheographs and workability boxes [J]. Cement and concrete research, 2011, 41 (12): 1279-1288.

[82] Struble L J, Jiang Q. Effects of Air Entrainment on Rheology [J]. ACI Materials Journal, 2005, 101 (6): 448-456.

[83] Rahman M A, Nehdi M. Effect of geometry, gap, and surface friction of test accessory on measured rheological properties of cement paste [J]. Materials Journal, 2003, 100 (4): 331-339.

[84] Ducloué L, Pitois O, Goyon J, et al. Rheological behaviour of suspensions of bubbles in yield stress fluids [J]. Journal of Non-Newtonian Fluid Mechanics, 2015, 215: 31-39.

[85] Edmeades R M, Hewlett P C. Cement admixtures [M]// Hewlett P, Liska M. Lea's chemistry of cement and concrete. Oxford: Elsevier, 1998: 841-905.

[86] Fernàndez-Altable V, Casanova I. Influence of mixing sequence and superplasticiser dosage on the rheological response of cement pastes at different temperatures [J]. Cement and Concrete Research, 2006, 36 (7): 1222-1230.

[87] Nawa T, Ichiboji H, Kinoshita M. Influence of temperature on fluidity of cement paste containing superplasticizer with polyethylene oxide graft chains [J]. International Concrete Abstracts. Portal, 2000, 195: 181-194.

[88] Kong X, Zhang Y, Hou S. Study on the rheological properties of Portland cement pastes with polycarboxylate superplasticizers [J]. Rheologica Acta, 2013, 52 (7): 707-718.

[89] Yamada K, Yanagisawa T, Hanehara S. Influence of temperature on the dispersibility of polycarboxylate type superplasticizer for highly fluid concrete [C]// RILEM. International RILEM symposium on self-compacting concrete. Cachan: RILEM Publications, 1999: 437-448.

[90] Al-Martini S. Investigation on rheology of cement paste and concrete at high temperature [D]. London, Ontario: The University of Western Ontario, 2009.

[91] Nehdi M, Al Martini S. Estimating time and temperature dependent yield stress of cement paste using oscillatory rheology and genetic algorithms [J]. Cement and Concrete Research, 2009, 39 (11): 1007-1016.

[92] Al Martini S, Nehdi M. Coupled Effects of Time and High Temperature on Rheological Properties of Cement Pastes Incorporating Various Superplasticizers [J]. Journal of Materials in Civil Engineering, 2009, 21 (8): 392-401.

［93］ Petit J Y，Khayat K H，Wirquin E. Coupled effect of time and temperature on variations of plastic viscosity of highly flowable mortar ［J］. Cement and Concrete Research，2009，39（3）：165-170.

［94］ Petit J Y，Khayat K H，Wirquin E. Coupled effect of time and temperature on variations of yield value of highly flowable mortar ［J］. Cement and Concrete Research，2006，36（5）：832-841.

［95］ Petit J Y，Wirquin E，Vanhove Y，et al. Yield stress and viscosity equations for mortars and self-consolidating concrete ［J］. Cement and Concrete Research，2007，37（5）：655-670.

［96］ Roussel N. A thixotropy model for fresh fluid concretes：Theory，validation and applications ［J］. Cement and Concrete Research，2006，36（10）：1797-1806.

［97］ Wallevik J E，Wallevik O H. Analysis of shear rate inside a concrete truck mixer ［J］. Cement and Concrete Research，2017，95：9-17.

［98］ Secrieru E，Cotardo D，Mechtcherine V，et al. Changes in concrete properties during pumping and formation of lubricating material under pressure ［J］. Cement and Concrete Research，2018，108：129-139.

［99］ Shen W，Shi C，Khayat K，et al. Change in fresh properties of high-strength concrete due to pumping ［J］. Construction and Building Materials，2021，300：124069.

［100］ Papanastasiou T C. Flows of materials with yield ［J］. Journal of Rheology，1987，31（5）：385-404.

［101］ Helmuth R A，Hills L M，Whiting D A，et al. Abnormal concrete performance in the presence of admixtures ［M］. Stokie：Portland Cement Association，1995.

［102］ Williams D A，Saak A W，Jennings H M. The influence of mixing on the rheology of fresh cement paste ［J］. Cement and concrete research，1999，29（9）：1491-1496.

［103］ Han D，Ferron R D. Effect of mixing method on microstructure and rheology of cement paste ［J］. Construction and Building Materials，2015，93：278-288.

［104］ Han D，Ferron R D. Influence of high mixing intensity on rheology，hydration，and microstructure of fresh state cement paste ［J］. Cement and Concrete Research，2016，84：95-106.

［105］ Mostafa A M，Diederich P，Yahia A. Effectiveness of rotational shear in dispersing concentrated cement suspensions ［J］. Journal of Sustainable Cement-Based Materials，2015，4（3-4）：205-214.

［106］ Ferron R D，Shah S，Fuente E，et al. Aggregation and breakage kinetics of fresh cement paste ［J］. Cement and Concrete Research，2013，50：1-10.

［107］ Tregger N A，Pakula M E，Shah S P. Influence of clays on the rheology of cement pastes ［J］. Cement and Concrete Research，2010，40（3）：384-391.

［108］ Jiao D，Shi C，Yuan Q. Influences of shear-mixing rate and fly ash on rheological behavior of cement pastes under continuous mixing ［J］. Construction and Building Materials，2018，188：170-177.

［109］ Helmuth R A. Structure and Rheology of Fresh Cement paste ［C］. 7th International Congress on the Chemistry of Cement，1980.

［110］ Ma S，Qian Y，Kawashima S. Experimental and modeling study on the non-linear structural build-up of fresh cement pastes incorporating viscosity modifying admixtures ［J］. Cement and Concrete Research，2018，108：1-9.

［111］ Kim J H，Kwon S H，Kawashima S，et al. Rheology of cement paste under high pressure ［J］. Cement and Concrete Composites，2017，77：60-67.

第 3 章

混凝土流变学

新拌砂浆和混凝土可视为骨料颗粒分散于水泥浆体中的高浓度悬浮液。本章总结了骨料体积分数和物理性质对砂浆和混凝土流变性能的影响规律，介绍了骨料体积分数与混凝土流变参数之间的理论关系，阐明了骨料性质如颗粒粒径和粒形对混凝土流变特性影响的内在机理。此外，还简要概括了外部因素如搅拌过程、测试过程和流变仪种类对新拌混凝土流变特性的影响。

3.1 引言

砂浆和混凝土的流变学主要表征其在剪切应力作用下黏度、塑性和弹性的演变过程[1]。屈服应力和塑性黏度作为最基本的两个物理参数在水泥基材料中发挥着非常重要的作用。一方面，流变参数能够表征混凝土的工作性、预测可泵性、稳定性和模板填充能力[2-4]，也能定量评价新拌水泥基材料的水化凝结过程[5-8]。另一方面，调控静态屈服应力和塑性黏度等流变参数有助于使 3D 打印混凝土同时满足泵送性、挤出性和可建造性[9-11]。因此，流变参数对制备高性能混凝土至关重要[12,13]。

新拌砂浆和混凝土可以看作是骨料颗粒分散于水泥浆体中的高浓度悬浮液，固体颗粒的粒径从纳米级到厘米级变化。因此，新拌混凝土可以看作是一个两相体系，即浆体流动相和骨料固体相[14,15]。根据水泥用量，新拌混凝土可以分为三类，即水泥含量低于 10% 的贫水泥混凝土，水泥含量在 10%～15% 的普通混凝土和水泥含量高于 15% 的富水泥混凝土[16]。

3.2 新拌混凝土的流动体系

骨料是混凝土的重要组成部分，普通混凝土的骨料体积分数占 75% 以上，即便是自密实混凝土，其骨料体积分数也在 60% 以上[14]。从流变学的角度，颗粒粒径大、表面粗糙的骨料会限制混凝土的流动，使混凝土的屈服应力和塑性黏度明显高于水泥浆体。一般来说，骨料的化学组成对水泥基材料的流变特性影响不大[17]。本节阐述了流变参数如塑性黏度和屈服应力与骨料体积分数之间的理论关系，并介绍了富余浆体理论。

3.2.1 骨料体积分数与混凝土流变性能之间的关系

3.2.1.1 黏度

爱因斯坦最早推导了刚性球体悬浮液黏度公式（Einstein 方程）：

$$\eta_r = 1 + [\eta]\phi \tag{3.1}$$

式中，η_r 为悬浮液与悬浮介质的相对黏度；ϕ 为颗粒体积分数；$[\eta]$ 为固体颗粒的特性黏度，对于球形颗粒，其特性黏度值为 2.5，有棱角但等大小的颗粒特性黏度值为 3～5，棒状或纤维状颗粒的特性黏度值为 4～10[18]。Einstein 方程仅适用于颗粒体积分数低于 0.05 的悬浮液，即颗粒间没有相互作用[19]。Robinson 将 Einstein 方程推广到含有更高体积分数夹杂相的悬浮液中，指出悬浮液相对黏度不仅与球体夹杂相的体积分数成正比，还与悬浮液中自由液体的体积成反比[20]，其表达式为：

$$\eta_r = 1 + \frac{k\phi}{1 - V\phi} \tag{3.2}$$

式中，k 为常数，其值等于颗粒的特性黏度；V 是单位体积颗粒所占据的堆积体积，是最大颗粒堆积分数的倒数。此外，Roscoe 将固体颗粒间的相互作用考虑在内，提出了一个修正的 Einstein 黏度模型[21]：

$$\eta_r = (1 - 1.35\phi)^{-[\eta]} \tag{3.3}$$

众所周知，悬浮液的黏度随着固体颗粒浓度的增加而增加。然而，当固体颗粒变得非常紧密时，由于拥挤效应，具有足够高浓度的悬浮液将无法流动，这个极限浓度被称为最大体积分数 ϕ_m，其值取决于骨料颗粒的粒径分布和形状。对于单粒径球形颗粒，最大体积分数在 0.6～0.7，而多粒径分散颗粒的最大体积分数则较高[18]。基于 Einstein 方程，Mooney 引入了拥挤效应，提出了考虑刚性球体最大体积分数的黏度方程[22]：

$$\eta_r = \exp\left[\frac{[\eta]\phi}{1 - \frac{\phi}{\phi_m}}\right] \tag{3.4}$$

Mooney 方程可以用来描述具有较低颗粒体积分数的悬浮液的黏度[18]。对于高浓度的悬浮液，Mooney 方程不再适用。Krieger 和 Dougherty[23] 将最大体积分数和特性黏度引入非牛顿刚性球体悬浮液中，提出了广义的 Einstein 黏度公式，即 Krieger-Dougherty 方程，可以描述较高颗粒体积分数的悬浮液黏度。

$$\eta_r = \left(1 - \frac{\phi}{\phi_m}\right)^{-[\eta]\phi_m} \tag{3.5}$$

式中，ϕ_m 为颗粒最大体积分数，取决于颗粒的粒径分布和形状。有研究[24]表明，在粒形的变化过程中，$[\eta]\phi_m$ 的值总是在 2 左右，因此，Krieger-Dougherty 方程可以简化为 Maron-Piece 方程：

$$\eta_r = \left(1 - \frac{\phi}{\phi_m}\right)^{-2} \tag{3.6}$$

如果将新拌混凝土视为多分散悬浮液体系，假设颗粒相对粒径足够大且无相互作用，混凝土的黏度可通过 Farris 模型[25] 进行计算：

$$\eta = \eta_S \left(1 - \frac{\phi_1}{\phi_{m,1}}\right)^{-[\eta_1]\phi_{m,1}} \left(1 - \frac{\phi_2}{\phi_{m,2}}\right)^{-[\eta_2]\phi_{m,2}} \tag{3.7}$$

若将混凝土中的固体颗粒分为粗骨料和细骨料[26]，Farris 模型可以转变为：

$$\eta_C = \eta_P \left(1 - \frac{S}{S_{lim}}\right)^{-[\eta_{FA}]S_{lim}} \left(1 - \frac{G}{G_{lim}}\right)^{-[\eta_{CA}]G_{lim}} \tag{3.8}$$

式中，S 和 S_{lim} 分别是细骨料的体积分数和最大体积分数；G 和 G_{lim} 分别是粗骨料的体积分数和最大体积分数；η_C 和 η_P 分别是混凝土和浆体的黏度；$[\eta_{FA}]$ 和 $[\eta_{CA}]$ 分别为细骨料和粗骨料的特性黏度。实验结果表明，Farris 模型能够准确地表征新拌砂浆和混凝土的黏度[26]。

3.2.1.2 屈服应力

假设骨料在水泥浆体中均匀分布，砂浆和混凝土的剪切应力可认为是由水泥浆体的屈服应力与流动产出的剪切应力、骨料颗粒运动引起的剪切应力以及水泥浆体和骨料之间的相互作用所产生的剪切应力之和[27,28]。可见，骨料体积分数显著影响砂浆和混凝土的屈服应力。如果将骨料分为更小的子类 i，并考虑到这些子类的相互作用，则屈服应力与骨料体积分数之间的关系可通过一个半经验模型来表示[29]：

$$\tau_{0,C} = 2.537 + \sum_i [0.736 - 0.216\log(d_i)]K_i' + \left[0.224 + 0.910\left(1 - \frac{P}{P^*}\right)^3\right]K_C' \tag{3.9}$$

式中，$\tau_{0,C}$ 为混凝土的屈服应力；$K_i' = \dfrac{\phi_i}{1 - \phi_i^*}$，$\phi_i$、$\phi_i^*$ 和 d_i 分别是第 i 类颗粒的体积分数、最大体积分数和粒径；下标 C 表示水泥；P 和 P^* 分别为减水剂掺量和饱和掺量。该模型只适用于只有一种胶凝材料的混凝土的情况[30]。此外，Noor 和 Uomoto 指出混凝土的屈服应力可认为是砂浆和骨料体积分数的函数[26]，并基于砂浆和混凝土的实验数据得到了屈服应力的经验性拟合公式：

$$\tau_{0,C} = \tau_{0,m} + f(\phi) \tag{3.10}$$

式中，$\tau_{0,C}$ 和 $\tau_{0,m}$ 分别为混凝土和砂浆的屈服应力；ϕ 为总骨料体积分数。

若将新拌混凝土视为骨料悬浮在水泥浆体中的浓悬浮液，其屈服应力则与水泥浆体的屈服应力成正比[31]，表示为：

$$\tau_{0,C} \approx \tau_{0,cp} f(\phi/\phi_m) \tag{3.11}$$

式中，$\tau_{0,C}$ 和 $\tau_{0,cp}$ 分别为混凝土和相应水泥浆体的屈服应力；ϕ_m 为最大体积分数，可由下式进行计算[32]：

$$\phi_m = 1 - 0.45(d_{min}/d_{max})^{0.19} \tag{3.12}$$

式中，d_{min} 和 d_{max} 分别为骨料颗粒中的最小粒径和最大粒径。通过公式（3.11）计算的屈服应力与水泥浆体的组成无关，对于研究混凝土与水泥浆体的相对屈服应力具有重要意义。基于该公式，以下将用两个实例来说明屈服应力和体积分数之间的理论关系。

第一个例子是关于水动力效应或摩擦效应的主导理论，该理论取决于颗粒间距离，即流体-颗粒或颗粒-颗粒之间的相互作用[31]。在颗粒体积分数较低时,颗粒间的相互作用由流体动力效应主导。骨料的相对运动引起水泥浆体的流动,但在此过程会产生额外的能量耗散,导致混凝土的屈服应力大于无骨料水泥浆体的屈服应力。因此,混凝土的屈服应力随着骨料体积分数的增加而增大。然而,当骨料体积分数较高时,骨料颗粒之间可能发生直接接触。当然,由于颗粒相互作用、颗粒粗糙度和水动力效应的影响,很难真实地定义直接接触这一行为。即便如此,颗粒接触行为依然可以与颗粒所形成的连续网络结构联系起来。换句话说,当骨料体积分数大于某一临界值 ϕ_c 时,就会出现骨料颗粒直接接触现象。对于由均匀球体组成的悬浮液,ϕ_c 在 0.5 左右[33],而对于多分散悬浮液体系,ϕ_c 的值更高。基于上述理论,混凝土的屈服应力和骨料体积分数之间的典型关系如图 3.1 所示,其中骨料的最大体积分数为 0.84,临界体积分数约为 0.65。可以看出,当骨料体积分数低于 0.65 时,骨料颗粒之间的直接接触可以忽略不计,在该机制下,骨料颗粒对混凝土流变性能的影响可以认为是纯粹的水动力作用;当颗粒体积分数高于 0.65 时,颗粒开始发生接触,并开始占主导作用,颗粒碰撞消耗的能量显著增加了混凝土的屈服应力。摩擦机制与水动力机制之间的转变体积分数与多尺度方法的选择无关[31]。

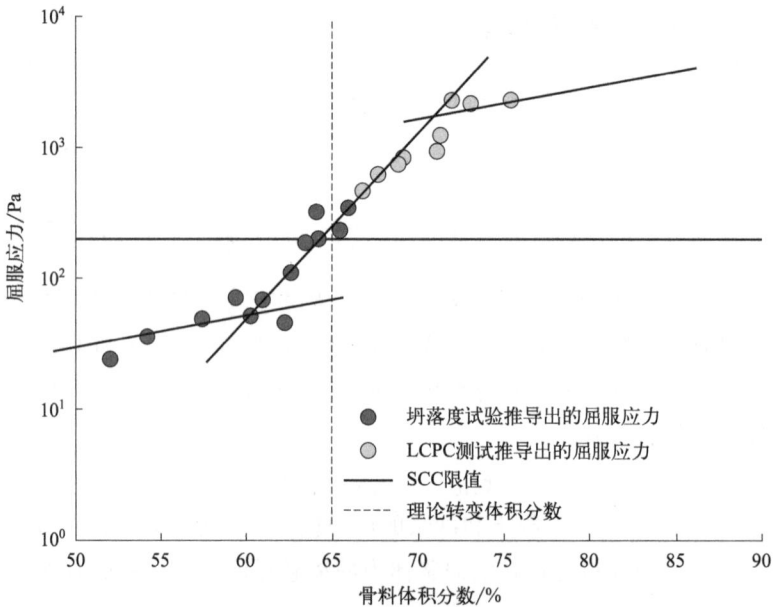

图 3.1 混凝土屈服应力与骨料体积分数的关系[31]

第二个例子是混凝土的相对屈服应力和骨料体积分数之间的定量关系。Chateau 等[34]认为采用 Herschel-Bulkley 模型表征混凝土的流变特性时,其与内部水泥浆体的相对屈服应力只取决于固体颗粒的体积分数,且遵循 Chateau-Ovarlez-Trung 模型:

$$\frac{\tau_c(\phi)}{\tau_c(0)} = \sqrt{\frac{1-\phi}{(1-\phi/\phi_m)^{2.5\phi_m}}} \tag{3.13}$$

式中,最大颗粒体积分数 ϕ_m 为 0.57,但很明显,该值并不是所谓的随机最密堆积分数(ϕ_{RDP},对于单分散球形颗粒大约为 0.65)。相反,颗粒直接接触开始显著影响的临界体积分数，既是仅考虑水动力相互作用模型的适用上限，也是自密实混凝土（SCC）与普通流变混凝土之间的界限。因此，公式（3.13）中的最大颗粒体积分数 ϕ_m 也被称为流变学临界体积分数 ϕ_{div}[35]。Hafid 等[36] 指出流变学临界体积分数与颗粒的随机最密堆积体积分数和随机松散堆积体积分数 ϕ_{RLP} 的关系可表示为：

$$\phi_{div} = 0.64\phi_{RDP} = 0.88\phi_{RLP} \tag{3.14}$$

如果将新拌混凝土视为粗骨料颗粒分散在砂浆基体中的悬浮液，而将新拌砂浆视为细骨料颗粒悬浮在水泥浆体中的悬浮液，则 Chateau-Ovarlez-Trung 模型可以改进为以下形式[37]：

$$\frac{\tau_c(\phi)}{\tau_c(0)} = \sqrt{\frac{1-\phi_s}{(1-\phi_s/\phi_{s,m})^{2.5\phi_{s,m}}}} \sqrt{\frac{1-\phi_g}{(1-\phi_g/\phi_{g,m})^{2.5\phi_{g,m}}}} \tag{3.15}$$

式中，ϕ_s 和 ϕ_g 分别为细骨料和粗骨料的体积分数，$\phi_{s,m}$ 和 $\phi_{g,m}$ 分别为细骨料和粗骨料的最大体积分数。Kabagire 等[38] 指出，公式（3.13）中的常数 2.5 可以用一个拟合系数 $[\eta]^*$ 代替，表示根据颗粒粒形特征和剪切条件修正过后的特性黏度[39]。因此，公式（3.13）也可以写为：

$$\frac{\tau_c(\phi)}{\tau_c(0)} = \sqrt{\frac{1-\phi}{(1-\phi/\phi_m)^{[\eta]^*\phi_m}}} \tag{3.16}$$

式中，修正后的特性黏度 $[\eta]^*$ 通过非线性回归确定。此外，将浆体与骨料的体积分数考虑在内，自密实混凝土的相对屈服应力可以通过下式计算[39]：

$$\frac{\tau_c(\phi)}{\tau_c(0)} = \sqrt{\left(\frac{1-\phi}{(1-\phi/\phi_m)^{[\eta]^*\phi_m}}\right)^{\frac{d}{(V_P/V_S)^e}}} \tag{3.17}$$

式中，V_P/V_S 是浆体与骨料的体积分数之比；d 和 e 为常数，其值分别为 1.1 和 1.24。研究发现，用公式（3.17）计算的掺有破碎石灰石的自密实混凝土的相对屈服应力与实测屈服应力的相关系数为 0.75。

3.2.2　富余浆体理论

水泥浆体是混凝土的重要组成部分。新拌混凝土模型的示意如图 3.2 所示。可以看出，混凝土中的水泥浆体由两部分组成，一部分水泥浆体用于填充骨料颗粒间的空隙，另一部分水泥浆体包裹骨料表面形成包裹层，后者也称为富余浆体。富余浆体的作用主要是润滑骨料颗粒，为混凝土拌合物提供流动性[14]。

富余浆体厚度可通过以下几种方法进行计算。最简单的方法可通过混凝土中平均颗粒间的距离粗略估算[31]：

$$b = -d\left[1 - (\phi/\phi_m)^{-1/3}\right] \tag{3.18}$$

式中，b 为颗粒间平均距离；d 为颗粒粒径；ϕ 为固体颗粒体积分数；ϕ_m 为颗粒最大体积分数。富余浆体厚度为上述公式计算的颗粒间距离的一半。Reinhardt 和 Wüstholz[40] 提供了另外一种简单计算富余浆体体积的方法，如公式（3.19）所示：

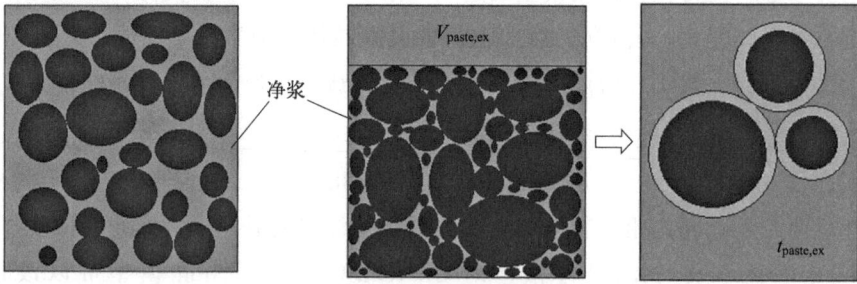

图 3.2 新拌混凝土模型示意图[40]

$$V_{\text{paste,ex}} = V_{\text{paste}} - V_{\text{A,void}} = V_{\text{paste}} - \frac{m_A}{\rho_A}\left(\frac{\rho_A}{\rho_{A,\text{bulk}}} - 1\right) \tag{3.19}$$

式中，$V_{\text{paste,ex}}$ 为富余浆体的体积；V_{paste} 为浆体的总体积；$V_{\text{A,void}}$ 为骨料间的空隙体积；m_A 和 ρ_A 分别为骨料的质量和密度；$\rho_{A,\text{bulk}}$ 为骨料的松散堆积密度。假设骨料表面形成一个球形的浆体层，且富余浆体厚度与颗粒大小无关，则富余浆体厚度可用下式计算：

$$V_{\text{paste,ex}} = \frac{4}{3}\pi \sum_i n_i \left[(r_i + t_{\text{paste,ex}})^3 - r_i^3\right] \tag{3.20}$$

式中，$t_{\text{paste,ex}}$ 为富余浆体厚度；r_i 和 n_i 分别为第 i 级骨料颗粒的半径和数量。除此之外，还有一种计算富余浆体厚度的方法[41]：

$$t_{\text{paste,ex}} = \left(1 - 100\frac{V_S}{C_S}\right)\frac{10}{S_S V_S} \tag{3.21}$$

式中，$t_{\text{paste,ex}}$ 为富余浆体厚度；V_S 为骨料与砂浆的体积比；C_S 为砂子的体积与其表观体积之比；S_S 为骨料的比表面积。

基于富余浆体理论，富余浆体的体积是主导砂浆或混凝土流变性能的决定性因素。此外，混凝土流变性能的影响因素如浆体体积、骨料体积等可以通过富余浆体厚度理论来解释和表征[24,40]。普通混凝土的流变参数与富余浆体厚度之间的关系示例如图 3.3 所示。可以看出，在较低的富余浆体厚度下，混凝土表现出较高的屈服应力、塑性黏度和较低的流动性，且屈服应力受富余浆体厚度的影响大于塑性黏度。随着富余浆体厚度的增加，屈服应力略有增加，塑性黏度逐渐减小，混凝土的流动性和稳定性得到改善。当富余浆体厚度较高时，混凝土的流动性很高，表现出较低的屈服应力和塑性黏度。此时，混凝土的稳定性较差，很容易观察到轻微的离析现象[42]。

砂浆和混凝土的屈服应力也可以通过富余浆体厚度进行预测[43]。假设富余浆体厚度仅取决于水泥浆体的性质，即无论骨料颗粒体积分数如何，富余浆体层厚度均可视为一个恒定值，则自密实混凝土的屈服应力可通过公式(3.22)进行估算：

$$\frac{\tau_c}{\tau_0} = k\left[\phi_1\left(1+\frac{b}{d_1}\right)^3 + \phi_2\left(1+\frac{b}{d_2}\right)^3 - \phi_c\right]^n \tag{3.22}$$

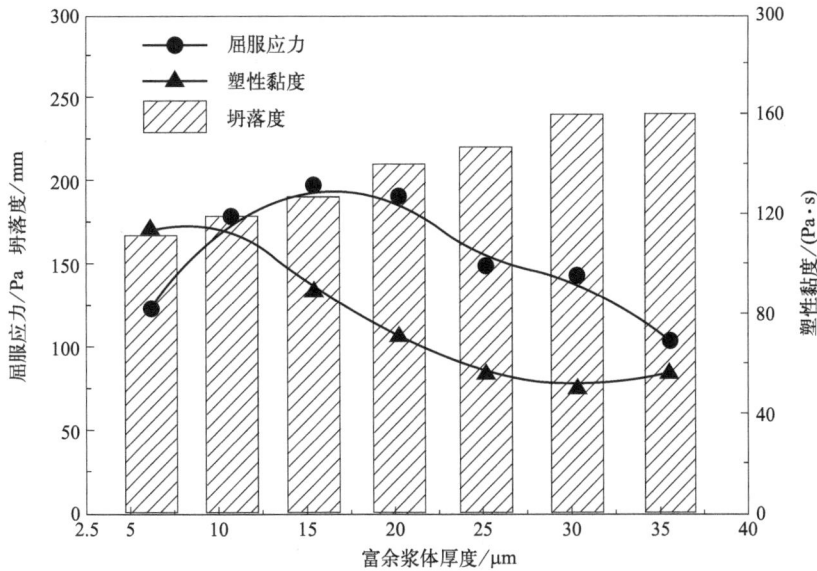

图 3.3　流变参数与富余浆体厚度之间的典型关系[42]

　　式中，τ_c 和 τ_0 分别为混凝土和内部水泥浆体的屈服应力；b 为浆体层厚度；k 为常数；d_1 和 d_2 分别为细骨料和粗骨料的粒径；ϕ_1 和 ϕ_2 分别为细骨料和粗骨料的体积分数；ϕ_c 为体积分数的阈值，对于单一粒径的悬浮液，其值为 0.29。该公式可以较好地预测混凝土的屈服应力[43]。

3.3　骨料性质对流变性能的影响

3.3.1　骨料体积分数

　　图 3.4 为砂浆和混凝土的塑性黏度与骨料体积分数之间的典型关系。可以看出，只有在高体积分数时，骨料才会明显影响混凝土材料的塑性黏度。此外，对于骨料体积分数较低的水泥基材料，骨料粒径、等级和表面纹理的影响并不明显[27,44]。若假设塑性黏度表征固体颗粒空隙中水的流动行为[29]，那么骨料体积分数对新拌贫水泥混凝土的塑性黏度的影响远高于富水泥混凝土，这是由于较高骨料体积分数的体系发生固体颗粒间的碰撞和摩擦的概率较高[45]。

　　对于屈服应力，Mahaut 等[17] 通过研究刚性颗粒悬浮于屈服应力流体的悬浮液，发现混凝土与内部水泥浆体的相对屈服应力只取决于水泥浆体的屈服应力值和颗粒的体积分数，而与水泥浆体的物理化学性质、固体颗粒材料和粒径无关。相对屈服应力与颗粒体积分数之间的典型关系如图 3.5 所示。可以看到，相对屈服应力随着颗粒体积分数的增加呈指数增加，当固体颗粒体积分数低于 30% 时，相对屈服应力增加程度有限，但当颗粒体积分数高于 50% 时，相对屈服应力急剧增加[17]。

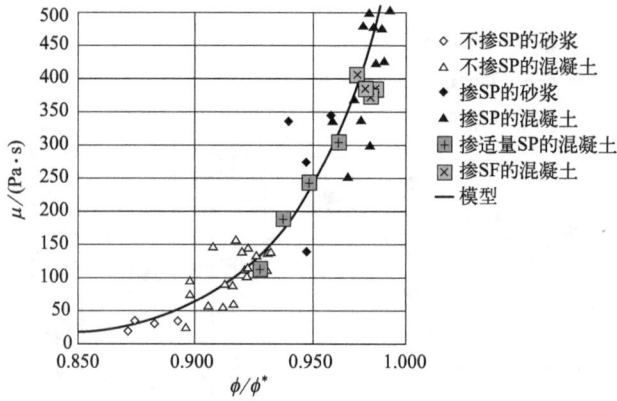

图 3.4　塑性黏度与骨料体积分数的关系（SP 为减水剂，SF 为硅灰）[29]

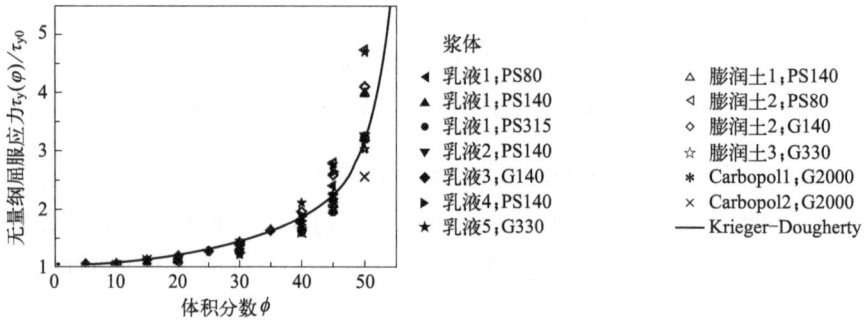

图 3.5　不同悬浮液的相对屈服应力随颗粒体积分数的变化[17]

3.3.2　级配和粒径

根据富余浆体理论，当水泥浆体含量固定时，骨料堆积密度越高，空隙率越低，从而起到润滑作用的富余浆体含量越高。可见，混凝土的流变性能受骨料颗粒堆积状态的影响。文献 [46，47] 中总结了当前关于单粒径和多分散体系的颗粒堆积模型。在水泥基材料中，骨料级配的优化过程是通过选择适当粒径和比例的小颗粒来填补较大的空隙，使级配曲线逐渐接近理想级配曲线，从而实现良好的骨料堆积状态。具有优异性能的混凝土拌合物具有优良骨料级配。本节简要介绍了水泥基材料中最常用的级配模型，并总结了粒径和级配对混凝土流变性能的影响规律。

最著名的骨料颗粒堆积理想曲线是根据 Fuller-Thompson 模型[48] 所得到的粒度分布，它可以表示为：

$$P = (d_i / D_{max})^q \tag{3.23}$$

式中，P 为通过孔径为 d_i 的筛子的颗粒分数；D_{max} 为骨料的最大粒径；参数 q 取值范围为 0～1。根据 Andreasen 和 Andersen 的研究，在 q 值为 0.37 将实现骨料的最紧密堆积，而在使用 Fuller 曲线时，将在 $q=0.5$ 时达到最紧密堆积。

将骨料和胶凝材料等所有固体颗粒均考虑在内，Funk 和 Dinger[49] 提出了修正的 Andreasen & Andersen 模型：

$$P=\frac{d_i^q-d_{\min}^q}{d_{\max}^q-d_{\min}^q} \tag{3.24}$$

式中，$d_{\min}$ 为最小颗粒粒径。根据 Mueller 等[50] 的研究结果，当 q 约为 0.27 时，修正的 Andreasen 和 Andersen 模型可以用来表示低粉体含量的自密实混凝土中所有固体颗粒的粒径分布。因此，该模型被广泛应用于普通混凝土和自密实混凝土的配合比设计中。

从试验结果的角度，骨料颗粒粒径越小，颗粒比表面积越高，需水量越高，导致水泥基材料具有较高的屈服应力和塑性黏度[14]。当骨料体积分数较低时，颗粒粒径对流变性能的影响不大，只有在较高的骨料体积分数时，粒径的影响才变得明显[27]。Hu[51] 研究了骨料对水泥基材料流变性能的影响，结果发现，对于水灰比固定为 0.5、砂胶比为 2 的砂浆，当砂子粒径从 0.15mm 增加到 2.36mm 时，砂浆的屈服应力从 130Pa 降低到 70Pa，塑性黏度从 2Pa·s 降低到 1.2Pa·s。Han 等[52] 也发现增加细骨料粒径会降低新拌砂浆的屈服应力和塑性黏度。此外，当细骨料的粒径超过 0.70mm 时，细骨料粒径的变化对屈服应力影响不再明显，如图 3.6 所示。

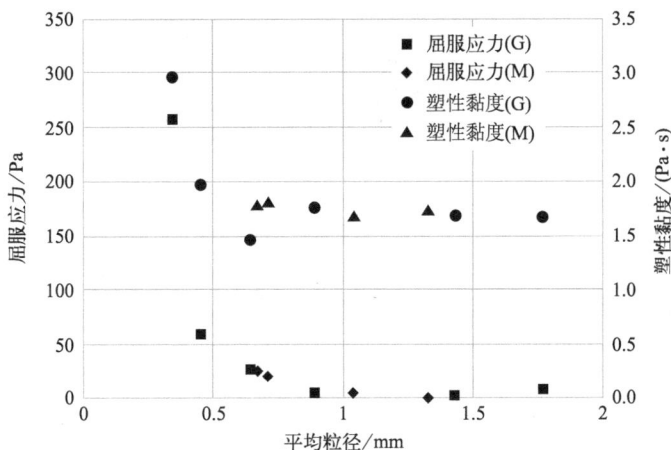

图 3.6　细骨料粒径对砂浆屈服应力和塑性黏度的影响[52]

对于混凝土而言，粗骨料粒径对屈服应力的影响比塑性黏度更为显著[51]。级配良好的粗骨料一般比单粒径骨料具有更低的未压实空隙率[53,54]。因此，级配良好的粗骨料混凝土中，用于润滑骨料颗粒的富余浆体量更多，因此含有良好级配的粗骨料混凝土拌合物的屈服应力和塑性黏度明显低于单粒径粗骨料混凝土拌合物。Santos 等[55] 指出，具有连续级配骨料的混凝土表现出较高的坍落度，而由于颗粒互锁效应，不连续级配骨料的混凝土具有较低的流动性。此外，级配较差的细集料可在一定程度上通过使用细度模数较低的较细砂进行修正。例如，使用少量较细的沙丘砂取代碎石砂会降低混凝土的屈服应力和塑性黏度，但由于沙丘砂的比表面积较大，取代率较高时则会产生相反的效果[56,57]。另外，粗骨料中粒径小于 0.315mm 的细粉含量对新拌混凝土的流变性能也有显著影响[58]。研究发现，细粉含量从 8% 增加到 18% 可以显著降低屈服应力，升高塑性黏度，并改善混凝土的抗离析性能。

3.3.3 骨料粒形

骨料的粒形特征影响骨料颗粒之间及骨料与胶凝材料之间的相互作用，因此它们对混凝土的工作性、力学性能和耐久性能具有重要的影响。骨料颗粒的粒形可以通过颗粒偏离理想球形的程度即形状参数进行定量表征。常用的表征骨料粒形的形状参数有长宽比（A_R）、圆形度（f_{circ}）和凹凸度（f_{conv}），其定义的示意如图 3.7 所示，其中颗粒的面积记为 S，其周长记为 P，凸周长 P_{conv} 为颗粒投影所捕获的多边形的最小周长，即图 3.7 中的灰色多边形的周长。

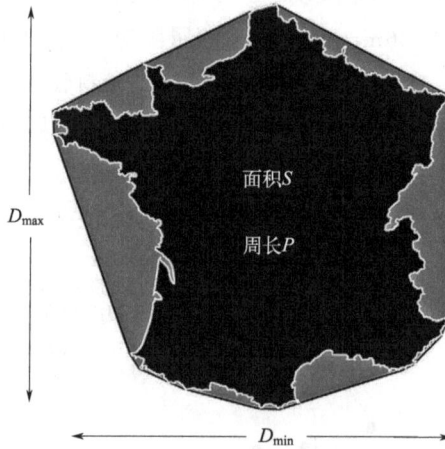

图 3.7　定义形状参数的示意图[36]

长宽比是最常用的形状参数，表示颗粒投影的最大粒径（D_{max}）和最小粒径（D_{min}）的比值：

$$A_R = \frac{D_{max}}{D_{min}} \tag{3.25}$$

另一个常见的形状参数是圆形度：

$$f_{circ} = \frac{4\pi S}{P^2} \tag{3.26}$$

凹凸度可以通过凸周长和实际周长之间的比值来计算，即：

$$f_{conv} = \frac{P_{conv}}{P} \tag{3.27}$$

此外，骨料颗粒的粒形也可以通过球度（SP）和圆度（R）来表征[59]，分别通过式(3.28)和式(3.29)表示：

$$SP = \frac{2P^{0.5}}{\pi^{0.5} D_{max}} \tag{3.28}$$

$$R = \frac{4P}{\pi D_{max}^2} \tag{3.29}$$

一般而言，长宽比描述了颗粒的整体形状，而圆形度则反映了颗粒与完美圆形的偏差程度。凹凸度通常是为了表征颗粒的表面粗糙度。表 3.1 中总结了常见的几种几何形状的示意图及其形态参数。凹凸度和长宽比基本不相关，而圆形度随整体形状和表面粗糙度而变化。例如，Hafid 等[36] 通过测试 120 个不同骨料颗粒得到长宽比与圆形度、凹凸度和圆形度之间的关系，如图 3.8 和图 3.9 所示。可以发现，凹凸度和圆形度之间具有很好的相关性。因此，长宽比和凹凸度可以作为相互独立的形状参数来描述骨料颗粒的粒形特征。此外，他们还指出，砂颗粒的随机最密堆积体积分数和随机松散堆积体积分数都与长宽比密切相关，而颗粒粗糙度似乎只有在颗粒间的摩擦接触开始占主导时才发挥作用。

表 3.1　不同几何形状的示意图和形状参数[36]

形状	示意图	A_R	f_{circ}	f_{conv}
圆圈		<u>100%</u>	<u>100%</u>	<u>100%</u>
方形		<u>100%</u>	79%	<u>100%</u>
长方形		300%	59%	<u>100%</u>
椭圆体		300%	60%	<u>100%</u>
星形		<u>100%</u>	38%	79%

注：带下划线的数值表示该形状参数不随几何形状的大小而改变。

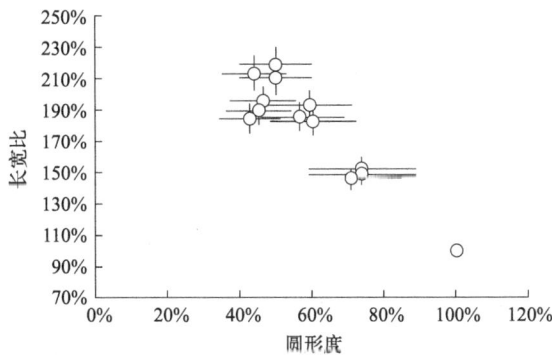

图 3.8　长宽比和圆形度之间的关系[36]

将体积分数和颗粒形状考虑在内，Geiker 等[60] 使用 Nielsen 模型[15] 预测了混凝土的流变参数。假设骨料颗粒是椭圆体，塑性黏度（μ_C）可以用公式（3.30）进行计算：

$$\frac{\mu_C}{\mu_0} = \frac{1+\alpha\phi}{1-\phi} \tag{3.30}$$

式中，μ_0 为内部水泥浆体的塑性黏度，Pa·s；ϕ 为固体颗粒体积分数；α 为取决于悬

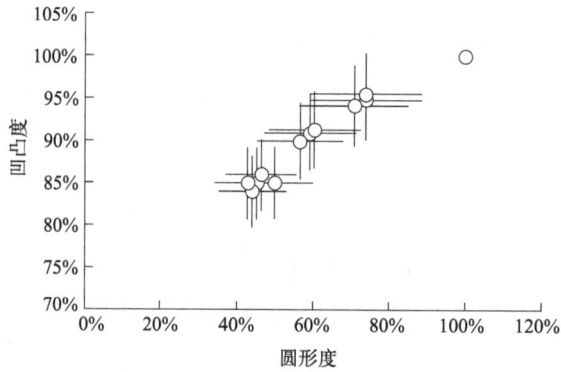

图 3.9　凹凸度和圆形度的关系[36]

浮液和颗粒的形状函数。然而，由于骨料的棱角性和表面纹理的综合影响，所提出的模型与实验结果存在着偏差[60]。

　　混凝土材料的流变特性受骨料颗粒形状和表面纹理的影响。在不同颗粒形状的悬浮液中，相对屈服应力和相对 Herschel-Bulkley 稠度系数与固体颗粒体积分数之间的关系如图 3.10 所示。可以看出，相对屈服应力和相对 Herschel-Bulkley 稠度系数均随固体颗粒体积分数的增加而增大，而流变学临界体积分数取决于固体颗粒的形状；颗粒形状对稠度系数的影响高于对屈服应力的影响。此外，当颗粒趋于不规则时，流变学临界体积分数逐渐减小。单一粒径颗粒的流变学临界体积分数与长宽比之间的典型关系如图 3.11 所示。可以看出，针片状颗粒的流变学临界体积分数甚至可以降低到 40%。

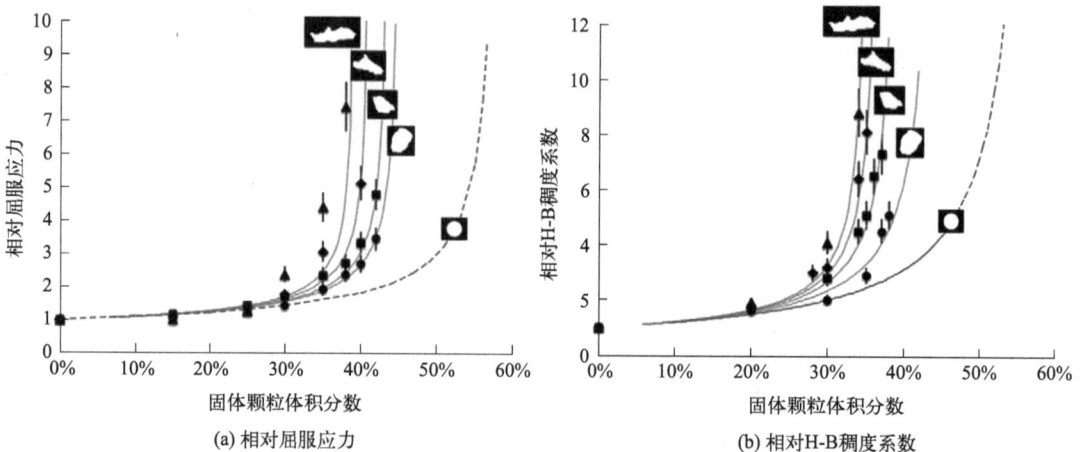

(a) 相对屈服应力　　　　　(b) 相对H-B稠度系数

图 3.10　具有不同颗粒形状的悬浮液的流变参数和固体颗粒体积分数的关系[36]

　　当固体颗粒体积分数固定时，球形颗粒具有较低的未压实空隙含量和较低的颗粒间摩擦力，导致混凝土的屈服应力和塑性黏度偏低。相反，不规则和针片状骨料颗粒能够显著增加砂浆和混凝土的屈服应力和塑性黏度，如图 3.12 所示。与屈服应力相比，颗粒形状对混凝土塑性黏度和稠度指数的影响更为明显，且可以通过增加浆体体积来降低骨料粒形带来的负面影响[61]。此外，较细颗粒（如 0.125～2mm）的颗粒形状和粒径低于 0.125mm 的填充颗粒对混凝土的工作性和流变性具有显著的影响[62]。

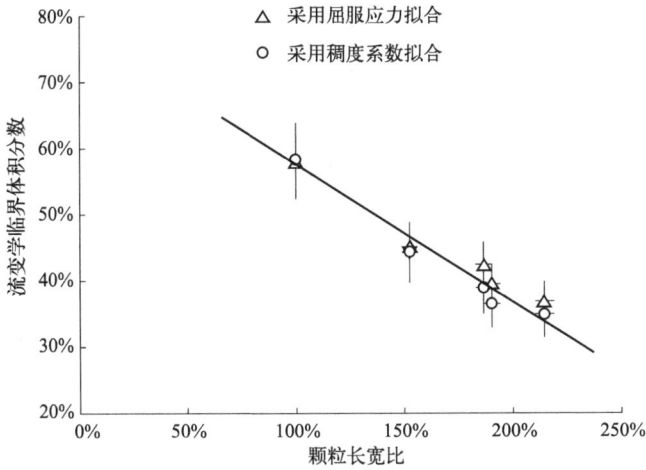

图 3.11　流变学临界体积分数与颗粒长宽比的关系[36]

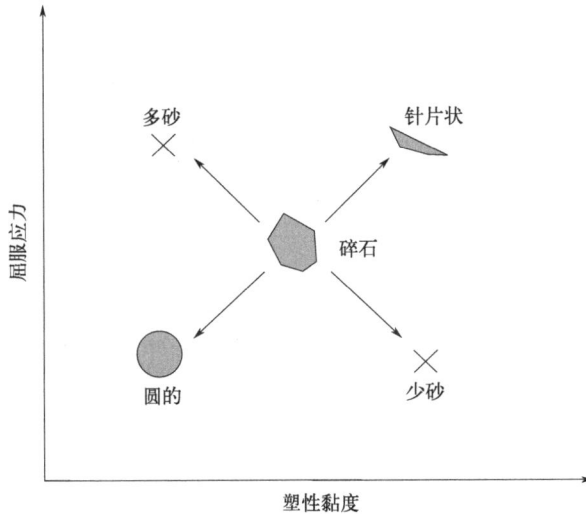

图 3.12　骨料形状和砂用量对流变参数的影响[63]

　　从骨料类型的角度来说，相较于采用石灰岩和碎石骨料制备的混凝土，采用河砂和碎石制备的砂浆和混凝土的屈服应力和塑性黏度相对较低[27,53]。实验结果表明，具有高吸水率的再生混凝土骨料（RCA）也有可能生产出具有良好流动性、稳定性和优良钢筋通过能力的自密实混凝土[64]。Carro-López 等[65] 发现，用 20％的细 RCA 取代天然砂对自密实混凝土的工作性能和流变性能影响较小，但进一步增加细 RCA 的替代量会明显降低自密实混凝土的工作性。此外，随着细 RCA 替代量的升高，自密实混凝土的塑性黏度随时间而增加，如图 3.13 所示。然而，Güneyisi 等[66] 却发现将细 RCA 从 0％增加到 100％会增加自密实混凝土的流动性，这可能是由于所用 RCA 颗粒的物理性质所导致的。他们还发现，用粗 RCA 替代 50％的粗骨料可以改善自密实混凝土的工作性，但进一步增加粗 RCA 的替代率，自密实混凝土的流动性逐渐降低。Ait Mohamed Amer 等[67] 建立了粗 RCA 替代率、超塑化剂、w/c 和混凝土流变参数之间的经验关系：

$$X = A(1 + k_1 R_A)\left(1 + k_2 S_p + k_3 \frac{w}{c} + k_4 \frac{\Delta w}{c}\right) \tag{3.31}$$

式中，X 表示混凝土的屈服应力或塑性黏度；A 为取决于基准混凝土的参数；R_A 为 RCA 的替代率；S_p 为减水剂掺量；$\Delta w/c$ 为预饱和水灰比；$k_1 \sim k_4$ 为常数。如图 3.14 所示，计算值与实测值的相关系数较高，可见该经验公式能够为含有干燥或预饱和 RCA 的混凝土的流变性能预测提供一种有效途径[67]。

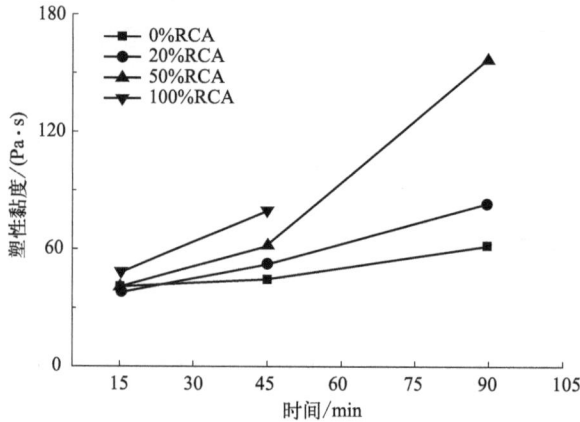

图 3.13　细再生混凝土骨料制备的混凝土的塑性黏度随时间的变化[65]

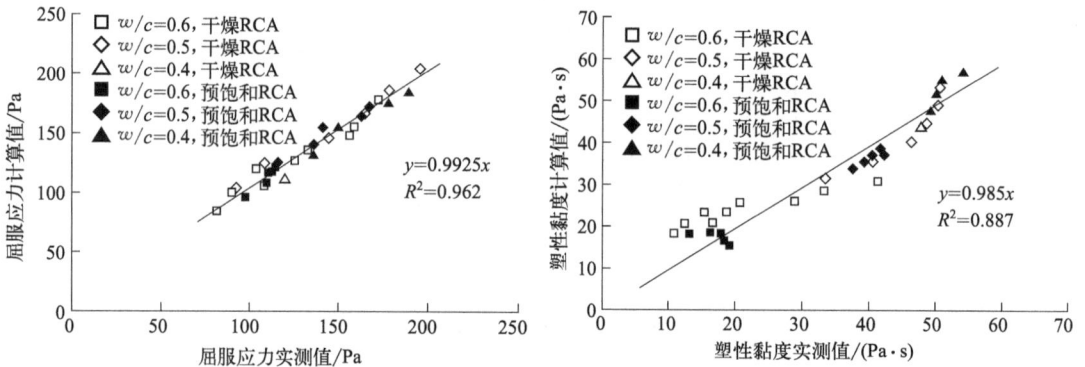

图 3.14　实测流变参数和计算值之间的关系[67]

3.4　外部因素的影响

3.4.1　搅拌过程

搅拌过程对悬浮液的分散性有显著影响，从而影响其流变行为。本节介绍了搅拌机类型、搅拌时间和加料顺序对砂浆和混凝土流变性能的影响规律。

Wallevik 等[63] 指出混凝土的流变参数受搅拌机类型的影响，他们使用了三种不同的搅拌机，即由 Maschinenfabrik Gustav Eirich 生产的 50L 和 150L 搅拌机以及混凝土罐车搅拌，并分别测试了所得到的混凝土的流变参数，如图 3.15 所示。可以看出，通过罐车搅拌得到的混凝土拌合物的塑料黏度比由搅拌机得到的塑性黏度值偏高。随着搅拌机容量的增大，混凝土的屈服应力逐渐下降，但塑性黏度反而升高。此外，他们通过数值模拟发现，罐车的剪切速率取决于罐车的旋转速度、容量和混凝土的流变参数[68]。提高转速可以增加罐车对混凝土的剪切速率，如果只考虑容量，剪切速率随着罐车容量的增加而呈指数级下降。

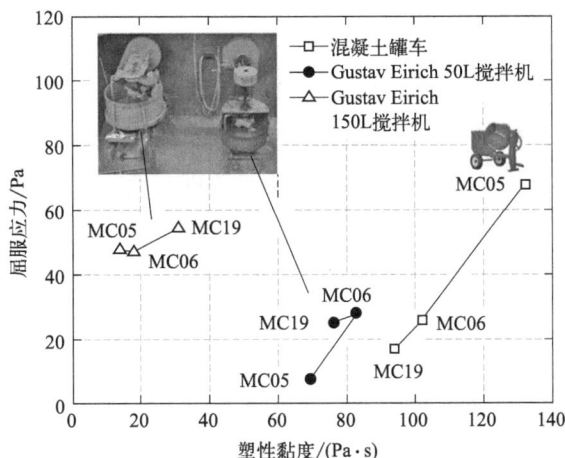

图 3.15　搅拌机类型对混凝土流变特性的影响[63]

　　Struble 和 Chen[69] 研究了搅拌时间对混凝土流变特性的影响。他们发现，经过长时间连续搅拌的混凝土具有较低的屈服应力和塑性黏度。通过理论计算，Li 等[70] 发现与搅拌状态相比，混凝土在静置状态下的屈服应力和塑料黏度随时间和温度的变化更为明显。然而，过度搅拌同样也会对水泥浆体和混凝土的工作性和流变特性产生负面的影响[71,72]。此外，持续搅拌也能影响混凝土的剪切变稀或增稠行为的强度。Nehdi 和 Al Martini[73] 发现增加搅拌时间和升高温度都能够使含有高效减水剂的混凝土表现出剪切变稀行为；而对于掺有过饱和掺量的萘系磺酸基型减水剂的混凝土拌合物，经高温搅拌后，其流变行为由剪切变稀转变为剪切增稠。Jiao 等[74] 发现含有玻璃纤维的新拌砂浆在经历旋转剪切混合后，更容易表现出剪切增稠行为。

　　水泥基材料的流变性能同样会受到加料顺序的影响。Van Der Vurst 等[75] 探究了材料的添加顺序对自密实混凝土流变性能的影响。结果发现，由于骨料的吸水效应，将骨料与水预混合增加了塑性黏度和动态屈服应力。相比之下，在水泥净浆中加入骨料可以显著改善混凝土的工作性能。França 等[76] 也得到了类似的结果。此外，França 等[77] 还研究了聚乙烯醇纤维的添加顺序对砂浆搅拌过程和流变性能的影响。结果发现，先将水与固体颗粒混合，然后再引入聚乙烯醇纤维，可以节省搅拌能量，显著改善砂浆的流变性能。

3.4.2　测试过程

　　水泥悬浮液是一种具有触变性和时变性的悬浮液。如果流变测试前不能达到稳定状态，则容易表现出剪切增稠行为，尤其是具有较高浆体体积分数的自密实混凝土[78,79]。在测试过程中，每个转速段所持续的时间也能影响悬浮液是否达到稳态，从而影响所测得的流变参数。一般而言，非稳态会导致塑性黏度升高、屈服应力降低[80]。然而，较长时间的剪切则有可能导致混凝土拌合物出现离析现象。为了减少非稳态的影响和避免离析泌水，Geiker 等[80]建议混凝土流变性能测试时的速度应控制在 0.05～0.57r/s，每个转速的持续时间为 10s。

3.4.3 流变仪种类

所测得新拌混凝土的流变参数也取决于所用的流变仪种类。美国国家标准与技术研究所（NIST）在法国[81]和美国克利夫兰[82]进行了一系列的实验，比较了不同的混凝土流变仪如 IBB、BML 和两点式流变仪对所测流变参数的影响，他们发现混凝土的绝对屈服应力和塑性黏度与使用的流变仪有关，但流变参数变化趋势则与流变仪无关。Hočevar 等[83]采用 ICAR 流变仪和 ConTec Viscometer 5 测试了 26 种混凝土的流变参数，发现使用 ICAR 流变仪得到的屈服应力比 ConTec Viscometer 5 流变仪得到的结果高出 42%，而塑性黏度则低 42%。

3.5 本章小结

与水泥浆体相比，混凝土包含较大颗粒尺寸的骨料且骨料表面粗糙，限制了其流动，增加了屈服应力和塑性黏度。骨料体积分数和混凝土塑性黏度之间的关系可以用 Krieger-Dougherty 模型来表征，而其与屈服应力的关系可以用 Chateau-Ovarlez-Trung 模型来预测。骨料对混凝土流变特性的影响机理可用富余浆体理论来解释。

在骨料体积分数相对较低时，骨料粒径、级配和表面形貌对水泥基材料流变特性的影响不大；但当颗粒体积分数较高时，由于颗粒间的碰撞和摩擦，屈服应力和塑性黏度随着颗粒体积分数的增加呈现指数式增长趋势。

对于水泥浆体含量固定的混凝土拌合物，骨料堆积密度越高，空隙率越低，作为润滑作用的富余浆体含量越高。因此，混凝土的流变性能受骨料颗粒堆积的影响显著。相对于塑性黏度，粗骨料粒径对屈服应力的影响更为显著；具有合理级配粗骨料的混凝土拌合物的屈服应力和塑性黏度明显偏低于单一粒径粗骨料的混凝土拌合物。

长宽比和凹凸度可以用来表征骨料粒形特征对混凝土的流变性能影响的参数。球形颗粒具有较低的未压实空隙含量和较低的颗粒间摩擦力，从而降低水泥基材料的屈服应力和塑性黏度。颗粒形状对塑性黏度和稠度系数的影响高于对屈服应力的影响。

参 考 文 献

[1] Barnes H A, Hutton J F, Walters K. An introduction to rheology [M]. Amsterdam：Elsevier, 1989.

[2] Roussel N. Rheology of fresh concrete：from measurements to predictions of casting processes [J]. Materials and Structures, 2007, 40 (10)：1001-1012.

[3] Kwon S H, Park C K, Jeong J H, et al. Prediction of concrete pumping：Part II-analytical prediction

and experimental verification [J]. ACI Materials Journal，2013，110（6）：657-667.

[4]　Roussel N，Lemaître A，Flatt R J，et al. Steady state flow of cement suspensions：A micromechanical state of the art [J]. Cement and Concrete Research，2010，40（1）：77-84.

[5]　Sant G，Ferraris C F，Weiss J. Rheological properties of cement pastes：A discussion of structure formation and mechanical property development [J]. Cement and Concrete Research，2008，38（11）：1286-1296.

[6]　Bogner A，Link J，Baum M，et al. Early hydration and microstructure formation of Portland cement paste studied by oscillation rheology，isothermal calorimetry，1H NMR relaxometry，conductance and SAXS [J]. Cement and Concrete Research，2020，130：105977.

[7]　Jiao D，Cheikh K EI，Shi C，et al. Structural build-up of cementitious paste with nano-Fe_3O_4 under time-varying magnetic fields [J] Cement and Concrete Research，2019，124：105857.

[8]　Khan M I，Mourad S M，Charif A. Utilization of Supplementary Cementitious Materials in HPC：From rheology to pore structure [J]. KSCE Journal of Civil Engineering，2016，21（3）：889-899.

[9]　Roussel N. Rheological requirements for printable concretes [J]. Cement and Concrete Research，2018，112：76-85.

[10]　Yuan Q，Li Z，Zhou D，et al. A feasible method for measuring the buildability of fresh 3D printing mortar [J]. Construction and Building Materials，2019，227：116600.

[11]　Schutter G D，Lesage K，Mechtcherine V，et al. Vision of 3D printing with concrete - Technical，economic and environmental potentials [J]. Cement and Concrete Research，2018，112：25-36.

[12]　Wallevik O H. Rheology—A scientific approach to develop self-compacting concrete [M]. 3rd Int. Symposium on SCC，Rilem，Reykjavik，2003，23-31.

[13]　Jiao D，Shi C，Yuan Q，et al. Mixture design of concrete using simplex centroid design method [J]. Cement and Concrete Composites，2018，89：76-88.

[14]　Jiao D，Shi C，Yuan Q，et al. Effect of constituents on rheological properties of fresh concrete-A review [J]. Cement and Concrete Composites，2017，83：146-159.

[15]　Nielsen L F. Rheology of some fluid extreme composites：Such as fresh self-compacting concrete [J]. Nordic Concrete Research，2001，27：83-94.

[16]　Talbot A N，Brown H A，Richart F E. The strength of concrete：its relation to the cement aggregates and water [D]. Urbana Champaign：University of Illinois，1923，137：117-118.

[17]　Mahaut F，Mokéddem S，Chateau X，et al. Effect of coarse particle volume fraction on the yield stress and thixotropy of cementitious materials [J]. Cement and Concrete Research，2008，38：1276-1285.

[18]　Struble L，Sun G K. Viscosity of Portland cement paste as a function of concentration [J]. Advanced Cement Based Materials，1995，2（2）：62-69.

[19]　Quemada D. Models for rheological behavior of concentrated disperse media under shear [J]. Advances in rheology，1984，2：571-582.

[20]　Robinson J V. The Viscosity of Suspensions of Spheres [J]. The Journal of Physical Chemistry，1949，53：1042-1056.

[21]　Roscoe R. The viscosity of suspensions of rigid spheres [J]. British Journal of Applied Physics，1952，3：267.

[22] Mooney M. The viscosity of a concentrated suspension of spherical particles [J]. Journal of Colloid Science, 1951, 6: 162-170.

[23] Krieger I M, Dougherty T J. A mechanism for non-Newtonian flow in suspensions of rigid spheres [J]. Transactions of the Society of Rheology, 1959, 3: 137-152.

[24] Ren Q, Tao Y, Jiao D, et al. Plastic viscosity of cement mortar with manufactured sand as influenced by geometric features and particle size [J]. Cement and Concrete Composites, 2021, 122: 104163.

[25] Farris R J. Prediction of the Viscosity of Multimodal Suspensions from Unimodal Viscosity Data [J]. Transactions of the Society of Rheology, 1968, 12: 281-301.

[26] Noor M A, Uomoto T. Rheology of high flowing mortar and concrete [J]. Materials and Structures, 2004, 37: 512-521.

[27] Lu G, Wang K, Rudolphi T J. Modeling rheological behavior of highly flowable mortar using concepts of particle and fluid mechanics [J]. Cement and Concrete Composites, 2018, 30: 1-12.

[28] Wang X, Lu A, Wang K. Effect of interparticle action on shear thickening behavior of cementitious composites: modeling and experimental validation [J]. Journal of Sustainable Cement-Based Materials, 2020, 9: 78-93.

[29] Larrard F de, Sedran T. Mixture-proportioning of high-performance concrete [J]. Cement and Concrete Research, 2002, 32: 1699-1704.

[30] Toutou Z, Roussel N. Multi scale experimental study of concrete rheology: From water scale to gravel scale [J]. Materials and Structures, 2006, 39: 189-199.

[31] Yammine J, Chaouche M, Guerinet M, et al. From ordinary rhelogy concrete to self compacting concrete: A transition between frictional and hydrodynamic interactions [J]. Cement and Concrete Research, 2008, 38: 890-896.

[32] Hu C, Larrard F de. The rheology of fresh high-performance concrete [J]. Cement and Concrete Research, 1996, 26: 283-294.

[33] Onoda G Y, Liniger E G. Random loose packings of uniform spheres and the dilatancy onset [J]. Physical Review Letters, 1990, 64: 2727-2730.

[34] Chateau X, Ovarlez G, Trung K L. Homogenization approach to the behavior of suspensions of non-colloidal particles in yield stress fluids [J]. Journal of Rheology, 2008, 52: 489-506.

[35] Ovarlez G, Bertrand F, Rodts S. Local determination of the constitutive law of a dense suspension of non-colloidal particles through MRI [J]. Journal of Rheology, 2006, 50: 259-292.

[36] Hafid H, Ovarlez G, Toussaint F, et al. Effect of particle morphological parameters on sand grains packing properties and rheology of model mortars [J]. Cement and Concrete Research, 2016, 80: 44-51.

[37] Choi M S, Kim Y J, Kwon S H. Prediction on pipe flow of pumped concrete based on shear-induced particle migration [J]. Cement and Concrete Research, 2013, 52: 216-224.

[38] Kabagire K D, Diederich P, Yahia A, et al. Experimental assessment of the effect of particle characteristics on rheological properties of model mortar [J]. Construction and Building Materials, 2017, 151: 615-624.

[39] Kabagire K D, Yahia A, Chekired M. Toward the prediction of rheological properties of self-consolidating concrete as diphasic material [J]. Construction and Building Materials, 2019, 195: 600-612.

［40］ Reinhardt H W，Wüstholz T. About the influence of the content and composition of the aggregates on the rheological behaviour of self-compacting concrete ［J］. Materials and Structures，2006，39：683-693.

［41］ Oh S，Noguchi T，Tomosawa F. Toward mix design for rheology of self-compacting concrete ［J］. 1st International RILEM Symposium on Self-Compacting Concrete，1999，361-372.

［42］ Jiao D，An X，Shi C，et al. Effects of Paste Thickness on Coated Aggregates on Rheological Properties of Concrete ［J］. Journal of The Chinese Ceramic Society，2017，45：1360-1366.

［43］ Lee J H，Kim J H，Yoon J Y. Prediction of the yield stress of concrete considering the thickness of excess paste layer ［J］. Construction and Building Materials，2018，173：411-418.

［44］ Li T，Liu J. Effect of aggregate size on the yield stress of mortar ［J］. Construction and Building Materials，2021，305：124739.

［45］ Okamura H，Ouchi M. Self-compacting concrete ［J］. Journal of advanced concrete technology，2003，1：5-15.

［46］ Kumar S，Santhanam M. Particle packing theories and their application in concrete mixture proportioning：A review ［J］. Indian Concrete Journal，2003，77：1324-1331.

［47］ Roussel N. Understanding the Rheology of Concrete ［M］. Cambridge：Elsevier，2011.

［48］ Fuller W B，Thompson S E. The laws of proportioning concrete ［J］. Transcations of the American Society of Civil Engineers，1907，59（2）67-143.

［49］ Funk J E，Dinger D R. Predictive process control of crowded particulate suspensions：applied to ceramic manufacturing ［M］. Berlin：Springer Science and Business Media，2013.

［50］ Mueller F V，Wallevik O H，Khayat K H. Linking solid particle packing of Eco-SCC to material performance ［J］. Cement and Concrete Composites，2014，54：117-125.

［51］ Hu J. A study of effects of aggregate on concrete rheology ［D］. Iowa：Iowa State University，2005.

［52］ Han D，Kim J H，Lee J H，et al. Critical Grain Size of Fine Aggregates in the View of the Rheology of Mortar ［J］. International Journal of Concrete Structures and Materials，2017，11：627-635.

［53］ Hu J，Wang K J. Effects of size and uncompacted voids of aggregate on mortar flow ability ［J］. Journal of Advanced Concrete Technology，2007，5：75-85.

［54］ Hu J，Wang K. Effect of coarse aggregate characteristics on concrete rheology ［J］. Construction and Building Materials，2011，25：1196-1204.

［55］ Santos A C P，Ortiz-Lozano J A，Villegas N，et al. Experimental study about the effects of granular skeleton distribution on the mechanical properties of self-compacting concrete（SCC）［J］. Construction and Building Materials，2015，78：40-49.

［56］ Bouziani T，Bederina M，Hadjoudja M. Effect of dune sand on the properties of flowing sand-concrete （FSC）［J］. International Journal of Concrete Structures and Materials，2012，6：59-64.

［57］ Park S，Lee E，Ko J，et al. Rheological properties of concrete using dune sand ［J］. Construction and Building Materials，2018，172：685-695.

［58］ Aïssoun B M，Hwang S-D，Khayat K H. Influence of aggregate characteristics on workability of superworkable concrete ［J］. Materials and Structures，2015，49：597-609.

［59］ Cordeiro G C，de Alvarenga L M S C，Rocha C A A. Rheological and mechanical properties of concrete containing crushed granite fine aggregate ［J］. Construction and Building Materials，2016，

111: 766-773.

[60] Geiker M R, Brandl M, Thrane L N, et al. On the effect of coarse aggregate fraction and shape on the rheological properties of self-compacting concrete [J]. Cement, concrete and aggregates, 2002, 24: 3-6.

[61] Westerholm M, Lagerblad B, Silfwerbrand J, et al. Influence of fine aggregate characteristics on the rheological properties of mortars [J]. Cement and Concrete Composites, 2008, 30: 274-282.

[62] Cepuritis R, Jacobsen S, Pedersen B, et al. Crushed sand in concrete-Effect of particle shape in different fractions and filler properties on rheology [J]. Cement and Concrete Composites, 2016, 71: 26-41.

[63] Wallevik O H, Wallevik J E. Rheology as a tool in concrete science: The use of rheographs and workability boxes [J]. Cement and Concrete Research, 2011, 41: 1279-1288.

[64] Hu J, Wang Z, Kim Y. Feasibility study of using fine recycled concrete aggregate in producing self-consolidation concrete [J]. Journal of Sustainable Cement-Based Materials, 2013, 2: 20-34.

[65] Carro-López D, González-Fonteboa B, Brito J de, et al. Study of the rheology of self-compacting concrete with fine recycled concrete aggregates [J]. Construction and Building Materials, 2015, 96: 491-501.

[66] Güneyisi E, Gesoglu M, Algın Z, et al. Rheological and fresh properties of self-compacting concretes containing coarse and fine recycled concrete aggregates [J]. Construction and Building Materials, 2016, 113: 622-630.

[67] Ait Mohamed Amer A, Ezziane K, Bougara A, et al. Rheological and mechanical behavior of concrete made with pre-saturated and dried recycled concrete aggregates [J]. Construction and Building Materials, 2016, 123: 300-308.

[68] Wallevik J E, Wallevik O H. Analysis of shear rate inside a concrete truck mixer [J]. Cement and Concrete Research, 2017, 95: 9-17.

[69] Struble L J, Chen C-T. Effect of continuous agitation on concrete rheology [J]. Journal of ASTM International, 2005, 2: 1-19.

[70] Li Z, Ohkubo T-a, Tanigawa Y. Theoretical Analysis of Time-Dependence and Thixotropy of Fluidity for High Fluidity Concrete [J]. Journal of Materials in Civil Engineering, 2004, 16: 247-256.

[71] Dils J, De Schutter G, Boel V. Influence of mixing procedure and mixer type on fresh and hardened properties of concrete: a review [J]. Materials and Structures, 2012, 45: 1673-1683.

[72] Han D, Ferron R D. Influence of high mixing intensity on rheology, hydration, and microstructure of fresh state cement paste [J]. Cement and Concrete Research, 2016, 84: 95-106.

[73] Nehdi M, Al Martini S. Coupled Effects of High Temperature, Prolonged Mixing Time, and Chemical Admixtures on Rheology of Fresh Concrete [J]. Aci Mater J, 2009, 106A: 231-240.

[74] Jiao D, Shi C, Yuan Q, et al. Effects of rotational shearing on rheological behavior of fresh mortar with short glass fiber [J]. Construction and Building Materials, 2019, 203: 314-321.

[75] Van Der Vurst F, Ghafari E, Feys D, et al. Influence of addition sequence of materials on rheological properties of self-compacting concrete [C]. The 23rd Nordic Concrete Research Symposium, 2014 (2): 399-402.

[76] França M S d, Cardoso F A, Pileggi R G. Influence of laboratory mixing procedure on the properties

of mortars [J]. Ambiente Construído，2013，13：111-124.

[77] França M S d，Cardoso F A，Pileggi R G. Influence of the addition sequence of PVA-fibers and water on mixing and rheological behavior of mortars [J]. Revista IBRACON de Estruturas e Materiais，2016，9：226-243.

[78] Feys D，Verhoeven R，De Schutter G. Fresh self compacting concrete，a shear thickening material [J]. Cement and Concrete Research，2008，38：920-929.

[79] Feys D，Verhoeven R，De Schutter G. Why is fresh self-compacting concrete shear thickening? [J]. Cement and Concrete Research，2009，39：510-523.

[80] Geiker M R，Brandl M，Thrane L N，et al. The effect of measuring procedure on the apparent rheological properties of self-compacting concrete [J]. Cement and Concrete Research，2002，32：1791-1795.

[81] Ferraris C F，Brower L E，Banfill P，et al. Comparison of concrete rheometers：international test at LCPC（Nantes，France）in October，2000 [M]. Gaithersburg，MD，USA：US Department of Commerce，National Institute of Standards and Technology，2001.

[82] Ferraris C F，Ferraris C F，Beaupr D，et al. Comparison of concrete rheometers：International tests at MB（Cleveland OH，USA）in May，2003 [M]. Gaithersburg，MD，USA：US Department of Commerce，National Institute of Standards and Technology，2004.

[83] Hočevar A，Kavčič F，Bokan-Bosiljkov V. Rheological parameters of fresh concrete-comparison of rheometers [J]. Građevinar，2013，65：99-109.

第 **4** 章
采用传统经验性方法
评价混凝土流变性

混凝土的屈服应力和塑性黏度一般通过流变仪测得，但流变仪普遍比较昂贵、测试过程比较困难且耗时。传统流动性测试方法（如坍落度和流动度等）测试方便、便宜，成为研究人员和工程师的首选。本章总结了传统工作性能测试方法的仪器技术参数、测试过程和数据分析，对经验测试参数与流变参数之间的关系进行了量化分析。结果表明，新拌混凝土的屈服应力与坍落度或扩展度相关，而塑性黏度可以通过扩展时间或 V 形漏斗流动时间来进行预测。

4.1 引言

新拌水泥基材料可以看作是具有屈服应力的流体，当施加一定的外力后，才发生流动[1,2]。作为最基本的物理参数，屈服应力和塑性黏度通常是采用流变仪或黏度计测试得到[3,4]。然而，由于其价格昂贵、仪器笨重、测试困难且耗时，流变仪并不能广泛地应用于施工现场[5]。比如，虽然冰岛所研发的 ConTec Viscometer 5 流变仪能够测试坍落度高于 120mm 和骨料最大粒径为 22mm 的混凝土，但是其高达 2m 左右，并不适合用于施工现场；即便是便携式的 ICAR 流变仪，其价格仍然高于 20000 美元。在这种背景下，尽管传统工作性测试工具（如坍落度筒和 V 形漏斗等）不能准确地表征流变参数，但研究人员和工程师仍然可以根据这些测试结果对新拌水泥基材料的流变性能进行评估[6-8]。

对于新拌混凝土而言，屈服应力与坍落度或扩展度相关，而塑性黏度可以通过流动时间来预测[9-11]，这为采用传统的工作性能测试方法预测流变参数提供了理论基础。本章介绍了常用于评价水泥基材料流变性能的经验性测试方法，包括坍落度、坍落扩展度、V 形漏斗和 L 形箱等，介绍了上述测试仪器的技术参数、测试过程和数据分析，阐明了经验参数和流变参数之间的定量关系。需要指出的是，本章主要针对混凝土的流变性能进行经验性方法介绍，而对适用于水泥浆体和砂浆流变性能的经验性测试方法不做过多阐述。

4.2　坍落度

混凝土坍落度测试方法很早就被工程师广泛用于施工现场。随着时间的推移，尽管建筑行业发生了很多变化，但由于坍落度测试易于操作，其测试过程并未有很大的改动，因此被广泛用于施工现场和实验室的混凝土流动性测定，并辅以直观经验评定黏聚性和保水性。坍落度的基本原理是混凝土在重力作用下的诱导流动，其测试过程可参考国家标准GB/T 50080—2016《普通混凝土拌合物性能试验方法标准》。该方法适用于骨料最大公称粒径不大于40mm、坍落度在10~230mm的混凝土拌合物坍落度的测定。

4.2.1　仪器参数

混凝土坍落度测试所需的仪器包含坍落度仪、捣棒、底板、测量标尺和平尺。坍落度仪应符合现行行业标准JG/T 248—2009《混凝土坍落度仪》的规定，其外观和技术参数如图4.1所示，其中底部和顶部内径分别是200mm和100mm，高度为300mm。底板的平面尺寸应为600mm×600mm、800mm×800mm 或 1000mm×1000mm，尺寸误差应不大于2mm，厚度不宜小于6mm，且能保证足够刚度。测量标尺高度应不低于350mm，直径应不小于15mm。钢尺厚度应不小于2mm，长度应为300mm。捣棒直径应为16mm，长度应为600mm。

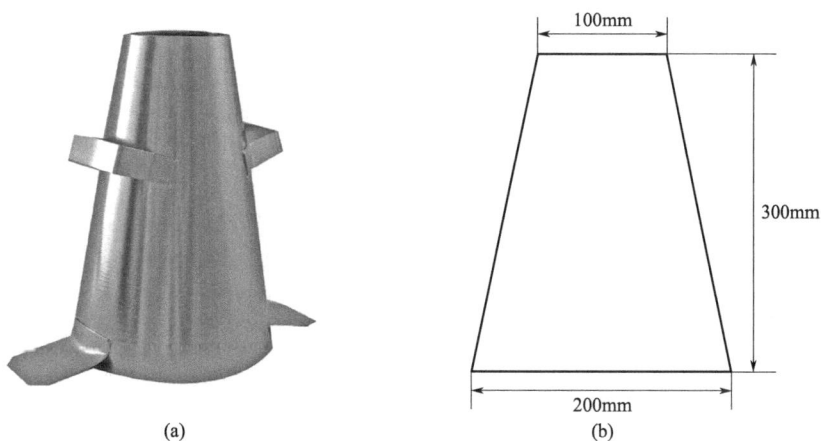

图 4.1　坍落度仪（a）及其技术参数（b）

4.2.2　测试过程

坍落度试验应按 GB/T 50080—2016《普通混凝土拌合物性能试验方法标准》取样及制备试样，测试过程如图 4.2 所示，按下列步骤进行测试：

（a）润湿坍落度筒内壁和底板且无明水；将底板放置在坚实水平面上，并把坍落度筒放在底板中心，然后用脚踩住两边的脚踏板，坍落度筒在装料时应保持在固定的位置。

（b）混凝土拌合物试样应分三层均匀地装入坍落度筒内，每装一层混凝土拌合物，应用捣棒由边缘到中心按螺旋形均匀插捣 25 次，捣实后每层混凝土拌合物试样高度约为筒高的 1/3；插捣底层时，捣棒应贯穿整个深度，插捣第二层和顶层时，捣棒应插透本层至下一层的表面。

（c）顶层混凝土拌合物装料应高出筒口，插捣过程中，若混凝土拌合物低于筒口时，应随时添加。

（d）顶层插捣完后，将多余混凝土拌合物刮去，并沿筒口抹平。

（e）清除筒边底板上的混凝土后，应垂直平稳地提起坍落度筒，并轻放于试样旁边。坍落度筒的提离过程应在 3～7s 内完成。

当试样不再继续坍落或坍落时间达 30s 时，用钢尺测量出筒高与坍落后混凝土试体最高点之间的高度差，作为该混凝土拌合物的坍落度值。混凝土坍落度值测量应精确至 1mm，结果应修约至 5mm。从开始装料到提离坍落度筒的整个过程应连续进行，并应在 150s 内完成。

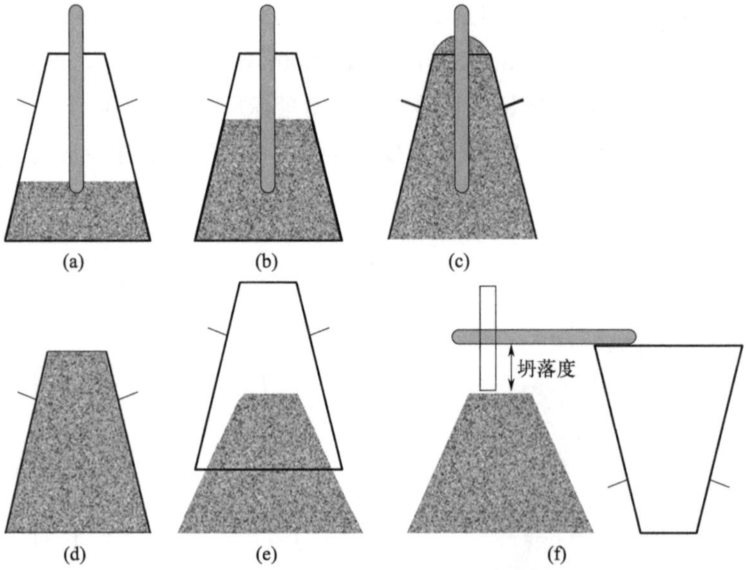

图 4.2　混凝土坍落度测试过程

4.2.3　数据分析

根据混凝土塌陷形状，坍落度可以分为四种基本类型，即零坍落度、真实坍落度、塌陷坍落度和剪切坍落度，如图 4.3 所示。对于零坍落度的情况，在测试期间，混凝土不会改变其形状，表明拌合物用水量较少；而塌陷坍落度表明配制混凝土时使用了大量的水。零坍落度和塌陷坍落度超出了正常坍落度范围（不小于 10mm 且不大于 230mm），因此不能准确地表征混凝土的坍落度。对于剪切坍落度，即顶部的混凝土从侧面滑落，则需要用不同的样品重复测试，如果再次出现剪切坍落度，说明混凝土内部凝聚力不够，在施工过程中应避免使用该混凝土。根据《混凝土质量控制标准》（GB 50164—2011），混凝土的坍落度分为四个等级，见表 4.1。坍落度值与混凝土稠度的关系见表 4.2。

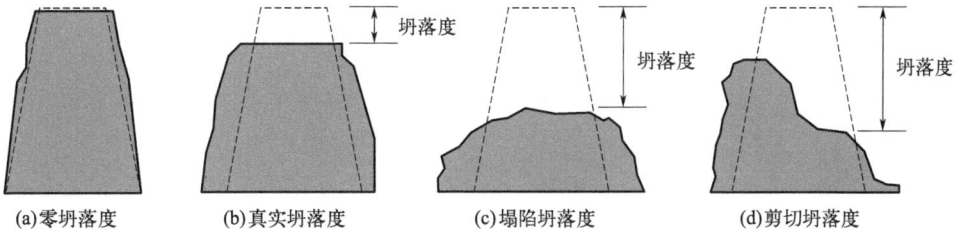

| (a)零坍落度 | (b)真实坍落度 | (c)塌陷坍落度 | (d)剪切坍落度 |

图 4.3　混凝土坍落度类型

表 4.1　混凝土坍落度分级

级别	坍落度/mm	混凝土名称
T1	10~40	低塑性混凝土
T2	50~90	塑性混凝土
T3	100~150	流动性混凝土
T4	≥160	大流动性混凝土

表 4.2　坍落度与混凝土稠度的关系

坍落度/mm	0~20	20~40	40~120	120~200	200~220
稠度	特干	硬性	塑性	潮湿	稀

坍落度可用于预测新拌混凝土的屈服应力，而坍落度与塑性黏度之间则没有特定的相关性[9,12]。本节将着重介绍新拌混凝土的坍落度和屈服应力之间的典型关系。

通过测试骨料最大粒径为 20mm、坍落度为 125~260mm 的混凝土的坍落度和屈服应力，Murata 等[13] 建立了屈服应力与坍落度之间的经验模型：

$$\tau_0 = 714 - 473\log(S_L/10) \tag{4.1}$$

式中，τ_0 为同轴圆筒流变仪所测得混凝土的屈服应力，Pa；S_L 为混凝土坍落度，mm。从理论角度，锥体内的混凝土可以分为两部分，如图 4.4 所示。对于底部的混凝土，由于自重引起的剪切应力高于混凝土的屈服应力，因此会发生流动，而上面的混凝土不会流动。随着时间的推移，底部混凝土的高度逐渐降低，当该区域混凝土的剪切应力等于屈服应力时，混凝土停止流动。基于上述假设，Schowalter 和 Christensen[14] 建立了混凝土坍落度与屈服应力之间的定量关系：

$$S_L - 1 - h_0 \quad 2\iota_0\ln\left[\frac{7}{(1+h_0)^3 - 1}\right] \tag{4.2}$$

式中，h_0 为未变形部分混凝土的高度。Clayton 和 Saak 等[15,16] 采用圆柱形模具验证了这一关系。基于大量的数值模拟，Hu 等[17] 将混凝土的密度考虑在内，建立了坍落度与屈服应力的关系：

$$S_L = 300 - 347\frac{(\tau_0 - 212)}{\rho} \tag{4.3}$$

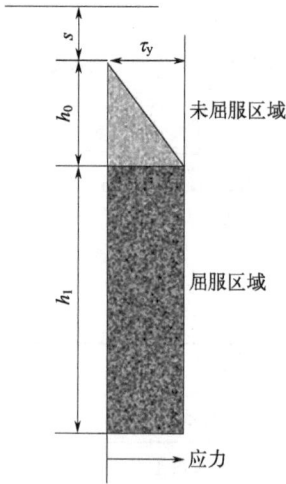

图 4.4 混凝土在重力作用
下的变形示意图[14]

式中，S_L 为混凝土的坍落度，mm；τ_0 为屈服应力，Pa；ρ 为新拌混凝土的密度，kg/m³。此外，Roussel[6] 提出了适用于坍落度范围为 50～250mm 的混凝土坍落度与屈服应力的线性关系：

$$S_L = 25.5 - 17.6\frac{\tau_0}{\rho} \tag{4.4}$$

式中，S_L 为混凝土的坍落度，cm；τ_0 为屈服应力，Pa；ρ 为新拌混凝土的密度，kg/m³。根据上述公式所预测的混凝土屈服应力与采用 BTRHEOM 所测得的屈服应力具有良好的一致性。

在混凝土坍落流动时，内部悬浮颗粒发生相互位移。当混凝土停止流动时，悬浮颗粒不再移动。对于给定的屈服应力，颗粒体积分数越高，颗粒间的距离越小，颗粒越容易停止移动。此外，混凝土的流动性越大时，基体的润滑作用降低了骨料颗粒的摩擦作用，导致坍落度和屈服应力之间的关系不再依赖于基体体积分数。基于上述理论，Wallevik[9] 将基体润滑效应和颗粒特性考虑在内，提出了混凝土坍落度与屈服应力之间的经验关系：

$$S_L = 300 - 416\frac{(\tau_0 + 394)}{\rho} + \alpha(\tau_0 - \tau_0^{ref})(V_m - V_m^{ref}) \tag{4.5}$$

式中，S_L 为混凝土的坍落度，mm；τ_0 为屈服应力，Pa；ρ 为新拌混凝土的密度，kg/m³；α 为常数；$(\tau_0' - \tau_0^{ref})$ 表示润滑作用；$(V_m - V_m^{ref})$ 表示基体体积分数的影响。对于 α 为 0.0077mm/(Pa·L)、V_m^{ref} 为 345L/m³ 和 τ_0^{ref} 为 200Pa 的混凝土，上述公式所计算的坍落度与测试得到的坍落度的典型关系如图 4.5 所示，可以看出，式(4.5) 能够很好地预测混凝土的屈服应力。

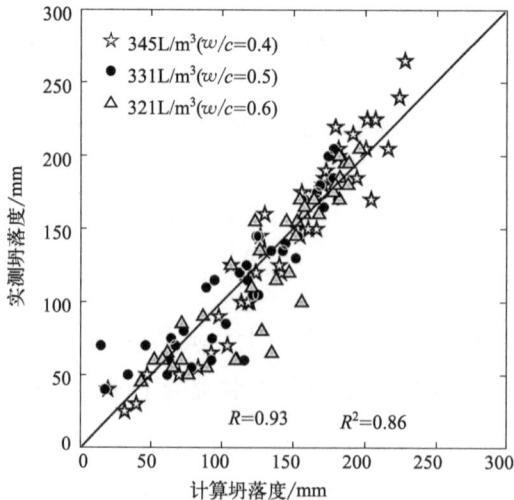

图 4.5 通过式(4.5) 计算的坍落度与测试坍落度之间的关系[9]

4.3　坍落扩展度和流动时间 T_{50}

一般情况下，当坍落度大于 220mm 时，坍落度不能准确反映混凝土的流动性。此时，用混凝土扩展后的平均直径即坍落扩展度，可以作为流动性指标。坍落扩展度宜用于骨料最大公称粒径不大于 40mm、坍落度不小于 160mm 的混凝土拌合物流动性的测定。

4.3.1　仪器参数和测试过程

坍落扩展度所需仪器包括坍落度仪、秒表、钢尺和底板。钢尺的量程不应小于 1000mm，分度值不应大于 1mm。底板应采用平面尺寸不小于 1500mm×1500mm、厚度不小于 3mm 的钢板，在其中心位置应刻有直径 200mm 和 500mm 的同心圆，如图 4.6 所示。

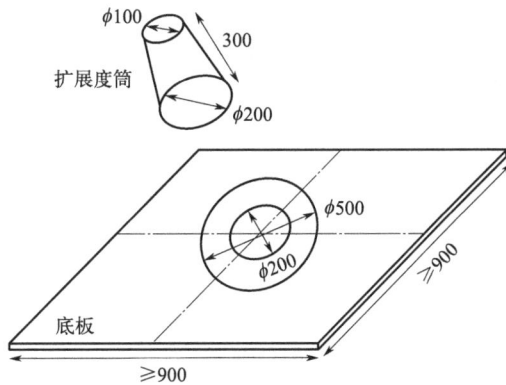

图 4.6　坍落扩展度筒和底板技术参数（mm）

测试应按下列步骤进行：

① 底板应放置在坚实的水平面上，底板和坍落度筒内壁应润湿无明水，坍落度筒应放在底板中心，并在装料时应保持在固定的位置；

② 一次性将混凝土拌合物均匀填满坍落度筒，且不得捣实或振动；自开始入料至填充结束应控制在 40s 以内；

③ 清除筒边底板上的混凝土后，应垂直平稳地提起坍落度筒，坍落度筒的提离过程宜控制在 3～7s；

④ 用秒表记录从坍落度筒开始提离地面到扩展度最大直径达到 500mm 的时间，精确到 0.1s，即 T_{50}；

⑤ 当混凝土拌合物不再扩散或扩散持续时间已达 50s 时，使用钢尺测量混凝土拌合物展开扩展面的最大直径以及与最大直径呈垂直方向的直径；当两直径之差小于 50mm 时，应取其算术平均值作为扩展度试验结果；当两直径之差大于 50mm 时，应重新取样另行测定。

扩展度试验从开始装料到测得混凝土扩展度值的整个过程应连续进行，并应在 4min 内完成。混凝土拌合物扩展度值测量应精确至 1mm，结果修约至 5mm。

4.3.2 数据分析

由于流动时间是通过人眼观察记录的，因此存在一定的误差，缺乏准确度。当坍落扩展度测试完成后，应观察混凝土的表面状态，即是否出现离析和泌水现象。如果大部分粗骨料留在中央，砂浆和水泥浆聚集在边缘，表示此混凝土拌合物严重离析；而如果砂浆或水泥浆在混凝土边缘析出，说明出现了轻微离析现象。值得注意的是，即便在测试过程中并未出现上述现象，也并不能说明离析或泌水现象不再出现，这是因为混凝土的工作性能会随着时间而发生变化。根据坍落扩展度的范围，可以将自密实混凝土分为三个等级，如表 4.3 所示。

表 4.3 自密实混凝土的性能等级及应用范围

等级	坍落扩展度/mm	应用范围
SF1	550～655	从顶部浇筑的无配筋或配筋较少的混凝土结构物；泵送浇筑施工的工程；截面较小，无需水平长距离流动的竖向结构物
SF2	660～755	适合一般的普通钢筋混凝土结构
SF3	760～850	适用于结构紧密的竖向构件、形状复杂的结构等

坍落扩展度与混凝土的屈服应力相关，而流动时间 T_{50} 则与塑性黏度有明显的相关性。Sedran 和 de Larrard 等[18] 将混凝土的密度考虑在内，建立了屈服应力与坍落扩展度的经验方程：

$$\tau_0 = (808 - S_F)\frac{\rho g}{11740} \tag{4.6}$$

式中，S_F 为坍落扩展度，mm；g 为重力加速度（$g=9.8\text{m/s}^2$）；ρ 为混凝土的密度，kg/m^3。典型的流动时间 T_{50} 与塑性黏度之间的关系可表示为：

$$\mu = \frac{\rho g}{10000}(0.026S_F - 2.39)T_{50} \tag{4.7}$$

式中，T_{50} 为流动时间，s。其中式（4.6）和式（4.7）中的常数取决于混凝土的组成、性能和流变仪的种类。Zerbino 等[12] 也得到了类似的经验方程，拟合曲线如图 4.7 所示，且该经验公式与混凝土温度、搅拌速度、环境条件或静置时间无关。

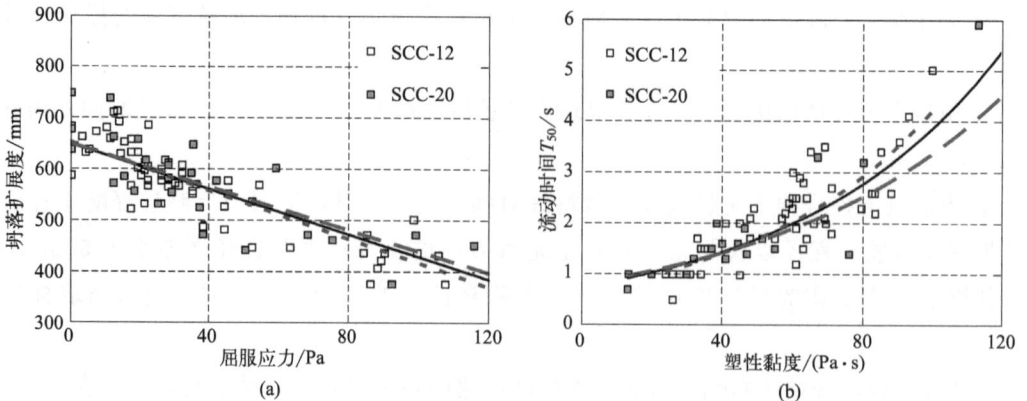

图 4.7 屈服应力与坍落扩展度的关系（a）及塑性黏度与流动时间 T_{50} 的关系（b）[12]

4.4　V 形漏斗流动时间

本试验方法宜用于骨料最大公称粒径不大于 20mm 的新拌自密实混凝土稠度和填充性的测定。V 形漏斗流动时间能够定性评价自密实混凝土的黏度和填充性，较短的流动时间意味着拌合物具有较低的黏度，而较长的流动时间则表明拌合物容易出现堵塞现象。

4.4.1　仪器参数

V 形漏斗试验的设备包括一个 V 形漏斗、支承台架、底板、精度不低于 0.1s 的秒表、直尺、不小于 12L 的盛料容器、湿毛巾等。V 形漏斗应由厚度不小于 2mm 的钢板制成，其尺寸参数如图 4.8 所示。漏斗的内表面应经过加工，顶部应水平，而在漏斗出料口的底部，应附设快速开启的密封盖。支承漏斗的台架宜有调整装置，应确保台架的水平，漏斗支撑在台架上时，其中轴线应垂直于底板；台架应能承受装填混凝土，且易于搬运。

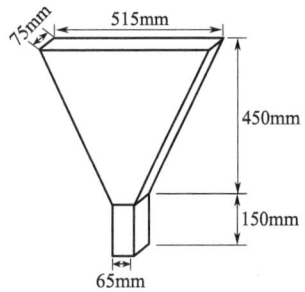

图 4.8　V 形漏斗示意图

4.4.2　测试过程

V 形漏斗试验应按下列步骤进行：

① 将漏斗稳固于台架上，应使其上口呈水平，本体为垂直；漏斗内壁应润湿无明水，关闭密封盖。

② 将混凝土拌合物由漏斗的上口平稳地一次性填入漏斗至满；装料整个过程不应搅拌和振捣，应用刮刀沿漏斗上口将混凝土拌合物试样的顶面刮平。

③ 在出料口下方应放置盛料容器；漏斗装满试样静置 10s±2s，应将漏斗出料口的密封盖打开，用秒表测量自开盖至漏斗内混凝土拌合物全部流出的时间，记为 T_V。

④ 宜在 5min 内完成两次试验，应以两次试验混凝土拌合物全部流出时间的算术平均值作为漏斗试验结果，结果应精确至 0.1s。

4.4.3　数据分析

V 形漏斗流动时间 T_V 是从打开闸门开始计时，到混凝土全部流出后第一束光进入闸门时结束计时。自密实混凝土的 V 形漏斗流动时间应小于 10s。当采用 V 形漏斗评价混凝土的抗离析性时，应将混凝土重新填充在 V 形漏斗中并静置 5min，然后进行测试。混凝土的抗离析性可由流动指数 S_f 定量表征，其计算公式为：

$$S_f = \frac{T_5 - T_0}{T_0}$$

(4.8)

式中，T_0 是初始流动时间，s；T_5 为静置 5min 后混凝土的流动时间。

V 形漏斗流动时间 T_V 与坍落扩展度流动时间 T_{50} 之间存在着良好的线性关系。与 T_{50} 相比，V 形漏斗流动时间 T_V 还受混凝土的塑性黏度、骨料颗粒最大粒径和 V 形漏斗底部尺寸的影响[12]。一般情况下，对于含有较大粗骨料的自密实混凝土，根据 V 形漏斗流动时间估算得到的塑性黏度偏高。即便如此，V 形漏斗流动时间在一定程度上还是能够预测自密实混凝土的塑性黏度。例如，Zerbino 等[12] 建立了二者之间的经验性指数关系，如图 4.9 所示，其方程可用下式表示：

$$\mu = \frac{1}{0.013}\ln\left(\frac{T_V}{3.04}\right) \tag{4.9}$$

式中，μ 为混凝土的塑性黏度，Pa·s；T_V 为 V 形漏斗流动时间，s。除指数关系外，V 形漏斗流动时间与塑性黏度之间也可能存在着线性关系。

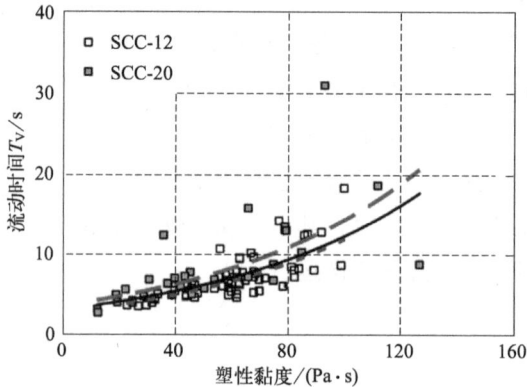

图 4.9　V 形漏斗流动时间与塑性黏度间的典型关系[12]

4.5　其他测试方法

除了上述测试方法外，还有一些其他的经验性测试方法也可以用来评价新拌混凝土的流变性能。本节详细介绍了 L 形箱、LCPC 箱、改进 V 形漏斗和 J 环扩展度等试验的技术参数、测试过程和数据分析。

4.5.1　L 形箱

L 形箱主要用来评价自密实混凝土的钢筋间隙通过能力，其仪器包括一个用钢板做成的 L 形箱、隔板活动门、可拆卸的钢筋网片等，技术参数如图 4.10 所示。其中，钢筋网分为两种类型，包括 3 根间距为 41mm 或 2 根间距为 59mm 的光圆钢筋。

L 形箱的测试过程[19,20] 如下：

① 用水润湿模具内部，把 L 形箱置于水平、坚实的地面上，并关闭隔板活动门；

② 把仪器垂直部分的箱体装满自密实混凝土试样，约 12.7L；

③ 静置 1min，并检查混凝土是否均匀；

④ 提起活动门，使混凝土穿过钢筋流动到水平箱体内；

⑤ 当混凝土停止流动后，各取三个不同位置测量混凝土在钢筋网片两侧的高度，分别为 h_1 和 h_2；

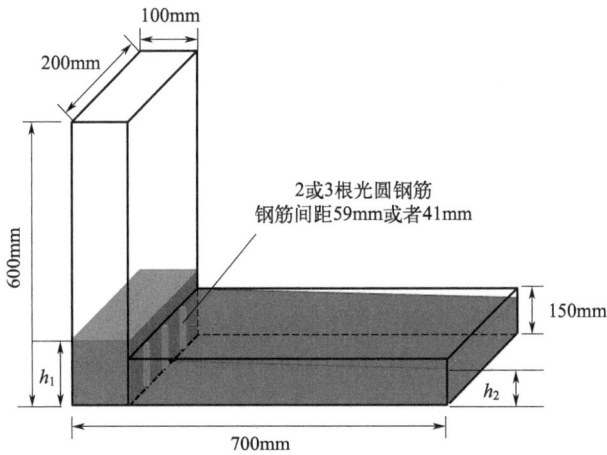

图 4.10　L 形箱示意图

⑥ 自密实混凝土的 L 形箱间隙通过能力可计算为 h_2/h_1。

如果 L 形箱间隙通过能力等于 1，说明混凝土是可以完全流动的。相反，如果混凝土流动性差，则间隙通过能力等于 0。对于不同国家制备的自密实混凝土，L 形箱间隙通过能力介于 0.60～1 的范围。L 形箱间隙通过能力可以与自密实混凝土的流变参数相关联。假设流体均质且活动门缓慢提升，L 形箱测量参数与混凝土屈服应力、密度之间的关系可表示为[20]：

$$h_1 - h_2 = \frac{\tau_0 L_0}{\rho g}\left(\frac{l_0 L_0}{V} + \frac{2}{l_0}\right) + B\,\frac{\tau_0}{\rho g} \qquad (4.10)$$

式中，L_0 和 l_0 分别为 L 形箱的长度和宽度；V 为箱体内混凝土的体积；τ_0 为屈服应力；g 为重力加速度；ρ 为混凝土的密度；B 为与 L 形箱几何参数相关的常数。需要注意的是，式(4.10)是基于石粉悬浮液而得到的，但由于无法得到混凝土的屈服应力真实值，其在混凝土中的应用仍不确定。即便如此，此式仍对自密实混凝土的屈服应力预测具有参考价值。例如，图 4.11 为 Chamani 等[21] 根据施工现场的实验数据所建立的自密实混凝土的 L

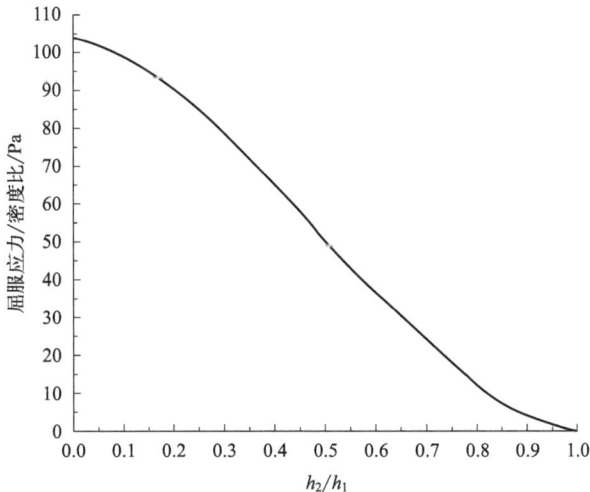

图 4.11　L 形箱流动高度比与屈服应力/密度比的关系[21]

形箱高度比与屈服应力/密度比曲线，此曲线也可通过式(4.11) 表示，此曲线为预测自密实混凝土的屈服应力提供了新的思路。

$$\frac{\tau_0}{SG} = \begin{cases} 91.3\left(\frac{h_2}{h_1}\right)^3 - 175.3\left(\frac{h_2}{h_1}\right)^3 - 39.6\left(\frac{h_2}{h_1}\right)^3 + 104.8 & 0 \leqslant \frac{h_2}{h_1} \leqslant 0.5 \\ 340.5\left(\frac{h_2}{h_1}\right)^3 - 609.8\left(\frac{h_2}{h_1}\right)^3 + 214.1\left(\frac{h_2}{h_1}\right)^3 + 55.2 & 0.5 < \frac{h_2}{h_1} \leqslant 1 \end{cases} \quad (4.11)$$

式中，SG 为自密实混凝土的相对密度。

4.5.2 LCPC 箱

Roussel[22] 于 2017 年提出了一种采用 LCPC 箱测试自密实混凝土屈服应力的方法，如图 4.12 所示。

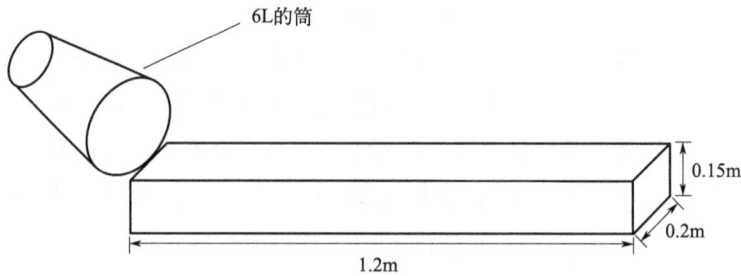

图 4.12 LCPC 箱示意图

LCPC 箱的长度为 1.2m，宽度为 0.2m，高度为 0.15m。其测试过程如下：

① 用待测自密实混凝土装满一个约 6L 的预润湿后的桶；

② 轻轻地将混凝土倒入 LCPC 箱中，倒入过程应控制在 30s 之内；

③ 当混凝土停止流动后，测量混凝土的长度 L 和两侧的高度 H_i 和 H_f；

④ 根据式(4.12)计算自密实混凝土的屈服应力：

$$\tau_0 = \frac{\rho g l_0}{2L}\left[(H_i - H_f) + \frac{l_0}{2}\ln\left(\frac{l_0 + 2H_f}{l_0 + 2H_i}\right)\right] \quad (4.12)$$

式中，ρ 为待测混凝土的密度；l_0 为 LCPC 箱的宽度；L 为停止流动后混凝土的长度；g 为重力加速度；H_i 和 H_f 分别为混凝土两侧的高度。图 4.13 为采用 LCPC 箱测试得到的混凝土流动长度与屈服应力/密度比之间的代表性关系。LCPC 箱测试是一种廉价、简单且能够精确测量任何自密实混凝土屈服应力的方法。然而，其测试过程高度依赖于操作人员[23]。

4.5.3 改进 V 形漏斗

基于 LCPC 箱试验，Benaicha 等[23,24] 将传统的 V 形漏斗与一个水平槽相结合，来测试混凝土的塑性黏度，如图 4.14 所示。水平槽长度为 0.90m，宽度与 L 形箱一致，即

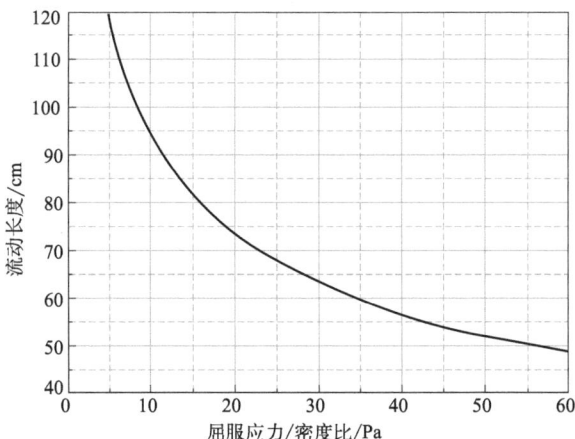

图 4.13　LCPC 箱流动长度与混凝土的屈服应力/密度比之间的关系[22]

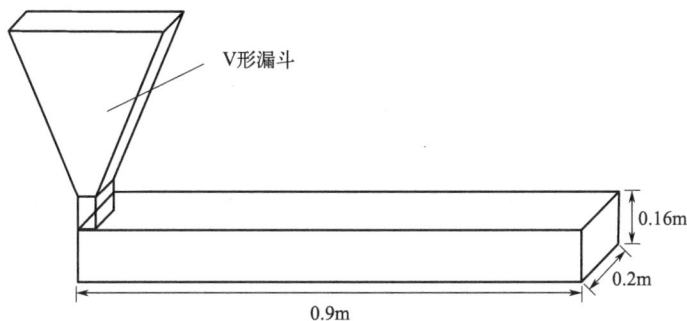

图 4.14　改进 V 形漏斗水平槽

0.20m，高度为 0.16m。在任意时间确定混凝土在水平槽内的流动时间和流动剖面，可按式(4.13) 计算混凝土的塑性黏度：

$$\mu_{\mathrm{p}}=\frac{\left\{-\dfrac{8H\tau_0}{3}\left[\dfrac{2(z\tan\alpha+d)+e}{(z\tan\alpha+d)e}\right]+\rho gz\right\}\dfrac{\mathrm{d}t}{\mathrm{d}z}+\rho\left[1-\left(\dfrac{z\tan\alpha+d}{d}\right)^2-\xi\right]\dfrac{\mathrm{d}t}{2\mathrm{d}z}}{\dfrac{16H}{\pi}\left\{\dfrac{\left[2(z\tan\alpha+d)+e\right]^4}{\left[(z\tan\alpha+d)e\right]^3}\right\}} \tag{4.13}$$

式中，d、H、e 和 α 均是 V 形漏斗的几何参数，如图 4.15 所示；$\mathrm{d}z/\mathrm{d}t$ 为混凝土的流动速率；μ_{p} 为塑性黏度；τ_0 为屈服应力；ρ 为混凝土的密度；g 为重力加速度。通过采用 MATLAB 中的 Runge-Kutta 方法，可以根据 V 形漏斗的流动时间和混凝土在水平槽的流动长度计算混凝土的塑性黏度[25]，如式(4.14) 所示：

$$\mu_{\mathrm{p}}=\frac{1}{3}(\rho-\rho_{\mathrm{air}})g\left(\frac{Q}{e}\right)^3\left(\frac{L}{0.95}t^{-4/5}\right)^{-5} \tag{4.14}$$

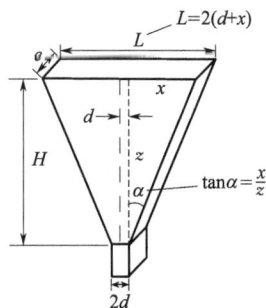

图 4.15　V 形漏斗的几何参数

式中，ρ 和 ρ_{air} 分别是混凝土和空气的密度；Q 为体积流动速度；e 为水平槽的宽度；L 为混凝土流动的长度；t 为流动时间。根据 100 多组自密实混凝土的实验结果,Benaicha 等[23] 发现采用式(4.14)计算的塑性黏度与使用流变仪测量的塑性黏度之间具有很好的相关性,其相关系数为 0.9224,可见与水平槽相结合的 V 形漏斗是一种高效、简单且经济的测试自密实混凝土塑性黏度的方法。

4.5.4　J 环扩展度

J 环扩展度适用于测试自密实混凝土拌合物的填充能力和间隙通过性,其实验设备包括 J 环、坍落度筒、底板、钢尺等,如图 4.16 所示。J 环由钢或不锈钢制得,圆环中心直径和厚度分别为 300mm 和 25mm,并用螺母和垫圈将 16 根直径为 16mm、长度为 150mm 的圆钢锁在圆环上,圆钢中心间距应为 (48±2)mm。

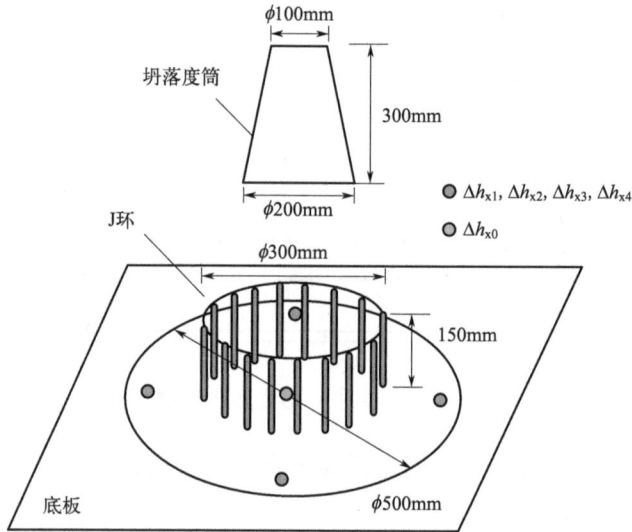

图 4.16　J 环扩展度[26]

J 环扩展度的测试过程如下:

① 润湿底板、J 环和坍落度筒,在坍落度筒内壁和地板上应无明水。

② 将底板置于坚实的水平面上,并把 J 环放在底板中心;将坍落度筒倒置于底板中心,并与 J 环同心。

③ 用混凝土一次性填满坍落度筒,并采用刮刀刮除坍落度筒顶部及周边混凝土余料。

④ 将坍落度筒沿垂直方向连续地向上提起,让混凝土自由流出;提起时间应控制在 2s 左右。

⑤ 记录混凝土流动到 500mm 处的时间,记为 T_{50J}。

⑥ 待混凝土停止流动后,测量展开圆形的最大直径 d_{max},以及与最大直径呈垂直方向的直径 d_{perp},计算平均直径。

⑦ 测量 J 环中心处混凝土表面的高度 Δh_0,以及混凝土边缘四个位置处的高度 Δh_{x1}、Δh_{x2}、Δh_{x3} 和 Δh_{x4},如图 4.16 所示。

⑧ 测试完成后，清洗底板、坍落度筒和 J 环。

⑨ 通过 J 环试验，可以得到 J 环扩展度 S_J、J 环流动时间 T_{50J} 和 J 环间隙通过指标 B_J：

$$S_J = \frac{d_{max} + d_{perp}}{2} \tag{4.15}$$

$$B_J = \frac{\Delta h_{x1} + \Delta h_{x2} + \Delta h_{x3} + \Delta h_{x4}}{4} - \Delta h_0 \tag{4.16}$$

其中，S_J 的结果应修约至 5mm，代表自密实混凝土通过钢筋间隙的能力；T_{50J} 应精确至 0.1s，代表混凝土变形能力；B_J 应精确至 1mm，表示堵塞效应，其内外高度差范围应在 0～10mm。

尽管 J 环测试结果和流变参数之间没有特定的理论方程，但根据经验，J 环流动时间应该与塑性黏度有关，而 J 环扩展度应与屈服应力相关。典型的 J 环流动时间 T_{50J} 与自密实混凝土塑性黏度之间的关系如图 4.17 所示。可以看出，T_{50J} 与塑性黏度之间存在着二次关系。

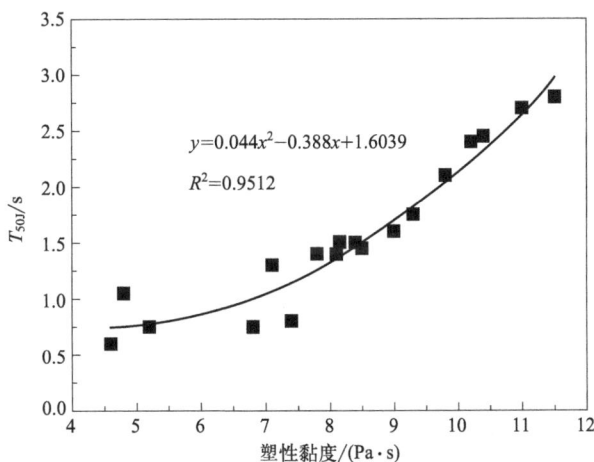

图 4.17　J 环流动时间 T_{50J} 与自密实混凝土塑性黏度的关系[27]

4.6　本章小结

混凝土的流变参数如屈服应力和塑性黏度通常使用流变仪进行测试。然而，流变仪通常比较昂贵、测试困难，很难应用于施工现场。因此，可采用简单便宜的坍落度和 V 形漏斗等传统的和易性测试方法定性地表征混凝土的流变性能。本章介绍了常见的包括坍落度、坍落扩展度、流动时间、V 形漏斗、L 形箱和 J 环等在内的和易性测试方法的仪器参数、测试过程和数据分析，量化了经验参数和流变性能之间的关系。结果表明，新拌混凝土的屈服应力与坍落度或坍落扩展度相关，而塑性黏度可以通过流动时间（T_{50}、V 形漏斗流动时间或 J 环流动时间）来预测。

<h1 style="text-align:center">参 考 文 献</h1>

[1] Tattersall G H, Banfill P F. The rheology of fresh concrete [M]. London: Pitman Books Limited, 1983.

[2] Tattersall G H. Workability and quality control of concrete [M]. New York: CRC Press, 1991.

[3] Barnes H A, Hutton J F, Walters K. An introduction to rheology [M]. Amsterdam: Elsevier, 1989.

[4] Banfill P. Rheology of Fresh Cement and Concrete [J]. British Society of Rheology, 2006, 61: 130.

[5] Wallevik O H, Wallevik J E. Rheology as a tool in concrete science: The use of rheographs and workability boxes [J]. Cement and Concrete Research, 2011, 41 (12): 1279-1288.

[6] Roussel N. Correlation between Yield Stress and Slump: Comparison between Numerical Simulations and Concrete Rheometers Results [J]. Materials and Structures, 2006, 39 (4): 501-509.

[7] Bouziani T, Benmounah A. Correlation between v-funnel and mini-slump test results with viscosity [J]. KSCE Journal of Civil Engineering, 2013, 17 (1): 173-178.

[8] Gram A, Silfwerbrand J, Lagerblad B. Obtaining rheological parameters from flow test-Analytical, computational and lab test approach [J]. Cement and Concrete Research, 2014, 63: 29-34.

[9] Wallevik J E. Relationship between the Bingham parameters and slump [J]. Cement and Concrete Research, 2006, 36 (7): 1214-1221.

[10] Lu C R, Yang H, Mei G X. Relationship between slump flow and rheological properties of self compacting concrete with silica fume and its permeability [J]. Construction and Building Materials, 2015, 75: 157-162.

[11] Jiao D W, Shi C J, Yuan Q, et al. Effect of constituents on rheological properties of fresh concrete-A review [J]. Cement and Concrete Composites, 2017, 83: 146-159.

[12] Zerbino R, Barragán B, Garcia T, et al. Workability tests and rheological parameters in self-compacting concrete [J]. Materials and Structures, 2008, 42 (7): 947-960.

[13] Murata J, Kikukawa H. Viscosity equation for fresh concrete [J]. ACI Materials Journal, 1992, 89 (3): 230-237.

[14] Schowalter W R, Christensen G. Toward a rationalization of the slump test for fresh concrete: comparisons of calculations and experiments [J]. Journal of Rheology, 1998, 4: 865-870.

[15] Clayton S, Grice T G, Boger D V. Analysis of the slump test for on-site yield stress measurement of mineral suspensions [J]. International Journal of Mineral Processing, 2003, 70 (1-4): 3-21.

[16] Saak A W, Jennings H M, Shah S P. A generalized approach for the determination of yield stress by slump and slump flow [J]. Cement and Concrete Research, 2004, 34 (3): 363-371.

[17] Hu C, de Larrard F, Sedran T, et al. Validation of BTRHEOM, the new rheometer for soft-to-fluid concrete [J]. Materials and Structures, 1996, 29: 620-631.

[18] Sedran T, De Larrard F. Optimization of Self Compacting Concrete thanks to Packing Model [C]. PRO 7: 1st International RILEM, 1999, 7: 321-332.

[19] Takada K, Tangtermsirikul S. Self-Compacting Concrete-State-of-the-Art Report of RILEM TC 174-SCC [J]. RILEM report, 2000, 23.

[20] Nguyen T L H, Roussel N, Coussot P. Correlation between L-box test and rheological parameters of a homogeneous yield stress fluid [J]. Cement and Concrete Research, 2006, 36 (10): 1789-1796.

［21］ Chamani M R，Hosseinpour M，Mostofinejad D，et al. Evaluation of SCC yield stress from L-box test using the dam break model ［J］. Magazine of Concrete Research，2014，66（4）：175-185.

［22］ Roussel N. The LCPC BOX：a cheap and simple technique for yield stress measurements of SCC ［J］. Materials and Structures，2007，40：889-896.

［23］ Benaicha M，Roguiez X，Jalbaud O，et al. New approach to determine the plastic viscosity of self-compacting concrete ［J］. Frontiers of Structural and Civil Engineering，2016，10：198-208.

［24］ Benaicha M. Rheological and mechanical characterization of concrete：New approach ［M］. Chisinau：LAP Lambert Academic Publishing，2013.

［25］ Benaicha M，Burtschell Y，Alaoui A H，et al. Theoretical calculation of self-compacting concrete plastic viscosity ［J］. Structural Concrete，2017，18（5）：710-719.

［26］ De Schutter G. Guidelines for testing fresh self-compacting concrete ［R］. European Research Project，2005.

［27］ Abo Dhaheer M S，Al-Rubaye M M，Alyhya W S，et al. Proportioning of self-compacting concrete mixes based on target plastic viscosity and compressive strength：Part II-experimental validation ［J］. Journal of Sustainable Cement-Based Materials，2015，5（4）：217-232.

第 **5** 章
水泥浆体流变仪

新拌水泥基材料是一个多组分、多粒径的复杂悬浮系统，具有显著时间依赖性。其复杂性使得流变测试的结果很大程度上取决于测量设备和方法。本章总结了不同类型的水泥浆体流变仪，并对它们的测量方法、测量原理和数据处理进行讨论。此外，流变仪的几何形状也会对水泥浆体产生不同程度的影响，进而导致测试结果存在差异。基于现有研究，本章总结了不同测量方法在水泥浆体流变测量中的应用，实际应用中应根据水泥浆体的特性进行选择，以获得最准确的流变参数来表征其流变特性。

5.1 引言

流变学是自然学科中的一个重要分支，它广泛用于悬浮液、聚合物、食品、涂料和化妆品等领域或行业，用于评估流体的流变特性。将流变学原理应用于水泥基材料，将成为我们准确描述混凝土流变特性的重要手段。混凝土良好的流变性有利于其在复杂条件下浇筑、成型、传输乃至后期强度和耐久性的发展，尤其是在泵送和喷射混凝土领域[1]。同时，对于3D打印混凝土来说，将混凝土的流变特性准确地控制在适当的范围内，可以保证其可挤出性、均匀性和可建造性[2]。此外，流变测量已成为监测水泥基材料微观结构变化的一种手段[3]，而水泥浆体是混凝土最重要的组成部分。因此，研究水泥浆体的流变行为可以为混凝土流变特性的研究打下基础[4]。

新拌水泥浆是一种异质材料，可以视为水泥颗粒在水中的悬浮体系。其中颗粒的粒径范围从纳米级（例如水化产物和聚合物）到微米级（例如水泥和矿物）。固体之间的机械相互作用以及水泥颗粒和水之间的化学水化作用共同影响其流变特性[5]。长期以来，大多数水泥浆被认为是宾汉姆流体，表现出屈服应力[6]。由于水泥颗粒之间存在摩擦，因此它也具有黏性。宾汉姆模型通过两个流变参数来描述剪切应力与剪切速率之间的线性关系。然而，化学外加剂和矿物掺合料的改性使得水泥浆体的流变行为更加复杂[7-11]。此时，水泥浆的应力-应变关系以非线性形式出现，包括剪切变稀和剪切增稠[12-17]。剪切变稀和剪切增稠现象可能同时发生，这取决于哪一个占主导地位[5]。特别是水泥浆体表现出触变性，在剪切应力作用下，其黏度随时间而下降，并且在剪切应力消除后又会恢复。水化过程会使水泥浆体的触变性随时间而增加。因此，在流变参数测定过程中，触变性可能导致所得结果偏高。

此外，流变仪的测量结果还会受到其他因素的影响，包括系统摩擦、热膨胀、温度、湿度[18] 和压力[19,20]。因此，在最合适的流变模型下获得准确的水泥浆体流变参数，进而控制和调整混凝土中矿物掺合料的用量，具有良好的应用前景[7,21,22]。

5.2　水泥浆体流变仪的类型

5.2.1　窄间隙同轴圆筒流变仪

（1）几何原理

同轴圆筒流变仪通常包括内筒和外筒。在测量扭矩的过程中，内筒和外筒其中一方转动，而另一方保持静止。ASTM C 1749[23] 规定了窄间隙和宽间隙条件下水泥浆体流变参数的测量。窄间隙条件下内外径之比应大于或等于 0.92，间隙应比水泥颗粒直径大 10 倍，约为 0.4mm。通常情况下流变仪的间隙比该值大 1mm 左右。为了根据已知的扭矩和转速去计算剪切应力和剪切速率，我们假设浆体在内外筒之间只是简单流动。首先，圆筒表面与浆料之间没有滑移。其次浆体沿半径方向呈层流流动，垂直方向无流动，只有沿角度方向的速度分量，这与混凝土流变仪的假设相同。在窄间隙条件下，最重要的是剪切速率可以被认为是恒定的。因此，流变参数可以直接通过旋转滚筒处的剪切应力和剪切速率获得。由于宽间隙条件下的流动行为更为复杂，因此该假设不适用于宽间隙[24]。

为了减少壁面滑移的影响，可以用叶片转子代替传统的圆筒形转子。叶片之间的间隙由水泥浆体填充，理论上与圆筒形转子相同。通过数值模拟验证了叶片转子可以有效代替圆筒形转子[25]，叶片的几何形状使得它具备两个主要优点：第一是当四叶转子旋转时，外端不是一个完全光滑的圆形表面，因此不存在壁面滑移；第二是由于其体积和几何形状的影响，插入叶片对样品结构的破坏要小很多[26]。此外，一些研究人员发现，使用四叶片转子测量宾汉姆流体时，剪切面形成的位置通常略大于转子本身的半径[27]。

（2）测量原理

在窄间隙条件下，内筒的剪切速率可以从内筒和外筒之间的间隙和角速度获得，如等式（5.1）所示。

$$\dot{\gamma} = \frac{\omega R_1}{R_2 - R_1} \tag{5.1}$$

式中，$\dot{\gamma}$ 是内筒的剪切速率；ω 是旋转角速度；R_1 是内筒的半径；R_2 是外筒的半径。内筒的剪切应力可通过等式（5.2）计算。

$$\tau = \frac{T}{2\pi R_1^2 h} \tag{5.2}$$

式中，τ 是内筒的剪切应力；T 是扭矩值；h 是转子高度。

因此，流变参数可以通过内筒的剪切应力与剪切速率的线性关系的截距和斜率得到。屈服应力的单位是 Pa，塑性黏度的单位是 Pa·s。

在宽间隙条件下，流变参数可以通过 Reiner-Riwlin 方程获得。剪切速率根据等式（5.3）

计算。

$$\dot{\gamma} = r \frac{d\omega}{dr} \tag{5.3}$$

半径 r 处的剪切应力由等式（5.4）得出。

$$\tau = \frac{T}{2\pi r^2 h} \tag{5.4}$$

对于宾汉姆流体来说，剪切应力和剪切速率之间的线性关系可以表示为等式（5.5）。

$$\tau = \tau_0 + \mu\dot{\gamma} \tag{5.5}$$

将等式（5.4）和等式（5.5）代入等式（5.3），得到等式（5.6）。

$$r \frac{d\omega}{dr} = \frac{T}{2\pi r^2 h\mu} - \frac{\tau_0}{\mu} \tag{5.6}$$

对转速和扭矩进行积分，如等式（5.7）所示。

$$\int_{\Omega}^{0} d\omega = \int_{R_1}^{R_2} \left(\frac{T}{2\pi r^3 h\mu} - \frac{\tau_0}{\mu r} \right) dr \tag{5.7}$$

得到的结果见等式（5.8），即 Reiner-Riwlin 方程。

$$\Omega = \frac{T}{4\pi h\mu} \left(\frac{1}{R_1^2} - \frac{1}{R_2^2} \right) - \frac{\tau_0}{\mu} \ln\left(\frac{R_2}{R_1} \right) \tag{5.8}$$

然而，在一定旋转速度下，内筒水泥浆会有一个未剪切的区域，即死角。此时，剪切区的半径小于外筒的半径，在计算时往往需要对扭矩或速度进行修正。因此，上面提到的 Reiner-Riwlin 方程可以改写为公式（5.9）。

$$\Omega = \frac{T}{4\pi h\mu} \left(\frac{1}{R_1^2} - \frac{1}{R_{\text{plug}}^2} \right) - \frac{\tau_0}{\mu} \ln\left(\frac{R_{\text{plug}}}{R_1} \right) \tag{5.9}$$

塞流区的半径 R_{plug} 可表示为等式（5.10）。

$$R_{\text{plug}} = \sqrt{\frac{T}{2\pi h\tau_0}} \tag{5.10}$$

Koehler 和 Fowler[28] 对现有混凝土流变仪的三种死角修正方法进行了比较，即点消除法、独立屈服应力法和有效环形法，发现这些方法也可用于浆体流变仪。

（3）测量误差和人为因素

在同轴圆筒流变仪的测量中，光滑圆筒形转子会引发壁面滑移效应已被广泛接受。这是由于在壁面附近产生了一个颗粒浓度较低的薄层，因此，水泥浆体的实际剪切速率下降，测试产生了较大误差[29]。减少壁面滑移最常见的方法是增加转子表面的粗糙度，薄滑动层的厚度也受测试流体的物理特性影响。例如，与流变仪壁接触的悬浮物颗粒受到其半径的影响[30]。图5.1（a）呈现了一个显著的特点，即当壁面滑移发生时，应力会以之字形变化[31]。图5.2是一些经过表面处理的转子和外筒内壁。

壁面滑移速度被认为是壁面速度与壁面附近的流体速度之差。当使用粗糙的转子甚

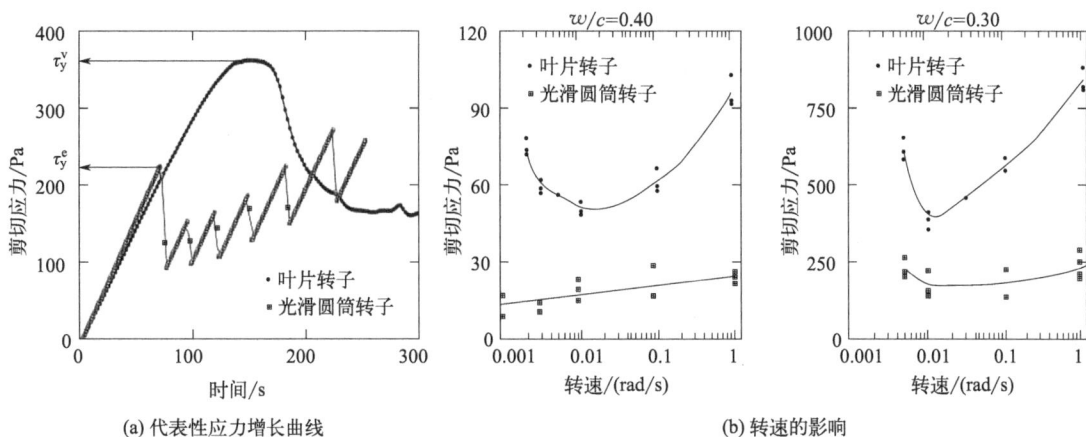

(a) 代表性应力增长曲线　　　　　　　　(b) 转速的影响

图 5.1　代表性应力增长曲线和转速的影响[31]

应力增长试验的旋转速度为 0.01r/s，w/c 为 0.3

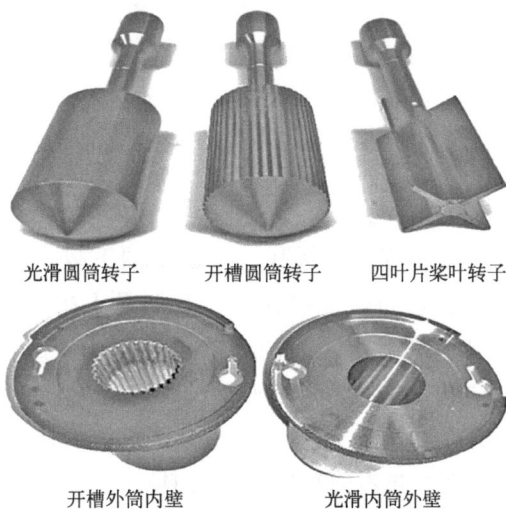

光滑圆筒转子　　开槽圆筒转子　　四叶片桨叶转子

开槽外筒内壁　　　　光滑内筒外壁

图 5.2　同轴圆筒试验的几何形状[32]

至是叶片转子代替圆筒形转子时，由于壁面滑移效应的存在，导致流变学测量的结果不同[18,30]。就实验而言，同轴圆筒形流变仪使用表面粗糙的转子，会获得比圆筒形转子更高的扭矩或剪切应力[30,31,33]。图 5.1(b)[31] 呈现了叶片转子和光滑圆筒转子的应力-转度关系，图 5.3 呈现了光滑、开槽圆筒转子和叶片转子下的代表性剪切应力-剪切速率曲线。此外，研究人员用数值模拟方法证明了表面粗糙化会降低壁面滑移的影响，从而获得更高的精度[34]。Zhu 等[25] 将不同剪切率下得到的流变学参数与实验结果进行了比较，得到叶片转子可以近似地取代圆筒形转子来测量宾汉姆流体的流变性能。壁面滑移现象的发生会导致测得的黏度值偏低，这与 Barnes[35] 的模拟结果相同。然而，叶片并不完全等同于圆筒，叶片间隙间的二次流动会影响黏度的测量。在测量壁面滑移速度方面，Fabian Ortega-Avila 等[36] 使用粒子图像测速仪测量两个同轴圆筒之间的环形间隙中凝胶的流动速度。因为壁面滑移速度的理论计算需要一定的数学基础，通过实验验证结果的正确性[37]。因此，在大多数情况下，表面粗糙化对减少壁面滑移的影响是有效的，但如何定义最佳的粗糙度条件还有待研究。ASTM C 1749[23] 提供了一种在粗糙表面条件下测量水泥浆的标准化方法。

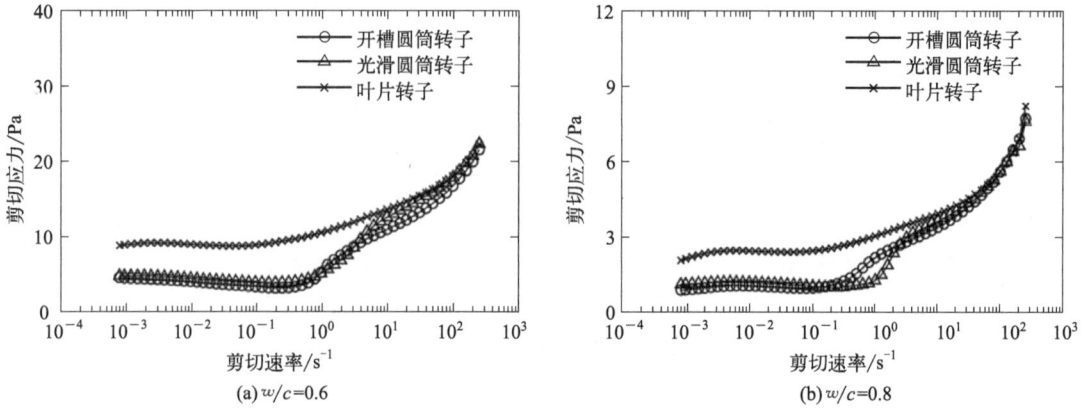

(a) w/c=0.6

(b) w/c=0.8

图 5.3 w/c 为 0.6 和 0.8 的水泥灌浆料在开槽、光滑圆筒转子和叶片转子下获得的流动曲线的比较[32]

5.2.2 平板流变仪

(1) 几何原理

平板流变仪通常包括一个旋转的上板和一个固定的下板，两个平板之间的间隙可以根据需要进行调整。两个平板之间盛满水泥浆，并测量上板施加在水泥浆体上的扭矩。测量水泥浆体时，并不能保证两个板之间的间隙总是很小，因此剪切速率不是恒定的，在上板处最大，在下板处最小。基于层流的假设，剪切率在上板和下板之间呈线性变化。此外，无论是光滑板还是非光滑板，当上板降低时，上板的速度也会引起流变学参数的变化，因为挤压流体的速度会引起不同程度的水迁移[38]。上板可以用锥形板代替，与平板相比，其最大的优点是不同高度的剪切率是恒定的，而且锥形板可以减少样品的体积。然而，锥形板处的离心效应会使浆液不易黏附在壁上，并且锥形板测试方法对颗粒粒径更敏感，间隙通常大于最大颗粒粒径的 10 倍。

与同轴圆筒流变仪相比，平板流变仪更适用于高黏度浆体。一方面，在平板之间添加高黏度样品更容易，不会受到几何形状的影响。另一方面，平板测量需要较少的样品，并且可以通过改变直径或间隙来改变最大剪切速率。而在同轴圆筒流变仪中，低黏度流体可以很好地填充内外圆筒之间的间隙，同时在测量过程中可以更好地控制样品的温度。另外，平板间隙内的样品间存在温差，且常与间隙呈正相关，锥形板条件需要的样品量最少。

ASTM C 1749[23] 中对平板的测试进行了规定。为了减少壁面滑移的影响，也使用了砂纸黏合、喷砂、锯齿和凹槽等方法。图 5.4 是一些平板的几何形状。平板的位置需要在试验开始时确定，间隙的大小对流变参数会有很大影响[40,41]。它由被测浆体中颗粒的最大粒径所决定。当间隙变窄时，颗粒与板之间的摩擦力会增加，从而产生更大的法向力并改变其流动状态。如果间隙过大，则无法用浆体有效填充[42]。需要确保初始测量处于零点位置，然而粗糙表面的几何高度限制了零点位置的确定，这将对流变参数的计算产生较大影响。

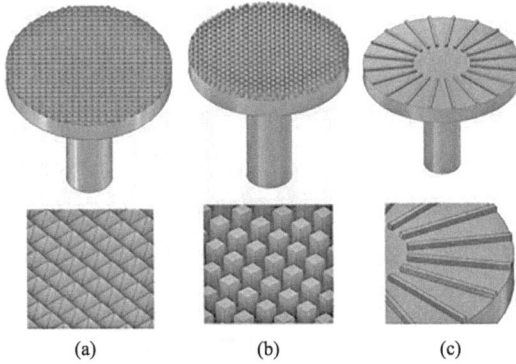

图 5.4　平板的几何形状[39]

（2）测量原理

测量得到扭矩和转速，通过拟合得到扭矩和转速的线性关系。以最常见的宾汉姆模型为例，扭矩与剪切应力的关系如下：

$$T = \int \tau \mathrm{d}Ar = \int_0^R 2\pi r^2 (\tau_0 + \mu\gamma)\mathrm{d}r \tag{5.11}$$

我们可以通过等式 (5.12) 获得上板边缘的剪切速率。

$$\dot{\gamma} = \frac{\omega R}{h} \tag{5.12}$$

然后，我们可以将积分中的变量转换为剪切速率：

$$T = \frac{2}{3}\pi\tau_0 R^3 + \int_0^{\frac{\omega R}{h}} 2\pi\mu \frac{h^3}{\omega^3}\gamma^3 \mathrm{d}\gamma = A + B\gamma \tag{5.13}$$

因此，我们可以通过 T-γ 线性关系的截距和斜率获得特征参数 A 和 B，再通过方程 (5.14) 计算屈服应力和塑性黏度。

$$\tau_0 = \frac{3A}{2\pi R^3} \quad \mu = \frac{2B}{\pi R^3} \tag{5.14}$$

其中，T 是扭矩；γ 是剪切速率；ω 是旋转角速度；τ_0 是屈服应力；μ 是塑性黏度；A 是 T-γ 直线截距；B 是 T-γ 直线斜率。屈服应力和塑性黏度的单位分别为 Pa 和 Pa·s。当然，也可以通过 T-ω 关系获得类似的流变参数。然而，在一些文献中[32,43,44] 报道了平板边缘剪切流的不均匀性，因此，基于 Weissenberg-Rabinowitsch 方程，得到了一种修正外缘剪切应力的方法。同样地，它也可以通过半径进行校正，即 $r = 2/3R$ 或 $r = 3/4R$。在 ASTM C 1749[23] 中规定黏度可以用公式 (5.15) 表示。

$$\eta = \frac{3hT}{2\pi R^4 \omega \left(1 + \frac{1\mathrm{dln}T}{3\mathrm{dln}\omega}\right)} \tag{5.15}$$

式中，η 是黏度，Pa·s；T 是扭矩，N·m。

（3）测量误差和人为因素

与同轴圆筒流变仪类似，平板流变仪也普遍存在壁面滑移问题，通常，在上板壁和流体附近会出现一个薄层。Hartman 等[45] 使用 ATR 光谱监测到板区域附近的非牛顿流体中产生的颗粒浓度下降，该现象与颗粒浓度有关。为了减少壁面滑移现象的影响，许多研究人员采用了表面粗糙化方法[8,18,39,40,41,46]。Pawelczyk[39] 和 Carotenuto[40] 等认为表面的不平整会改变实际间隙，因此，他们试图通过扩大间隙来建立一定的修正关系。虽然壁面滑移没有完全消除，但经过粗糙化表面处理的牛顿流体的修正黏度与实际黏度几乎相同。表 5.1 呈现了一些结构特征下的膨胀间隙。尽管建立该关系是必要的，但对于水泥浆体，其黏度是未知的，并且由于剪切增稠或稀化行为的存在，获得校正的函数将更加复杂。如果以旋转流变仪的测量结果作为参考，则可能建立相应的校正关系[47]。校正黏度可以通过等式（5.16）获得[39,40]：

$$\eta_c = \frac{\eta_m H}{H + \delta} \tag{5.16}$$

式中，η_c 是校正黏度；η_m 是测量的黏度；H 是间隙；δ 是间隙膨胀值。

表 5.1　不同测量系统在 $\dot{\gamma} = 5.05\mathrm{s}^{-1}$ 时的 δ 值[39]

测量系统	间隙膨胀值 δ/mm		
	硅油 AK 5000	硅油 AK 12500	25%（质量分数）悬浮液（AK 5000）
1[见图 5.4(a)]	0.23±0.006	0.25±0.004	0.22±0.011
4[见图 5.4(a)]	0.91±0.040	0.83±0.032	0.86±0.071
5[见图 5.4(a)]	0.44±0.023	0.49±0.016	0.48±0.029
8[见图 5.4(b)]	0.20±0.003	0.22±0.009	0.19±0.014
12[见图 5.4(c)]	0.35±0.009	0.37±0.004	0.35±0.009
17[见图 5.4(c)]	0.73±0.068	0.71±0.072	0.70±0.089

一些平板流变仪在限制壁下进行测试，这可能更有利于流动性较高的浆体。通常流变测试结果比平板条件下的大，这可能是由于浆体与壁之间的摩擦造成的。将实验数据与数值模拟结果进行对比，如图 5.5 所示。可以发现，在一定间隙下的模拟数据与实验数据具有很好的相关性。一般来说，间隙越小，模拟结果比测量值越高，这可能是由于上边缘之外的流体贡献了更多的扭矩。通过等式（5.17），可以从测量 η_m 的黏度中得到校正黏度。

$$\eta_r = \frac{\eta_m}{\frac{h}{D}f + 1} \tag{5.17}$$

此外，当间隙远小于限制壁的直径时，校正黏度将更接近于测量的黏度。

与平板流变仪相比，窄间隙同轴圆筒流变仪可能更适合于水泥浆体的流变测量。其优势

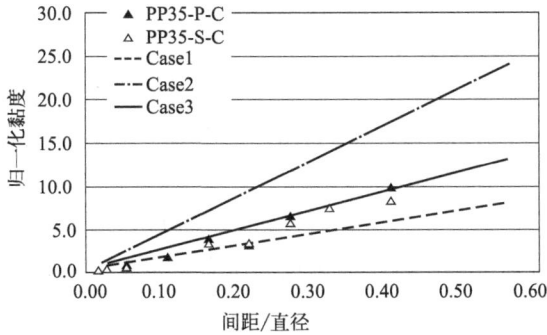

图 5.5　PP35 受限几何结构的模拟和数据[49]

三条实线是对图中几何形状进行一些变化的模拟结果，符号代表根据实验数据进行了间隙校正

如下：样品更容易添加到圆筒中，而且外筒可以包裹水泥浆从而有效控制温度。然而，对于高强流动性的浆体，在平板或锥形板的条件下则难以控制样品。虽然可以通过设置边界墙来实现，但这将会引起剪应力偏大。此外，与平板或锥板流变仪无关，泥浆容易受到法向应力的影响，特别是对于具有高黏弹性和高触变性的泥浆。在板式流变仪中，材料的物理性质会发生变化，如水分的径向迁移和蒸发。目前，虽然很多研究都在使用旋转流变仪对水泥浆进行测试，但不同材料组成的浆体流变参数很难进行比较。

5.2.3　其他流变仪

5.2.3.1　毛细管黏度计

(1) 几何原理

许多类型的毛细管黏度计都可用于测量流体的黏度，尤其是牛顿流体或具有牛顿特性的流体。水泥基材料的测量通常使用压力和重力毛细管黏度计。压力毛细管黏度计使流体在恒定压力下沿毛细管流动，并获得一定距离内的压力变化。剪切应力和剪切速率可以通过压差和流速来确定，以获得流体黏度。重力黏度计记录流体通过毛细管一定距离以确定流体黏度所需的时间。当流体沿湿的管壁流动时，其黏度与流动时间成正比。

流体流经毛细管黏度计时的水动力学理论非常简单，并做出了必要的假设。假设管中的流体流动是稳定、不可压缩、层流的，并且在管壁处不会发生滑动。假设也同样适用于水泥浆体的其他流变参数测量。毛细管流变仪具有高纵横比。通常，毛细管长度与直径之比为30甚至更大。图 5.6 是常用的 Cannon-Fenske 黏度计。

使用毛细管黏度计进行的测量通常只包含一个流变参数。牛顿流体或一些性质与牛顿流体相似的水泥浆的黏度可以通过 Poiseuille 方程得到，而屈服应力则不是未知的。对于压力毛细管黏度计，当流体在没有活塞流的情况下在毛细管中流动时，压降和流动关系曲线可用于描述宾汉姆流体的屈服应力和黏度。

图 5.6　Cannon-Fenske 黏度计[50]

（2）测量原理

在测量之前，首先校准黏度计。将充分搅拌的水泥浆体加入校准的黏度计中并置于水浴环境保持温度恒定。然后，调整样品的量，直到弯液面位于第一刻度线上方 7mm 处。样品在其重量下自由流动，测量弯液面沿毛细管流过第一、第二刻度线的时间，时间精确到 0.1s 之后，将毛细管改成较小的直径，并重复测量。计算两次平均值，不能超过要求的精度。浆体的运动黏度测定两次，根据密度可得到动态黏度。测量是根据 ASTM D 445[51] 进行的，压力毛细管黏度计需要测量两个测试点的压力和距离。

对于重力毛细管黏度计，黏度由公式（5.18）计算。

$$\nu = Ct \tag{5.18}$$

式中，ν 是流体的运动黏度，mm^2/s；C 是仪器相关常数，mm^2/s^2；t 是平均流动时间，s。

动态黏度通过公式（5.19）计算。

$$\eta = \nu\rho \tag{5.19}$$

式中，η 是动态黏度，$MPa \cdot s$；ρ 是流体密度，kg/m^3。

对于压力毛细管黏度计，剪切应力由等式（5.20）定义。

$$\tau = \frac{PR}{8L} \tag{5.20}$$

式中，τ 为剪切应力；R 为毛细管中心的半径；L 为两点之间的长度；P 为压差。

壁上的剪切速率由等式（5.21）定义。

$$\dot{\gamma} = \frac{4Q}{\pi R^3} \tag{5.21}$$

式中，$\dot{\gamma}$ 是剪切速率；Q 是流速。

动态黏度由剪切应力和剪切速率之比得出，如等式（5.22）所示。

$$\eta = \frac{\pi R^4 P}{8QL} \tag{5.22}$$

压降与流量之间的关系如下：

$$Q = \frac{\pi R_4}{8\mu L}\left(P - \frac{8\tau_0 L}{3R} + \frac{16\tau_0^4 L^4}{3P^3 R^4}\right) \tag{5.23}$$

剪切速率可以通过 Rabinowitsch-Mooney 方程进行校正：

$$\dot{\gamma} = \frac{Q}{\pi R^3}\left(3 + \frac{\mathrm{d}\ln Q}{\mathrm{d}\ln \tau}\right) \tag{5.24}$$

（3）在水泥浆体中的应用

毛细管黏度计主要用于化学领域，一般很少用于水泥浆体。毛细管黏度首次被用于测量不同材料组成和添加剂的水泥浆体，并与旋转流变仪的结果进行了对比。两种方法测得的黏度非常接近。试验结果见表 5.2。对于非牛顿流体悬浮液，如水泥浆体，有一定的限制作用[52]。一方面，毛细管的直径将受到悬浮颗粒尺寸的限制。如果直径太小，毛细管就会堵塞。如果直径过大，流体将很快通过管道，导致读数误差较大[5]。另一方面，随着时间的推移，水泥的持续水化会产生热量，这对毛细管黏度计的测量结果有较大影响[53,54]。因此，合理选择毛细管直径是非常重要的前提。ASTM D 445[51] 提供了一种用于测定透明和不透明流体的动态和运动黏度的标准化方法[55]。但需要根据水泥浆体的复杂程度对试验方法进行优化。

表 5.2　旋转流变仪（RR）和毛细管黏度计（C-F）之间的塑性黏度比较

胶凝材料	w/c	SP/c	ϕ_c	$\eta_p/(Pa \cdot s)$	
				RR	C-F 400
CEM I 52.5-SR	0.35	0.4	0.477	0.123	0.214
	0.35	0.8	0.477	0.086	0.117
	0.47	0.4	0.404	0.058	0.087
	0.47	0.8	0.404	0.047	0.037
	0.53	0.4	0.376	0.037	0.042
	0.53	0.8	0.376	0.030	0.022
	0.63	0.4	0.336	0.019	0.027
	0.63	0.8	0.336	0.020	0.012
CEM II 32.5 BL-II	0.35	0.4	0.487	0.091	0.114
	0.35	0.8	0.487	0.055	0.073
	0.47	0.4	0.414	0.037	0.030
	0.47	0.8	0.414	0.032	0.029
	053	0.4	0.386	0.025	0.020
	0.63	0.4	0.345	0.013	0.020
	0.63	0.8	0.345	0.014	0.013
75% CEM I 52.5-SR+25% GGBS	0.35	0.4	0.471	0.117	0.169
	0.35	0.8	0.471	0.087	0.158
	0.47	0.4	0.399	0.049	0.058
	0.47	0.8	0.399	0.039	0.033
	0.53	0.4	0.371	0.034	0.041
	0.53	0.8	0.371	0.029	0.026
	0.63	0.4	0.332	0.019	0.016
	0.63	0.8	0.332	0.019	0.016
75% CEM II 32.5 BL-II+25% GGBS	0.35	0.4	0.476	0.074	0.087
	0.35	0.8	0.476	0.067	0.074
	0.47	0.4	0.405	0.035	0.036
	0.47	0.8	0.405	0.032	0.028
	0.53	0.4	0.377	0.027	0.026
	0.53	0.8	0.377	0.019	0.021
	0.63	0.4	0.338	0.012	0.022
	0.63	0.8	0.338	0.009	0.011

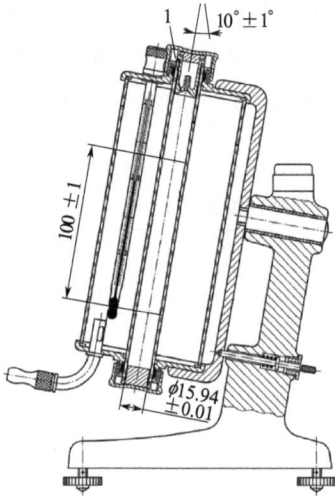

图 5.7　典型落球式黏度计

总之，毛细管黏度计只能提供与流变特性相关的黏度参数。在整个试验过程中，黏度与时间有关，只能得到一个固定值。如果能连续获得水泥浆体运动的时间和距离，就可以表征黏度的变化。

5.2.3.2　落球式黏度计

（1）几何原理

落球式黏度计的原理是球在液体中下落的速度与液体的黏度成反比。典型的落球式黏度计如图 5.7 所示。它通常包含一个装有测试液的试管和一个控制温度的外部试管。试管略微倾斜，约 10°。黏度计配有多种尺寸的球体，直径范围为 11～15.81mm。球体穿过试管中的液体落下，通过落下的时间来评估其黏度。需要通过已知黏度的液体来获得仪器的校准系数。不同材料和直径的校准系数见 DIN EN ISO 12058-1[56]。与毛细管黏度计类似，落球黏度计也仅提供表征浆体流变行为的黏度信息。

（2）测量原理

将混合好的水泥浆体放入测量管中，然后放入球体。测量管被塞子封闭。在每次测量之前，球体需要沿管道长度滚动一次，使球体表面与水泥浆体完全接触。转动黏度计，使球体从上端落下，并按顺序穿过两条圆形刻度线。测量球体上端或下端通过两条刻度线的时间，测量期间必须保持温度恒定。为了减少误差，至少进行三次测量。上述试验根据 DIN EN ISO 12058-1[56] 进行。

水泥浆体的动态黏度可通过下式获得：

$$\eta = K(\rho_1 - \rho_2)t \tag{5.25}$$

式中，η 是动态黏度，mPa·s；K 是仪器校准系数，mm^2/s^2；ρ_1 是球体密度，kg/m^3；ρ_2 是浆体密度，kg/m^3；t 是平均下降时间，s。

（3）在水泥浆体中的应用

落球黏度计通常用于测试牛顿流体和一些低黏度的聚合物和树脂。对于非牛顿流体，在球体、管壁和端部区域附近会出现更为复杂的流场[57,58]。这导致水泥浆体的测量会受到更多限制，并且难以评估管道中球体的剪切流动。Nicolò 等[59] 表明，不同粒径的混合物会导致球体在流体中的下落过程呈现出不同的形态，包括运动轨迹和运动状态的变化，同样的效果也可能发生在水泥浆体中。新拌砂浆的测量使用类似于落球式黏度计的测量方法，黏度值可根据 Stokes 方程获得[60]。然而，很难找到类似的水泥浆体方法。此外，水泥浆体是一种不透明的流体，因此球体的下落时间可能难以准确测量。Thompson[61] 提供了一种通过落球法测试不透明液体的方法，其中感应装置的引入可能对水泥浆流变性能的测量具有积极影响。落球式黏度计在测量非牛顿流体时缺乏扎实的理论基础，限制了其在水泥浆体中的应用[62]。此外，水泥浆体的复杂流变性质，如触变性[63]、剪切增稠或剪切变稀等，也会对其产生影响。因此，黏度与时间的关系很难确定。此外，液滴运动轨迹和剪切速率的变化可能难以评估，需要一些理论支持。

5.3 测量步骤

5.3.1 流动曲线测试

首先将搅拌好的水泥浆体倒入流变仪的外筒中，然后应轻轻转动转子，将其置于泥浆体中，使转子底部完全接触水泥浆体。图 5.8 展示了流动曲线测试的典型流程。在测量过程中，必须保持温度不变[64]。设置剪切步骤的数量或剪切时间，剪切速率可以逐步地或连续地分布。在正式测量之前，需要在最大剪切速率下进行预剪切，剪切时间通常在 30~60s 之间。之后，将样品静置 30s 以稳定扭矩。速度很快达到初始速度，并测量上升和下降部分。流变参数由下降段的剪切应力-剪切速率决定。此外，上升和下降曲线包围的面积与材料的触变性呈正相关。可以重复多次来获得平均值，以提高流变参数的准确性[65]。

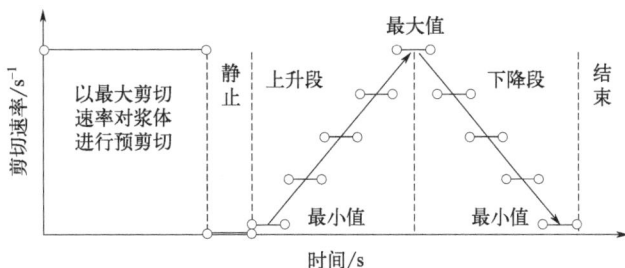

图 5.8 流动曲线测试流程

对于平板，添加的样品量应为测量间隙所需理论体积的 110%~120%，以确保水泥浆体均匀填充间隙。然后，调整间隙，并修剪掉多余的部分，然后，根据测试协议运行流变仪。

5.3.2 静态屈服应力试验

静态屈服应力的增加取决于胶体颗粒之间的化学水化和相互作用、范德华力等的耦合。随着时间的推移，颗粒之间形成了更密集的网络结构，从而增加了屈服应力。首先对水泥浆体进行预剪切以减少触变性的影响。之后，以 10^{-1}~$10^{-3}\,s^{-1}$ 的剪切速率（或剪切应变）施加到水泥浆体上，临界状态下的剪切应力为静态屈服应力[66]。这种临界状态对应于剪切过程中从上升剪切应力到下降剪切应力的转变。图 5.9 展示了静态屈服应力和临界应变的确定。

5.3.3 振荡剪切试验

(1) SAOS 和 LAOS 的说明

小振幅振荡剪切（SAOS）是一种基于经典胡克定律评估流体变形能力的技术方法。在 SAOS 中，在连续的正弦波激励下，施加一个小于水泥浆体临界应变的应变，以获得应力响应，从而使被研究的水泥浆体仅在其弹性区域内变形。然而，应力反应通常有一定程度的滞后[67]。一旦应变超过临界值，材料结构就会被破坏，应力-应变关系不再是线性的[68]，如

图 5.10 所示。对于聚合物和悬浮液，可以确定结构转变的临界值[68-72]。因此，SAOS 测试方法确定了材料从构造到破坏的过程。

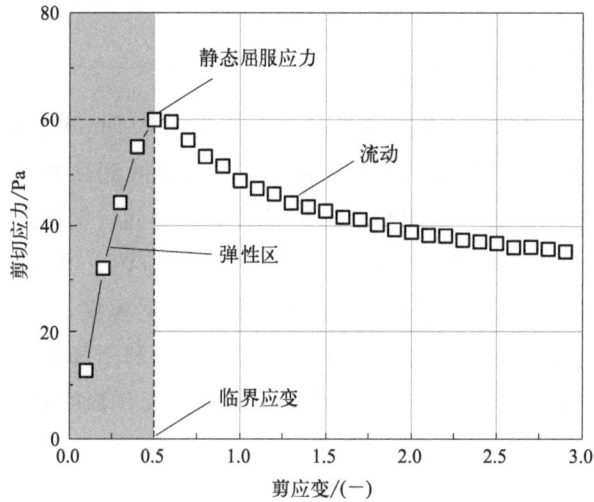

图 5.9　剪切应变试验中静态屈服应力的测定

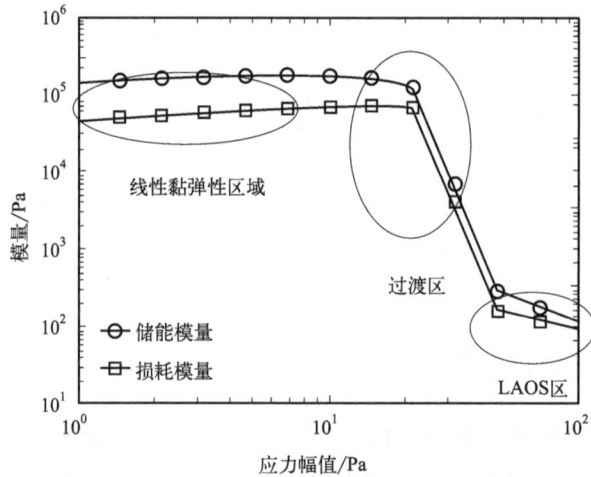

图 5.10　储能模量和损耗模量随应力幅值的变化

　　大振幅振荡剪切（LAOS）数据与流变行为的关联提供了一种评估流体流变特性的方法[73]。与 SAOS 相比，水泥浆体承受的应变幅度高于临界应变。应力-应变关系不再是纯线性关系，应力不能用单个三角函数表示。在非线性情况下，模量不再独立于应变幅度，因此，会出现周期性偏差[74]。高次谐波对影响非牛顿流体的行为有一定贡献[75]。

　　傅里叶变换是描述非线性行为流体特性最常用的技术手段[19]。Hyun 等[74] 开发了基于核磁共振光谱的傅里叶变换，并发展了傅里叶变换流变学方法。该方法已应用于各种复杂流体的流变试验。与傅里叶变换方法相对应，获得了更高的精度。在随后的一份报道中，回顾了 LAOS 数据解释的理论发展和应用[74]。此外，通过 Lissajous 曲线，将复杂的高阶调和问题转化为数学几何问题，并使用应力-应变曲线某一点的斜率作为 LAOS 数据的物理解释[76]。

对于 SAOS，剪切应力与应变的比值可以用复数模量表示，包括储能模量和损耗模量。其中，储能模量表示浆料在弹性行为下因变形而储存的能量，损耗模量表示过程中需要克服的热量或其他损耗，如颗粒间的阻力等。LAOS 还包括表征弹性和黏性行为的两个参数，通过傅里叶变换得到与材料相关的动态模量。如果忽略高次谐波的贡献，LAOS 条件下的储能模量和损耗模量可能失去意义。然而，它仍然可以提供一些关于微观结构变化的信息，以区分复杂流体[19]。LAOS 主要在应变或应力控制下通过傅里叶变换方法进行，即将得到的输出应力分解为傅里叶级数。目前，LAOS 资料解释最常用的方法是 Lissajous 曲线几何法。

(2) 测量原理

对于 SAOS，应变可通过等式(5.26)获得。

$$\gamma(t) = \gamma_0 \sin(\omega t) \tag{5.26}$$

式中，$\gamma(t)$ 是 t 时刻的应变；γ_0 是最大幅度；t 是时间。

然后可以得到复模数：

$$G^* = \tau / \gamma \tag{5.27}$$

$$G^* = G' + iG'' \tag{5.28}$$

流变参数之间的关系可以用等式(5.29)、等式(5.30) 和等式(5.31) 表示。

$$G' = \frac{\tau_0}{\gamma_0} \sin\delta \tag{5.29}$$

$$G'' = \frac{\tau_0}{\gamma_0} \cos\delta \tag{5.30}$$

$$\tan\delta = \frac{G''}{G'} \tag{5.31}$$

式中，G' 是储能模量；G'' 是损耗模量；τ_0 是最大应力；γ_0 是最大应变；δ 是相角。对于纯弹性材料，相角为 0°，反应是完全柔性的。对于纯牛顿流体，相角为 90°，反应完全剧烈。对于水泥基材料，响应介于两者之间，表现出与材料的弹性和黏性行为相对应的黏弹性。

SAOS 主要使用上述旋转流变仪进行。当它是应变控制流变仪时，SAOS 技术通常包括以下三个过程。

① 应变扫描。在本试验中，频率需要保持在一定值（水泥浆体一般为 1～2Hz）。材料受到连续正弦应变，振幅逐渐增加，通常从 10^{-5}％增加到 1％。当应变超过某一临界值时，内部结构发生破坏，模量随着应变的增加而降低。通过该过程，可以获得材料的线性黏弹性区域（LVER）和临界应变。在某些情况下，临界应变很容易识别，见图 5.11(a)。然而，在其他情况下，临界应变可能不容易确定，见图 5.11(b)。

② 振荡频率扫描。振荡频率扫描用于评估材料在宽频率范围内的稳定性。振幅保持不变，而频率从 0.01Hz 递增至 100Hz。在试验过程中监测储能模量和损耗模量。

③ 振荡时间扫描。振荡时间扫描试验用于研究结构变化引起的流变特性演变。在该测试程序中，振幅在低于临界应变的幅值下保持恒定，频率也保持恒定。

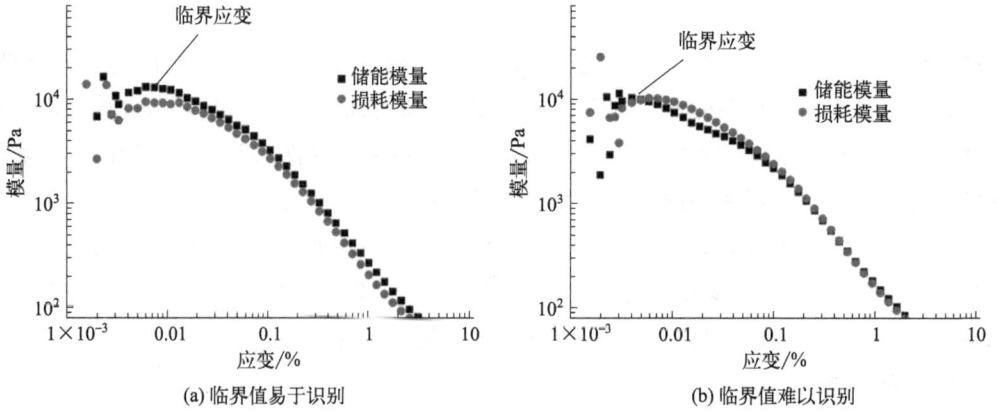

(a) 临界值易于识别   (b) 临界值难以识别

图 5.11 新拌水泥浆在 1Hz 下的典型振荡应变扫描

对于 LAOS，水泥浆体的适用频率通常为 1Hz。执行过程与上述 SAOS 过程非常相似。以应变输入为例，它包括三个过程：应变振荡扫描、频率振荡扫描和时间振荡扫描。与 SAOS 相比，LAOS 施加了更大的应力或应变幅度，但频率差异不大。主要目的是分析应力-应变曲线从线性区域到非线性区域的过渡。如果频率过高或过低，将影响流变试验。在更高的频率下，它可能会受到仪器和流体惯性的影响。同时，对于随时间变化的流体，材料内部结构的发展和演化使频率较低的 LAOS 参数受到相对较大的影响。

当使用应变控制流变仪时，输入应力如等式（5.32）所示[67,77]：

$$\tau(t) = \tau_1 \sin(\omega t) \tag{5.32}$$

由于对称性，输出应变的傅里叶级数如等式（5.33）所示：

$$\gamma(t) = \sum_{n=odd} \gamma_n \sin(n\omega t - \delta_n) \tag{5.33}$$

应变可分为弹性部分和黏性部分，其中 J'_n 和 J''_n 分别为存储模量和损耗模量。

$$\gamma(t) = \tau_1 \sum_{n=odd} [J'_n \sin(n\omega t) - J''_n \cos(n\omega t)] \tag{5.34}$$

应变率也可以用材料相关的流体特性 ψ'_n 和 ψ''_n 来表示：

$$\dot{\gamma}(t) = \tau_1 \sum_{n=odd} [n\psi''_n \cos(n\omega t) + n\psi'_n \sin(n\omega t)] \tag{5.35}$$

此外，定义了小应变柔度 J'_M 和大应变柔度 J'_L，对应于 Lissajous 曲线中应力-应变曲线的斜率。

$$J'_M = \frac{d\gamma}{d\tau}\bigg|_{\tau=0} = J'_M(\omega : \tau_1) \tag{5.36}$$

$$J'_M = \sum_{n=odd} nJ'_n \tag{5.37}$$

$$J'_L = \frac{\gamma}{\tau}\bigg|_{\tau=\pm\tau_1} = J'_L(\omega : \tau_1) \tag{5.38}$$

$$J'_L = \sum_{n=odd} J'_n \tag{5.39}$$

因此，应力软化率 R 可以用等式（5.40）表示。

$$R(\omega, \tau_1) = \frac{J'_L - J'_M}{J'_L} \tag{5.40}$$

类似地，小速率流动性和大速率流动性的定义对应于 Lissajous 曲线中应力-应变率曲线的斜率。

$$\psi'_M = \frac{\mathrm{d}\dot{\gamma}}{\mathrm{d}\tau}_{\tau=0} = J'_M(\omega : \tau_1) \tag{5.41}$$

$$\psi'_M = \omega \sum_{n=\mathrm{odd}} n^2 J''_n \tag{5.42}$$

$$\psi'_L = \frac{\dot{\gamma}}{\tau}_{\tau=\pm\tau_1} = \psi'_L(\omega : \tau_1) \tag{5.43}$$

$$\psi'_L = \omega \sum_{n=\mathrm{odd}} n J''_n \tag{5.44}$$

剪切变稀率 Q 如等式(5.45)所示：

$$Q(\omega, \tau_1) = \frac{\psi'_L - \psi'_M}{\psi'_L} \tag{5.45}$$

特别是，当 $R=0$ 时，它应该对应于 SAOS 的临界应变。同时，不同的 R 和 Q 值对应不同形状的 Lissajous 曲线。因此，LAOS 数据可以通过应力和应变之间的几何关系或应变率曲线的变化来解释。

（3）在水泥浆体中的应用

SAOS 广泛应用于高分子聚合物、悬浮液、乳液、润滑脂等，也可用于水泥浆体中评价黏弹性和内部结构演变[68-71]。Schultz 和 Struble[71] 指出水泥浆的储能模量为 14～24kPa，临界应变约为 10^{-4}。随着 w/c 的增加，储能模量和临界应变略有下降。然而，Yuan 等[69] 认为临界应变在 10^{-5}～10^{-4} 之间，该值受减水剂的使用影响显著，而与 w/c 的相关性较弱。研究人员已经逐渐将 SAOS 的流变参数与水泥浆的结构演变，甚至是水化产物的形成在微观上联系起来。Betioli 等[68] 发现 SAOS 参数可以对应水化过程的热量。Huang 等[78] 建立了储能模量与 AFt 含量的线性关系。图 5.12 展示了钙矾石含量与储能模量的相关性。这些结果也证明 SAOS 测试可以反映早期水化进程与结构构筑之间显著的相关性[79]。此外，Yuan 等[69] 发现储能模量与静态屈服应力增长吻合较好，如图 5.13 所示。

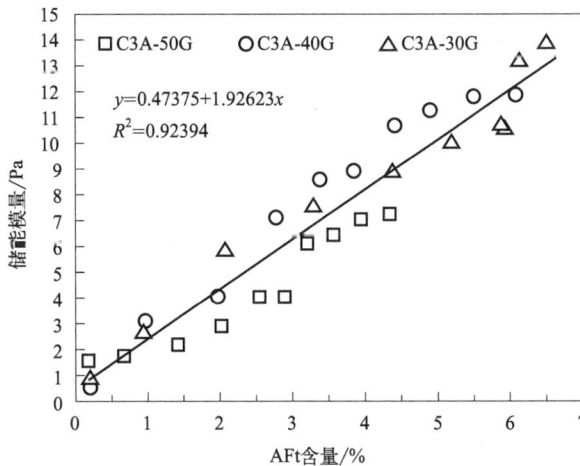

图 5.12　钙矾石含量（质量分数）与 C_3A-石膏浆体储能模量的相关性[78]

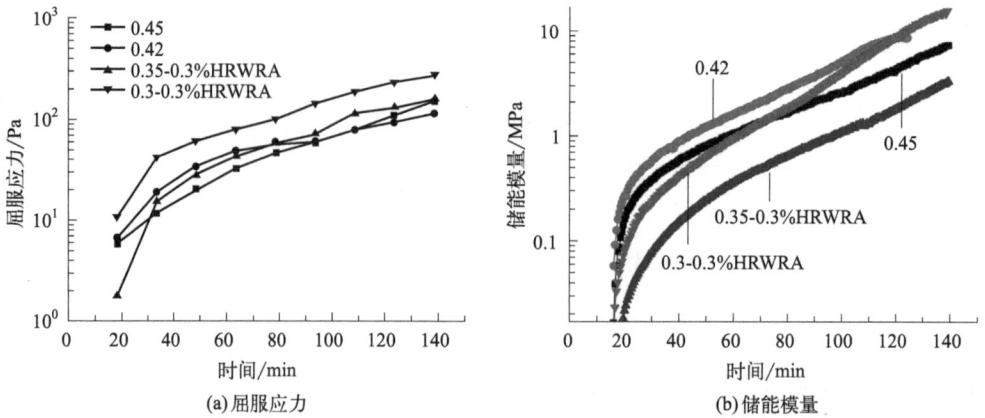

图 5.13　屈服应力和储能模量随时间变化的比较[69]

屈服应力可以表示为临界应变和相应模量的乘积[68]。Ukrainczyk 等[80] 将 SAOS 计算的屈服应力与力学模型进行了比较，验证了屈服应力与 SAOS 参数之间的关系。Sun 等[81]使用剪切波反射技术监测不同水灰比水泥浆的早期行为，结果与直接使用 SAOS 获得的储能模量有很好的相关性。

SAOS 下的小变形可能不能完全表征某些材料的加工和成型。在此背景下，LAOS 对应于大变形或变形速率下的流变学研究，主要用于聚合物的测量[19]，用于测量一些具有高黏度或变形能力的流体的结构行为。然而，LAOS 在测量水泥浆体流变性能方面的研究还很有限。Conte 等[67] 首次使用 LAOS 研究了振幅和频率对水泥浆流变参数的影响，并通过 Lissajous-Bowditch 曲线解释了潜在的机理。应力-应变或应力-应变率曲线或应力的几何性质，如形状、斜率、封闭面积和演化，与材料的触变性和黏弹性行为有关[82]，图 5.14 为水泥浆的 LAOS 参数。

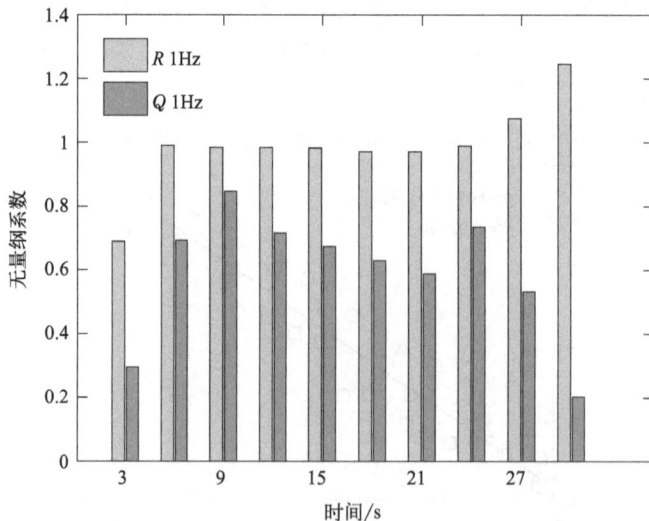

图 5.14　1Hz 和 40Pa 条件下 NC 水泥浆非线性黏弹性参数的时间演变[67]

R—应力软化率；Q—剪切变稀率

5.4　本章小结

本章回顾了水泥浆体流变性能的测量，主要包括流变设备、测量原理、测试方法、数据处理等。可以得出以下结论：

表面粗糙化方法包括喷砂、开槽、形成表面凹凸，甚至使用叶片转子，对壁面滑移的发生有一定的限制作用。然而，叶片转子可能会导致流动变得复杂。此外，粗糙结构设计的几何高度也会影响其对壁面滑移的限制作用。

同轴圆筒流变仪对水泥浆样品具有更好的温度控制能力，并确保其均匀性。与平板流变仪相比，避免了水泥浆从边缘溢出，它更适合于测量大多数水泥浆体的流变特性。

SAOS 得到的储能模量与水泥浆的屈服应力变化具有较好的一致性。SAOS 是一种很有前途的实时监测微观结构发展的技术。对于应变较大的 LAOS，Lissajous 曲线最适合解释数据，其形状演化和 LAOS 流变参数可以很好地联系起来。

毛细管黏度计和旋转流变仪测得的黏度相似。然而，很难通过现有流变模型的两个甚至三个参数来表征其流变性。落球黏度计由于其复杂的流动特性，很难应用于水泥浆体。

流变仪能够快速、准确地评价水泥浆体的流变性能，因此在基础设施建设和试验研究中得到了广泛的应用。然而，目前还没有明确的规范来评价每台流变仪的适用性以及流变参数之间的定量关系，因此，这方面还需要更多的研究。

参 考 文 献

[1]　Liu G，Cheng W，Chen L，et al. Rheological properties of fresh concrete and its application on shotcrete [J]. Construction and Building Materials，2020，243：118180.

[2]　Chen M，Yang L，Zheng Y，et al. Yield stress and thixotropy control of 3D-printed calcium sulfoaluminate cement composites with metakaolin related to structural build-up [J]. Construction and Building Materials，2020，252：119090.

[3]　Wallevik J E. Rheological properties of cement paste：Thixotropic behavior and structural breakdown [J]. Cement and Concrete Research，2009，39 (1)：14-29.

[4]　Ferraris C F，Gaidis J M. Connection between the rheology of concrete and rheology of cement paste [J]. ACI Materials Journal，1992，89 (4)，388-393.

[5]　刘豫，史才军，焦登武，等 . 新拌水泥基材料的流变特性、模型和测试研究进展 [J]. 硅酸盐学报，2017，45 (5)：708-716.

[6]　Cepuritis R，Skare E L，Ramenskiy E，et al. Analysing limitations of the FlowCyl as a one-point viscometer test for cement paste [J]. Construction and Building Materials，2019，218：333-340.

[7]　Ferraris C F，Obla K H，Hill R. The influence of mineral admixtures on the theology of cement paste and concrete [J]. Cement and Concrete Research，2001，31 (2)：245-255.

[8]　Alonso M M，Palados M，Puertas F，et al. Effect of polycarboxylate admixture structure on cement paste rheology [J]. Materiales De Construccion，2007，57 (286)：65-81.

[9]　Hanehara S，Yamada K. Interaction between cement and chemical admixture from the point of cement

hydration, absorption behaviour of admixture, and paste ·rheology [J]. Cement and Concrete Research, 1999, 29 (8): 1159-1165.

[10] Khayat K H. Viscosity-enhancing admixtures for cement-based materials — An overview [J]. Cement and Concrete Composites, 1998, 20 (2): 171-188.

[11] Lewis J A, Matsuyama H, Kirby G, et al. Polyelectrolyte effects on the rheological properties of concentrated cement suspensions [J]. Journal of the American Ceramic Society, 2000, 83 (8): 1905-1913.

[12] Ma K, Feng J, Long G, et al. Effects of mineral admixtures on shear thickening of cement paste [J]. Construction and Building Materials, 2016, 126: 609-616.

[13] De-Hua D, Rong Z, Jian-Wei P, et al. Effect of Superplasticizers and Limestone Powders on Shear Thickening Behavior of Cement Paste [J]. Journal of Building Materials, 2013, 16 (05): 744-751+769.

[14] Xie Y, Cheng X, Ma K, et al. Effects of limestone powder on shear thinning and shear thickening of cement-fly ash paste [J]. Journal of Building Materials, 2015, 18 (05): 824-829.

[15] 谢友均, 陈小波, 马昆林, 等. 粉煤灰对水泥浆体的剪切变稀和剪切增稠作用 [J]. 硅酸盐学报, 2015, 43 (8): 1040-1046.

[16] Maybury J, Ho J C M, Binhowimal S M. Fillers to lessen shear thickening of cement powder paste [J]. Construction and Building Materials, 2017, 142: 268-279.

[17] Yang H, Lu C, Mei G. Shear-Thickening Behavior of Cement Pastes under Combined Effects of Mineral Admixture and Time [J]. Journal of Materials in Civil Engineering, 2018, 30 (2): 04017282.

[18] Nehdi M, Rahman M A. Estimating rheological properties of cement pastes using various rheological models for different test geometry, gap and surface friction [J]. Cement and Concrete Research, 2004, 34 (11): 1993-2007.

[19] Hyun K, Kim S H, Ahn K H, et al. Large amplitude oscillatory shear as a way to classify the complex fluids [J]. Journal of Non-Newtonian Fluid Mechanics, 2002, 107 (1-3): 51-65.

[20] Proske T, Rezvani M, Graubner C A. A new test method to characterize the pressure-dependent shear behavior of fresh concrete [J]. Construction and Building Materials, 2020, 233: 117255.

[21] Chen S, Rothstein J P. Flow of a wormlike micelle solution past a falling sphere [J]. Journal of Non-Newtonian Fluid Mechanics, 2004, 116 (2-3): 205-234.

[22] 孙宝江, 高永海, 刘东清. 水泥浆流变性分析及其环空流动的数值模拟 [J]. 水动力学研究与进展 A 辑, 2007 (3): 317-324.

[23] ASTM C 1749-17a. Standard guide for measurement of the rheological properties of hydraulic cementious paste using a rotational rheometer [S]. American Society for Testing and Materials, 2017.

[24] Liu Y, Shi C, Yuan Q, et al. The rotation speed-torque transformation equation of the Robertson-Stiff model in wide gap coaxial cylinders rheometer and its applications for fresh concrete [J]. Cement and Concrete Composites, 2020, 107: 103511.

[25] Zhu H, Martys N S, Ferraris C, et al. A numerical study of the flow of Bingham-like fluids in two-dimensional vane and cylinder rheometers using a smoothed particle hydrodynamics (SPH) based method [J]. Journal of Non-Newtonian Fluid Mechanics, 2010, 165 (7-8): 362-375.

[26] Alderman N J, Meeten G H, Sherwood J D. Vane rheometry of bentonite gels [J]. Journal of Non-

Newtonian Fluid Mechanics，1991，39（3）：291-310.

[27] Keentok M，Milthorpe J F，O'Donovan E. On the shearing zone around rotating vanes in plastic liquids：theory and experiment [J]. Journal of Non-Newtonian Fluid Mechanics，1985，17（1）：23-35.

[28] Koehler E，Fowler D. Development of a portable rheometer for fresh portland cement concrete [R]. The University of Texas at Austin，US：International Center for Aggregates Research，2004.

[29] Harboe S，Modigell M，Pola A. Wall slip effect in Couette rheometers [C]. International Conference on Semisolid Processing of Alloys and Composites S2P 201，2012：353-358.

[30] Haimoni A，Hannant D J. Developments in the shear vane test to measure the gel strength of oilwell cement slurry [J]. Advances in Cement Research，1988，1（4）：221-229.

[31] Saak A W，Jennings H M，Shah S P. The influence of wall slip on yield stress and viscoelastic measurements of cement paste [J]. Cement and Concrete Research，2001，31（2）：205-212.

[32] Shamu T J，Hakansson U. Rheology of cement grouts：On the critical shear rate and no-slip regime in the Couette geometry [J]. Cement and Concrete Research，2019，123：105769.

[33] Harboe S，Modigell M. Wall slip of semi-solid A356 in Couette rheometers [C]. International Conference on Material Forming，2011：1075-1080.

[34] Wang W，Zhu H，De Kee D，et al. Numerical investigation of the reduction of wall-slip effects for yield stress fluids in a double concentric cylinder rheometer with slotted rotor [J]. Journal of Rheology，2010，54（6）：1267-1283.

[35] Barnes H A. The vane-in-cup as a novel rheometer geometry for shear thinning and thixotropic materials [J]. Journal of Rheology，1990，34（6）：841-866.

[36] Fabian Ortega-Avila J，Perez-Gonzalez J，Marin-Santibanez B M，et al. Axial annular flow of a viscoplastic microgel with wall slip [J]. Journal of Rheology，2016，60（3）：503-515.

[37] Yoshimura A，Prudhomme R. Viscosity Measurements in the Presence of Wall Slip in Capillary，Couette，And Parallel-Disk Geometries [J]. SPE Reservoir Engineering，1988，3：735-742.

[38] Cardoso F A，Fujii A L，Pileggi R G，et al. Parallel-plate rotational rheometry of cement paste：Influence of the squeeze velocity during gap positioning [J]. Cement and Concrete Research，2015，75：66-74.

[39] Pawelczyk S，Kniepkamp M，Jesinghausen S，et al. Absolute Rheological Measurements of Model Suspensions：Influence and Correction of Wall Slip Prevention Measures [J]. Materials，2020，13（2）：467.

[40] Carotenuto C，Minale M. On the use of rough geometries in rheometry [J]. Journal of Non-Newtonian Fluid Mechanics，2013，198：39-47.

[41] Nickerson C S，Kornfield J A. A "cleat" geometry for suppressing wall slip [J]. Journal of Rheology，2005，49（4）：865-874.

[42] Ferraris C F，Martys N S，George W L. Development of standard reference materials for rheological measurements of cement-based materials [J]. Cement and Concrete Composites，2014，54：29-33.

[43] Mendes P R D S，Alicke A A，Thompson R L. Parallel-plate geometry correction for transient rheometric experiments [J]. Applied Rheology，2014，24（5）：52721.

[44] Rosquoët F，Alexis A，Khelidj A，et al. Experimental study of cement grout：Rheological behavior

and sedimentation [J]. Cement and Concrete Research, 2003, 33 (5): 713-722.

[45] Hartman K P J A, Kazarian S G, Lawrence C J, et al. Near-wall particle depletion in a flowing colloidal suspension [J]. Journal of Rheology, 2002, 46 (2): 481-493.

[46] Kalyon D M, Malik M. Axial laminar flow of viscoplastic fluids in a concentric annulus subject to wall slip [J]. Rheologica Acta, 2012, 51 (9): 805-820.

[47] Ferraris C F, Beaupr D, et al. Comparison of concrete rheometers [C]. International tests at MB (Cleveland OH, USA) in May, 2003. US Department of Commerce, National Institute of Standards and Technology, 2004.

[48] Carotenuto C, Marinello F, Minale M. A new experimental technique to study the flow in a porous layer via rheological tests [J]. AIP Conference Proceedings, 2012, 1453 (1): 29-34.

[49] Ferraris C F, Geiker M, Martys N S, et al. Parallel-plate rheometer calibration using oil and computer simulation [J]. Journal of Advanced Concrete Technology, 2007, 5 (3): 363-371.

[50] Rosa N D L, Poveda E, Ruiz G, et al. Determination of the plastic viscosity of superplasticized cement pastes through capillary viscometers [J]. Construction and Building Materials, 2020, 260: 119715.

[51] ASTM D 445-18. Standard Test Method for Kinematic Viscosity of Transparent and Opaque Liquids (and Calculation of Dynamic Viscosity) [S]. American Society for Testing and Materials, 2018.

[52] Mooney M. Explicit formulas for slip and fluidity [J]. Journal of Rheology, 1931, 2 (2): 210.

[53] Rushing T S, Hester R D. Low-shear-rate capillary viscometer for polymer solution intrinsic viscosity determination at varying temperatures [J]. Review of Scientific Instruments 2003, 74 (1): 176-181.

[54] Patterson G D, Rabouin L H. Capillary viscometer for high-temperature measurements of polymer solutions [J]. Review of Scientific Instruments, 1958, 29 (12): 1086-1088.

[55] Demko J M. Development of an ASTM standard test method for measuring engine oil viscosity using capillary viscometers at high-temperature and high-shear rates [R]. ASTM Special Technical Publication, 1989, 1068, 11.

[56] DIN EN ISO 12058-1. Determination of viscosity using a falling-ball viscometer-Part 1: Inclined-tube method [S]. Normenausschuss Kunststoffe and Normenausschuss Beschichtungsstoffe und Beschichtungen, 2018.

[57] Munro R G, Piermarini G J, Block S. Wall effects in a diamond-anvil pressure-cell falling-sphere viscometer [J]. Journal of Applied Physics, 1979, 50 (5): 3180-3184.

[58] Yoshimura A. Wall slip corrections for Couette and parallel disk viscometers [J]. Journal of Rheology, 2000, 32 (1): 53-67.

[59] Nicolò R S, Davaille A, Kumagai I, et al. Interaction between a falling sphere and the structure of a non-Newtonian yield-stress fluid [J]. Journal of Non-Newtonian Fluid Mechanics, 2020, 284: 104355.

[60] Ferraris C F. Measurement of the rheological properties of cement paste: A new approach [J]. Journal of Research of the National Institute of Standards and Technology, 1999, 104 (5): 333-342.

[61] Thompson A M. A falling-sphere viscometer for use with opaque liquids [J]. Journal of Scientific Instruments, 1949, 26 (3): 75.

[62] Fulmer E I, Williams J C. A method for the determination of the wall correction for the falling sphere

viscometer [J]. Journal of Physical Chemistry，2002，40（1）：143-149.

[63] Ahari R S，Erdem T K，Ramyar K. Thixotropy and structural breakdown properties of self consolidating concrete containing various supplementary cementitious materials [J]. Cement and Concrete Composites，2015，59：26-37.

[64] Schüller R B，Salas-Bringas C. Fluid temperature control in rotational rheometers with plate-plate measuring systems [J]. Psychologie，2007，15：159-163.

[65] Roussel N，Ovarlez G，Garrault S，et al. The origins of thixotropy of fresh cement pastes [J]. Cement and Concrete Research，2012，42（1）：148-157.

[66] Feys D，Cepuritis R，Jacobsen S，et al. Measuring rheological properties of cement pastes：Most common techniques，procedures and challenges [J]. RILEM Technical Letters，2018，2，129-135.

[67] Conte T，Chaouche M. Rheological behavior of cement pastes under large amplitude oscillatory shear [J]. Cement and Concrete Research，2016，89：332-344.

[68] Betioli A M，Gleize P J P，Silva D A，et al. Effect of HMEC on the consolidation of cement pastes：Isothermal calorimetry versus oscillatory rheometry [J]. Cement and Concrete Research，2009，39（5）：440-445.

[69] Yuan Q，Lu X，Khayat K H，et al. Small amplitude oscillatory shear technique to evaluate structural build-up of cement paste [J]. Materials and Structures，2017，50（2）：112.

[70] Nachbaur L，Mutin J C，Nonat A，et al. Dynamic mode rheology of cement and tricalcium silicate pastes from mixing to setting [J]. Cement and Concrete Research，2001，31（2）：183-192.

[71] Schultz M A，Struble L J. Use of oscillatory shear to study flow behavior of fresh cement paste [J]. Cement and Concrete Research，1993，23（2）：273-282.

[72] Kallus S，Willenbacher N，Kirsch S，et al. Characterization of polymer dispersions by Fourier transform rheology [J]. Rheologica Acta，2001，40（6）：552-559.

[73] Cho K S，Hyun K，Ahn K H，et al. A geometrical interpretation of large amplitude oscillatory shear response [J]. Journal of Rheology，2005，49（3）：747-758.

[74] Hyun K，Wilhelm M，Klein C O，et al. A review of nonlinear oscillatory shear tests：Analysis and application of large amplitude oscillatory shear [J]. Progress in Polymerence，2011，36（12）：1697-1753.

[75] Giacomin A J，Bird R B，Johnson L M，et al. Large-amplitude oscillatory shear flow from the corotational Maxwell model [J]. Journal of Non-Newtonian Fluid Mechanics，2011，166：1081-1099.

[76] Simon R. Large amplitude oscillatory shear：Simple to describe，hard to interpret [J]. Physics Today，2018，71（7）：34-40.

[77] Läuger J，Stettin H. Differences between stress and strain control in the nonlinear behavior of complex fluids [J]. Rheologica Acta，2010，49（9）：909-930.

[78] Huang T，Yuan Q，He F，et al. Understanding the mechanisms behind the time-dependent viscoelasticity of fresh C3A-gypsum paste [J]. Cement and Concrete Research，2020，133：106084.

[79] Papo A，Caufin B. A study of the hydration process of cement pastes by means of oscillatory rheological techniques [J]. Cement and Concrete Research，1991，21（6）：1111-1117.

［80］ Ukrainczyk N，Thiedeitz M，Krnkel T，et al. Modeling SAOS yield stress of cement suspensions：Microstructure-based computational approach ［J］. Materials，2020，13 （12）：2769.

［81］ Sun Z，Voigt T，Shah S P. Rheometric and ultrasonic investigations of viscoelastic properties of fresh Portland cement pastes ［J］. Cement and Concrete Research，2006，36 （2）：278-287.

［82］ Qian Y，Ma S W，Kawashima S，et al. Rheological characterization of the viscoelastic solid-like properties of fresh cement pastes with nanoclay addition ［J］. Theoretical and Applied Fracture Mechanics，2019，103：102262.

第 6 章

混凝土流变仪

关于评价新拌混凝土流动性的研究进行了数十年，已经开发出了近百种相应的测试方法，但其中大部分是经验方法，这在第 4 章中进行了讨论。当然，也经历了一些基于经验的测试方法到科学测试方法的转变，比如基于基本物理量测试来预测新拌混凝土的具体流变性能。本章介绍了当前测试混凝土流变性能的技术方法，并详细描述了测试步骤，随后，讨论了不同流变仪所测得的流变参数之间的关系。

6.1 引言

在很长一段时间里，新拌混凝土的工作性，或者更确切地说是流动性，主要是通过坍落度试验来进行测试[1]。随着自密实混凝土（SCC）、高性能混凝土（HPC）、高流动性混凝土等各类混凝土的应用及推广，许多新型材料应用于工程实践中。混凝土组分的复杂性导致其流动行为对配合比的微小变化非常敏感，对于新拌混凝土的工作性评价而言，坍落度试验并不是一个可靠的评价指标。

在过去几十年中已经开发出了大约 100 种试验方法来测试混凝土的流动性[2]，这些测试方法中既有经验方法也有科学方法。第 4 章中讲述了基于经验的测试方法，而科学测试方法描述了材料本身的行为，可解释新拌混凝土的内在特性，这就是所谓的流变学。利用流变学，可以严格地用物理常数来定义新拌混凝土的流动和变形特点（流变特性），基本的流变学原理也可以用于指导材料的物理和分析模型的研究。

在 20 世纪 70 年代对于新拌混凝土流动行为的理论分析中，采用了旋转叶片或同轴圆筒的测试装置[3]。Tattersall 等[4] 在两点试验的基础上，开发了一种测量拌和过程中所需搅拌力的方法，它既适用于实验室，也可用于施工现场，为新拌混凝土的流动特性表征做出重要贡献。两点试验测量了至少在两个剪切速率下的剪切应力值，并计算了材料的流变参数。

在过去的几十年中，混凝土领域引入了大量的新材料、外加剂以及许多新的施工方法，对新拌混凝土的流变性能进行了全面的研究，扩展了其应用范围。我们能够通过预测新拌混凝土的性能，来设计和选择原材料，从而使混凝土达到所需的性能。

根据美国国家标准与技术研究院（NIST）的规定，所有的流动性试验可划分为 4 种[5]，包括受限流动试验、自由流动试验、振动试验以及旋转流变仪试验。前三种属于经验方法，只有使用旋转流变仪，才能在一个基本流变单元内确定试样的准确流变特性。

6.2　混凝土流变仪的类型

流变测试方法有旋转法、毛细管法、引流管法、振动法等多种方法，目前市场上最常用于新拌混凝土的流变仪是旋转流变仪，旋转流变仪可以从几何设计和操作方式上进行分类。旋转流变仪的几何结构可以分为四种，分别是同轴圆筒、平行板、锥形板和叶轮（图 6.1）。在同轴圆筒流变仪中，流体放置在一个圆柱形容器中，一个较小的同轴圆柱埋入流体中。在平行板流变仪中，平行放置着两个板，试样放置于两个板之间，剪切试样材料时，一个板转动，另一个板保持静止。相较于平行板流变仪，锥形板流变仪是用锥形板替代一块平板，但是容器底部的粗骨料会阻碍圆锥体的插入，因此这种流变仪很少用于测试新拌混凝土。叶轮流变仪是基于形状多样的叶轮的转动。

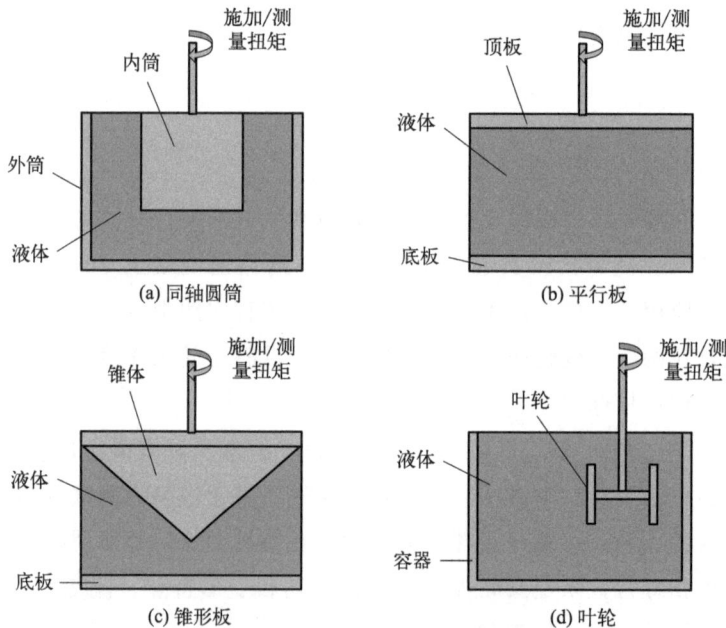

图 6.1　典型的几种流变仪几何构造

图 6.2 展示了几种混凝土流变仪。ICAR 流变仪和 BML Viscometer 是同轴圆筒型，BTRHEOM 是平行板型，Tattersall 是两点式流变仪，IBB 流变仪是叶轮型。Tattersall 两点式流变仪（MKⅡ）是最早使用叶轮几何设计的仪器之一，也是最早尝试采用宾汉姆模型来测量新拌混凝土流变性能的仪器。Tattersall 两点式流变仪有两种不同类型的叶轮，可以测量多种混凝土拌合物。IBB 实际上是 MKⅡ的自动化版本，是两点式流变仪的改进版[6]。BML Viscometer 和 ConTec Viscometer 5 相类似，ConTec Viscometer 5 非常笨重，仅适用于实验室研究使用，而 ICAR 和 BTRHEOM 既可在实验室也能够在施工现场使用。

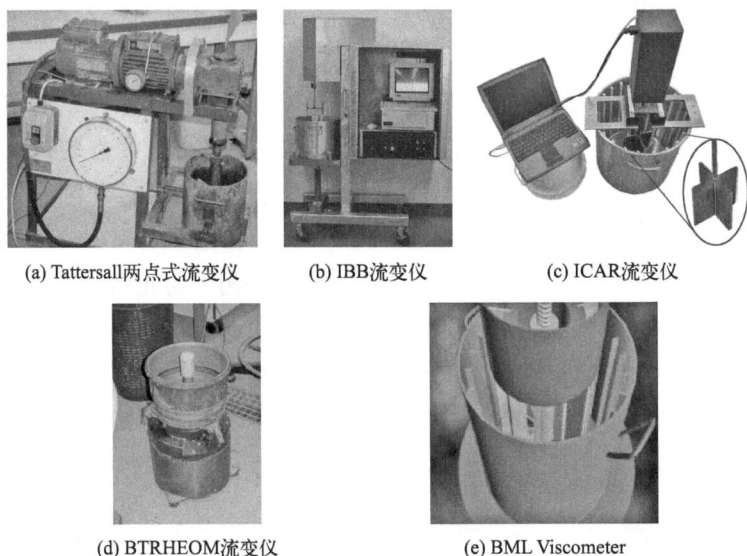

(a) Tattersall两点式流变仪　(b) IBB流变仪　(c) ICAR流变仪

(d) BTRHEOM流变仪　(e) BML Viscometer

图 6.2　几种混凝土流变仪[7]

本节的其余部分介绍了三种经典的混凝土流变仪，详细介绍了它们的几何参数、原理以及其他的相关问题。

6.2.1　同轴圆筒流变仪

应力控制模式和速率控制模式是同轴圆筒流变仪两种基本的工作模式。应力控制模式通过控制应力输入来测量产生的剪切速率，而速率控制模式通过控制剪切速率的输入来测量剪应力[8]。部分流变仪两种测试模式都有，但大多数商用的混凝土流变仪采用速率控制模式。

在实际使用的时候，将内筒或外筒一个固定，另一个是可以旋转的。内筒旋转的流变仪，即 Searle 流变仪，是在内筒处测量扭矩；外筒旋转的流变仪，即 Couette 流变仪，其内筒自动悬浮于一根扭力丝上，流动阻力使扭力丝在内筒上发生偏转，并记录扭矩。然而，与 Couette 流变仪相比，Searle 流变仪转子（内筒）上的驱动装置和扭矩监测器都作用在同一个转轴上，这可能会导致测量精度下降。但随着技术的进步，Searle 和 Couette 流变仪之间的差异不再明显。

为了方便新拌混凝土的放置，混凝土流变仪的内筒一般用叶片或筋条来替代。ICAR 流变仪是典型的商用 Searle 流变仪，ConTec Viscometer 5 是典型的 Couette 流变仪。

测试时，在预设的离散增量中加速和减速，同时测量每个转速时的扭矩。这其中的难题是将转速和扭矩与剪切速率和剪切应力联系起来，以精确计算基本单元的流变特性。因此，需要推导出一个转换方程，以便在回归分析中能够获得给定流变模型的参数。

相较于内筒的半径，大多数通用流变仪的环形套筒宽度相对较窄，因此，用平均半径计算剪切速率和剪应力并不会导致太大的误差。然而，这种间隙较窄的流变仪并不适用于混凝土，混凝土流变仪应考虑骨料的最大粒径。研究表明，最小间隙尺寸应至少为骨料粒径的 3 倍，以最大程度避免材料在试验过程中的不均匀性[9]。

6.2.1.1 同轴圆筒流变仪的类型

（1）Searle 流变仪

ICAR 流变仪是一种可移动的、便携式的新拌混凝土流变测试装置，如图 6.3 所示。它是由国际骨料研究中心（ICAR）在美国得克萨斯大学奥斯汀分校研发的。该仪器适用于坍落度值为 50～75mm 的中高流动性的新拌混凝土，尤其是 SCC。它可用于测试最大骨料粒径为 40mm 的新拌混凝土和砂浆的流变性能。ICAR 流变仪是基于间隙较宽的同轴圆筒流变仪研发的，它由一个包含电动机和扭矩仪的驱动器，一个用于防止内筒滑移的由驱动器夹持的十字板，一个将驱动叶片总成固定在缸体顶部的框架，一台操作驱动程序并在测试过程中记录扭矩、计算流变参数的笔记本电脑以及一个放置新拌混凝土的容器组成，该容器在内壁周围黏结着许多垂直的筋条，以放置测试过程中流体沿容器周向的滑移。圆筒的尺寸和叶片轴的长度根据骨料的最大名义尺寸来选择，叶片高度和直径均为 127mm。

图 6.3　ICAR 流变仪的组成部分

ICAR 流变仪可进行两类试验，即应力增长试验和流动曲线试验。在应力增长试验中，十字叶片保持旋转，例如以 0.025rev/s 的低速旋转。初始扭矩随着时间增长，该试验测得的最大扭矩用于确定静态屈服应力。

流动曲线试验用于计算动态屈服应力和塑性黏度。试验开始时，为了破坏拌合物的絮凝结构并保证每个试样的剪切过程相同，需要使叶片以最大转速旋转。然后，叶片旋转速度在指定的几个阶段中减速，每个阶段保持叶片的转速恒定，记录平均转速和扭矩。通常，建议设置至少六个阶段，但实际数量可以由实验人员选择。之后，绘制扭矩与叶片转速的关系图。流变模型参数根据其变换方程的最小二乘回归计算。

（2）Couette 流变仪

ConTec Viscometer 5 是一种典型的 Couette 流变仪（图 6.4），它是 BML 流变仪的深度改进型号之一。在测试过程中，外筒（容器）以一系列给定的角速度旋转，而内筒保持静止。内筒由两部分组成，如图 6.5 所示。上部单元是固定的并用于记录

图 6.4　ConTec Viscometer 5

对测试材料施加的扭矩，下部单元是固定的护筒，用以消除测量过程中的端部效应的影响（将在 6.2.1.3 小节中讨论）。这种特殊设计的几何结构确保了内筒上部与外筒之间间隙内的材料处于理想的 Couette 流动状态。

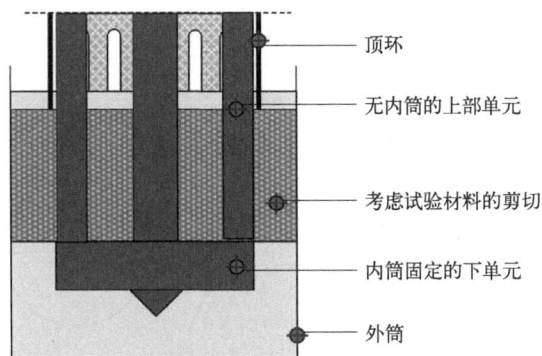

图 6.5　ConTec Viscometer 5 截面示意图[10]

试验过程中，先在最大转速下对材料进行 30s 的预剪切，然后在给定的程序中，将转速从最高测试转速下降到最低测试转速。在扭矩值稳定后，计算出每一步测得的扭矩和转速的平均值并生成一组数据点。

6.2.1.2　原理

同轴圆筒流变仪所面临的一个最大挑战是 Couette 的逆问题，即如何将流变分量 (T,N) 转换为基本流变单元。迄今为止，解决这一问题的方法有两种，一种是数值方法，另一种是解析法。由于大多数逆问题并没有解析解，因此数值方法通常是唯一的方法，虽然这种方法不需要假设流体的精确流变表达式，但需要优秀的编程技巧和广泛的逆问题理论知识，这非常有挑战性。另一方面，通过假设流体的流动分布和流变仪的几何结构，可通过解析法尝试推导出一些简单流变模型的转速和扭矩之间的方程，然后转换方程可以拟合试验数据得到模型参数。一般来说，当使用合适的模型时，拟合结果会非常准确。因此，解析法是求解 Couette 逆问题的首选方法。

新拌混凝土在同轴圆筒流变仪中的实际流动行为十分复杂，因此需要一些假设条件来简化这个问题：

① 材料是均匀的流体，并且其在试验过程中的状态随时间保持恒定；

② 只考虑两个圆筒之间（圆环）的空间内的材料；

③ 圆环内的材料处于稳定的层流状态，与垂直方向无关，试验是在平衡的条件下进行的；

④ 流动是纯粹的环向的，径向不存在流动；

⑤ 忽略圆筒顶部或底部的任何端部效应；

⑥ 忽略惯性效应；

⑦ 筒体与材料之间不存在滑移，相邻材料的速度与筒体的速度相等。

同轴圆筒流变仪的俯视图如图 6.6 所示，对于 Searle 流变仪，在柱坐标系下，半径为 r 的旋转流体的剪切速率为[11]：

$$\dot{\gamma} = r\frac{\mathrm{d}\omega}{\mathrm{d}r} \tag{6.1}$$

根据 Cauchy 应力方程[12]，圆环中任意半径为 r 处随高度 h 变化的剪切应力可表示为：

$$\tau = \frac{T}{2\pi r^2 h} \tag{6.2}$$

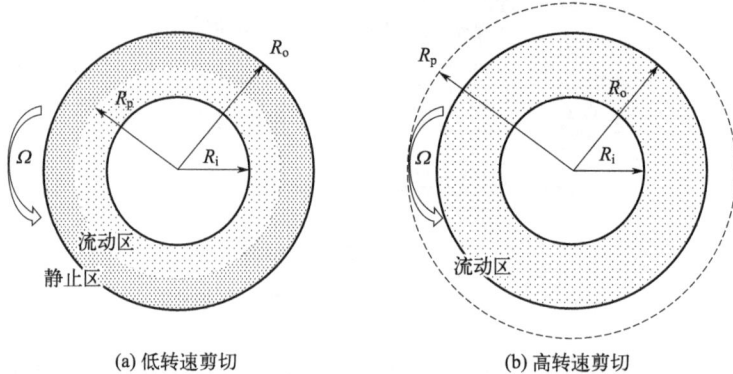

(a) 低转速剪切   (b) 高转速剪切

图 6.6 同轴圆筒流变仪的俯视图和环空内的流动现象

公式(6.2) 表明随着距流变仪轴向距离的增加，剪切应力逐渐减小。由于新拌混凝土是高屈服应力材料，在材料受到的剪切应力超过屈服应力之前，材料不会发生流动，随着剪切应力的增大，靠近内筒边缘的材料开始流动。在此条件下，只有靠近内筒（剪切区）的部分材料发生剪切流动，剪切流动现象在一个确定的假想半径 $r = R_p$ 处停止，此时剪切应力等于屈服应力，在这个假想半径以外的材料保持静止（非剪切区）。随着剪切应力的不断增长，剪切流动发生的区域向外扩展，剪切区域与未剪切区域的边界称为非剪切半径 R_p，如果剪切应力足够大，理论上剪切区域将超过外筒，此时，整个圆环中的材料都被剪切，与内筒表面接触的材料具有与内筒相同的角速度。

以式(6.1) 和式(6.2) 为基础，宾汉姆模型的本构方程可以写成：

$$\frac{T}{2\pi r^2 h} = \tau_0 + \eta\left(r\frac{\mathrm{d}\omega}{\mathrm{d}r}\right) \tag{6.3}$$

变换上述公式，得到式(6.4)：

$$\left(\frac{T}{2\pi r^2 h} - \tau_0\right)\frac{1}{r}\mathrm{d}r = -\eta\,\mathrm{d}\omega \tag{6.4}$$

假设间隙内的材料全部发生流动，内筒以恒定的角速度 Ω 旋转，外筒保持静止，在 $\omega = \Omega$、$r = R_i$ 到 $\omega = 0$、$r = R_s$ 的范围内，整个流动区（整个环）可以用式(6.5) 来表示：

$$\int_{R_i}^{R_o}\left(\frac{T}{2\pi r^3 h} - \frac{\tau_0}{r}\right)\mathrm{d}r = -\int_0^{\Omega}\eta\,\mathrm{d}\omega \tag{6.5}$$

上述结果整合为：

$$\Omega = \frac{T}{4\pi h\eta}\left(\frac{1}{R_i^2} - \frac{1}{R_o^2}\right) - \frac{\tau_0}{\eta}\ln\left(\frac{R_o}{R_i}\right) \tag{6.6}$$

式（6.6）是宾汉姆模型的变换方程，被称为 Reiner-Riwlin 方程。通常用转速 $N(\mathrm{r/s})$ 代替角速度 $\Omega(\mathrm{rad/s})$，其中 $\Omega = 2\pi N$。

$$N = \frac{T}{8\pi^2 h\eta}\left(\frac{1}{R_\mathrm{i}^2} - \frac{1}{R_\mathrm{o}^2}\right) - \frac{\tau_0}{2\pi\eta}\ln\left(\frac{R_\mathrm{o}}{R_\mathrm{i}}\right) \tag{6.7}$$

或

$$T = \frac{8\pi^2 h}{\left(\dfrac{1}{R_\mathrm{i}^2} - \dfrac{1}{R_\mathrm{o}^2}\right)}\eta N + \frac{4\pi h\ln\left(\dfrac{R_\mathrm{o}}{R_\mathrm{i}}\right)}{\left(\dfrac{1}{R_\mathrm{i}^2} - \dfrac{1}{R_\mathrm{o}^2}\right)}\tau_0 \tag{6.8}$$

虽然式（6.7）和式（6.8）均来自 Searle 流变仪，但也都可用于 Couette 流变仪。如果整个圆环中的材料处于剪切流动状态，那么转速（N）与扭矩（T）的关系可定义为 $N = AT - B$。因此，Reiner-Riwlin 方程可绘制出一条直线，将其斜率定义为塑性黏度，结局定义为屈服应力。根据流变参数随转速的变化，可以确定拟合直线的斜率（A）和截距（B），并可用以下公式，将其换算成屈服应力（τ_0）和塑性黏度（η）：

$$\eta = \frac{1}{8\pi^2 hA}\left(\frac{1}{R_\mathrm{i}^2} - \frac{1}{R_\mathrm{o}^2}\right)$$

$$\tau_0 = \frac{2\pi\eta B}{\ln\left(\dfrac{R_\mathrm{o}}{R_\mathrm{i}}\right)} \tag{6.9}$$

同样的方法也适用于 Herschel-Bulkley 流体和改进宾汉姆模型。Heirman 等[13] 给出了 Herschel-Bulkley 流体的变换方程：

$$\left(\frac{T}{2\pi R_\mathrm{i}^2 hK} - \frac{\tau_0}{K}\right)^{1/n}\left[n - \phi\left(1 - \frac{T}{2\pi R_\mathrm{i}^2 h\tau_0}, 1, \frac{1}{n}\right)\right] -$$

$$\left(\frac{T}{2\pi R_\mathrm{o}^2 hK} - \frac{\tau_0}{K}\right)^{1/n}\left[n - \phi\left(1 - \frac{T}{2\pi R_\mathrm{o}^2 h\tau_0}, 1, \frac{1}{n}\right)\right] = 4\pi N \tag{6.10}$$

然而，在 Heirman 等[13] 的成果中的推导并不完整，因为没有一个好的算法可以用式（6.10）在试验数据中得到流变参数。Heirman 给出了 Herschel-Bulkley 模型的近似解：

$$T = \frac{4\pi h\ln\left(\dfrac{R_\mathrm{o}}{R_\mathrm{i}}\right)}{\left(\dfrac{1}{R_\mathrm{i}^2} - \dfrac{1}{R_\mathrm{o}^2}\right)}\tau_0 + \frac{2^{2n+1}\pi^{n+1}hK}{n^n\left(\dfrac{1}{R_\mathrm{i}^{2/n}} - \dfrac{1}{R_\mathrm{o}^{2/n}}\right)^n}N^n \tag{6.11}$$

近期 Liu[14] 推导了间隙中材料完全剪切时的 Herschel-Bulkley 模型的变换方程，可表示为：

$$N = \frac{n\left[\left(\dfrac{T}{2hKR_\mathrm{i}^2}\right)^{\frac{1}{n}}\times 2F_1\left(-\dfrac{1}{n}, -\dfrac{1}{n}; 1-\dfrac{1}{n}; \dfrac{2\pi h\tau_0 R_\mathrm{i}^2}{T}\right) - \left(\dfrac{T}{2hKR_\mathrm{o}^2}\right)^{\frac{1}{n}}\times 2F_1\left(-\dfrac{1}{n}, -\dfrac{1}{n}; 1-\dfrac{1}{n}; \dfrac{2\pi h\tau_0 R_\mathrm{o}^2}{T}\right)\right]}{4\pi}$$

$$\tag{6.12}$$

Feys[15] 提出了改进宾汉姆模型的变换方程，见式（6.13）：

$$T = \frac{4\pi h \ln\left(\frac{R_o}{R_i}\right)}{\left(\frac{1}{R_i^2} - \frac{1}{R_o^2}\right)} \tau_0 + \frac{8\pi^2 h}{\left(\frac{1}{R_i^2} - \frac{1}{R_o^2}\right)} \mu N + \frac{8\pi^3 h}{\left(\frac{1}{R_i^2} - \frac{1}{R_o^2}\right)} \frac{(R_o + R_i)}{(R_o - R_i)} c N^2 \tag{6.13}$$

Li[16] 指出式(6.13) 只是一个近似解，并推导出了当间隙中的全部材料在剪切作用下流动时的变换方程。但一般情况下，这些方程过于复杂，难以实际应用。因此，Reiner-Riwlin 方程仍然是测试新拌混凝土的首选。

6.2.1.3　测试误差和缺陷

演算流变试验中的数据相当复杂。本小节讨论了测试或演算过程中误差的三个主要来源，即非剪切区、颗粒迁移和端部效应。

(1) 非剪切区

如果只剪切了一部分材料，边界 R_p 处的剪应力等于屈服应力 τ_0，边界 R_i 和 R_p 处的速度分别为 Ω 和 0。对于宾汉姆流体，流动范围的积分见公式(6.14)：

$$\int_{R_i}^{R_p} \left(\frac{T}{2\pi r^3 h} - \frac{\tau_0}{r}\right) \mathrm{d}r = -\int_0^{\Omega} \eta \, \mathrm{d}\omega \tag{6.14}$$

上述积分的结果为：

$$\Omega = \frac{T}{4\pi h \eta} \left(\frac{1}{R_i^2} - \frac{1}{R_p^2}\right) - \frac{\tau_0}{\eta} \ln\left(\frac{R_p}{R_i}\right) \tag{6.15}$$

用 τ_0 替换式(6.2) 中的 τ，用转速 $N(N = \Omega/2\pi,\ \mathrm{r/s})$ 替换角速度 Ω，式(6.15) 可写为：

$$N = \frac{T}{8\pi^2 h \eta}\left(\frac{1}{R_i^2} - \frac{2\pi h \tau_0}{T}\right) - \frac{\tau_0}{4\pi \eta} \ln\left(\frac{T}{2\pi h \tau_0 R_i^2}\right) \tag{6.16}$$

从以上讨论中可以看出，同轴流变仪中宾汉姆模型的 N-T 函数可以绘成阶梯形曲线（图 6.7），该曲线是初始部分弯曲的直线。非线性函数的取值范围取决于间隙的尺寸、屈服应力和圆筒的高度。

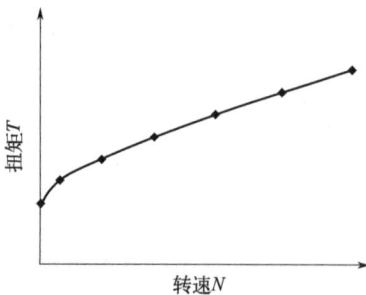

图 6.7　典型的宾汉姆流体的
转速-扭矩曲线

通过对测试数据的不同区段进行分段拟合，可以估算出宾汉姆模型的参数。然而，对大部分工程师来说，这并不容易。

考虑到式(6.7) 只有在间隙内所有材料都发生剪切流动时才成立，即塞流区半径至少应等于外筒半径。根据式(6.2)，最小扭矩为 $T = 2\pi R_o^2 h \tau_0$。因此，直接获取宾汉姆参数的方法是对所有的试验数据使用公式(6.7)，计算整个剪切流的最小扭矩，剔除无效数据。重复上述程序，直到剩下的所有数据均能通过数据拟合。

Wallevik 和 Heirman 等的研究结果已证明[17,18]，忽略 ConTec Viscometer 5 中的非剪切区会对宾汉姆和 Herschel-Bulkley 流体的测试造成微小误差。

（2）颗粒迁移

尽管新拌混凝土被认为是一种均质材料，但粗骨料与砂浆基体之间存在密度差异，在流变测试过程中，粗骨料由于有着最高的动量（剪切速率）而被推向内筒附近的区域，这可能导致颗粒迁移现象的发生。颗粒迁移现象的严重程度随着试验时间的缩短、剪切速率的降低、间隙尺寸的相对缩小、屈服应力的降低以及材料塑性黏度的提高而降低。颗粒迁移会导致靠近内筒的材料中没有粗骨料，使得材料变得不均匀。特别是在间隙较大和屈服应力较高的情况下，剪切区颗粒的运动可能会增大非剪切区的范围和堆积密度[19]。

Wallevik 等[20] 研究了这一问题，提出了一种评估颗粒迁移影响的简单方法。该过程涉及通过非剪切区的识别来计算剪切区域的厚度。如果流变测试过程中剪切带宽度大部分时间小于或接近骨料的最大尺寸，则意味着存在显著的颗粒迁移现象。此时，观测到的流变性能较低，而流变的测试也不再准确。

（3）端部效应

上述变换方程的推导和相关讨论是基于同轴圆筒流变仪间隙内剪切速率和剪切应力的分布，值得注意的是，内筒应完全浸没于被测试材料中。因为材料应填充在内筒的上方和下方并在试验过程中进行剪切，因此在记录的总扭矩中会加入额外的剪切应力，计算流变参数时必须消除这些端部效应。

其中一种方法是调整流变仪的几何结构，最小化或消除施加在圆筒端部的剪应力。对于诸如 ConTec Viscometer 5 或 BML Viscometer 一类的 Couette 流变仪，固定护筒可以置于下方（如有需要也可以置于上方）。这些护筒与内筒相邻但不相连，使内筒可以在测量侧边所施加的应力的同时也可以以微小的角速度转动。然而，这种方法不适用于 Searle 流变仪。可以选用有两个间隙的同轴圆筒流变仪，因为圆筒面的两侧表面远大于其两端，因此可以忽略端部效应。Yan 和 James 的研究成果中提出圆筒下方的部分可以看作是平行板流变仪[21]，圆环中的部分可以看作是同轴圆筒流变仪。因此，总扭矩等于同轴圆筒流变仪部分的扭矩加上平行板流变仪的扭矩。该方法适用于测试新拌混凝土的 FHPCM 流变仪。

为了确定端部效应对总扭矩的贡献，Dzuy 等[22] 对比了三种近似解与试验实测值，他们对作用在叶片端部的剪切应力分布进行了 3 种假设，一类是均匀分布，另一类是幂指分布，第三类是先验未知分布，他们确定第三种是最准确的方法。然而，这种方法至少需要两个不同的叶片来进行测试。Whorlow[23] 建议将流变仪的间隙填充至不同的高度，再测量给定转速下的扭矩。由于所有测试中的端部效应是相同的，扭矩与所浸没的叶片的高度关系曲线应该是一条直线，截距表示端部效应所引起的扭矩值，这种方法也适用于不同高度的全浸没圆筒。然而，对于不同的材料，端部效应通常是不同的，测试每种材料至少有两个叶片需要单独地校准，这使得测试过程十分复杂。

考虑到这个问题，Laskar 等[24,25] 建立了一个新的转换方程，该方程考虑了端部效应。图 6.8(a) 和（b）所示为水平和垂直方向上具有固定表面的剪切速率分布特征，叶片及缸体的几何尺寸参数如图 6.8(c) 所示。施加在内筒上的总扭矩可以认为是所有区域的扭矩总和。

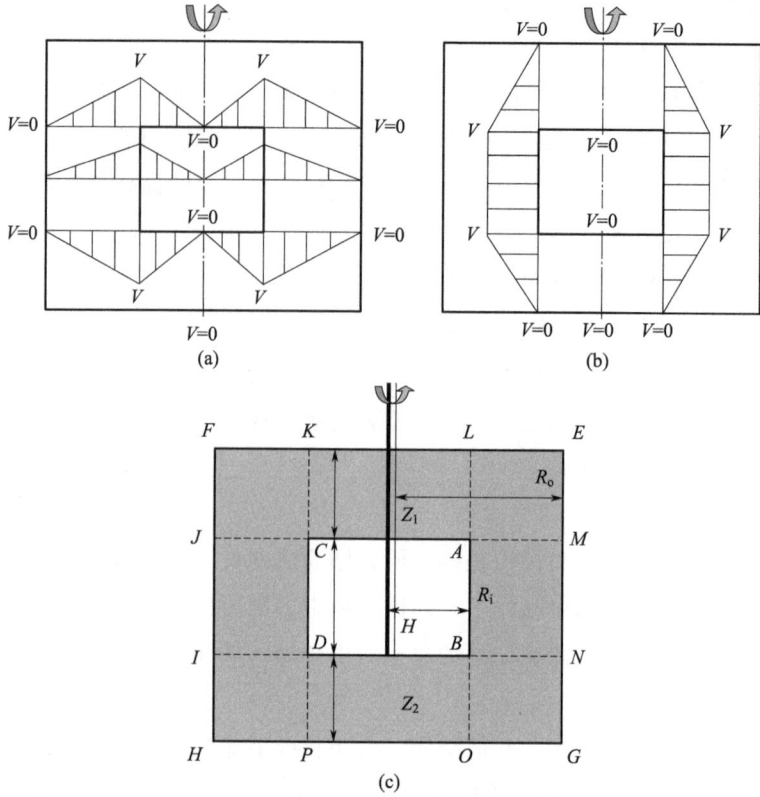

图 6.8　沿水平和垂直方向的速度剖面[25]

① 体积 $CDBA$（V_1）　假设叶片的角速度为 ω，则沿径向的剪切（应变）率为：

$$\dot{\gamma}=\omega R_i/R_i=\omega \tag{6.17}$$

扭矩贡献为：

$$T_1=(\tau_0+\eta\omega)2\pi R_i^2 H \tag{6.18}$$

② 体积 $DPOB$（V_2）　假设在距离叶片旋转轴半径 r 处存在一个沿 BD 方向的单位元 dr，该半径处的线速度等于 $r\omega$，剪切速率为 $\dot{\gamma}=\omega r/Z_2$，则该单位元上的扭矩可以表示为：

$$dT=(\tau_0+\mu\dot{\gamma})2\pi r^2 dr \tag{6.19}$$

扭矩 T_2 为：

$$T_2=\int_0^{R_i}\left(\tau_0+\eta\frac{\omega r}{Z_2}\right)\times 2\pi r^2 dr=\frac{2\pi R_i^3}{3}\tau_0+\frac{\pi R_i^4\omega}{2Z_2}\eta \tag{6.20}$$

③ 体积 $KCAL$（V_3）　与扭矩 T_2 计算过程类似，扭矩 T_3 可以表示为：

$$T_3=\int_0^{R_i}\left(\tau_0+\eta\frac{\omega r}{Z_1}\right)\times 2\pi r^2 dr=\frac{2\pi R_i^3}{3}\tau_0+\frac{\pi R_i^4\omega}{2Z_1}\eta \tag{6.21}$$

④ 空心圆筒体积 $IHPD$-$BOGN$（V_5）　如图 6.9 所示，对于距离圆柱面 $DPOB$ 底部高度 z 处厚度为 dz 的单位层，沿 $DPOB$ 表面径向的速度可写为 $v_r=\frac{z}{Z_2}\omega R_i=\frac{vz}{Z_2}$。定义圆环的有效间隙 g 为 R_o-R_i 的常数，则距底部高度为 z 处的剪应力为 $\tau_r=\tau_0+\mu\frac{vz}{Z_2 g}$，单位元上

的力为 $dF = \left(\tau_0 + \mu \dfrac{vz}{Z_2 g}\right) \times 2\pi R_i dz$，合力为：

$$F = \int_0^{Z_2} dF = 2\pi R_i \left(\tau_o + \dfrac{\eta v}{2g}\right) Z_2 \tag{6.22}$$

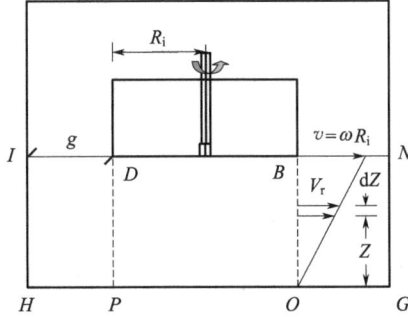

图 6.9　叶片与外筒间隙内的速度剖面[25]

这部分的扭矩为：

$$T_4 = R_i F = 2\pi R_i^2 Z_2 \left(\tau_0 + \dfrac{\omega R_i \eta}{2g}\right) \tag{6.23}$$

⑤ 空心圆筒体积 $FJCK\text{-}LAME(V_4)$　扭矩 T_4 可以用类似上文 3.4 节中的方法求得，结果如下：

$$T_5 = R_1 \int_0^{Z_1} dF = 2\pi R_i^2 Z_1 \left(\tau_0 + \dfrac{\omega R_i \eta}{2g}\right) \tag{6.24}$$

⑥ 间隙体积 $JIDC\text{-}ABNM(V_6)$　如图 6.8 所示，$CDBA$ 区域的速度和剪切速率分别为 $v = \omega R_i$ 和 v/g，这部分的扭矩为：

$$T_6 = \left(\tau_0 + \eta \dfrac{v}{g}\right) \times 2\pi R_i^2 H \tag{6.25}$$

假设叶片位于测试材料的中心，$Z_1 = Z_2 = Z$，$T_2 = T_3$，$T_4 = T_5$。根据一些文献的研究结果[26,22,27]，在试验过程中，体积 V_1 中的材料不发生剪切。因此，$T_1 = 0$。将上述不同部分的扭矩求和，可得公式(6.26)：

$$T = 2T_2 + 2T_4 + T_6 \tag{6.26}$$

用式(6.20)、式(6.23)、式(6.25)替换 T_2、T_4 和 T_6，可建立以下关系：

$$T = 4\pi R_i^2 \left(\dfrac{H}{2} + Z + \dfrac{R_i}{3}\right)\tau_0 + \dfrac{\pi^2 R_i^3}{15}\left(\dfrac{R_1}{2Z} + \dfrac{H+Z}{R_o - R_i}\right)\eta N \tag{6.27}$$

由上式可知，总扭矩 T 是关于转速 N 的线性函数。因此，宾汉姆参数可由拟合试验数据来计算。

（4）水动力压力

为了避免混凝土和流变仪之间发生滑移，流变仪的内壁需要设计成锯齿状（图 6.10），使粗骨料成为内部边界的一部分，粗骨料将分布在锯齿之间的空间并且观察不到滑移边界。

然而，四叶片流变仪的叶片之间会发生良好的流动，在计算剪切速率时会引入额外的流量。Wallevik 的研究中指出[28]，水动力压力会像黏性应力一样作用于四叶片流变仪的叶片边界，对扭矩产生贡献。因此，总扭矩是由黏性应力引起的扭矩和由水动力压力引起的扭矩之和。数值模拟表明，流体动力压力占流变仪记录总扭矩的 80%。该结论适用于牛顿、宾汉姆和 Herschel-Bulkley 流体，这强调了深入研究水动力压力对不同类型流变仪影响的必要性。

图 6.10　ConTec Viscometer 5 内筒的锯齿形状

6.2.2　平行板流变仪

平行板流变仪通常用于测量聚合物材料的流变特性，两个板之间的间距一般小于 1mm。由于混凝土中颗粒、砂和粗骨料的存在，它并不适用于混凝土。两个板之间的间距应为混凝土拌合物中最大颗粒粒径的 5～10 倍，即 50～100mm。一种解决方法是利用叶片的转动将混凝土填充在圆筒形容器中，叶片之间需要密封层来保证材料在剪切时不会发生泄漏。由于容器给材料带来了额外的剪切阻力，因此无法应用解析解来确定剪切速率和剪切应力。

BTRHEOM 是一种典型的用于混凝土的平行板流变仪，由 LCPC（桥梁和道路中心实验室）开发。该流变仪专门设计用于测试中等至较高流动性的混凝土（坍落度至少为100mm，可达 SCC）。通过假设容器壁上的混凝土会发生完全滑移，可以忽略其影响。骨料最大尺寸可达 25mm，它可容纳约 7L 的混凝土试样，在实验室和施工现场都可使用。

6.2.2.1　几何结构

BTRHEOM 流变仪的原型如图 6.11 所示，它由一个半径为 120mm、顶部和底部安装有两个平行叶片的空心圆筒组成，叶片之间的垂直距离为 100mm。当顶部叶片旋转时，底部叶片保持固定，这两个叶片都是开发式设计，可以避免发生滑移。电机安装在缸体的下方，并通过轴垂直连接到上盘，轴的半径为 20mm。振动器可以施加在容器中的材料试样上，用于振捣混凝土或测试振动对流变参数的影响。然而，在振动过程中无法测试流变性能。当顶部叶片以一系列不同的旋转速度旋转时，可以通过顶部叶片测量混凝土由剪切阻力所引起的扭矩。

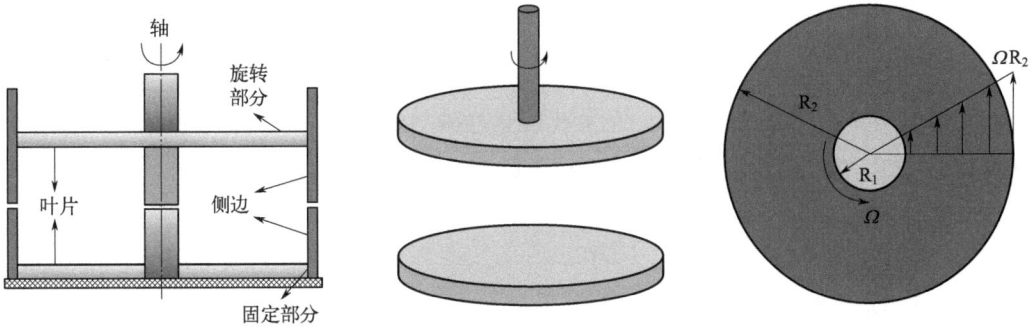

图 6.11　BTRHEOM 流变仪的原型[29]

采用配套的软件程序（ADRHEO）来操作流变仪（转速和振动），并收集测量数值（扭矩和转速），并依据原始数据计算流变参数。最大可测的扭矩值为 14N·m，转速范围从 0.63rad/s（0.1rev/s）到 6.3rad/s（1rev/s），分别选择 0.63rad/s（0.1rev/s）和 5.02rad/s（0.8rev/s）作为测试的下限和上限。测试结束后会生成一个文本输出文件，包括每个转速下的扭矩值和计算得到的流变参数，可以是宾汉姆也可以是 Herschel-Bulkley 参数（取决于 ADRHEO 软件的版本）。

6.2.2.2　原理

在首次测试之前，需要根据操作手册对 BTRHEOM 流变仪进行转速、扭矩和振动频率的标定，并密封好混凝土的容器，以确保每次测试前没有混凝土流入基础容器和上部旋转圆筒之间的区域，然后执行一个旋转校准测试以进一步改进。对于每一组密封件，先用水进行流变试验，以确定密封件的摩擦阻力。ADRHEO 软件将在接下来的混凝土或砂浆的流变测试中使用该结果来消除密封件的摩擦效应。

ADRHEO 软件将控制整个测试过程。容器装满测试材料后，可以选择将其振捣 15s，以振实混凝土（在测试过程中也可以施加振捣），该预振捣的频率范围为 35～55Hz。但需要说明的是，预振捣并不适用于 SCC 等低屈服应力混凝土。然后开始测试，试验由一个或两个下行斜线（上斜线也有可能，但很少使用，除了触变性试验）组成。每个下斜线包括 5～10 个测量点，即采集转速下降时的扭矩。对于每个测量数据点，转速保持恒定约 20s，从而可以使得扭矩测量值稳定并予以记录。

在无滑移边界条件下，柱坐标下半径 r 处的旋转速度在上叶片为 Ωr，在下叶片上为 0，半径 r 处的剪切速率可以写为：

$$\dot{\gamma}(r) = \frac{\Omega r}{H} \tag{6.28}$$

式（6.28）表明剪切速率沿径向方向变化，在平行板流变仪的任意半径 r 处均可实现简单剪切。因此，不论材料的本构定律，在两个叶片之间的局部剪切速率都是已知的。

还可以看出，几何形状边缘处（$r=R$）的剪应力 $\tau(R)$ 可以表示为：

$$\tau(R) = \frac{T}{2\pi R^2} \left[3 + \frac{\Omega}{T} \frac{\partial T}{\partial \Omega} \right] \tag{6.29}$$

令 $r=R$，几何形状边缘处的剪切速率为 $\dot{\gamma}(R)=\dfrac{\Omega R}{H}$。由于扭矩是关于转速的导数项，在式(6.29)中，需要收集大量准确的 $T(\Omega)$ 来准确计算 $\tau=(\dot{\gamma})$，这相对来说比较困难。另一种方法是用式(6.28)和式(6.29)来代替流变模型中的剪应力和剪切速率，并建立扭矩 T 和转速 N 之间的转换方程，单个 $T(\Omega)$ 测量数据可以回归估计流变特性。

根据试验，扭矩 T 和转速 N 的关系可以表示为：

$$T=T_0+AN^n \tag{6.30}$$

式中，T_0 为流动阻力；A 为黏度因子；n 为流动指数因子。该表达式与 Herschel-Bulkley 模型的函数形式相似。

假设新拌混凝土是 Herschel-Bulkley 材料，其本构方程为：$\tau=\tau_0+K\dot{\gamma}^n$。如果幂指数等于 1，则 Herschel-Bulkley 模型将转变为宾汉姆模型（$\tau=\tau_0+\eta\dot{\gamma}$）。

综合所有表面单元对扭矩的贡献，可得到以下方程[30]：

$$\begin{cases} T_0=\dfrac{2\pi}{3}(R_2^3-R_1^3)\tau_0 \\[3mm] A=\dfrac{(2\pi)^{n+1}}{(b+3)h^n}(R_2^{n+3}-R_1^{n+3})K \end{cases} \tag{6.31}$$

通过对 T-N 曲线进行非线性回归分析，可以反推上述方程得到材料流变参数：

$$\begin{cases} \tau_0=\dfrac{3}{2\pi(R_2^3-R_1^3)}T_0 \\[3mm] K=0.9\dfrac{(n+3)}{(2\pi)^{n+1}}\times\dfrac{h^n}{(R_2^{n+3}-R_1^{n+3})}A \end{cases} \tag{6.32}$$

对于宾汉姆流体，屈服应力为 τ_0，等效塑性黏度 η 为：

$$\eta=\dfrac{3K}{n+2}\dot{\gamma}_{max}^{n-1} \tag{6.33}$$

这里需要提及的一点是，BTRHEOM 在低于 0.015rad/s（0.1rev/s）的角速度下不能充分剪切试样，该数据点将被排除并作为离群值进行数据分析。

6.2.2.3　测量误差和缺陷

使用这种流变仪的一个优点是，在给定的加载条件下，水平面上的整个材料会被均匀地剪切。因此，通常出现在同轴圆筒流变仪中的"非剪切区"在 BTRHEOM 流变仪中不会出现。

颗粒的剪切诱导沉降可能造成测量缺陷。需要注意的是，两个平行板之间的垂直间隙约为 100mm，因此水泥-砂混合物和骨料之间的差异所引起的重力效应不可忽略。在流变试验过程中，颗粒尤其是粗集料倾向于从上盘附近区域沉降下来。其他潜在的测试偏差还包括壁滑效应和壁面效应，但由于剪切区域样品体积有限，其影响通常较为有限。因此，仔细校准后不会引入较大的系统误差。考虑到所有与摩擦相关的影响，需要引入约等于 10%的修正因子 k，它通常用于测量塑性黏度[29]。

另一个有趣的问题是关于宾汉姆参数的计算。虽然式(6.32)和式(6.33)可以获得屈服应力和塑性黏度，但在 $n=1$ 条件下，也可直接通过公式(6.30) 获得这两个流变参数。然而，两种方法所得到的计算结果并不一致，因此仍需进一步研究以判定更优的计算路径。

6.2.3　其他流变仪

6.2.3.1　CEMAGREF-IMG 流变仪

　　CEMAGREF-IMG 流变仪是大型同轴圆筒流变仪，可加载约 500L 混凝土用于测试（图 6.12）。在测试过程中，内筒旋转，而外筒保持静止。内筒的表面由金属网格制成，为了尽量减少混凝土的滑移，将垂直叶片焊接在外筒的内壁上。橡胶密封垫连接到内筒的底部，以防止材料从容器底部和筒体之间的缝隙泄漏。

图 6.12　CEMAGREF-IMG 流变仪[31]

　　但由于其体积较大，在测试混凝土材料时，可能会出现非剪切区。因此，式(6.7) 可以计算宾汉姆材料的流变参数。如果产生非剪切区，则应使用公式(6.16)。

6.2.3.2　Viskomat XL

　　Schleibinger 根据多年使用流变仪测试砂浆和新拌混凝土的经验，开发了 Viskomat XL。Viskomat XL 是一种叶片流变仪，可以顺时针和逆时针方向旋转（图 6.13）。与 ICAR 流变仪不同，Viskomat XL 具有框架叶片。通常，它是在剪切速率控制模式下运行的，可以按线性步骤编程提高或降低转速。此外，可以选择对数或振型模式，它也可以在剪切应力控制模式下运行。因此，可以依据时间来预定义扭矩，可以自动控制转速以达到预设的扭矩（剪切应力）。Viskomat XL 配备了双壁容器，其中冷却液可以在筒壁之间循环，可以通过这个来控制样品的温度。同时该流变仪具有较高的时间分辨率，采样率可以从 0.005s 设置到 10min。总体而言，它是一种用于砂浆和新拌混凝土流变性测试的多功能仪器。

6.2.3.3　IBB 流变仪

　　IBB 流变仪是基于 Tattersall［图 6.2(b)］研制的现有装置（MKⅢ）所开发的。它是完全自动化的，使用计算机程序来驱动叶轮在新拌混凝土中旋转。该软件可以对试验结果进行分析，并计算宾汉姆流体的流变参数。

6.2.3.4 国产叶片式流变仪

　　Yuan 和 Shi 研制了一款流变仪样机[32]，属于叶片式流变仪，几年前在国内实现了商业化（图 6.14），与其他流变仪相比，它更加自动化。在容器中装入混凝土后，轴将自动下降到指定高度，并开始旋转，以建立扭矩-转速曲线。新拌混凝土试件首先以最高速度剪切以消除触变性，然后向下倾斜。宾汉姆模型和其他流变模型可通过嵌入在流变仪中的软件将扭矩-转速数据转换为屈服应力和黏度。此外，它还配备了一个圆柱形旋转器，用于测量润滑层的特性。并且软件的每个功能界面操作非常方便。

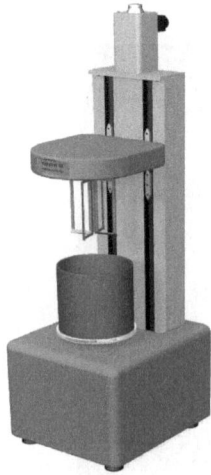

图 6.13　Viskomat XL　　　　　图 6.14　Yuan 和 Shi 开发的流变仪[32]

6.2.3.5 BTRHEOM 流变仪的改进

　　UIUC 混凝土流变仪由伊利诺伊大学开发[33]，属于平行板流变仪。其重要的改进是在测试期间可以自动帮助安装和清洁设备。除此之外，还有研究者对 BTRHEOM 流变仪进行了改进[34,35]，但这些改进后的流变仪还未实现商业化。主要的改进措施包括将顶板从混凝土上方的轴吊起，并取消了混凝土容器内的中心轴。

6.2.3.6 其他仪器

　　印度的研究人员 Laskar 和 Bhattacharjee 开发了十字叶片流变仪[25]，然而，大多数研究人员专注于设计不同几何形状的主轴。例如，Gerland 等[36] 用球形探头对 Viskomat XT 进行了改进，他们采用基于模拟的方法从流变仪的测量中确定 UHPC 和 SCC 的屈服应力和塑性黏度。来自法国的研究人员 Soualhi 等也设计了一种具有新的几何形状的叶片的便携式流变仪[37]。其他轴的形状有螺旋形、H 形、双螺旋形等。

　　尽管旋转流变仪可以准确描述新拌混凝土的流变行为，但它们不适合在线和连续使用。另一方面，新拌混凝土在拌和以及运输过程中的流变测试引起了广泛关注，例如试图将混凝土搅拌运输车的输出指标与旋转流变仪测得的参数相关联。测量输出指标的可以是瓦特计或液压压力计，这被称为"坍落度计"。然而，实验误差可能比通常情况下更大，这使得表征混凝土搅拌运输车的流变性能变得更加困难。在 Wallevik 的研究中[38]，通过一系列计算机仿真分析了混凝土搅拌运输车料仓转动所需功率与新拌混凝土流变性能之间的关系，他们发现可以使用不同的宾汉姆参数（即屈服应力 τ_0 和塑性黏度 μ）来计算功率。通过这些仿真，绘制了料仓转速-功率曲线，并计算了交点值 G 和斜率 H，可以用来表征混凝土运输车中混凝土的流变特性。通过单位质量所消耗的功率，可以建立流变值 G 和 H 与宾汉姆参数 τ_0 和 μ 之间可能存在的关系。虽然这两个方程并不完全准确，但它证明了使用混凝土运输车作为流变仪在技术上是可行的。

6.3　测试程序

6.3.1　试样制备

对于流变测试而言，混凝土材料的拌和过程与测试其他性能时类似。混凝土试样应该是均匀的，以便在测试过程中能够实现稳定和可重复的流变测试。此外，应准备充足的原材料以保证测试精度。通常，拌合物的量应至少为容器体积的两倍，以便进行流变测试。

6.3.2　ICAR 测试程序

ICAR 流变仪软件的操作界面如图 6.15 所示，所有的操作都可以在单个屏幕上进行。在此界面中，制定存储文件的名称及存储路径，设置几何参数并执行应力增长测试和流动曲线测试。如果出现问题，软件终止试验。

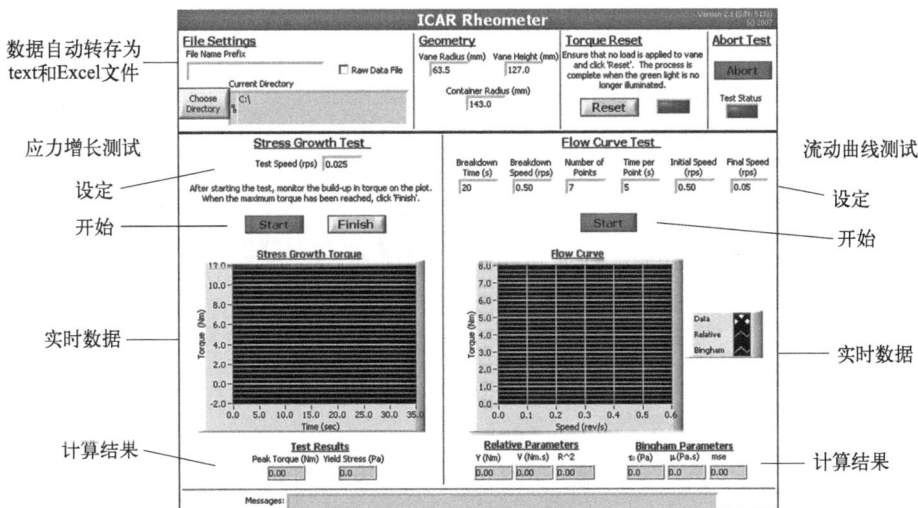

图 6.15　ICAR 流变仪软件界面

应力增长试验测试程序如下：

① 按照说明书正确组装 ICAR 流变仪的所有部件；

② 将测试拌合物放入容器中，确保拌合物与容器内壁上的垂直筋条的高度一致，将十

字叶片插入拌合物中；

③ 保证操作界面中设置的默认几何参数为叶片和容器的实际尺寸；

④ 输入转速值，应力增长测试的叶片速度通常在 $0.01 \sim 0.05 r/s$ 之间，默认情况下为 $0.025 r/s$；

⑤ 点击"Reset"键，确保叶片轴的初始扭矩为 0；

⑥ 开始测试；

⑦ 一旦扭矩-时间曲线出现峰值并且扭矩逐渐减小，点击"Finish"键结束测试。

流动曲线试验的测试程序如下：

① 应力增长试验完成后，可进行拌合物的流动曲线试验。

② 为了破坏拌合物的絮凝结构并保证一致的剪切历史，必须使叶片以最大速度旋转。通常，在开始流动曲线测试之前，破坏时间和破坏速度分别设置为 20s 和 $0.50 r/s$。

③ 设置流动曲线测试的初始转速为 $0.50 r/s$，终止转速为 $0.05 r/s$，均匀划分出 7 个测试点，每个测试点持续 5s。

④ 点击"Start"键，开始流动曲线测试。

⑤ 如果拌合物过于黏稠或屈服应力过高导致叶片无法以 $0.5 r/s$ 的最大转速旋转，立即点击"Abort"停止试验。

⑥ 测试完成后，界面窗口中将绘制出并显示流动曲线，并计算线性拟合和宾汉姆参数，然后，所测试的数据将写进一个输出文件以进行进一步的分析。

6.3.3 ConTec Viscometer 5 测试程序

在测试之前，内筒应安装到测试单元的轴线上，如图 6.16 所示。每次测试大约需要 3min，整个测试由一个名为 FRESHWIN（图 6.17）的特殊软件控制。在测试过程中，剪切试样大约 1min，然后清空容器以进行下一组测试。

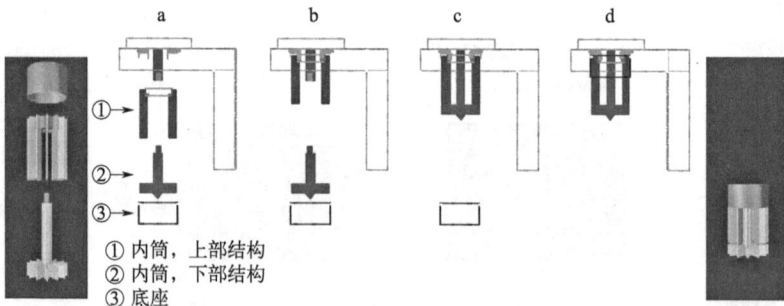

① 内筒，上部结构
② 内筒，下部结构
③ 底座

图 6.16　ConTec Viscometer 5 内筒的组装[31]

测试所需的所有参数都可以作为基本设置输入软件中，随着测试结束，将绘制出所输出的测试结果（图 6.17），并计算基本单元中的流变参数。

与 ICAR 流变仪的流动曲线试验类似，本流动曲线试验选用 7 个点来计算流变参数，转速由最高值到最低值均匀下降。对每个点而言，测试阶段持续 5s，包括最开始的约 1.5s 的短暂间隔和 3.5s 的取样间隔时间。之后转速提高到最大值保约 2s，并以最大转速的 2/3

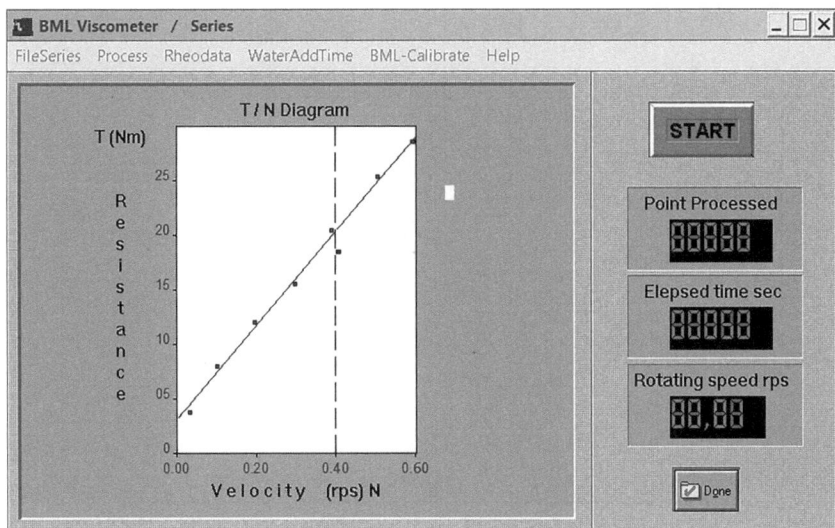

图 6.17　ConTec Viscometer 5 主要操作界面

持续旋转 5s，以便评估骨料离析系数（离析试验），测试程序包括：

① 将混凝土拌合物置于容器中，将内筒降至固定深度，确保拌合物的高度与容器内壁筋条一致。

② 运行 FRESHWIN 软件，在菜单中选择 "Process"，在下拉菜单中选择 "Parameters"，在 "Name" 输入框中选择已经存在的试验名称，或者点击 "Add" 键来设置一个新的试验。

③ 确保在 "Cylinder dimensions" 框中输入正确的数值。默认情况下，内筒高度为 0.2m，内筒半径为 0.1m，外筒半径为 0.145m。

④ 在 "Equation" 框中选择正确的公式，"Reiner-Rivlin equation" 在大多数情况下都可以应用。

⑤ 在 "Run time parameters" 和 "Beater Control" 框中输入合适的参数。

⑥ 单击 "OK" 键，关闭过程参数设置，返回 FRESHWIN 软件的初始界面。单击 "Start" 键以执行测试，内筒会下降并插入拌合物中。预剪切后进行流动曲线试验，然后进行离析试验。

⑦ 在 "File" 菜单中选择 "Save"，测试完成后将数据储存在磁盘上。

⑧ 内筒自动上升，取下容器清空，准备下一次测试，如果时间允许，应在每两次试验后拆卸和清洗内筒。

对于每次试验，都将自动计算出流变参数。除此之外，还将绘制出转速-扭矩曲线，并利用线性回归建立转速与扭矩之间的方程，当转速为最大速度的 2/3（图 6.18）时，计算曲线上的一个特定的点。在此基础上，可用下式计算离析因子：

$$Seg = \frac{H - H'}{H} \times 100\% \tag{6.34}$$

骨料离析试验可以检验骨料是否会从拌合物中分离出来，如果离析因子 Seg<5%，说明试验中没有发生明显的离析现象，该混凝土配合比非常稳定一致。而当 Seg>10% 时，说

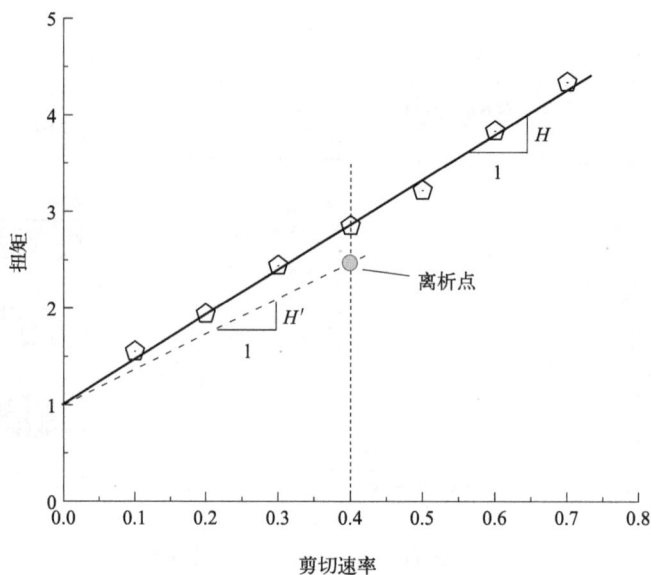

图 6.18　扭矩-转速图[39]

明混凝土配合比不稳定，骨料的离析显著影响着试验结果，在这种情况下需要进行进一步的测试。

ConTec Viscometer 5 也可以进行触变性测试。通过名称框中下拉列表中的测试类型"Thixotropy"来执行测试，其余的设置与流动曲线测试类似。触变性试验的标准加载程序如图 6.19 所示，材料应先静置一段预先设定的时间以检测触变性的影响。

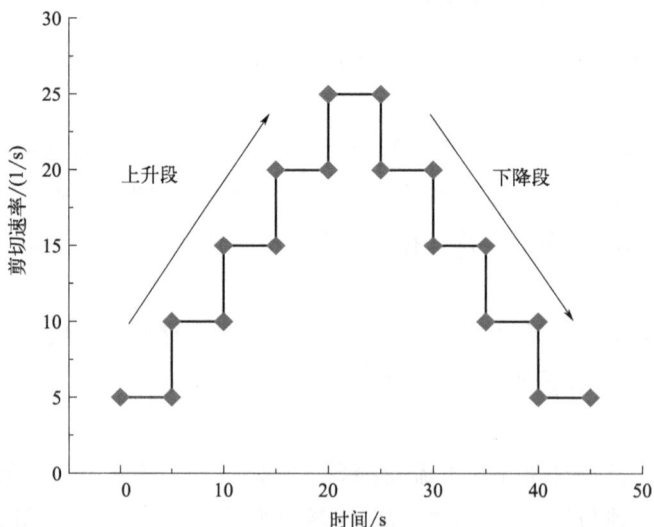

图 6.19　通过 ConTec Viscometer 5 的剪切速率的触变性评价[38]

6.3.4　BTRHEOM 流变仪的测试程序

在首次测试之前，BTRHEOM 流变仪需要根据操作手册对转速、扭矩和振动频率进行校准。在每次测试之前，使用两个密封件以确保没有混凝土流入基础容器和上部圆筒之间的区域，然后进行旋转校准测试以进一步细化校准。对于每组密封件，都需要先进行水的流变试验，以确定密封件的摩擦阻力，ADRHEO软件将利用该结果来消除密封件在之后混凝土和砂浆流变测试中的影响。

ADRHEO软件控制整个测试过程。在容器装满测试材料后，一个可选的操作是先振动15s，以使混凝土充分振捣（在测试过程中也可以实施振动），预振动的频率范围为35～55Hz。需要注意的是，预振动不适用于低屈服应力的混凝土，如SCC。然后开始进行测试，该测试包括一个或两个连续的下斜线（也可以是上斜线，但很少使用，触变性测试除外）。每个下斜线包括5～10个测试点，即在降低转速时记录扭矩。对于每个测量数据点，转速保持恒定约20s，以确保可以稳定记录扭矩。

6.4 数据收集和处理

在流变仪的试验中，通常认为新拌混凝土是均匀的材料。实际上，新拌混凝土是一种多相材料，包含各种颗粒和水。扭矩和转速经常出现较大且频繁的波动。因此，在重复试验中，流变参数存在差异性是常见的。通常，可以接受小于20%的误差。否则，需要再次试验。

6.4.1 静态屈服应力

根据应力增长试验记录的数据，可以绘制出扭矩-时间曲线。如图6.20所示，曲线的最高点为屈服扭矩。在最高点之前的上升段是线弹性的。达到屈服扭矩后，材料内部的絮凝结构被破坏，试样开始流动，因此扭矩值开始减小。屈服扭矩对应的剪应力为静屈服应力，可用下式计算：

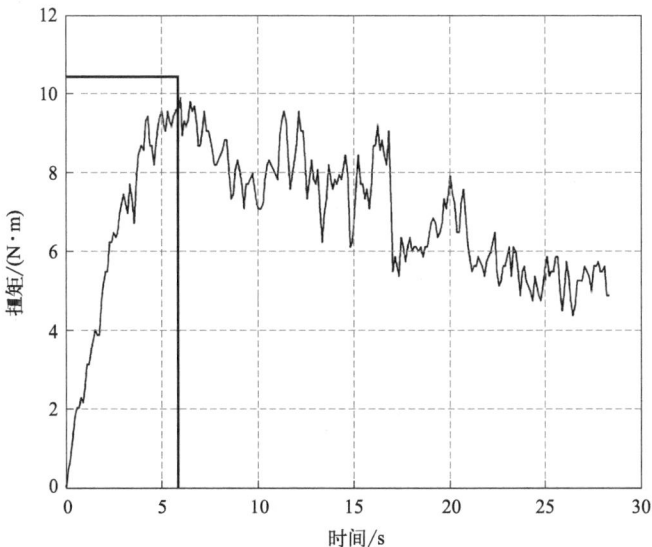

图 6.20 混凝土拌合物的典型扭矩-时间曲线

$$\tau_{S0} = \frac{2T_m}{\pi D^3 \left(\dfrac{H}{D} + \dfrac{1}{3} \right)} \tag{6.35}$$

式中，τ_{S0} 为静屈服应力；T_m 为最大（屈服）扭矩；D 为内筒直径；H 为内筒高度。

6.4.2 流动曲线试验

流动曲线试验用于测定不同剪切速率下的剪切应力，使用仪器为 ICAR 流变仪。图 6.21 给出了用于测试的理想转速-时间曲线，在测试过程中，在每个转速下收集人量的扭矩和转速采样点。对于每个转速，绘制出扭矩和平均速度的读数（图 6.22）。这些数据可以建立扭矩与转速的关系，用于计算屈服应力和塑性黏度。

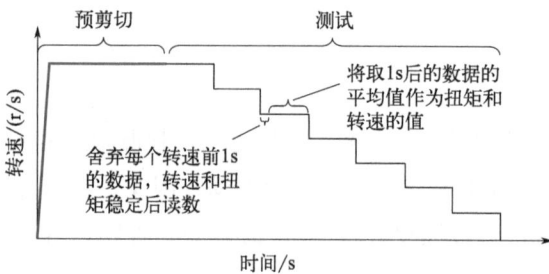

图 6.21 ICAR 流变仪转速-时间示意图

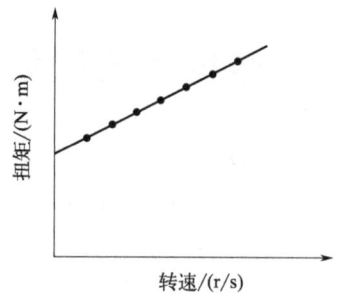

图 6.22 扭矩-转速图

根据公式，扭矩与转速之间可以用 7 组扭矩-转速数据对进行线性拟合。

$$T = G + HN \tag{6.36}$$

式中，T 为扭矩，N·m；N 为转速，r/s；G 为与屈服应力相关的截距；H 为与塑性黏度相关的斜率。因此，屈服应力和塑性黏度的计算公式如下：

$$\begin{cases} \tau_0 = \dfrac{\left(\dfrac{1}{R_i^2} - \dfrac{1}{R_o^2} \right)}{4\pi h \ln\left(\dfrac{R_o}{R_i} \right)} G \\ \\ \eta = \dfrac{\left(\dfrac{1}{R_i^2} - \dfrac{1}{R_o^2} \right)}{8\pi^2 h} H \end{cases} \tag{6.37}$$

需要指出的是，当上述公式线性回归的相关系数大于 0.9 时，屈服应力和塑性黏度是可信的，新拌混凝土可视为宾汉姆流体。否则，应当去掉一些异常值，或者应用其他的转换方程。

6.4.3 触变性测试

新拌混凝土的触变性通常通过由上下转速和扭矩曲线所包围的滞回环面积来评估。转速-扭矩的滞回曲线如图 6.23 所示。滞回曲线面积越大，触变性越高。

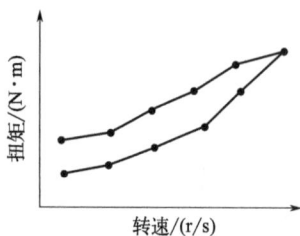

图 6.23 触变性的滞回曲线

6.5　不同流变仪测量的流变参数之间的关系

2000 年和 2003 年分别举行了两次混凝土流变仪的国际比较试验[31,32]。研究发现，每种流变仪在屈服应力和塑性黏度方面给出了不同的宾汉姆参数值，这些差异在很大程度上是由壁面滑移和摩擦造成的。屈服应力与塑性黏度之间存在线性相关的函数关系（见表 6.1～表 6.4）。表 6.1 和表 6.2 是根据 2000 年 10 月的比较检验得出的，表 6.3 和表 6.4 是基于 2003 年 5 月的比较检验。

表 6.1　流变仪之间屈服应力的线性相关函数（2000 年）[31]

$A;B$	BML 流变仪 /Pa	BTRHEOM 流变仪 /Pa	CEMAGREFIMG 流变仪 /Pa	IBB 流变仪 /(N·m)	两点式流变仪 /Pa	Mod Slump 流变仪 /mm
BML 流变仪/Pa		1.85;300.9	1.98;179.89	0.008;0.334	1.01;7.007	−0.18;248.2
BTRHEOM 流变仪/Pa	0.5;−122		0.974;−93.6	0.004; −0.91	0.54;−153.9	−0.09;273
CEMAGREFIMG 流变仪/Pa	0.45;−40.7	0.91;204.7		0.0049; −0.824	0.56;−99.79	−0.09;261.1
IBB 流变仪/(N·m)	79.7;126.2	155.3;504.3	163.4;316.9		95.4;75.4	−15.8;231.6
两点式流变仪/Pa	0.87;46.3	1.72;338.3	1.75;194.6	0.008;0.114		−0.17;244.9
Mod Slump 流变仪/mm	−5.59; 1387.3	−10.77; 2942.2	−11.1;2898.1	−0.063;14.7	−5.99;1466.8	

注意：在表 6.1～表 6.4 中，列头中的流变仪为 Y，行头中的流变仪为 X。在每个单元格中，显示了方程 $Y=AX+B$ 的系数。流变仪按字母顺序列出。

表 6.2　流变仪之间塑性黏度的线性相关函数（2000 年）[31]

$A;B$	BML 流变仪 /(Pa·s)	BTRHEOM 流变仪 /(Pa·s)	CEMAGREFIMG 流变仪 /(Pa·s)	IBB 流变仪 /(N·m·s)	两点式流变仪 /(Pa·s)	Mod Slump 流变仪 /(Pa·s)
BML 流变仪 /(Pa·s)		1.202;6.20	2.06;−31.19	0.089;5.3	0.37;13.84	−0.08;51.6
BTRHEOM 流变仪 /(Pa·s)	0.59;11.16		1.01;−9.91	0.056;6.07	0.36;7.20	−0.11;75.24
CEMAGREFIMG 流变仪 /(Pa·s)	0.47;15.7	0.81;15.50		0.081;5.36	0.35;12.68	−0.039;51.7
IBB 流变仪 /(N·m·s)	10.37;−50.9	13.2;−62.60	11.9;−62.9		4.43;−10.97	−0.009;10.5
两点式流变仪 /(Pa·s)	0.926;20.06	1.87;9.88	1.59;−6.19	0.0961;6.64		−0.034;36.8
Mod Slump 流变仪 /(Pa·s)	−2.03;263.1	−0.79;233.3	−1.79;269.9	−16.4;331.1	−0.69;210.9	

表 6.3 流变仪之间屈服应力的线性相关函数（2003 年）[33]

$A;B$	BML 流变仪 /Pa	BTRHEOM 流变仪 /Pa	两点式流变仪 /Pa	IBB 流变仪 /(N·m)	IBB 便携式 流变仪 /(N·m)	坍落度 /mm
BML 流变仪 /Pa		1.66;229.9	1.34;76.6	0.0090;0.062	0.0113;0.221	−0.258;288.8
BTRHEOM 流变仪 /Pa	0.48;−64.0		0.61;1.17	0.0040; −0.363	0.0053; −0.493	−0.134;310.6
两点式流变仪 /Pa	0.688;−36.16	1.225;156.8		0.0067; −0.342	0.0081; −0.267	−0.194;302.2
IBB 流变仪/(N·m)	102.4;9.51	178.2;249.2	123.6;114		1.12;0.383	−24.25;280.6
IBB 便携式流变仪 /(N·m)	85.5;−11.7	154.4;191.9	113.5;61.84	0.844;−0.196		−22.56;291.8
坍落度/mm	−3.58;1050	−6.14;2018	−4.75;1468	−0.032;9.52	−0.04;11.87	

表 6.4 流变仪之间屈服应力的线性相关函数（2003 年）[33]

$A;B$	BML 流变仪 /(Pa·s)	BTRHEOM 流变仪 /(Pa·s)	两点式流变仪 /(Pa·s)	IBB 流变仪 /(N·m·s)	IBB 便携式流变仪 /(N·m·s)
BML 流变仪/(Pa·s)		1.84;44.3	2.15;−12.4	0.698;−10.85	0.683;−7.10
BTRHEOM 流变仪 /(Pa·s)	0.272;6.39		0.387;21.9	0.151;−2.47	0.138;0.1692
两点式流变仪/(Pa·s)	0.227;22.3	0.233;98.47		0.246;−0.52	0.210;3.14
IBB 流变仪/(N·m·s)	0.927;23.1	1.32;92.76	3.52;10.3		0.815;3.88
IBB 便携式流变仪 /(N·m·s)	1.17;17.6	1.65;85.9	4.26;−6.65	1.11;−3.03	

　　针对各种流变仪，他们还发现坍落度测试与屈服应力之间存在线性关系。在两种比较试验中，屈服应力和塑性黏度都能按相同的顺序统计排序。所有流变仪都能根据宾汉姆参数评价混凝土的流变行为。

　　Hočevar 等[40] 比较了使用 ConTec Viscometer 5 和 ICAR 流变仪对新拌混凝土的测试结果，他们发现，使用 ConTec Viscometer 5 计算的屈服应力值和塑性黏度与 ICAR 流变仪的计算结果有显著差异。ConTec Viscometer 5 与 ICAR 流变仪计算的屈服应力呈线性关系，塑性黏度也呈线性关系。然而，ICAR 流变仪给出的屈服应力值比 ConTec Viscometer 5 给出的屈服应力值平均高出 42%。相比之下，ICAR 计算得出的塑性黏度比 ConTec Viscometer 5 计算结果低 43%。他们还注意到 ICAR 流变仪的测试结果比 ConTec Viscometer 5 的测试结果重复性差，且两种流变仪测量屈服应力的重复性均高于测量塑性黏度的重复性。

6.6 本章小结

　　本章综合叙述了几种用于新拌混凝土的流变仪。到目前为止，所有流变仪可以分为以下三类。

　　① 同轴流变仪：ICAR、ConTec Viscometer、Viskomat XL、BML 和 CEMAGREFIMG。

　　② 平行板型流变仪：BTRHEOM 和 UIUC。

　　③ 叶轮流变仪：IBB 等两点式流变仪设备。

　　所有的混凝土流变仪都是可旋转的，可以测量不同转速下的扭矩值。由于扭矩-转速方程是由流变模型推导，因此流变仪记录的数据可用于计算流变参数。用于流变学测试的新拌混凝土样品不需要特殊处理，但应严格遵照测试程序，以避免发生错误。应该注意的是，尽管可以观察到各种流变仪所测试的结果之间的相关性，但这些结果之间的差异很大，需要进行更多的研究来找出造成这些差异的原因，并设计更好的流变仪。

参 考 文 献

[1]　ASTM C143/C143M-20，Standard Test Method for Slump of Hydraulic-Cement Concrete［S］. US，2020.

[2]　Roussel N. Understanding the rheology of concrete［M］. Cambridge：Woodhead Publishing，2011.

[3]　Banfill P. Rheology of fresh cement and concrete［M］. Rheology Reviews 2006，The British Society of Rheology，2006.

[4]　Tattersall G. The rheology of fresh concrete［M］. London：Pitman Books Limited，1983.

[5]　Hackley V. The use of nomenclature in dispersion science and technology［R］. NIST Recommended Practice Guide，SP 960-3，2001.

[6]　Beaupre D. Rheology of high performance shotcrete［D］. Vancouver：University of British Columbia，1994.

[7]　Banfill P，Denis Beaupré，Frédéric Chapdelaine，et al. Comparison of concrete rheometers：International tests at LCPC［R］. （2000-10-23-27）.

[8]　Schramm G. A practical approach to rheology and rheometry［M］. Karlsruhe：Haake，1994.

[9]　Koehler E. Development of a portable rheometer for fresh Portland cement concrete［C］. International Center for Aggregates Research Report ICAR 105-3F，2004.

[10]　Heirman G，et al. Integration approach of the Couette inverse problem of powder type self-compacting concrete in a wide-gap concentric cylinder rheometer：Part Ⅱ. Influence of mineral additions and chemical admixtures on the shear thickening flow behaviour［J］. Cement and Concrete Research，2009，39 (3)：171-181.

[11]　Macosko C. Rheology：Principles，measurements，and applications［M］. New York：Wiley-VCH，1994.

[12]　Malvern L. Introduction to the mechanics of a continuous medium［M］. New York：Prentice-Hall International Incorporated，1969.

[13]　Heirman G，et al. Contribution to the solution of the Couette inverse problem for Herschel-Bulkley fluids by means of the integration method［C］. The 2nd International Symposium on Advances in Concrete Through Science and Engineering，2006.

[14]　Liu Y. An amendment of rotation speed-torque transformation equation for the Herschel-Bulkley model in wide-gap coaxial cylinders rheometer［J］. Construction and Building Materials，2020，237，117530.

[15]　Feys D. Comparison and limitations of concrete rheometers［C］. The Proc. of the 7th Int. RILEM Symp. on Self-Compacting Concrete，2013.

［16］ Li M. Integration approach to solve the Couette inverse problem based on nonlinear rheological models in a coaxial cylinder rheometer ［J］. Journal of Rheology, 2019, 63 (1): 55-62.

［17］ Wallevik J. Rheological measurements on a high yield value Bingham fluid with low agitation ［M］. The Annual Transactions of the Nordic Rheology Society, 2001.

［18］ Heirman G, Van Gemert D, Vandewalle L, et al. Influence of plug flow when testing shear thickening powder type self-compacting concrete in a wide-gap concentric cylinder rheometer ［C］. Proc. 3rd Intern. RILEM Symp on the Rheology of Cement Suspensions such as Fresh Concrete, Reykjavik, 2009: 283-290.

［19］ Feys D. Extension of the Reiner-Riwlin equation to determine modified Bingham parameters measured in coaxial cylinders rheometers ［J］. Materials and Structures, 2013, 46 (1-2): 289-311.

［20］ Wallevik O H, Feys D, Wallevik J E, et al. Avoiding inaccurate interpretations of rheological measurements for cement-based materials ［J］. Cement and Concrete Research, 2015, 78: 100-109.

［21］ Yan J, James A E. The yield surface of viscoelastic and plastic fluids in a vane viscometer ［J］. Journal of Non-Newtonian Fluid Mechanics, 1997, 70 (3): 237-253.

［22］ Dzuy N, Boger D V. Direct Yield Stress Measurement with the Vane Method ［J］. Journal of Rheology, 1985, 29 (3): 335-347.

［23］ Whorlow R. Rheological techniques (2nd edition) ［M］. Chichester: Ellis Horwood Limited, 1992.

［24］ Laskar A. Design of a new rheometer for concrete ［J］. Journal of ASTM International, 2007, 5 (1): 1-13.

［25］ Laskar A I, Bhattacharjee R. Torque-speed relationship in a concrete rheometer with vane geometry ［J］. Construction & Building Materials, 2011, 25 (8): 3443-3449.

［26］ Barnes H A, Carnali J O. The vane-in-cup as a novel rheometer geometry for shear thinning and thixotropic materials ［J］. Journal of rheology, 1990, 34 (6): 841-866.

［27］ Sherwood J D, Meeten G H. The use of the vane to measure the shear modulus of linear elastic solids ［J］. Journal of Non-Newtonian Fluid Mechanics, 1991, 41 (1-2): 101-118.

［28］ Wallevik J E. Effect of the hydrodynamic pressure on shaft torque for a 4-blades vane rheometer ［J］. International Journal of Heat & Fluid Flow, 2014, 50 (dec.): 95-102.

［29］ Hu C, Francois de Larrard, Sedran T, et al. Validation of BTRHEOM, the new rheometer for soft-to-fluid concrete ［J］. Materials & Structures, 1996, 29 (10): 620-631.

［30］ Larrard F D, Ferraris C F, Sedran T. Fresh Concrete: A Herschel-Bulkley Material ［J］. Materials and Structures, 1998, 31 (7): 494-498.

［31］ Ferraris C F, Brower L E, Banfill P, et al. Comparison of concrete rheometers: international test at LCPC (Nantes, France) in October, 2000 ［M］. Gaithersburg, MD, USA: US Department of Commerce, National Institute of Standards and Technology, 2001.

［32］ Yuan Q, Shi C. A testing method for static and dynamic rheological parameters of concrete ［P］. Chinese Patent. CN201810860119.4, 2018.

［33］ Ferraris C F, Ferraris C F, Beaupr D, et al. Comparison of concrete rheometers: International tests at MB (Cleveland OH, USA) in May, 2003 ［M］. Gaithersburg, MD, USA: US Department of Commerce, National Institute of Standards and Technology, 2004.

[34] Struble L J，Puri U，Ji X. Concrete rheometer [J]. Advances in Cement Research，2001，13（2）：53-63.

[35] Szecsy R. Concrete rheology [D]. Urbana-Champaign：University of Illinois at Urbana-Champaign，1997.

[36] Gerland F，Wetzel A，Schomberg T，et al. A simulation-based approach to evaluate objective material parameters from concrete rheometer measurements [J]. Applied Rheology，2019，29（1）：130-140.

[37] Soualhi H，Kadri E H，Ngo T T，et al. Design of portable rheometer with new vane geometry to estimate concrete rheological parameters [J]. Statyba，2016，23（3）：347-355.

[38] Wallevik E W O H. Concrete mixing truck as a rheometer [J]. Cement and Concrete Research，2020，127.

[39] Wallevik O. The ConTec BML Viscometer，Viscometer 4&5 Operating Manual [M]. 2006.

[40] Hočevar A，et al. Rheological parameters of fresh concrete-comparison of rheometers [J]. Graevinar，2013，65（2）：99-109.

第 7 章
基于流变学的混凝土配合比设计

混凝土配合比不仅需要满足浇筑施工所需要的工作性要求，还要满足工程应用所需的力学性能、耐久性、经济性甚至生态性等要求。流变学能够表征混凝土材料的工作性，是预测新拌混凝土稳定性、指导混凝土配合比设计的有效手段。本章简要总结了基于流变学的混凝土配合比设计方法，详细阐述了矢量-流变图法、浆体流变阈值理论、混凝土流变参数法、富余浆体理论和单纯型重心设计法的基本原理，并列举了上述配合比设计方法的典型示例。

7.1 引言

优良的混凝土配合比需要同时考虑工作性、力学性能、耐久性、经济性甚至生态性等要求。因此，混凝土的配合比设计不只是一门科学，也是一门艺术。传统的混凝土配合比设计通常采用经验性方法来满足多种性能要求。随着高性能混凝土和自密实混凝土的发展和应用，一些新的配合比设计方法不断被提出，例如统计学配合比设计法[1]、压缩填充法[2,3]、颗粒紧密堆积法[4-6]、基于浆体流变法[7] 和人工神经网络法[8]。每种配合比设计法都有其优缺点，且在优化配合比设计之前，都需要首先了解原材料的特性[9,10]。

通常情况下，在优化配合比设计使混凝土满足不同性能时往往存在着矛盾。例如，高流动性的混凝土通常采用增加水胶比、降低水泥用量、使用天然骨料替代碎石骨料等方法来改善其流动性，但是若想得到高强度的混凝土，则需要降低水胶比、增加水泥用量、使用碎石骨料替代天然骨料。此外，工作性能不仅决定着混凝土的浇筑施工，也会影响硬化混凝土的力学性能和耐久性能[11,12]，但混凝土的工作性能传统评价方法通常采用维勃稠度仪、坍落度筒、V 形漏斗、L 形箱、U 形箱等进行测试。这些试验方法均是以单一参数为评价指标，且对经验性要求较高，缺乏科学依据。此外，对于不同流变参数的混凝土拌合物，采用传统测试方法测试时可能得出相同的结果[13]。因此，若能消除人为因素的影响，并采用基本物理参数来表征新拌混凝土的性能，对制备高性能混凝土有非常重要的意义。

根据剪切应力与剪切速率的流动曲线，混凝土材料流变性能通常采用宾汉姆模型（Bingham Model）、赫谢尔-巴尔克利模型（Herschel-Bulkley Model）[14] 和改进宾汉姆模型（Modified Bingham Model）[15,16] 来表征，其中宾汉姆模型是最常用的水泥基材料流变模型。符合宾汉姆模型的流体，其剪切应力与剪切速率之间满足线性关系，包含两个流变参数，即屈服应力和塑性黏度。屈服应力是混凝土发生流动时所需要的最小剪切应力，与颗粒的粒径、表面粗糙度以及与减水剂间的亲和作用有关[17-19]；塑性黏度是稳态下剪切应力与剪切速率的比值，且受到胶体颗粒相互作用力、布朗力、水动力作用力以及颗粒间黏性力的显著影响[20,21]。屈服应力和塑性黏度能够准确地表征混凝土的流动性和稳定性，能够预测混凝土的泵送性和模板侧压力[22-24]。

总之，流变参数在新拌混凝土工程应用、力学性能甚至混凝土的耐久性方面都发挥着重要作用。因此，许多研究人员试图基于流变学设计高性能混凝土。

7.2　配合比设计原理

7.2.1　矢量-流变图法

矢量-流变图法是由 Wallevik[25,26] 所提出的。流变图（rheograph）通常以塑性黏度为横坐标、屈服应力为纵坐标，描述混凝土组成、材料性能、时间等因素对流变参数的影响，是了解水泥基材料流变性能变化的一个重要工具。流变图这一术语最早是由 Bombled 于1970 年首次提出，而后 Wallevik 将这一概念应用于混凝土中，并绘制了不同施工工艺对混凝土流变参数影响的示意图，如图 7.1 所示。流变图不仅可以综合反映新拌混凝土的工作性能，还可以根据施工方案指导混凝土的配合比设计。从图 7.1 可以看出，每种组成在改变新拌混凝土流变参数方面都发挥着独特的作用[18]。例如，添加高效减水剂会降低屈服应力，但会增加塑性黏度，而增加用水量则会降低屈服压力和塑性黏度[27-29]。需要注意的是，流变图通常适用于砂浆和混凝土，而不适用于水泥浆体，这是由于与砂浆和混凝土相比，水泥浆体具有更明显的触变性[25]。此外，由于其他参数同时发生变化，骨料对流变性能的影响不能用流变图完全描述。即便如此，也能从流变图上观察到一些一般的变化趋势。例如，从图 7.2 中可以看出，用圆形骨料替换碎石骨料会略微降低屈服应力，而塑性黏度会显著降低。当骨料总含量固定时，增加砂率会降低塑性黏度，但会增加屈服应力。

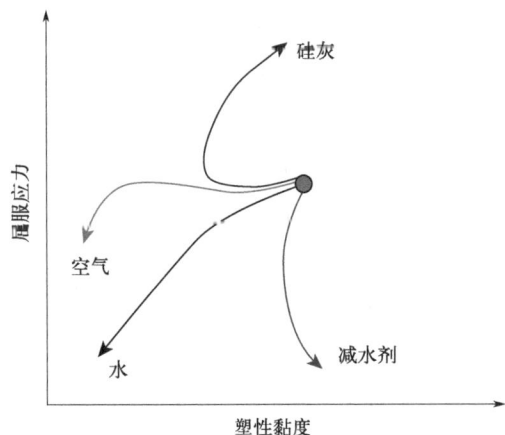

图 7.1　描述组成对混凝土流变参数影响的流变图[25]

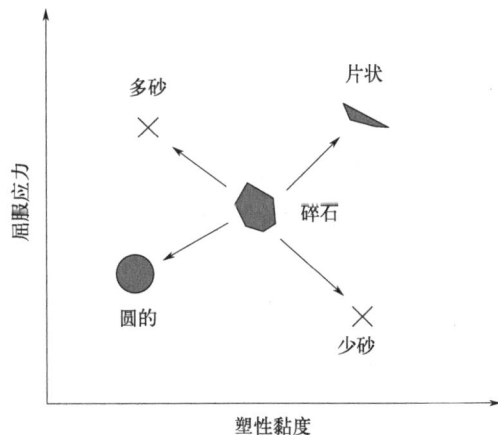

图 7.2　骨料粒形和砂体积分数对流变参数的影响[25]

工作性盒子（workability box）是流变图中用于表征一种特殊施工应用的混凝土的屈服应力和塑性黏度的特定区域[25]，典型的工作性盒子如图 7.3 所示。可以看出，工作性盒子没有特定形状，它可以由二维多边形或没有精确清晰边界的区域组成。因此，这里的盒子是对某些区域和边界的定性描述。每个流变图中可以包含多个可工作性盒子，是帮助技术人员成功设计特定混凝土的有效工具。例如，根据冰岛、挪威和丹麦的现场案例[25]，坍落度低于 170mm 的传统振捣混凝土（CVC）的塑性黏度为 20～40Pa·s，屈服应力通常高于 300Pa。如果所制备的混凝土的流变参数位于图 7.3 中目标区域之外，由于缺乏合适的工作性，混凝土的施工可能会出现失败的现象。在这种情况下，应根据流变图调整混凝土的组成，将流变参数调整到适当的范围内，即矢量-流变图法。

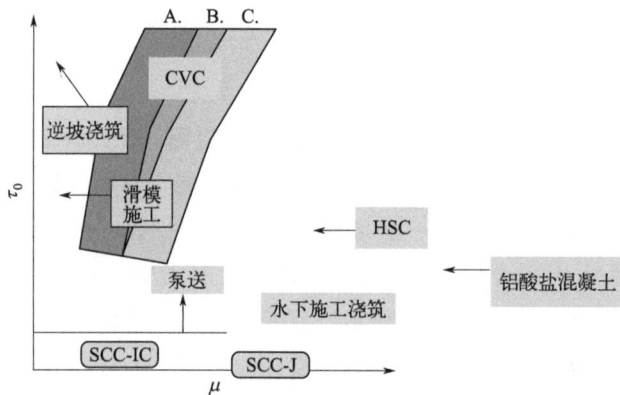

图 7.3　不同应用的混凝土的工作性盒子[25]

矢量-流变图法的理论依据是改变组成能够降低或升高混凝土的流变参数这一基本事实，下面以自密实混凝土（SCC）为例具体说明这一方法。通常在配制 SCC 时，为了满足易于流动和保持稳定性的矛盾要求，SCC 应具有较高的塑性黏度和足够高的屈服应力，而对于高黏性的 SCC，其屈服应力应接近于零。也就是说，从流动性和稳定性的角度，应同时控制屈服应力和塑性黏度。然而，传统的工作性测试方法如坍落度、扩展度或 V 形漏斗流动时间，并不能指导如何同时改变屈服应力和塑性黏度，但通过流变学工具，可以控制混凝土的流变特性满足上述要求。如果基准混凝土具有很高的塑性黏度，有多种方法可以降低混凝土的塑性黏度，如图 7.4 所示。一种方法是直接增加用水量降低塑性黏度和屈服应力，但这将对稳定性有负面影响。另一种方法是同时掺加稳定剂（以增加屈服应力）和增加用水量（以降低塑性黏度和屈服压力）。这种改变组成的矢量化方法被定义为矢量-流变图法[25]。基于此方法，也可以通过其他步骤来实现降低塑性黏度的目标。例如，通过掺加高效减水剂（图 7.1）和用圆形骨料替换部分碎骨料（图 7.2），可以显著降低塑性黏度。总而言之，在流变图中通过矢量化改变组成可以方便快速地调整新拌混凝土的流变性能。

7.2.2　浆体流变阈值理论

Saak 等[30] 首次提出浆体流变阈值理论，用于设计 SCC。新拌混凝土可视为骨料颗粒分散在流动水泥浆体中的悬浮液，其工作性能取决于浆体基体的流变特性以及骨料的体积分

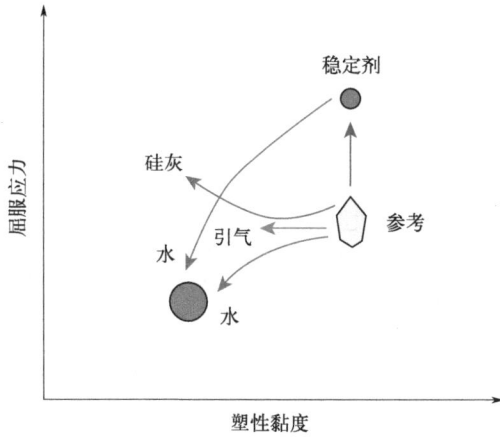

图 7.4　降低混凝土屈服应力的不同方法[25]

数和物理特性。根据单个球形颗粒可以悬浮于浆体中且不发生离析的临界状态，可以建立流变参数和骨料及浆体密度差之间的一系列理论关系，从而确定水泥浆体的最小屈服应力和塑性黏度。屈服应力和塑性黏度的上限可以通过混凝土不再具有流动性的临界状态进行确定。通过改变水泥浆体的流变性能，可以得到具有优异的抗离析性、适宜和易性的混凝土。

　　Bui 等[31] 对这一理论进行了拓展，通过控制自密实混凝土的通过性和最小浆体用量，以获得优良的抗离析性、良好的和易性和最佳高效减水剂用量。将骨料的体积分数和物理性质（如粒径分布、平均粒径和颗粒形状）考虑在内，骨料间的平均距离 d_{ss}（m）可通过下式进行计算：

$$d_{ss} = d_{av}\left(\sqrt[3]{1 + \frac{V_{paste} - V_{void}}{V_{concr} - V_{paste}}} - 1 \right) \tag{7.1}$$

　　式中，V_{paste} 为最小浆体体积，m^3；V_{void} 为骨料空隙的体积，m^3；V_{concr} 为混凝土的体积，m^3；d_{av} 为骨料的平均直径，m，可通过下式计算：

$$d_{av} = \frac{\sum_i d_i m_i}{\sum_i m_i} \tag{7.2}$$

　　式中，d_i 是第 i 级骨料的直径，m；m_i 是第 i 级骨料的质量，kg。

　　基于骨料间的距离和平均骨料直径，通过优化水泥浆体的屈服应力和塑性黏度，可以设计满足要求的 SCC。配合比设计流程如图 7.5 所示。理论上，当骨料平均直径固定时，存在一个最小水泥浆体体积，来填充骨料之间的空隙并润滑骨料颗粒，以确保混凝土的流动性和抗离析性。具有较高平均骨料间距的混凝土拌合物，其内部的水泥浆体应该具有较高的屈服应力和塑性黏度，来满足流动性和良好离析稳定性的要求。如图 7.6 所示，在给定骨料级配下，通过改变骨料含量和水泥浆体含量，可以将混凝土流变特性调整到令人满意的范围。基于浆体阈值理论的配合比设计方法可以显著减少工作量和材料用量，能够为混凝土质量控制提供理论依据[9,10]。

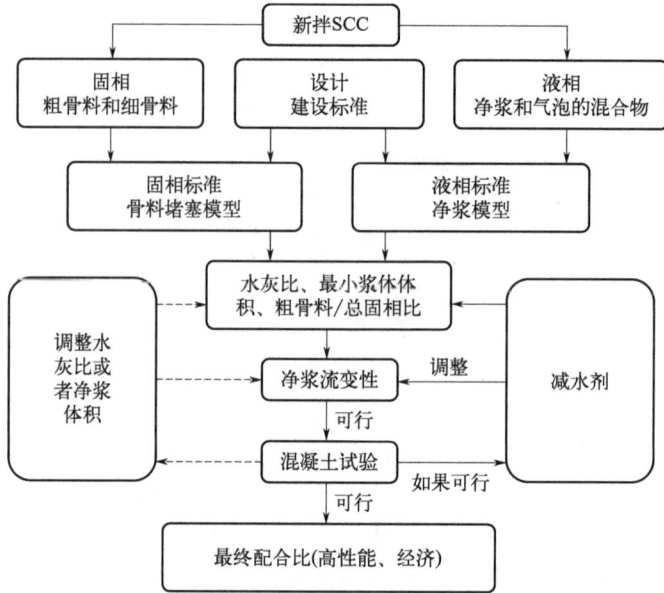

图 7.5　基于浆体流变阈值理论的配合比设计流程[9]

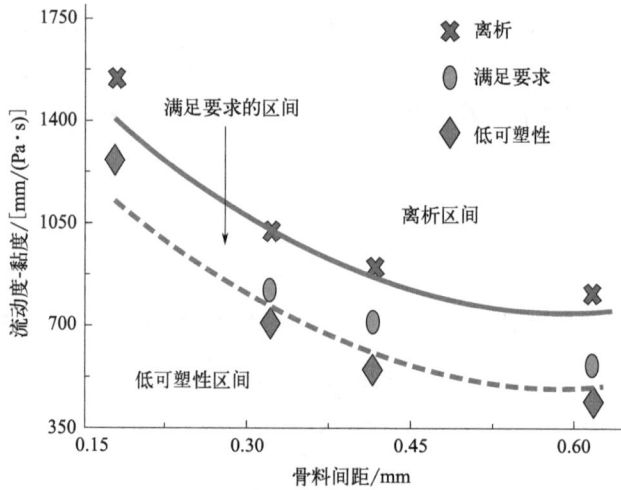

图 7.6　骨料间距离与流动性之间的关系[31]

　　浆体阈值理论也可用于钢纤维增强自密实混凝土的设计[32]。假设钢纤维的总表面积与相同质量、相同密度的球形骨料所对应的表面积相同，通过测试钢纤维的比表面积，钢纤维可被视为具有等效直径 d_{eq} 的球形颗粒，如式(7.3) 所示：

$$d_{\text{eq-fibers}} = \frac{3L_f}{1+2\dfrac{L_f}{d_f}} \times \frac{\gamma_{\text{fiber}}}{\gamma_{\text{aggregate}}} \tag{7.3}$$

　　式中，L_f 和 d_f 分别是钢纤维的长度和直径，m；γ_{fiber} 和 $\gamma_{\text{aggregate}}$ 分别是钢纤维和骨料所占的比重。在这种情况下，纤维增强骨架中固体颗粒的平均直径可以改进为：

$$d_{av} = \frac{\sum_i d_i m_i + d_{eq\text{-}fibers} m_{fiber}}{\sum_i m_i + m_{fiber}} \qquad (7.4)$$

式中，m_{fiber} 为钢纤维的质量，kg。通过确定浆体含量、骨料和纤维间的空隙率后，可通过公式(7.1) 计算颗粒间的平均距离 d_{ss}。改进后的浆体流变阈值理论是设计具有优良工作性能的纤维增强自密实混凝土的一种有效手段[32]。

新拌自密实混凝土也可以认为是包含砂浆和粗骨料的两相悬浮液，砂浆可以看作是细骨料颗粒分散于水泥浆体相中的悬浮液，如图 7.7 所示。SCC 的工作性取决于粗骨料的含量和物理性质以及砂浆的流变特性，这种联合效应可以通过富余砂浆厚度来表征。对于给定的富余砂浆厚度，SCC 的工作性主要取决于砂浆的流变性能。同理，砂浆是由水泥浆体和砂子组成，对于给定的砂用量，砂浆的流变特性取决于水泥浆体基体的流变特性。

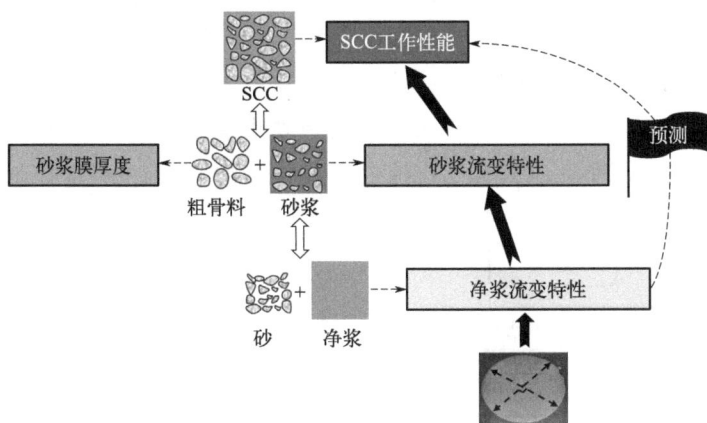

图 7.7　自密实混凝土示意图[33]

基于这一理论，Wu 和 An[33] 利用浆体流变阈值理论提出了一种简单有效的制备 SCC 的配合比设计方法，流程如图 7.8 所示。该方法的理论基础是砂浆的流变特性影响骨料颗粒的运动，进而影响 SCC 的工作性和抗离析性。为保证 SCC 的高流动性，砂浆中悬浮的粗骨料颗粒应具有移动能力；在流动状态下，应避免粗骨料颗粒的离析和沉降。将 SCC 的流动性和抗离析性考虑在内，砂浆的屈服应力存在上限值，砂浆黏度存在下限值[33]，分别通过下式计算：

$$\tau_{mortar} \leqslant \frac{\sqrt{2}\,\Delta\rho \times g r^2}{3\delta_{mortar}} \qquad (7.5)$$

$$\eta_{mortar} = \frac{2r^2 g \times \Delta\rho \times T_f}{9H} \qquad (7.6)$$

式中，τ_{mortar} 是砂浆的屈服应力，Pa；η_{mortar} 是砂浆的黏度，Pa·s；$\Delta\rho$ 是砂浆和粗骨料颗粒的密度差，kg/m³；g 为重力加速度，m/s²；r 为粗骨料的平均半径，m；δ_{mortar} 为富余砂浆厚度，m；T_f 为流动时间，s；H 为坍落度筒的高度，m。根据水泥浆体与砂浆流变特性的关系[34,35]，水泥浆体的流变性能应满足以下标准，以确保 SCC 的流动性和抗离析性：

$$\tau_{\text{paste}} \leqslant \tau_{\text{threshold}} = \frac{\dfrac{\sqrt{2}\,\Delta\rho \times gr^2}{3\delta_{\text{mortar}}}}{\left(1-\dfrac{\phi}{\phi_{\max}}\right)^{-n}} \tag{7.7}$$

$$\eta_{\text{paste}} \geqslant \eta_{\text{threshold}} = \frac{\dfrac{2r^2 g \times \Delta\rho \times T_{\text{f}}}{9H}}{\left(1-\dfrac{\phi}{\phi_{\max}}\right)^{-[\eta]\phi_{\max}}} \tag{7.8}$$

式中，τ_{paste} 是水泥浆体的屈服应力，Pa；η_{paste} 是水泥浆体的塑性黏度，Pa·s；n 为常数，在 Toutou 和 Roussel 的研究[34] 中其值为 4.2；$[\eta]$ 为骨料的特性黏度，对于球形颗粒，其值为 2.5；ϕ 和 $\phi_{\max}$ 分别是骨料的体积分数和最大体积分数，%。通过建立上述浆体流变阈值方程，无需使用数学软件，即可按照图 7.8 中的设计流程轻松获得水泥浆体和砂浆的自密实区域[36]。需要注意的是，在他们的研究中，考虑到 SCC 在工程实践中的可靠性和经济性，砂子含量固定为砂浆体积的 45%，富余砂浆厚度控制在 1.4mm。当砂子含量和富余砂浆厚度固定的情况下，SCC 的工作性主要受水泥浆体的流变性能控制。

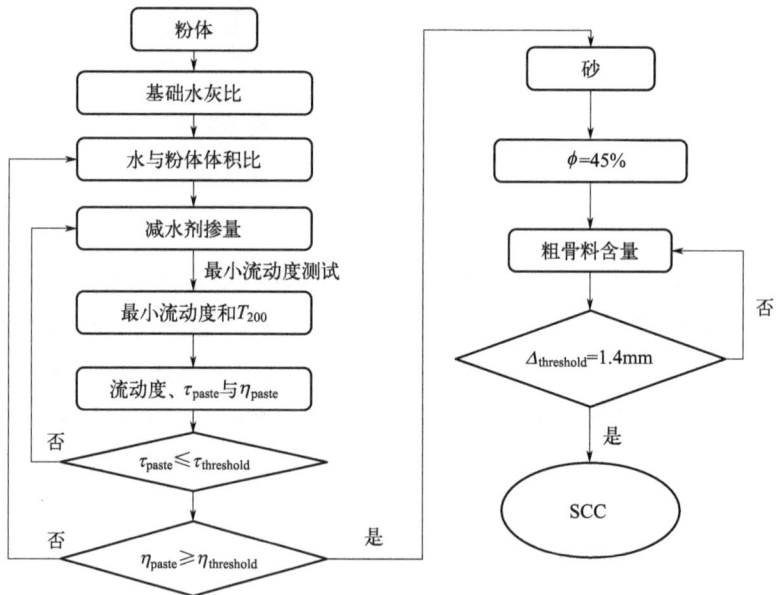

图 7.8　Wu 和 An 所提出的配合比设计流程[33]

此外，Li 等[37,38] 通过采用辅助胶凝材料（如粉煤灰和石灰石粉）替代部分水泥，对该浆体流变阈值公式进行了改进，得到了可接受的实验结果。砂浆流变阈值理论也可用于设计自密实轻骨料混凝土[39,40]。这种设计方法不仅为利用浆体流变性能预测 SCC 的工作性提供了一种有效方法，而且显著减少了工作量和测试时间，但由于骨料的物理性能对混凝土的流变性能和工作性影响很大，因此在建立流变阈值方程时还应考虑骨料的特性。

7.2.3　混凝土流变参数法

SCC 拌合物的塑性黏度可以通过水泥浆体的塑性黏度和每种固体颗粒的影响程度来进行估算，即微观力学本构模型[41]。在此基础上，Karihaloo 等[42,43]提出了一种用于制备纤维增强 SCC 的配合比设计方法。但是，该方法并没有得到具体的工程实际应用。对此，Abo Dhaheer 等[44]对该配合比设计方法进行了改进，可以根据所需的塑性黏度和抗压强度确定 SCC 的配合比。由于 SCC 的屈服应力一般在 10Pa 左右，而工作性和稳定性主要受塑性黏度的影响，因此本方法主要考虑塑性黏度。该设计方法包括以下步骤：

① 选择 SCC 拌合物的目标塑性黏度，范围为 $3\sim15\mathrm{Pa\cdot s}$。

② 根据水胶比与抗压强度公式 $\left[例如，f_{\mathrm{cu}}(28\mathrm{d})=\dfrac{195}{12.65^{w/b}}\right]$，计算水胶比（$w/b$）。

③ 根据标准[45]，在 $150\sim210\mathrm{kg/m^3}$ 范围内确定需水量，然后计算胶凝材料的质量（b），单位为 $\mathrm{kg/m^3}$。

④ 假设高效减水剂的掺量（SP）。

⑤ 根据表 7.1，估算已知 w/b 和 SP/b 时水泥浆体的塑性黏度。

表 7.1　水胶比与水泥浆体塑性黏度的关系[44]

w/b	$\eta_{\mathrm{paste}}/(\mathrm{Pa\cdot s})$	$\eta_{\mathrm{paste+airvoids}}/(\mathrm{Pa\cdot s})$
0.63	0.104	0.11
0.57	0.176	0.18
0.53	0.224	0.23
0.47	0.286	0.29
0.40	0.330	0.34
0.35	0.365	0.37

⑥ 根据各填充料、细骨料和粗骨料的体积分数，计算每种组分的质量。

⑦ 计算所得配合比的总体积。按比例缩放每种材料的质量，直至总体积达到 $1\mathrm{m^3}$。

⑧ 使用公式（7.9）计算 SCC 拌合物的塑性黏度，并将其与步骤①中所选择的值进行比较。如果差值在 $\pm5\%$ 以内，则说明配合比可以接受。若超出该范围，需要在步骤⑥中重新调整每种组分的体积分数，并重复步骤⑦和⑧。

$$\eta_{\mathrm{mix}}=\eta_{\mathrm{paste}}\left(1-\frac{\phi_{\mathrm{filler}}}{\phi_{\mathrm{max}}}\right)^{-1.9}\left(1-\frac{\phi_{\mathrm{fine\ agg}}}{\phi_{\mathrm{max}}}\right)^{-1.9}\left(1-\frac{\phi_{\mathrm{coarse\ agg}}}{\phi_{\mathrm{max}}}\right)^{-1.9} \tag{7.9}$$

式中，η_{mix} 和 η_{paste} 分别是 SCC 拌合物和内部浆体的塑性黏度；ϕ_{filler}、$\phi_{\mathrm{fine\ agg}}$ 和 $\phi_{\mathrm{coarse\ agg}}$ 分别是填充颗粒、细骨料和粗骨料的体积分数；ϕ_{max} 为最大体积分数。该混凝土配合比设计方法的流程如图 7.9 所示。实验结果[46]表明，根据该设计方法所制备的 SCC 拌合物均满足自密实标准，并达到了预期目标的塑性黏度和抗压强度。

文献［47］介绍了另外一种基于混凝土流变特性的配合比设计方法。其基本原理如下：屈服应力和塑性黏度可作为连接混凝土工作性（如流动性、抗泌水性和抗离析性）和混凝土

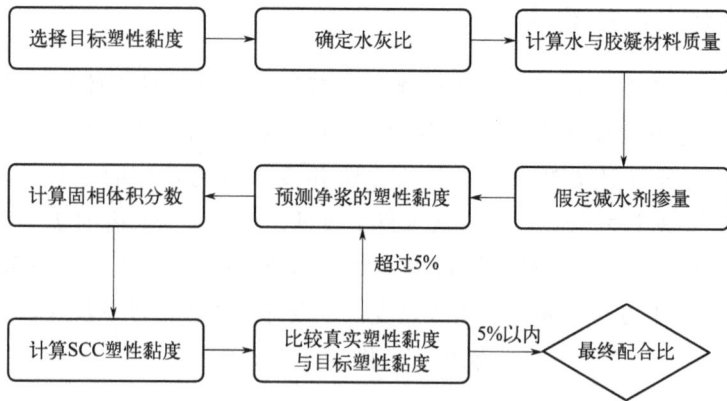

图 7.9 基于混凝土流变参数的配合比设计流程[46]

组成的桥梁。通过建立混凝土配合比、工作性能和流变参数之间的关系，如图 7.10 和图 7.11 所示，可以得到具有优异工作性的混凝土的最佳组成。例如，对于具有良好抗泌水性的 C20 混凝土，其适宜的屈服应力范围为 280～2000Pa，黏度范围为 11～43Pa·s。在屈服应力和黏度的合适区域下，从图 7.11 可以看出，水胶比的最佳范围为 0.4～0.55。

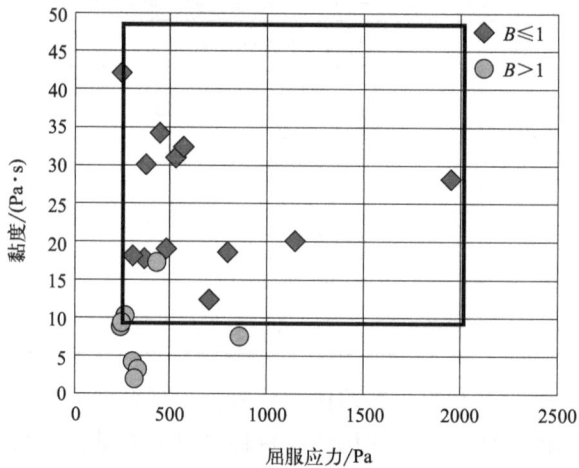

图 7.10 流变参数与混凝土抗泌水性之间的关系（$B \leqslant 1$ 表示抗泌水性良好)[47]

7.2.4 富余浆体理论

新拌混凝土中的水泥浆体可分为两部分，如图 7.12 所示，一部分水泥浆体用于填充骨料颗粒之间的空隙，另一部分水泥浆体用于包裹骨料，即富余浆体[18,48,49]。富余浆体通常用于润滑骨料颗粒，为混凝土拌合物提供所需的流动性[18]。同理，从水泥浆体的角度，它可以视为胶凝颗粒分散于水中的悬浮液。水膜厚度、富余浆体厚度和富余砂浆厚度是控制新拌水泥浆体、砂浆和混凝土的流动性、流变性和黏结性的关键因素[50,51]。

Li 和 Kwan[52] 表示，混凝土配合比参数（如水灰比和浆体体积）和骨料颗粒粒径分布的影响可以转化为两个因素，即水膜厚度（WFT）和富余浆体厚度（PFT）。基于这一理论基础，他们提出了两种优化混凝土配合比的方法，如图 7.13 所示。通过制备不同 WFT

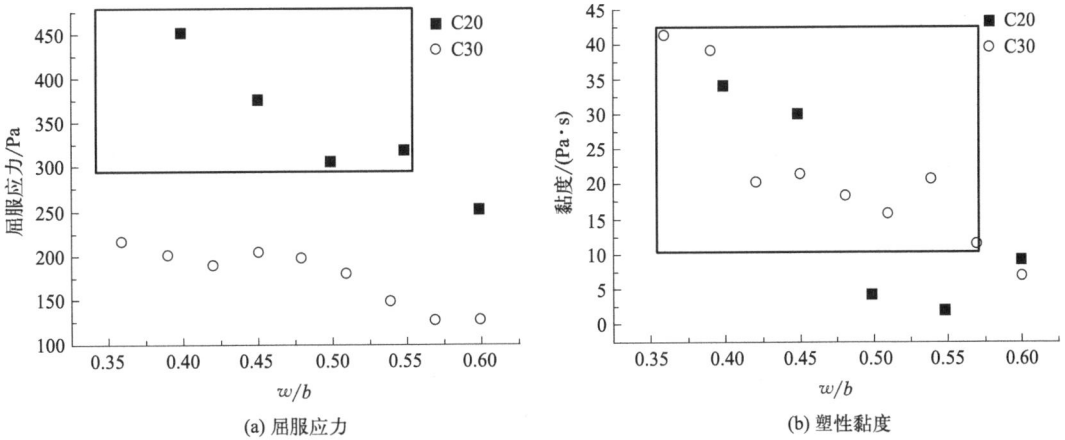

(a) 屈服应力　　　　　　(b) 塑性黏度

图 7.11　水胶比和流变参数之间的关系[47]

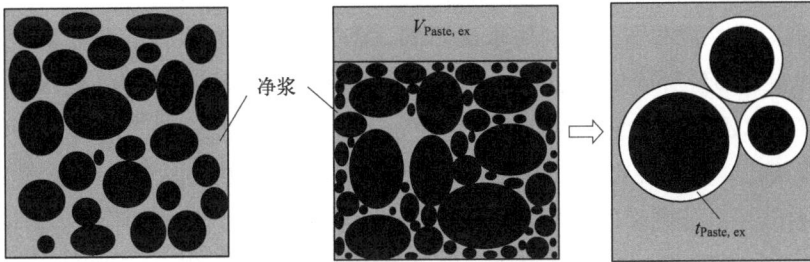

图 7.12　新拌混凝土示意图[49]

和 PFT 的混凝土，可以绘制出流动度和强度的等高线，如图 7.13(a) 所示。从该图中，可以通过定位 WFT 和 PFT 的坐标来估计混凝土的流动度和强度。图 7.13(a) 也可以转换为图 7.13(b)，即不同流动度和强度下的 WFT 和 PFT 等高线。当确定所需要的流动度和强度后，从图 7.13 可以得到混凝土所需的 WFT 和 PFT，这对制备高性能混凝土并了解 WFT 和 FFT 的影响规律具有十分重要的意义。例如，从图 7.13 (b) 可以看出，抗压强度为 100MPa 的高强混凝土所需的最小 PFT 为 55μm。相比之下，流动度为 650mm、抗压强度为 40MPa 的高流动性混凝土的最小 PFT 可确定为 25μm。根据估算的 PFT，可以得到富余浆体的体积，再加上填充骨料之间空隙所需的浆体体积，即可确定混凝土的总浆体体积。

7.2.5　单纯型重心设计法

单纯型重心设计法用于很多工业产品的制备，例如食品加工、化学配方、纺织纤维和药物[53]。鉴于混凝土可被视为由水泥浆体、细骨料和粗骨料组成的浓悬浮液，也可使用单纯型重心法来设计并评价各组成对混凝土性能的影响。例如，抗压强度与具有三元胶凝成分的砂浆或混凝土之间的定量数学关系可以通过使用单纯型重心设计法获得[54-56]。三元胶凝体系混凝土的水化热、孔隙率、氢氧化钙含量和碱活性可使用单纯型重心设计法进行评价[57,58]。显然，单纯型重心设计法是研究混凝土科学与技术的一个非常强大的工具。

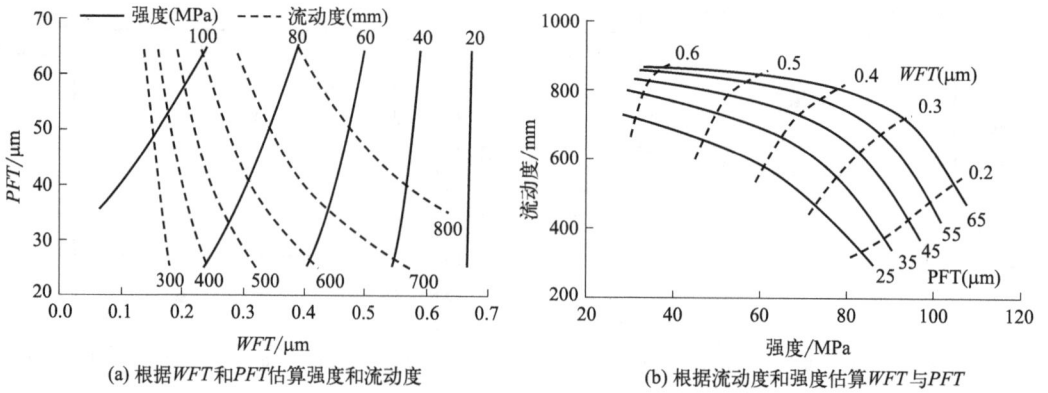

(a) 根据WFT和PFT估算强度和流动度

(b) 根据流动度和强度估算WFT与PFT

图 7.13 基于水膜厚度和富余浆体厚度确定混凝土配合比[52]

通过使用单纯型重心设计法，Jiao 等[59,60] 最近根据混凝土配合比参数与流变特性之间的定量关系，提出了一种先进的混凝土配合比设计方法，其流程图如图 7.14 所示。水胶比（w/b）是根据力学性能和耐久性的要求确定的。若掺加高效减水剂，其掺量是由水泥浆体流动性试验的饱和掺量所确定。通过建立流变性能和流动度与不同水泥浆体用量之间的关系，获得最佳的水泥浆体用量。对于骨料组成，通过将新拌混凝土分为浆体、细骨料和粗骨料三个组分来确定，建立性能参数（如流动性、屈服应力、塑性黏度和抗压强度）与浆体-细骨料-粗骨料三元组分之间的定量关系，结合最紧密堆积密度试验结果，得出满足流动性、流变性能和力学性能要求的最佳砂骨比。当胶凝组成包含三个组分（如水泥、粉煤灰和矿渣）时，则其组成也可以通过类似方式确定。流动性和三元胶凝成分之间的代表性关系如式（7.10）所示：

$$S=1.75x_1+0.694x_2+1.389x_3+0.0222x_1x_2+0.00278x_1x_3+0.35x_2x_3-0.00053x_1x_2x_3$$

$$(7.10)$$

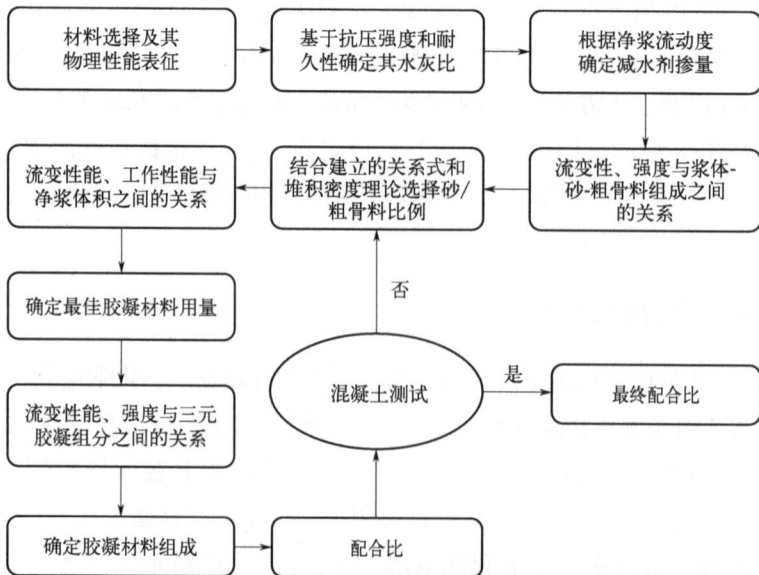

图 7.14 基于单纯型重心设计法的混凝土配合比设计流程[59]

式中，S 为流动度，mm；x_1、x_2 和 x_3 分别是水泥、粉煤灰和矿渣的质量分数。基于公式(7.10)，可以得到三元胶凝体系混凝土的流动性等值线图。将不同性能的等值线画在同一个图中，重叠区域即最佳的胶凝材料组成。单纯型重心设计法是优化混凝土配合比设计的有效方法，可以在流动性、流变性能、稳定性、力学性能和经济性之间取得良好平衡。这一法省时省力，已扩展到设计具有多种性能要求的高性能混凝土，甚至是3D 打印混凝土[61,62]。

7.3 混凝土配合比设计示例

本节详细列举了基于浆体流变性能、混凝土流变参数和单纯型重心设计法的混凝土配合比设计的典型示例。

7.3.1 基于浆体流变阈值理论的配合比设计

本节以纯石粉浆体为基体的 SCC 为例，介绍了基于浆体流变阈值理论的混凝土配合比设计方法。以粒径范围为 0.075~4.75mm、连续级配的石英砂为细骨料，粗骨料为碎石，其最大粒径为 19mm。关于原材料的更多信息请参考文献 [33]。

首先将水与石粉的体积比设为 0.8。当高效减水剂掺量为 0.6% 时，石粉浆体的微坍落度为 270mm，流动时间 T_{200} 为 1.2s，相应的屈服应力和塑性黏度分别为 0.93Pa 和 0.14Pa·s。基于式(7.7) 和式(7.8)，满足流动性和抗离析性时所计算得到的屈服应力和塑性黏度阈值分别为 1.08Pa 和 0.26Pa·s。也就是说，屈服应力满足要求，但塑性黏度偏低，应根据图 7.8 调整水粉比。这里将水粉比降低 10%，即 $V_w/V_p = 0.72$，以增加石粉浆体的塑性黏度。然后调整高效减水剂掺量，当高效减水剂掺量为 0.63% 时，微坍落度为 277mm，流动时间 T_{200} 为 2.5s。按照相同步骤，计算得到的屈服应力和塑性黏度分别为 0.84Pa 和 0.30Pa·s，而满足流动性和抗离析性时相应的阈值分别为 1.02Pa 和 0.25Pa·s，可见，调整水粉比后石粉浆体的屈服应力和塑性黏度都符合适宜流变参数的范围。根据预先要设计的砂胶比和富余砂浆厚度，可以确定 SCC 的配合比，具体流程如图 7.15 所示。根据上述步骤制备拌合物后，坍落扩展度为 690mm，V 形漏斗流动时间为 10.91s，且坍落扩展度试验后，在拌合物边缘没有观察到粗骨料颗粒的离析，所制备的 SCC 满足工作性要求。

7.3.2 基于浆体流变参数设计钢纤维增强 SCC

本节介绍了浆体流变阈值理论用于设计钢纤维增强自密实混凝土的具体示例。使用的水泥为Ⅰ类普通硅酸盐水泥，比表面积为 352m²/kg，相对密度为 3.15。粉煤灰是相对密度为 2.74 的 C 级粉煤灰，也使用了聚羧酸系高效减水剂（SP）。粗骨料的最大粒径为 9.5mm，钢纤维的长度为 35mm、长径比为 65。更多原材料的物理化学性质请参考文献 [32]。钢纤维增强 SCC 的设计流程如图 7.16 所示。

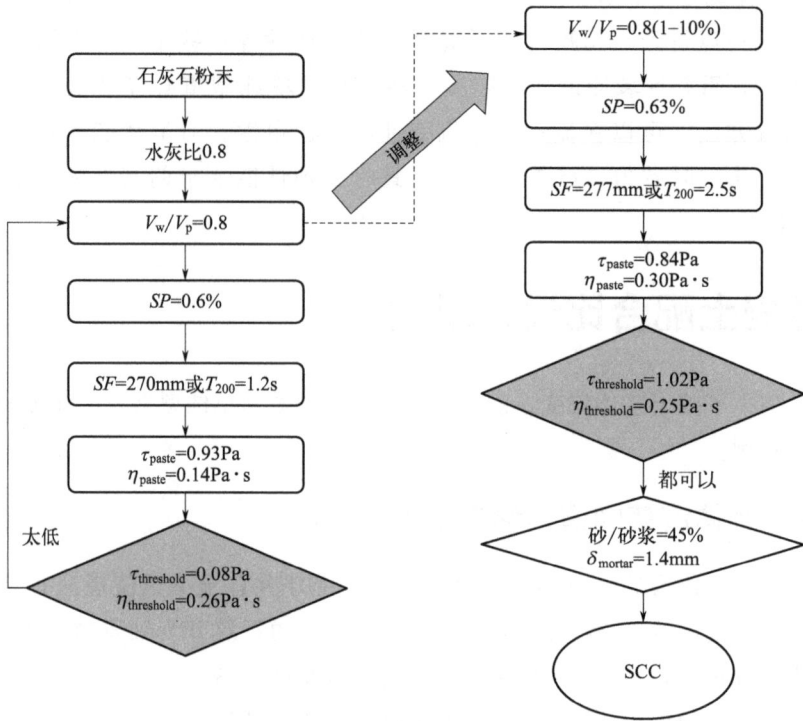

图 7.15　纯石灰石粉末 SCC 的制备[33]

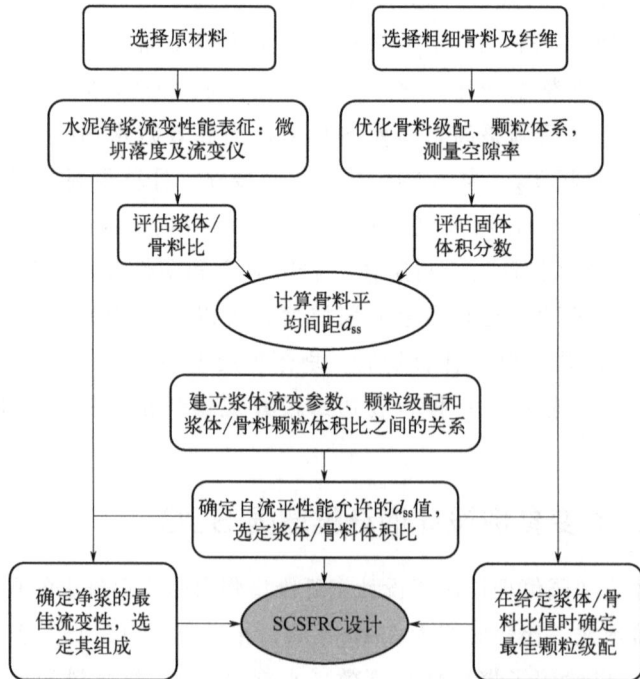

图 7.16　基于浆体流变参数设计钢纤维增强 SCC[32]

具体配合比设计步骤如下所述。

① 建立水泥浆体模型。选择水泥浆体原材料后，制备不同水胶比和 SP 掺量的水泥浆

体，测试其微坍落度和黏度，绘制浆体微坍落度-黏度比和水胶比以及 SP 掺量之间的关系曲线，如图 7.17 所示。

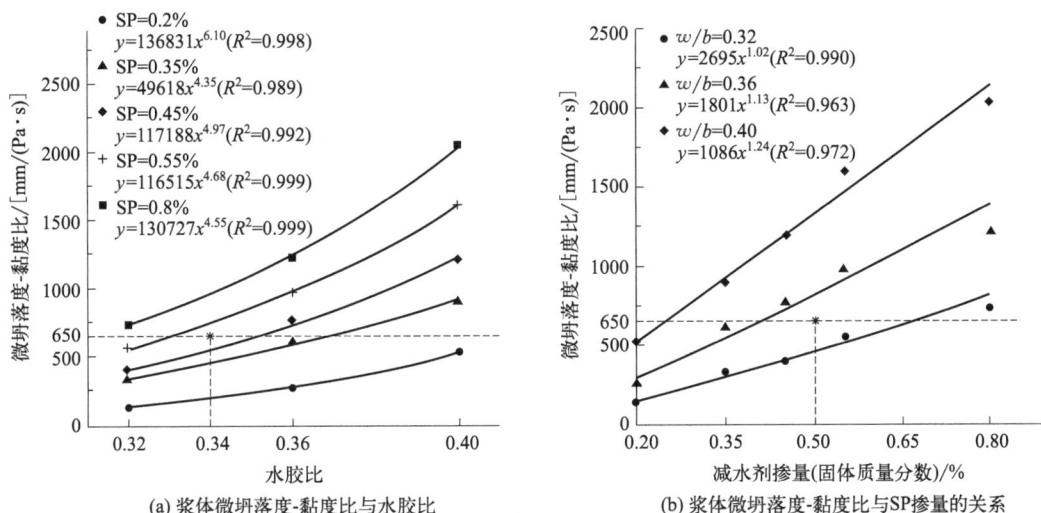

图 7.17 浆体微坍落度-黏度比与水胶比和 SP 掺量的关系[32]

② 优化骨料颗粒体系。对于无纤维的混凝土，筛分细骨料和粗骨料，然后根据以下方程进行优化，其中 q 等于 0.5：

$$P(d) = \frac{d^q - d_{\min}^q}{d_{\max} - d_{\min}^q} \qquad (7.11)$$

对于钢纤维增强混凝土，纤维被视为等效直径的球形颗粒。与无纤维混凝土类似，含纤维的骨料颗粒体系的级配曲线通过公式(7.11) 进行优化，如图 7.18 所示。根据优化后的级配曲线，可以确定骨料的平均直径和空隙率。

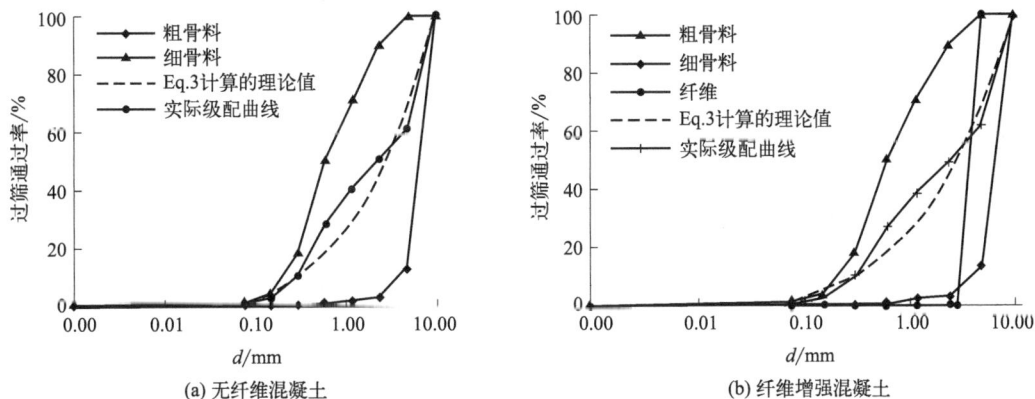

图 7.18 骨料颗粒体系的优化 ［式 Eq.3 等效本书中式 (7.11)］[32]

③ 计算骨料的平均间距 d_{ss}。根据公式(7.1)，可以得到骨料间的平均距离。

④ 建立浆体流变参数、颗粒级配和浆体/骨料颗粒体积比之间的关系。浆体流变阈值理论的主要特点是在浆体流变性、骨料平均间距、流动性和混凝土流变稳定性特征之间建立适

当的相关性。在各种不同的骨料平均间距下，制备一系列无纤维混凝土和纤维增强混凝土。通过测量坍落扩展度、流动时间 T_{50}、目测离析指数和钢筋通过能力，建立了基于浆体微坍落度-黏度比和骨料平均间距的关系，如图 7.19 所示。可见，两条临界线将平面划分为三个区域，即变形能力不足的区域、自密实区域和离析区域。只有在浆体微坍落度-黏度比处于自密实区域时，所制备的 SCC 才能保证足够的工作性能和抗离析性。

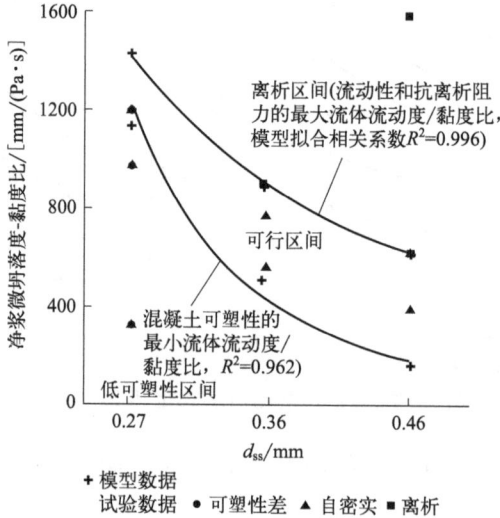

图 7.19　浆体微坍落度-黏度比与骨料平均间距之间的关系[32]

　　⑤ 设计 SCC 的配合比。例如，如果需要制备具有良好自密实性能的钢纤维增强 SCC，则浆体微坍落度-黏度比可以设为 650mm，骨料平均间距设为 0.360mm。根据图 7.17，采用水胶比为 0.34、SP 用量为 0.5% 制备水泥浆体。所设计的钢纤维增强 SCC 的配合比及其性能如表 7.2 所示。结果表明，使用本方法能够制备出性能可靠的钢纤维增强 SCC。

表 7.2　基于浆体流变阈值理论所制备的钢纤维增强 SCC 及其性能[32]

| 净浆体积 /mm³ | 骨料平均 间距/mm | 固含量(质量分数)/% | | | 流动度/mm | T_{50}/s | VSI 值 |
		纤维	粗骨料	细骨料	试验值	试验值	
0.366	0.360	2.913	43.62	53.46	650	4、4、3	1.5、1.5、1

7.3.3　基于混凝土流变参数的配合比设计

　　本节以制备 28 天抗压强度为 70MPa 的 SCC 为例，来介绍 Abo Dhaheer 等[44] 所提出的基于混凝土流变参数的配合比设计方法。水泥为当地生产的 II 类水泥，相对密度为 2.95，矿渣相对密度为 2.40。使用最大粒径为 0.125mm、相对密度为 2.40 的石粉作为超细填充料。细骨料为河砂，相对密度为 2.65，粗骨料为最大粒径 20mm、相对密度 2.80 的碎石。减水剂为聚羧酸醚高效减水剂。配合比设计的具体步骤如下：

　　① 设置 SCC 拌合物的理想塑性黏度为 9Pa·s。

　　② 根据强度公式，计算得到水胶比（w/b）为 0.40。

　　③ 假设用水量为 184kg/m³，则计算胶凝材料用量（b）为 460kg/m³。

④ 假设高效减水剂（SP）掺量为 0.65%（即 3kg/m³）。

⑤ 根据表 7.1，估算得到 w/b 为 0.40 的水泥浆体的塑性黏度为 0.34Pa·s。

⑥ 计算固体颗粒的体积分数和质量。首先将公式(7.9)改写如下：

$$\eta_{\text{mix}}=\eta_{\text{paste}}\left(1-\frac{\phi_{\text{LP}}}{0.524}\right)^{-1.9}\left(1-\frac{\phi_{\text{FA}}}{0.63}\right)^{-1.9}\left(1-\frac{\phi_{\text{CA}}}{0.74}\right)^{-1.9} \tag{7.12}$$

假设：

$$u=\left(\frac{\eta_{\text{mix}}}{\eta_{\text{paste}}}\times 0.524^{-1.9}\times 0.63^{-1.9}\times 0.74^{-1.9}\right)^{\frac{1}{-1.9}} \tag{7.13}$$

这时，公式(7.12)可以转换为：

$$u=(0.524-\phi_{\text{LP}})(0.63-\phi_{\text{FA}})(0.74-\phi_{\text{CA}}) \tag{7.14}$$

当所要制备 SCC 的塑性黏度为 9Pa·s、水泥浆体的塑性黏度为 0.34Pa·s 时，公式(7.14)变为：

$$u=(0.524-\phi_{\text{LP}})(0.63-\phi_{\text{FA}})(0.74-\phi_{\text{CA}})=0.044 \tag{7.15}$$

其中：

$$\phi_{\text{LP}}=0.524-0.353t_1$$
$$\phi_{\text{FA}}=0.63-0.353t_2 \tag{7.16}$$
$$\phi_{\text{CA}}=0.74-0.353t_3$$

式中，$t_1t_2t_3=1$。在首次尝试中，选择 $t_1=1$，$t_2=1$，$t_3=1$，则每种固体颗粒的体积分数为：

$$\phi_{\text{LP}}=0.524-0.353t_1=0.171$$
$$\phi_{\text{FA}}=0.63-0.353t_2=0.277 \tag{7.17}$$
$$\phi_{\text{CA}}=0.74-0.353t_3=0.387$$

假设固体颗粒内部的气泡体积分数为 0.02，根据每种颗粒的密度可以计算其质量：

$$\begin{cases}\phi_{\text{LP}}=\dfrac{\frac{LP}{\rho_{\text{LP}}}}{\left(\frac{c}{\rho_c}+\frac{s}{\rho_s}+\frac{w}{\rho_w}+\frac{SP}{\rho_{\text{SP}}}+0.02\right)+\frac{LP}{\rho_{\text{LP}}}}\longrightarrow LP=184(\text{kg/m}^3)\\[6mm]\phi_{\text{FA}}=\dfrac{\frac{FA}{\rho_{\text{FA}}}}{\left(\frac{c}{\rho_c}+\frac{s}{\rho_s}+\frac{w}{\rho_w}+\frac{SP}{\rho_{\text{SP}}}+\frac{LP}{\rho_{\text{LP}}}+0.02\right)+\frac{FA}{\rho_{\text{FA}}}}\longrightarrow FA=456(\text{kg/m}^3)\\[6mm]\phi_{\text{CA}}=\dfrac{\frac{CA}{\rho_{\text{CA}}}}{\left(\frac{c}{\rho_c}+\frac{s}{\rho_s}+\frac{w}{\rho_w}+\frac{SP}{\rho_{\text{SP}}}+\frac{LP}{\rho_{\text{LP}}}+\frac{FA}{\rho_{\text{FA}}}+0.02\right)+\frac{CA}{\rho_{\text{CA}}}}\longrightarrow CA=1098(\text{kg/m}^3)\end{cases} \tag{7.18}$$

⑦ 计算配合比的总体积。

$$总体积 = \frac{c}{\rho_c} + \frac{s}{\rho_s} + \frac{w}{\rho_w} + \frac{SP}{\rho_{SP}} + \frac{LP}{\rho_{LP}} + \frac{FA}{\rho_{FA}} + \frac{CA}{\rho_{CA}} + 0.02 = 1.013(\text{m}^3) \tag{7.19}$$

因为配比总体积不为 1m^3，需要重新调整组分用量：

$$\begin{cases} c = 345/1.013 = 340.5(\text{kg/m}^3) \\ s = 115/1.013 = 113.5(\text{kg/m}^3) \\ w = 184/1.013 = 181.6(\text{kg/m}^3) \\ SP = 3/1.013 = 2.96(\text{kg/m}^3) \\ LP = 184/1.013 = 182(\text{kg/m}^3) \\ FA = 456/1.013 = 450(\text{kg/m}^3) \\ CA = 1098/1.013 = 1084(\text{kg/m}^3) \end{cases} \tag{7.20}$$

⑧ 计算调整后每种颗粒的体积分数。

$$\begin{cases} \phi_{LP} = \dfrac{\dfrac{LP}{\rho_{LP}}}{\left(\dfrac{c}{\rho_c} + \dfrac{s}{\rho_s} + \dfrac{w}{\rho_w} + \dfrac{SP}{\rho_{SP}} + 0.02\right) + \dfrac{LP}{\rho_{LP}}} \longrightarrow LP = 0.172 \\[3ex] \phi_{FA} = \dfrac{\dfrac{FA}{\rho_{FA}}}{\left(\dfrac{c}{\rho_c} + \dfrac{s}{\rho_s} + \dfrac{w}{\rho_w} + \dfrac{SP}{\rho_{SP}} + \dfrac{LP}{\rho_{LP}} + 0.02\right) + \dfrac{FA}{\rho_{FA}}} \longrightarrow FA = 0.277 \\[3ex] \phi_{CA} = \dfrac{\dfrac{CA}{\rho_{CA}}}{\left(\dfrac{c}{\rho_c} + \dfrac{s}{\rho_s} + \dfrac{w}{\rho_w} + \dfrac{SP}{\rho_{SP}} + \dfrac{LP}{\rho_{LP}} + \dfrac{FA}{\rho_{FA}} + 0.02\right) + \dfrac{CA}{\rho_{CA}}} \longrightarrow CA = 0.387 \end{cases} \tag{7.21}$$

根据公式(7.9) 或式(7.12) 估算得到的塑性黏度为：

$$\eta_{mix} = \eta_{paste}\left(1 - \frac{\phi_{LP}}{0.524}\right)^{-1.9}\left(1 - \frac{\phi_{FA}}{0.63}\right)^{-1.9}\left(1 - \frac{\phi_{CA}}{0.74}\right)^{-1.9}$$

$$= 0.34\left(1 - \frac{0.172}{0.524}\right)^{-1.9}\left(1 - \frac{0.277}{0.63}\right)^{-1.9}\left(1 - \frac{0.387}{0.74}\right)^{-1.9}$$

$$= 8.88(\text{Pa} \cdot \text{s}) \tag{7.22}$$

第一次调整前后的配合比如表 7.3 所示，可以看出，估算的塑性黏度与目标黏度的差值为 1.3%，在可接受范围内。然而，粗骨料的用量超过了标准[45] 的限制。因此，需要通过选择不同的任意值 t_1、t_2 和 t_3 来调整配合比。例如，选择 $t_1=1.1$，$t_2=0.7$，$t_3=1.3$，然后重复步骤⑥～⑧，确定每种组分的含量后，计算得到拌合物的塑性黏度为 8.77Pa·s，此时，该值与目标黏度之间的差值为 2.6%，在±5% 的范围内。因此，第二次调整后可以得到适宜的混凝土配合比。

表 7.3　基于混凝土流变参数所设计的混凝土配合比[44]

项目	组成/(kg/m³)							η_{mix} /(Pa・s)	差值
	石	砂	水	减水剂	LP	粉煤灰	CA		
密度	2950	2400	1000	1070	2400	2650	2800	—	—
调整前	345	115	184	3.0	184	456	1098		
第一次调整	340.5	113.5	181.6	2.96	182	450	1084	8.88	−1.3%
第二次调整	355.5	118.5	189.7	3.10	144	729	788	8.77	−2.6%

7.3.4　基于单纯型重心设计法的配合比设计

基于单纯型重心设计法的混凝土配合比设计已在多个工程中得到实际应用，例如洞庭湖大桥项目[61]、丰台区郭公庄车辆段项目（1518-632）、小红门村农民住房及配套设施项目以及北京地铁 8 号线建设项目[60]。本节将举例说明抗压强度等级为 C30 的混凝土的配合比设计示例。应注意的是，本节仅详细说明了使用单纯型重心设计法确定胶凝材料组成的过程。

所使用的水泥为 P・Ⅰ 42.5 水泥，相对密度为 3.15，平均粒径为 16.49μm。粉煤灰和矿渣的平均粒径分别为 25.82μm 和 11.03μm。粗骨料为粉碎石灰石颗粒，其相对密度、堆积密度和最大粒径分别为 2.77、1630kg/m³ 和 20mm。细骨料为河砂，细度模数为 2.82。更多关于原材料的物理化学性质请参考文献 [59]。当使用水泥、粉煤灰和矿渣三元胶凝体系制备抗压强度等级为 C30 的混凝土时，根据图 7.14 的设计流程，水胶比、总胶凝材料含量和砂胶比分别为 0.5、440kg/m³ 和 0.38。根据单纯型重心设计法，得到了含有不同胶凝组成的 7 组混凝土拌合物。通过测试流动度、流变性能和抗压强度，可以绘制各性能参数的等值线图，例如屈服应力和塑性黏度的等值线图如图 7.20 所示，可以根据混凝土不同性能的要求得到胶凝材料组成的适宜范围。

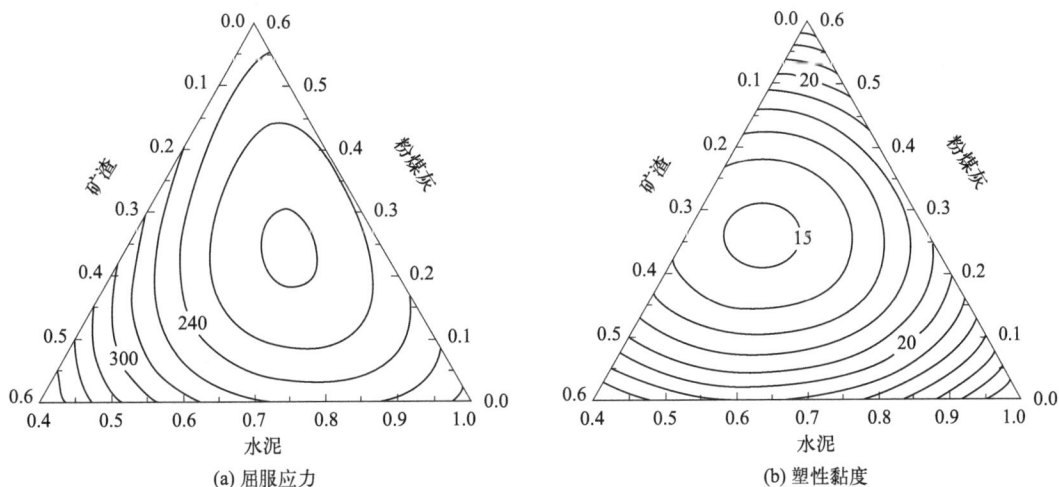

图 7.20　水泥-粉煤灰-矿渣三元胶凝体系混凝土流变参数的等值线图[59]

对于本示例中所制备的 C30 混凝土，3d 和 28d 的抗压强度应分别高于 15MPa 和 38MPa。坍落度值应大于 170mm，在保证良好的稳定性和匀质性下具有尽可能低的屈服应力和塑性黏度。根据每种性能参数的等值线，可以得到满足这些性能要求的临界线，如图 7.21 所示。五个不同区域的重叠区域被视为胶凝材料组成的最佳范围，即粉煤灰和矿渣的最佳含量分别为 15%～20% 和 15%～25%。值得一提的是，在图 7.21 中还可以添加一些其他性能，如干燥收缩和碳化深度，以满足多种性能的要求。结果表明，使用单纯型重心设计法优化基于流变特性的混凝土配合比设计是一种有效的方法[59]。

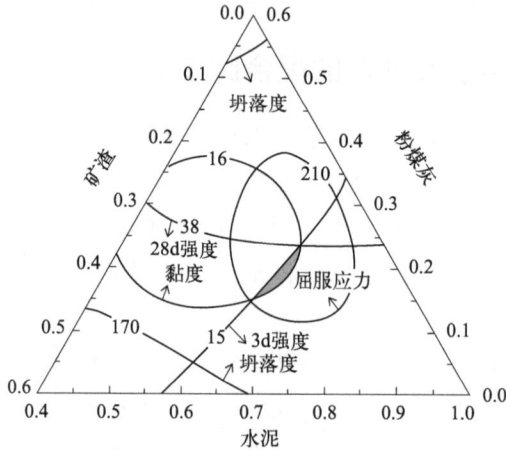

图 7.21　胶凝组成的确定[59]

7.4　本章小结

新拌混凝土的流变性能对混凝土的流动性、工作性、稳定性、力学强度甚至耐久性起着重要作用。混凝土的工程应用过程，如运输、泵送和模板浇筑，也受到新拌混凝土流变特性的影响。在这种背景下，许多研究人员试图从流变参数的角度设计高性能混凝土。本章总结了现有的基于流变学的混凝土配合比设计方法，阐述了矢量-流变图法、浆体流变阈值理论、混凝土流变参数法、富余浆体理论和单纯型重心设计法的基本原理，并列举了几个混凝土配合比设计法的典型示例。

参 考 文 献

[1]　Simon M J，Lagergren E，Snyder K，et al. Concrete mixture optimization using statistical mixture design methods [C]. Proceedings of the PCI/FHWA international symposium on high performance concrete，1997，230-244.

[2]　De Larrard F，Sedran T. Optimization of ultra-high-performance concrete by the use of a packing model [J]. Cement and Concrete Research，1994，24（6）：997-1009.

[3]　De Larrard F，Sedran T. Mixture-proportioning of high-performance concrete [J]. Cement and Concrete Research，2002，32（11）：1699-1704.

［4］ Chang P K，Peng Y N，Hwang C L. A design consideration for durability of highperformance concrete ［J］. Cement and Concrete Composites，2001，23 (4-5)：375-380.

［5］ Chang P K. An approach to optimizing mix design for properties of high-performance concrete ［J］. Cement and Concrete Research，2004，34 (4)：623-629.

［6］ Hwang C L，Hung M F. Durability design and performance of self-consolidating lightweight concrete ［J］. Construction and Building Materials，2005，19 (8)：619-626.

［7］ Ji T，Chen C Y，Zhuang Y Z，et al. A mix proportion design method of manufactured sand concrete based on minimum paste theory ［J］. Construction and Building Materials，2013，44：422-426.

［8］ Ji T，Lin T，Lin X. A concrete mix proportion design algorithm based on artificial neural networks ［J］. Cement and Concrete Research，2006，36 (7)：1399-1408.

［9］ Shi C J，Wu Z M，Lv K，et al. A review on mixture design methods for self-compacting concrete ［J］. Construction and Building Materials，2015，84：387-398.

［10］ Ashish D K，Verma S K. An overview on mixture design of self-compacting concrete ［J］. Structural Concrete，2019，20 (1)：371-395.

［11］ Tattersall G H，Banfill P F. The rheology of fresh concrete ［M］. London：Pitman Books Limited，1983.

［12］ Tattersall G H. Workability and quality control of concrete ［M］. New York：CRC Press，1991.

［13］ Banfill P. Rheology of Fresh Cement and Concrete ［J］. British Society of Rheology，2006，61：130.

［14］ De Larrard F，Ferraris C F，Sedran T. Fresh concrete：A Herschel-Bulkley material ［J］. Materials and Structures，1998，31：494-498.

［15］ Feys D，Verhoeven R，De Schutter G. Fresh self compacting concrete，a shear thickening material ［J］. Cement and Concrete Research，2008，38 (7)：920-929.

［16］ Feys D，Verhoeven R，De Schutter G. Why is fresh self-compacting concrete shear thickening? ［J］. Cement and Concrete Research，2009，39 (6)：510-523.

［17］ Yammine J，Chaouche M，Guerinet M，et al. From ordinary rhelogy concrete to self compacting concrete：A transition between frictional and hydrodynamic interactions ［J］. Cement and Concrete Research，2008，38 (7)：890-896.

［18］ Jiao D W，Shi C J，Yuan Q，et al. Effect of constituents on rheological properties of fresh concrete-A review ［J］. Cement and Concrete Composites，2017，83：146-159.

［19］ Jiao D W，Shi C J，Yuan Q，et al. Effects of rotational shearing on rheological behavior of fresh mortar with short glass fiber ［J］. Construction and Building Materials，2019，203：314-321.

［20］ Barnes H A，Hutton J F，Walters K. An introduction to rheology ［M］. Amsterdam：Elsevier，1989.

［21］ Kovler K，Roussel N. Properties of fresh and hardened concrete ［J］. Cement and Concrete Research，2011，41 (7)：775-792.

［22］ De Schutter G，Feys D. Pumping of Fresh Concrete：Insights and Challenges ［J］. RILEM Technical Letters，2016，1：76-80.

［23］ Thiedeitz M，Habib N，Krankel T，et al. L-Box Form Filling of Thixotropic Cementitious Paste and Mortar ［J］. Materials，2020，13 (7)：1760.

［24］ Jiao D W，Lesage K，Yardimci M Y，et al. Rheological Properties of Cement Paste with Nano-Fe_3O_4 under Magnetic Field：Flow Curve and Nanoparticle Agglomeration ［J］. Materials，2020，13 (22)：5164.

[25] Wallevik O H，Wallevik J E. Rheology as a tool in concrete science: The use of rheographs and workability boxes [J]. Cement and Concrete Research，2011，41 (12): 1279-1288.

[26] Wallevik O H. Rheology-a scientific approach to develop self-compacting concrete [C]. Proc. of the 3rd Int. Symp. on Self-Compacting Concrete，Reykjavik，2003: 23-31.

[27] Hu J，Wang K J. Effect of coarse aggregate characteristics on concrete rheology [J]. Construction and Building Materials，2011，25 (3): 1196-1204.

[28] Kostrzanowska-Siedlarz A，Gołaszewski J. Rheological properties of High Performance Self-Compacting Concrete: Effects of composition and time [J]. Construction and Building Materials，2016，115: 705-715.

[29] Jiao D W，Shi C J，Yuan Q. Influences of shear-mixing rate and fly ash on rheological behavior of cement pastes under continuous mixing [J]. Construction and Building Materials，2018，188: 170-177.

[30] Saak A W，Jennings H M，Shah S P. New methodology for designing self-compacting concrete [J]. Materials Journal，2001，98 (6): 429-439.

[31] Bui V K，Akkaya Y，Shah S P. Rheological model for self-consolidating concrete [J]. ACI Materials Journal，2002，99 (6): 549-559.

[32] Ferrara L，Park Y D，Shah S P. A method for mix-design of fiber-reinforced self-compacting concrete [J]. Cement and Concrete Research，2007，37 (6): 957-971.

[33] Wu Q，An X H. Development of a mix design method for SCC based on the rheological characteristics of paste [J]. Construction and Building Materials，2014，53: 642-651.

[34] Toutou Z，Roussel N. Multi scale experimental study of concrete rheology: From water scale to gravel scale [J]. Materials and Structures，2006，39: 189-199.

[35] Chidiac S E，Mahmoodzadeh F. Plastic viscosity of fresh concrete-A critical review of predictions methods [J]. Cement and Concrete Composites，2009，31 (8): 535-544.

[36] Nie D，An X H. Optimization of SCC mix at paste level by using numerical method based on a paste rheological threshold theory [J]. Construction and Building Materials，2016，102: 428-434.

[37] Li P，Zhang T，An X，et al. An enhanced mix design method of self-compacting concrete with fly ash content based on paste rheological threshold theory and material packing characteristics [J]. Construction and Building Materials，2020，234: 117380.

[38] Li P F，Ran J，Nie D，et al. Improvement of mix design method based on paste rheological threshold theory for self-compacting concrete using different mineral additions in ternary blends of powders [J]. Construction and Building Materials，2021，276: 122194.

[39] Li J H，Chen Y H，Wan C J. A mix-design method for lightweight aggregate self-compacting concrete based on packing and mortar film thickness theories [J]. Construction and Building Materials，2017，157: 621-634.

[40] Li J H，Tan D L，Zhang X N，et al. Mixture design method of self-compacting lightweight aggregate concrete based on rheological property and strength of mortar [J]. Journal of Building Engineering，2021，43: 102660.

[41] Ghanbari A，Karihaloo B L. Prediction of the plastic viscosity of self-compacting steel fibre reinforced concrete [J]. Cement and Concrete Research，2009，39 (12): 1209-1216.

［42］　Karihaloo B L，Ghanbari A. Mix proportioning of self-compacting high-and ultra-high-performance concretes with and without steel fibres ［J］. Magazine of Concrete Research，2012，64（12）：1089-1100.

［43］　Deeb R，Karihaloo B L. Mix proportioning of self-compacting normal and high-strength concretes ［J］. Magazine of Concrete Research，2013，65（9）：546-556.

［44］　Abo Dhaheer M S，Al-Rubaye M M，Alyhya W S，et al. Proportioning of self-compacting concrete mixes based on target plastic viscosity and compressive strength：Part I-mix design procedure ［J］. Journal of Sustainable Cement-Based Materials，2015，5（4）：199-216.

［45］　Concrete S C. The European guidelines for self-compacting concrete ［J］. BIBM，2005，22：563.

［46］　Abo Dhaheer M S，Al-Rubaye M M，Alyhya W S，et al. Proportioning of self-compacting concrete mixes based on target plastic viscosity and compressive strength：Part Ⅱ-experimental validation ［J］. Journal of Sustainable Cement-Based Materials，2015，5（4）：217-232.

［47］　Xie H B，Liu F，Fan Y R，et al. Workability and proportion design of pumping concrete based on rheological parameters ［J］. Construction and Building Materials，2013，44：267-275.

［48］　Hu J. A study of effects of aggregate on concrete rheology ［D］. Iowa：Iowa State University，2005.

［49］　Reinhardt H W，Wüstholz T. About the influence of the content and composition of the aggregates on the rheological behaviour of self-compacting concrete ［J］. Materials and Structures，2006，39：683-693.

［50］　Li L G，Kwan A K H. Mortar design based on water film thickness ［J］. Construction and Building Materials，2011，25（5）：2381-2390.

［51］　Kwan A K H，Li L G. Combined effects of water film thickness and paste film thickness on rheology of mortar ［J］. Materials and Structures，2012，45：1359-1374.

［52］　Li L G，Kwan A K H. Concrete mix design based on water film thickness and paste film thickness ［J］. Cement and Concrete Composites，2013，39：33-42.

［53］　Scheffé H. Experiments with mixtures ［J］. Journal of the Royal Statistical Society：Series B （Methodological），1958，20：344-360.

［54］　Douglas E，Pouskouleli G. Prediction of compressive strength of mortars made with portland cement-blast-furnace slag-fly ash blends ［J］. Cement and Concrete Research，1991，21（4）：523-534.

［55］　Wang D H，Chen Z Y. On predicting compressive strengths of mortars with ternary blends of cement，GGBFS and fly ash ［J］. Cement and Concrete Research，1997，27（4）：487-493.

［56］　Sun W，Yan H. Studies on the quantitative relationships between compositions of blended cementitious materials and compressive strength of concrete ［J］. Dongnan Daxue Xuebao/Journal of Southeast University （Natural Science Edition），2003，33：450-453.

［57］　Shi C J，Wang D，Wu L M，et al. The hydration and microstructure of ultra high-strength concrete with cement-silica fume-slag binder ［J］. Cement and Concrete Composites，2015，61：44-52.

［58］　Shi Z G，Shi C J，Zhao R，et al. Factorial Design Method for Designing Ternary Composite Cements to Mitigate ASR Expansion ［J］. Journal of Materials in Civil Engineering，2016，28（9）：04016064. 1-04016064. 6.

［59］　Jiao D W，Shi C J，Yuan Q，et al. Mixture design of concrete using simplex centroid design method ［J］. Cement and Concrete Composites，2018，89：76-88.

［60］ Shi C J，Jiao D W，Yuan Q. Mixture design of concrete based on rheology，4th International Symposium on Design ［C］. Performance and Use of Self-Consolidating Concrete（SCC′2018-China）Changsha，China，2018：3-15.

［61］ Shi C J，Jiao D W，Zhang J，et al. Design of high performance concrete with multiple performance requirements for ♯2 Dongting Lake Bridge ［J］. Construction and Building Materials，2018，165：825-832.

［62］ Liu Z X，Li M Y，Weng Y W，et al. Mixture Design Approach to optimize the rheological properties of the material used in 3D cementitious material printing ［J］. Construction and Building Materials，2019，98：245-255.

第 **8** 章

流变学与自密实混凝土

自密实混凝土（SCC）与传统混凝土的主要区别在于其流变学特性。流变学对混凝土材料至关重要。本章主要从流变学的角度来描述 SCC。首先介绍了 SCC 的历史和基本知识。然后分析了影响 SCC 流变性能的因素。之后介绍了模板压力的影响因素和预测方法。最后详细介绍了自密实混凝土的静、动态稳定性及各种评价方法。

8.1 SCC 简介

8.1.1 SCC 简史

自巩固或自密实混凝土，通常缩写为 SCC。这个概念由东京大学的 Hajime Okamura 教授于 1989 年在第二届东亚和太平洋结构工程与建筑会议上首次提出。当时，日本许多由钢筋混凝土制成的建筑/结构，在第二次世界大战后刚刚建成，就出现了耐久性问题。对原因的调查表明，钢筋混凝土的耐久性问题主要是缺乏熟练工人而导致的混凝土压实度不足。因此，学者提出具有高流动性和无振动的混凝土，作为解决日本混凝土结构质量差问题的办法[1,2]。

不可否认，化学外加剂（主要是超塑化剂和增黏剂）的发展使 SCC 适用于工业。超塑化剂的出现使含较少水的高流动性混凝土成为可能。增黏剂最初被用于生产水下浇筑的非分散混凝土，并且这种增黏剂显著提高了高流动性混凝土的抗离析性。

在 SCC 发明后不久，就发展到了欧洲、北美、中国等地。很快，学术界和工业界对 SCC 表现出了极大的热情，成为世界范围内的热门研究课题。逐渐地，SCC 在建筑业的应用越来越多。在某些特殊情况下，SCC 与传统的振捣混凝土相比具有明显的优势，例如钢筋较密的部分和振动无法到达的位置。虽然人们普遍认为 SCC 是一种不需要振动的混凝土，但不同国家或地区对 SCC 的定义不同。

① 日本：SCC 无需振动压实，完全依靠自身重量即可压实到模板的每个角落。

② 欧洲：SCC 是一种在浇筑和压实时不需要振动的新型混凝土。它能够在自重下流动，完全填充模板并实现完全压实，即使在存在钢筋密集的情况下也是如此。混凝土硬化后致密、均匀，具有与传统振捣混凝土相同的工程性能和耐久性。

③ 美国：SCC 是一种流动性高但不会离析的混凝土，可以在没有任何机械振捣的情况下铺展到位、填充模板、包裹钢筋。

④ 中国：SCC 是高流动性、均质且稳定的混凝土，可以在自身重量下铺展到位并填满模板，无需外部振动。

所有这些定义都有一个共同点：SCC 可以依靠自重流动，不需要额外的振动。一方面，这意味着混凝土应该像流体一样流动，这与传统的振捣混凝土完全不同。另一方面，混凝土需要保证均匀且稳定。这似乎是矛盾且很难做到的。然而，在流动性和稳定性之间取得平衡是 SCC 面临的主要挑战。事实上，可以设计生产具有与传统振动混凝土相同硬化性能的 SCC，SCC 与传统振捣混凝土的主要区别在于新拌性能。由于新拌性能主要与流变学有关，因此混凝土的流变学因 SCC 的普及而变得越来越重要。

在过去的几十年里，研究 SCC 的学者一直非常多，在全球范围内对 SCC 开展了广泛的研究。大量文献以期刊论文、报告和会议论文集的形式发表，并成立了专门研究 SCC 的技术委员会。先后在日本、比利时、加拿大、法国、德国、美国、中国等地举办了十余场系列国际会议，具体如下所示。

1997 年——RILEM-SCC 的技术委员会（TC 174-SCC）成立。

1998 年——SCC 国际会议，日本高知。

1999 年——第一届国际 RILEM SCC 研讨会，瑞典斯德哥尔摩。

2001 年——ASTM 国际自密实混凝土分委员会 C 09.47 成立。

2001 年——第二届国际 RILEM SCC 研讨会，日本东京。

2002 年——第一届北美 SCC 会议，美国伊利诺伊州芝加哥。

2003 年——ACI 技术委员会 237-自密实混凝土委员会成立。

2003 年——第三届国际 RILEM SCC 研讨会，冰岛雷克雅未克。

2005 年——第四届国际 RILEM SCC 研讨会和第二届北美 SCC 会议，美国芝加哥。

2007 年——第五届国际 RILEM SCC 研讨会，比利时根特。

2008 年——第三届北美 SCC 会议，美国芝加哥。

2010 年——第六届国际 RILEM SCC 研讨会和第四届北美 SCC 会议，加拿大魁北克蒙特利尔。

2013 年——第七届国际 RILEM SCC 研讨会和第五届北美 SCC 会议，法国巴黎。

2016 年——第八届国际 RILEM SCC 自密实混凝土研讨会和第六届北美自密实混凝土设计和使用会议，美国华盛顿。

2019 年——第九届国际 RILEM 自密实混凝土研讨会，德国德累斯顿。

2022 年——第十届国际 RILEM 自密实混凝土研讨会，中国长沙。

8.1.2　SCC 的原材料

生产 SCC 的原材料与常规的振捣混凝土相同。它由四类材料组成，如下所述。

8.1.2.1　粉体

SCC 通常需要高粉体含量。除了水泥外，SCC 还使用许多其他粉体，无论是活性的还是惰性的，例如石灰石粉、粉煤灰、矿渣、硅灰、偏高岭土，甚至细磨砂。出于经济原因，其他大多数粉体都比水泥便宜，尽可能多地使用其他粉体可以降低 SCC 的成本，同时可以使混凝土满足绿色环保的要求。由于技术原因，使用其他粉体具有以下优点：①保证力学强度；②减少水化热，从而降低热膨胀开裂的风险；③提高混凝土的耐久性，降低与水泥碱含量相关的碱集料反应而造成损坏的风险；④提高 SCC 的稳定性并改善流变性能。

8.1.2.2　化学外加剂

传统振捣混凝土所用的化学外加剂均可用于 SCC 以控制混合物的特定特性，如减水剂、超塑化剂、引气剂和缓凝剂。组合使用多种外加剂可以同时改变多种性质。值得一提的是，超塑化剂和黏度改性剂对 SCC 尤为重要。

三聚氰胺甲醛和萘甲醛型减水剂最先用于混凝土，它通过静电排斥作用分散水泥颗粒。然而，这两种类型的减水剂都有自身的局限性。由于减水率低，高流动性混凝土需要更高的用量。这可能会导致硬化速率延迟，影响早期强度发展，这在许多应用中是不可取的。此外，这两种类型的高效减水剂可能会引起坍落度损失过快，这对于 SCC 来说是不利的。聚羧酸醚基型减水剂（PCEs）是新一代高效减水剂，具有减水率高、与水泥相容性好、综合性能好等特点。空间位阻被认为是 PCEs 的主要分散机制。PCE 型减水剂几乎是 SCC 的必要化学外加剂。

黏度改性剂（VMAs）是为 SCC 引入的新型化学外加剂。它们最初用于水下混凝土浇筑，可以增加水下混凝土的内聚性和黏度，消除或显著减少水下混合物组分的分离。VMAs 可以提高混合物的黏度从而提高 SCC 的稳定性。此外，通过添加 VMAs 可以提高 SCC 的鲁棒性。VMAs 有很多种：有些可以增稠水泥浆，而另一些则专门使水变稠。Khayat[3] 将黏度改性剂的作用机制归纳为三类：①吸附。长链聚合物分子吸附并固定部分混合水，从而溶胀。这增加了混合水的黏度，从而增加了水泥基材料的黏度。②协同。相邻聚合物链中的分子会产生吸引力，形成凝胶黏度增加。③交织。在低剪切速率和高聚合物浓度下，聚合物链可以相互交织纠缠，从而增加黏度。

PCE 型减水剂和 VMA 通常一起使用以增加 SCC 的流动性并提高其稳定性。但是，应特别注意不同化学外加剂之间的相互作用[4]。

8.1.2.3　骨料

虽然 SCC 粉体含量高，但骨料占混凝土混合物总体积的 60%～80%。浆料在骨料之间起到润滑层的作用，因此，高浆体含量保证了 SCC 的流动性。然而，骨料的减少可能会增加收缩和开裂的风险，从而导致耐久性问题。因此，骨料的体积分数是 SCC 的一个重要参数。

轻质骨料、再生骨料、普通骨料均已成功应用于 SCC。用于生产 SCC 混合物的粗骨料的最大尺寸为 10～40mm，最常用的最大骨料尺寸为 16mm 或 20mm。骨料最大尺寸的选择取决于所需的通过能力、当地适用性和工程实际。

细骨料和粗骨料的堆积密度决定了固体颗粒之间需要用浆体填充的空隙。粒径分布和颗粒形状影响骨料的堆积密度。圆形的骨料比有棱角的骨料具有相对较高的堆积密度。

此外，颗粒形状会影响混合物流动时骨料的流动性。更圆的颗粒有利于混凝土的流动。对于细骨料，细度模量经常被用来表示细集料的粗细程度，并作为细集料质量控制的一个关键参数。

8.1.2.4 水

SCC 的配制需要清水。

8.1.3 SCC 的配合比设计

一般来说，SCC 可分为三种类型，粉体型、黏稠剂型和组合型。组合型因其稳定性好在实践中最常使用[5]。在日本，SCC 的早期发展确立了实现三个关键特性的基本标准[6]：

① 低水/水泥（或水/粉）比和高剂量的减水剂，以实现高流动性而不会出现不稳定或泌水现象。

② 浆体的含量要足以填满骨料骨架中的所有空隙，使每个颗粒都被足够的润滑浆体层包裹，从而减少流动过程中骨料颗粒之间的接触和碰撞频率。

③ 足够低的粗骨料含量，以避免混凝土通过密闭空间时出现颗粒桥接，从而阻碍流动。

在过去的十来年中，世界范围内已经开发或提出了许多 SCC 配合比设计程序。值得一提的是，这些方法大多只关注混凝土的新拌性能，保证混凝土的密实性，而对混凝土的硬化性能关注较少，主要采用从普通混凝土中借鉴的常规方法。这些方法是根据不同的原理开发的，可以大致分为三组。第一组是基于实验室试验和经验参数。第二组是基于统计方法。第三组是基于最大堆积密度，这样可以保证混凝土的流动性并尽可能少的浆体含量。

8.1.3.1 实验室试验和经验参数

这种相对简单的分步法源于日本在 SCC 方面开展的大量工作[6]。这种方法往往停留在经验主义中，通过一系列的实验可能会得出最终配合比，例如，先假设砾石/砂质量比为 1，水泥的混合比例为 350～500kg/m³，等等。这种方法因缺乏可靠性而受到限制，只要其中一个参数发生轻微变化，就会变得效率低下，因此它是一种非常经验性的方法。

第一步是综合各种已发表的研究工作中的配合比设计原则，在考虑原材料特性的基础上，将这些原则应用于生产条件。第二步是使用实验进行验证确认，以确保 SCC 满足所有要求。同时，对于证明混合物的稳定性也是必不可少的。以日本开发的方法为例，根据以下原则提出了一个相对简单的程序：限制砾石含量（以确保低砾石/浆体比）和低水胶比。配制混凝土混合物的基本步骤描述如下。

① 将砾石体积设定为混合物中固体体积的 50%。

② 将砂的含量设定为砂浆体积的 40%。

③ 根据水泥类型，在 0.9 和 1.0 之间确定水/水泥体积比；相应的质量比非常低，在 0.29～0.32 之间。

④ 调整超塑化剂和最终含水量，确保自密实能力。

⑤ 超塑化剂的最佳用量总是可以从砂浆的研究中估算出来。

8.1.3.2　统计方法

统计工具对随机参数总是有用的，混凝土混合料参数是随机参数。该方法在统计分析的帮助下，对水泥含量、水胶比 w/b、超塑化剂掺量、增黏剂掺量、骨料体积五个基本配方参数的混合比例进行优化。

Khayat 领导的团队首先提出了这种方法[7]。这种方法需要全面的实验数据。实验室测试旨在分别表达新拌混凝土的流变性能和硬化混凝土的力学性能，如屈服应力、黏度和 7 天、28 天龄期时的抗压强度。实验数据用于绘制一系列趋势线。之后，将趋势线与统计模型联系起来。混合物比例针对给定的流变性能和强度进行了优化，从而显著减少了实验室测试量。

8.1.3.3　最大堆积密度

法国 LCPC 的 Sedran 和 de Larrard 提出的配合比设计方法[8,9]试图以最少的浆料体积和最少的试验量，尽可能简单高效地确定混合物的配合比，只需要对混凝土混合物进行少量的初步测试。它的主要特点是使用了一种称为可压缩堆积模型的数学模型，通过理论计算确定了颗粒材料的最大堆积密度。他们还为此方法开发了一个软件。该软件可以根据所有粉体材料和颗粒材料的粒度分布优化整体粒度分布。假定浆料填充骨料之间的空隙。骨料之间存在的空间是由额外的浆料量推断出来的，称为过量浆料。过量浆料的比例是通过固定骨料所占体积与被浆料覆盖的骨料所占体积之比来计算的。该模型对于预测骨料类型（天然砾石或碎石）对 SCC 性能的影响以及研究混凝土对混合参数变化的鲁棒性非常有用。

8.1.3.4　其他方式

值得一提的是，上面详述的配合比设计方法不允许将 SCC 流动性标准直接集成到程序中。世界各地还开发了许多其他方法用于 SCC 的配合比设计。Wallevik 和 Nielsson[10] 认为流变特性是 SCC 的主要要求，并将流变测试作为配合比设计过程中必不可少的组成部分。Domone[11] 根据从其他配合比设计方法中获得的经验和对 SCC 性能的理解，开发了一种配合比方法，该试验只需要一个配备正常的混凝土实验室。更多制备 SCC 的混料设计方法可以参考文献 [12]。

8.1.4　SCC 的应用

SCC 的应用优势：

① 易于在受限地方浇筑；

② 具有更高的现场质量和美观性；

③ 易于通过密集的钢筋浇筑并流平；

④ 施工速度快，节约时间；

⑤ 节省劳动力；

⑥ 易于在复杂结构或形状中浇筑流平；

⑦ 可提高工人的安全且可降低噪声。

SCC 已成功应用于预制、现浇、结构、建筑、垂直、水平、大型和小型项目。在过去的几十年里，世界各地发布了许多关于 SCC 的指南或规范，如下所述。

① AIJ 建筑施工用高流动性混凝土推荐规程，日本建筑学会，1997。

② 施工用自密实混凝土推荐，日本土木工程学会，1998。

③ 欧洲自密实混凝土指南：规格、生产和使用，自密实混凝土欧洲项目组，2005。

④ ACI 237R—07，自密实混凝土，美国混凝土协会，2007。

⑤ JGT/T 283—2012，自密实混凝土应用技术规范，中国住建部，2012。

⑥ Q/CR 596—2017，CRTS Ⅲ 无砟板式轨道自密实混凝土规范，2017。

尽管 SCC 已经在预制行业确立了自己的地位（约占生产量的一半），但现场使用的 SCC 并不多。尽管 SCC 具有众多优势，但在世界各地的工程中应用很少。有几个原因可以解释 SCC 应用不广的现象。首先，制造 SCC 有些困难，因为组分必须具有良好的质量且稳定性好。而传统的新拌振捣混凝土的性能受成分的正常变化影响相对较小，如尺寸分布、含水量等。相反，SCC 对原材料和环境参数的变化更为敏感。其次，生产工具并不总是足够精确，引起的混合比例误差对混凝土的影响很大。再次，模板必须做好充分准备，适当防水，且最重要的是，必须能够承受浇筑振捣混凝土所产生的压力。最后，由于粉体和化学外加剂的含量高，SCC 的原材料成本高于普通混凝土。

然而，作为一种新型材料，SCC 已经应用到建筑工地的一些特殊场景中。例如，SCC 在中国的 CRTS Ⅲ 无砟板式轨道中已广泛使用。数千公里高铁线路（HSR）都采用 CRTS Ⅲ 板式无砟轨道，数百万立方米的 SCC 已在中国 CRTS Ⅲ 板式无砟轨道中使用。CRTS Ⅲ 板式无砟轨道结构剖面及布局如图 8.1 所示。轨道由四层组成，从上到下分别为预制预应力板、自密实混凝土层、隔离土工布层和底板。SCC 层是现浇的，要求与上述预制板有很强的黏结力。因此，这两层作为一个复合板发挥作用。高速列车的载荷通过复合板传递到路基上。也就是说，上述预制板与现浇底板 SCC 之间的界面黏结应足够坚固耐用，以保证板式轨道的可使用性。这对于这种独特的板式轨道极为重要。

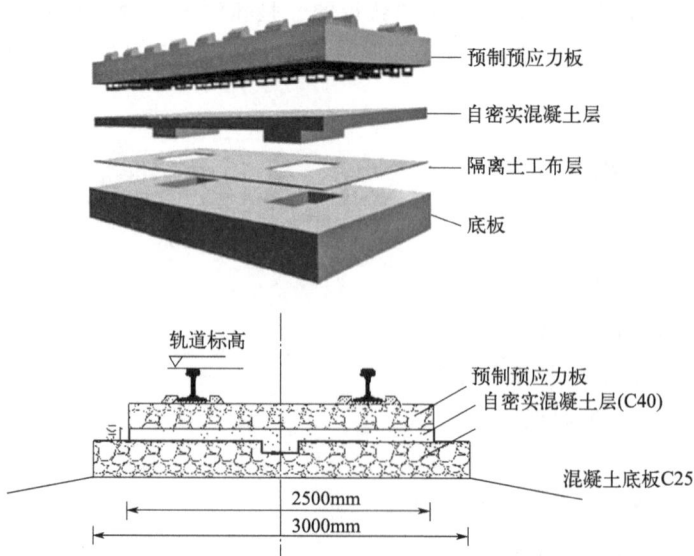

图 8.1　CRTS Ⅲ 板式无砟轨道结构剖面及布置[13]

SCC 层是一块尺寸为 90mm×2500mm×5600mm 的薄板。CRTS Ⅲ 板式无砟轨道的 SCC 层的主要作用如下：①现浇 SCC 层的厚度可以调节，以保证适应上方预制板的位置。通过这样做可以达到轨道的高平滑度。②SCC 层与预制板共同工作，作为复合板传递列车的载荷。模板形式实现了"从上到下降低刚度"的概念。

普通 SCC 通常被浇筑到非密封且具有刚性的模板中。SCC 的上表面经过精加工处理后被磨平，因此轻微泌水和气泡上升是可以接受的。与普通 SCC 相比，应用于 CRTS Ⅲ 板式无砟轨道的 SCC 具有一些突出和独特的特点：

① SCC 灌浆到 90mm×2500mm×5600mm 的平坦、狭窄、密闭空间。

② SCC 层下有柔性土工布层。SCC 浇筑过程中在土工布层上流动。它增加了流动阻力。此外，土工布可能会吸收 SCC 中的水分，影响 SCC 的流动。

③ 一条高铁线路往往长达数百千米，通常是一次性完成。高铁沿线的建筑工地可能延伸数百千米，使用的原材料多种多样，其性质和成分可能存在很大差异。由于当地原材料的差异，SCC 的质量控制非常具有挑战性。

由于上述特点，CRTS Ⅲ 板式无砟轨道的 SCC 不同于普通的 SCC，对 SCC 提出了更严格的要求。特点①是最重要和独特的，因此，我们将这种类型的 SCC 命名为密封空间填充自密实混凝土[13]。

8.2　自密实混凝土的流变性能

8.2.1　影响 SCC 流变性能的因素

如上所述，SCC 中使用的原材料多种多样，这些材料对 SCC 的流变性能有不同的影响。本节将重点介绍粉体材料、化学外加剂和再生骨料对 SCC 流变性能的影响。

8.2.1.1　粉煤灰（FA）

粉煤灰是发电厂燃烧煤炭后产生的工业副产品。它的化学和矿物成分主要取决于所用原材料的相关特性以及炉子的类型和收集方式。FA 颗粒由透明的玻璃状球体和海绵状聚集体组成。通过 SEM 可以看出 FA 颗粒是典型的球形形状，其中一些是空心的（图 8.2）。添加 FA 减少了对黏度改性化学外加剂的需求[14]。Jalal 等[15] 得出结论，由于 FA 中球形颗粒的形态效应，增加 F 类 FA 的百分比可以提高新拌高强度 SCC 的可加工性/流变性。

8.2.1.2　稻壳灰（RHA）

稻壳灰（RHA）是稻谷碾磨过程中产生的农业废弃物。在许多水稻种植国家，例如中国、印度和越南，它的产量都很丰富。每吨稻谷产生 200kg 稻壳，燃烧产生约 40kg 灰烬。据《大米市场监测》报告，2011 年稻壳产量约为 1.45 亿吨。通常，稻米厂的稻壳在田间露天堆放焚烧或直接丢弃到环境中，从而造成严重的环境污染，尤其是在潮湿条件下分解时。在混凝土中使用稻壳灰是迈向可持续生产的一步。

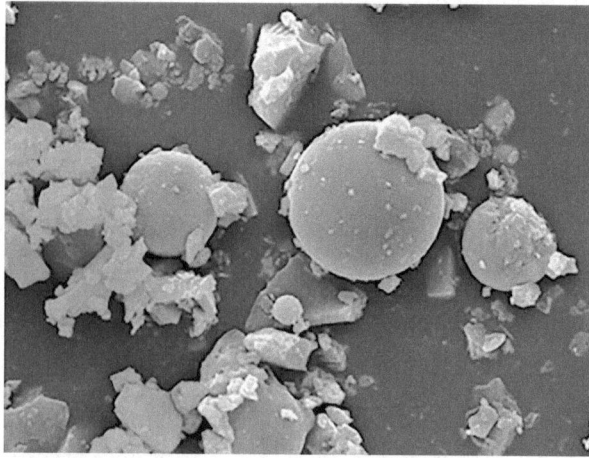

图 8.2 FA 的球形颗粒

Le 等[16] 研究了 RHA 的平均孔径 (MPS) 对自密实高性能混凝土 (SCHPC) 流变性能的影响。研究表明，RHA 的加入增加了塑性黏度和屈服应力，并且这种效果在 RHA 较粗的情况下是显著的。掺加 RHA 降低了 SCC 砂浆的流动能力[17]。RHA 的加入增加了塑料黏度、鲁棒性和抗离析性，但略微降低了新鲜 SCC 的填充和通过能力[18]。

8.2.1.3 硅灰（SF）

硅灰 (SF) 被认为是使用最广泛的辅助胶凝材料 (SCMs) 之一，可大大降低渗透性并显著提高混合物的强度。然而，由于难以获得 SCC 所需的工作性能，其在 SCC 中的应用受到限制[19]。

硅灰的颗粒极细，有时会用作增黏剂，就像聚合物型 VMA 可用于增加抗离析性一样。VMA 聚合物的链通过范德华力相互连接，阻止了自由水的运动。Benaicha 等[20] 研究了 SF 和 VMA 对 SCC 塑性黏度的影响。结果表明，SF 和 VMA 可以根据材料的可用性相互替代。含有 10% SF（水泥质量分数）或 0.1% VMA（胶材质量分数）的 SCC 混合物表现出大致相同的流变特性（屈服应力和塑性黏度）。Lu 等[21] 在 SCC 混合物中加入不同比例（0~16%）的 SF，并测量加水 (TW) 后不同时间（0~120min）的流变性能。屈服应力随 TW 和 SF 含量的增加而增加，而随着 SF 含量的增加，塑性黏度先降低后升高，在 4% SF 含量时出现最低值。现有研究[19] 表明，用 SF 代替 8%（质量分数）的水泥对 SCC 的黏度没有影响，但会增加屈服应力。添加 2% 的 SF 会降低塑性黏度和屈服应力，但进一步增加会降低 SCC 的流动性[22]。这是由于 SF 的活性性质促进了水化过程，而高细度的 SF 增加了需水量。Aleksandra[23] 指出高性能 SCC 的屈服应力和塑性黏度都随着 SF 体积的减少、SP 掺量和 w/b 的增加而降低。

8.2.1.4 偏高岭土（MK）

偏高岭土 (MK) 是一种生态友好型材料，可以由高岭土制备而不会产生二氧化碳。MK 的主要来源是经过适当处理的高岭土或造纸污泥。高岭土的粒径范围为 $0.2 \sim 15 \mu m$，BET 比面积为 $10000 \sim 29000 m^2/kg$。MK 与水泥水化反应并形成改性的浆体微结构。除了对环境的积极影响之外，MK 还提高了混凝土的可工作性、耐久性和力学性能[24]。

掺加 2％时，偏高岭土会降低混凝土的基本流变性能，但随着进一步添加，流变性能会得到改善[22]。这可归因于高细度的 MK 增加了需水量。添加 2％时，小颗粒填充混合物的界面空间并释放自由水，从而改善 SCC 混合物的流变性。Hassan 等[19] 研究了用 MK 替代 0～25％水泥（质量分数）后混凝土的流变性。发现随着 MK 含量的增加，屈服应力和塑性黏度都会增加，并在 25％的掺量下显示最大值。此外，添加 MK 增加了 SCC 混合物对 HRWR 的需求。随着时间从 10min 增加到 60min，作为水泥的部分替代物 MK 的添加会增加 SCC 混合物的屈服应力和塑性黏度，但塑性黏度的增加低于屈服应力[25]。

8.2.1.5　高炉矿渣

矿渣是炼铁工业的副产品。大约 90％的质量含量是由 CaO、SiO_2 和 Al_2O_3 组成。矿渣相对密度约为 2.90，容重 1200～1300kg/m³。注意到比表面积的变化，Blaine 法测得的比表面积为 375～425m²/kg，美国和英国分别为 350～450m²/kg 和 450～550m²/kg[26]。在中国，有报道称比表面积高于 450m²/kg[27]。由于减少了 CO_2 排放并改善工作性，矿渣已广泛用于水泥浆、砂浆和混凝土。含有高炉渣作为水泥的部分替代物的 SCC 混合物表现出牛顿流体特性，具有零屈服应力和显著的塑性黏度[25]。Sethy 等[28] 在 SCC 混合物中加入大量（30％～90％）工业炉渣。对于所有掺量，屈服应力几乎为零，而塑性黏度随着炉渣含量的增加而降低。此外，掺加矿渣显著降低了 HRWR 用量。用高达 20％的矿渣替代水泥可改善 SCC 的工作性，最佳含量为 15％[29]。一般来说，矿渣对混凝土流变性的影响主要取决于其细度。颗粒越细，SCC 越黏稠。

8.2.1.6　纤维

Alberti 等[30] 研究了钢纤维（长为 35mm 和 50mm）和聚烯烃纤维（长为 60mm）掺量为体积分数的 0.33％～1.1％时对 SCC 流变性能的影响。他们指出，通过增加纤维的体积分数，可以观察到屈服应力和塑性黏度的线性增加。此外，纤维的数量和几何形状也影响 SCC 的新拌状态，而纤维刚度对新拌特性的影响较小。研究表明，使用端钩钢纤维（0～1％体积分数）会降低和易性[31]。

8.2.1.7　引气剂（AEA）

在寒冷的环境中，引气剂（AEA）用于保护水泥基材料免受冻融破坏的影响。许多研究人员研究了 AEA 对 SCC 流变学的影响，总结如下。

Huang 等[32] 研究了松香树脂型引气剂（AEA）对 SCC 流变性的影响。随着 AEA 含量的增加，屈服应力增加，塑性黏度降低，如图 8.3 所示。一方面，AEA 增加了浆体的体积，增加了润滑效果，从而降低了屈服应力。另一方面，在水泥水化过程中，钙离子被吸附在水泥颗粒上，使其带正电荷。带负电荷的 AEA 容易被带正电荷的水泥颗粒吸引。因此，水泥颗粒之间会形成气泡桥，从而增加屈服应力。然而，后一种效应取决于 AEA 的类型[33]。气泡增加了浆体的体积和变形能力，但降低了单位体积中胶凝材料的实际含量；因此，混合物的内聚强度降低，导致塑性黏度降低[34]。

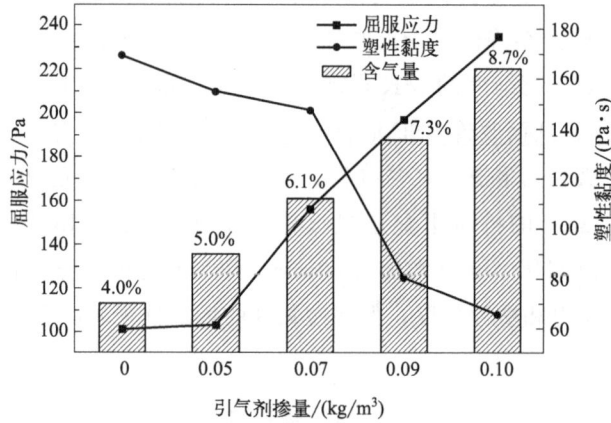

图 8.3　AEA 用量对 SCC 流变参数的影响[32]

8.2.1.8　超塑化剂 (SP)

超塑化剂（SP）是 SCC 实现所需性能的关键成分。SP 对 SCC 流变性能的影响总结如下。

聚羧酸盐型减水剂较萘磺酸盐型减水剂有更好的分散效果，提高了 SCC 的可加工性[29]。PC 是由石油产品合成的。PC 型减水剂的化学结构包括主链长度、侧链长度、电荷密度差异、主链聚合度和官能团组成。SP 的化学结构影响水泥基体系的流变性能。例如，Andersen 等[35] 研究了 SP 的分子量对混凝土的影响。他们得出结论，具有最大分子量的 SP 表现出最大的负 zeta 电位，因此，防止水泥颗粒絮凝的能力最强。Mardani-Aghabaglou 等[36] 研究了具有相同聚合物结构和相同主链，但羧酸基团的分子量和侧链密度不同的聚羧酸醚型 SP 对 SCC 流变性能的影响。表观屈服应力似乎受 SP 用量的影响，而 SP 的其他特性对表观屈服应力没有显著影响。通过增加侧链密度，塑料黏度降低。此外，SCC 的坍落损失度似乎受到聚合物侧链密度的显著影响。

Huang 等[32] 研究了聚羧酸盐型减水剂对 SCC 流变性能的影响，得出屈服应力和塑性黏度都随着 SP 的添加而降低的结论，如图 8.4 所示。Ma 和 Wang[37] 还观察到添加聚羧酸盐型减水剂会降低流变性能。在溶液中，SP 在水泥颗粒表面形成定向排列的吸附层，从而分散细颗粒。因此，由于静电和空间位阻效应，自由水被释放，屈服应力随着 SP 用量的增加而降低[38]。对于传统混凝土，添加 SP 会略微增加塑性黏度。究其原因，增加 SP 用量不仅会降低浆体的塑性黏度，还会削弱其润滑效果。这导致骨料颗粒之间的摩擦阻力增加，从而增加了混凝土的塑性黏度。然而，由于 SCC 混合物中砂率和粉末含量高，有足够的浆料使粗骨料颗粒很容易被润滑。所以，粗骨料颗粒之间的摩擦阻力受浆料润滑性的影响较小。因此，在 SCC 中添加 SP 后，塑性黏度增加[32]。

Benaicha 等[39] 研究了 SP 对由水泥和石灰石粉制成的 SCC 混合物流变性能的影响。通过增加 SP 用量，观察到塑性黏度和屈服应力降低。作者认为，这种效应是由于水泥颗粒间自由水的释放和覆盖混合物颗粒的水膜增加所致。

温度对 SCC 混合物中的聚羧酸盐基聚合物的性能影响较大。由于温度的日变化和年变

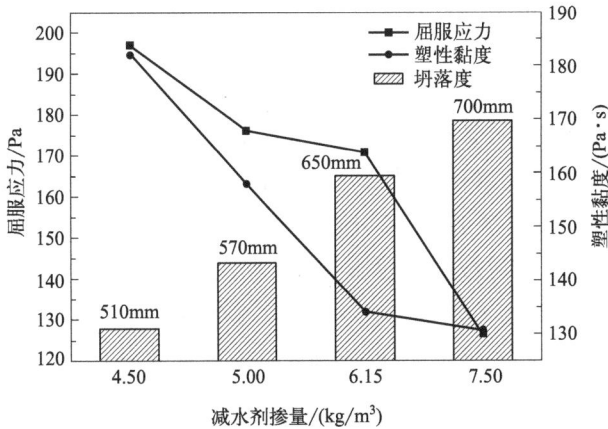

图 8.4　SP 用量对 SCC 流变参数的影响[32]

化，有必要研究温度变化对使用不同类型和剂量的 SP 的 SCC 稳定性的影响。为了获得 SCC 混合物的稳定性，有必要优化聚羧酸盐基聚合物的电荷密度和与环境温度有关的水粉比。Schmidt 等[40] 研究了温度对含有不同成分的和不同阴离子电荷密度的聚羧酸盐聚合物的 SCC 流变性能的影响。高粉体 SCC 混合物在低温下表现出优异的性能，而低粉末 SCC 混合物在高温下表现出良好的性能。在低温下，高电荷密度的聚羧酸盐基聚合物似乎更稳定，而在高温下，它明显降低了流动保持力。在低温下，低电荷密度聚羧酸盐基聚合物不能产生自密实性能，但在足够长的时间内保持流动性能。根据作者的观点，充分了解聚羧酸盐基聚合物的电荷密度对不同温度下 SCC 性能的影响对于实现稳定和高性能的 SCC 至关重要。

不同的 SCMs 有不同的 SP 需求。例如，Ahari 等[41] 发现，对于相同的坍落扩展度，SP 掺量需随着 MK、SF 和 FAC 的增加而增加，而在 FAF 和 BFS 的情况下减少。这归因于不同 SCMs 的表面纹理、细度和几何形状。

8.2.1.9　再生混凝土骨料（RCA）

拆除和维修工程会产生大量建筑和拆除废物（CDW）。因此，使用 CDW 碎片作为混凝土生产的骨料有利于经济发展及环境保护。CDW 经过认证的回收厂处理后，可以作为生产某些结构混凝土的原料。它的使用受到许多标准的限制，例如意大利和西班牙的法规，根据其成分，将其分为三种主要类型的材料，即碎混凝土、混合拆除碎片和碎石。由于提取天然骨料会消耗大量能源，因此对再生骨料在建筑行业使用的可能性进行了研究[42]。与天然骨料相比，再生骨料具有较低的密度和较高的吸水能力（尤其是不含粗骨料的水泥砂浆）。所以，新拌混凝土的性能受到影响。为了有效地控制浇筑过程，有必要在混凝土生产之前确定搅拌水。混合水由有效水和骨料吸收的水组成。因此，有必要在混合之前或混合过程中添加一定量的水以使回收的骨料饱和，以获得所需的可加工性。RCA 的另一个特点是，由于再生骨料的表面粗糙度大，其内部摩擦力较大，因此会影响自密实再生混凝土（SCRC）的流变性[43]。天然骨料可被视为有棱角的骨料（颗粒表面磨损很小），而回收骨料则被视为亚棱角骨料（有磨损迹象）。此外，再生骨料比天然骨料具有更多孔和更粗糙的表面纹理。与天然骨料相比，再生骨料中的细粉含量更高。

González-Taboada 等[44] 用再生粗骨料［粒径分布（FS）为 4～11mm，细度模量（FM）为 6.47］替换 20％、50％和 100％的骨料，研究了 SCRC 的流变性能。RCA 的吸收能力通过三种方法进行补偿和研究，即干骨料加额外的水、预浸骨料含有 3％天然水分并额外加水的骨料。结果表明，"干骨料加额外的水"是 RCA 吸收水分最合适的补偿方法。使用这种方法，所有替换水平的自密实状态都可以持续 45min，甚至当替换百分比小于 50％时，可以保持到 90min。由于粗制 RCA 引起的混凝土表面粗糙，因此随着替换水平的增加，使用粗 RCA 制成的混凝土的屈服应力增加[45]。

SCC 和 SCRC 流变行为的差异是由于 RCA 的内在特性（形状、质地和细粒含量）及其持续吸水的特性，这会影响有效水灰比。骨料的质地和形状主要取决于破碎机类型[46]。González-Taboada 等[47] 观察到粗 CRA 掺量的增加引起静态屈服应力和塑性黏度的增加。作者认为，再生骨料的细粒含量增加了 SCRC 中细粒的数量。这些细颗粒的不规则形状和粗糙质地对流变性产生负面影响。搅拌过程中，由于旧黏结砂浆的流失，细颗粒含量增加，部分颗粒呈现水力活性。由于高摩擦力，在 w/c 较低的情况下，这种效应的影响更强。所以，骨料因子和浆体因子都增加了。González-Taboada 等[48] 观察到，由于再生骨料黏附水泥砂浆产生的细颗粒，SCRC 的黏度变化比 SCC 更敏感。Revilla-Cuesta 等[42] 从文献综述中得出结论，由于粗 RCA 的吸水率较高，混合物的黏度会随着粗 RCA 替代百分比的增加而增加，流动性会降低。根据 González-Taboada 等[49] 的研究，影响 SCRC 流变性和稳健性的三个参数是吸水能力、细粒含量和 RCA 的形态。

Singh 等[45] 用三元混合粉体（波特兰水泥＋硅灰＋粉煤灰）制备不同流变性能的 SCRC。结果表明，由于掺入 SCMs，屈服应力随着混凝土等级的增加而增加。Singh 等[50] 揭示了掺加 FA、SF 和 MK 对两个强度等级 SCRC 流变性能的影响。作者通过增加粗 RCA，观察到剪切增稠行为。此外，观察到随着混凝土等级的增加，剪切增稠程度降低，这归因于使用 MK 或 SF 作为三元水泥的一部分。Revilla-Cuesta 等[42] 研究了具有 RCA 和其他废料，包括 FA、SF、磨碎的粒状高炉渣（GGBFS）、橡胶和再生沥青路面（RAP）的 SCC 的特性。作者得出的结论是，如果根据流动性要求、调整废料的用量及它们的替代百分比，在混凝土混合物中添加不同的废物产生的 SCC 具有足够的流动性，可大规模使用细 RCA（RCFA）的吸水能力大于粗 RCA。粗 RCA 的吸水率（％）在 4.53～6.27 之间，而对于 RCFA，该值的范围为 7.76～11.06[42]。Carro-López 等[51] 使用 RCFA 研究了 SCC 砂浆的流变性，替代率（体积）分别为 0、20％、50％和 100％。通过添加与骨料在 10min 时的吸水量相当的额外水来调节水的用量。结果表明，所有强度等级的 RCFA 替代品的静态屈服应力随时间增加。此外，随着时间的推移，增加 RCFA 的替代率会增加屈服应力，表明混凝土的填充能力丧失。通过增加 RCFA 替代率，观察到塑性黏度迅速增加，并且还发现对于较大的置换比，45min 后通过能力丧失。研究表明，用 50％和 100％的细再生骨料替代，SCC 的特性在 90min 时损失严重[52]。根据 Behera 等的研究[53]，RCFA 掺量的增加会导致静态屈服应力随时间增加，并且在 100％ RCFA 替代的情况下，这种变化更为迅速。这种行为是由于粗糙的表面纹理、高吸水能力和不规则形状的 RCFA 的互锁引起的摩擦。此外，通过在含有 SF 的混合物中增加 RCFA 可以观察到黏度的增加，而在没有 SF 的情况下它会降低。然而，Güneyisi 等[54] 研究了饱和面干细 RCA 对 SCC 流变性能的影响。通过增加细 RCA 的百分比可以观察到剪切增稠的减少和 SCC 流动性的增加。Bahrami 等的研究表明[55]，为了满足 SCC 的流变性能要求，细或粗 RCA 的数量应限制在 25％以内。

8.2.1.10 二元和三元黏结剂系统

高水泥含量通常会产生高水化热、高成本和高自收缩。此外，水泥生产会消耗自然资源、排放二氧化碳，导致严重的环境问题。为了降低 SCC 的成本，使用了矿物掺合物或废料。研究人员在 SCC 中以二元、三元和四元混合物的形式使用这些废料，并研究了对新拌特性的影响。Ahari 等[56] 观察到在 SCC 混合物中使用 SF 和 BFS 会降低塑料黏度，而在使用 MK、C 类粉煤灰（FAC）和 F 类粉煤灰（FAF）的情况下会产生相反的效果。在 Ahari 等[41] 后续的研究中也发现了类似的结果。此外，与其他掺合料相比，观察到 MK 和 FAC 对塑性黏度和屈服应力的影响更大。

Güneyisi 等[57] 研究了掺入粉煤灰 [0～100％（质量分数）] 和纳米二氧化硅（NS）[0～6％（质量分数）] 的水泥浆在使用流变仪测试时获得的扭矩与转速两个参数之间的关系。结果表明，增加 NS 含量可提高扭矩值，而增加 FA 含量可降低扭矩值。此外，观察到剪切增稠行为，随着 NS 的增加而增加，随着 FA 含量的增加而减少。

Diamantonis 等[58] 研究了添加粉煤灰、硅灰、石灰石粉和火山灰的水泥浆体的流变性。研究表明添加石灰石粉的水泥浆体显示出最佳的流变性能。随着石灰石粉的加入，屈服应力和塑性黏度降低，塑性黏度值甚至低于纯水泥浆体。对于改善流变性能，石灰石粉被证明是最好的添加剂，最佳掺量为 40％，这种浆料可以作为 SCC 生产的基础。

8.2.1.11 其他成分

Heikal 等[14] 研究了磨碎的黏土砖（GCB）对 SCC 流变性能的影响。结果表明，随着 GCB 含量的增加，剪切应力增加。为改善流动性，作者使用了聚羧酸型高效减水剂，且观察到 GCB 的掺量为 12.5％时，聚羧酸盐型减水剂的效率有所下降，而随着 GCB 含量增加到 37.5％时，聚羧酸盐型减水剂的效率提高。

掺加 TiO_2 纳米颗粒通常会改善 SCC 的流变性能，这可能是由于水泥浆中超细颗粒的填料效应[15]。Durgun 和 Atahan[59] 使用平均粒径分别为 35nm、17nm 和 5nm 的纳米胶体 SiO_2（CNS）来降低 SCC 中的细料总含量。粉煤灰也以不同的比例与 CNS 一起使用。对于尺寸为 35nm、17nm 和 5nm 的 CNS，获得最佳流变性能的平均阈值掺量分别为 1.5％、1％和 0.3％。与 CNS 的大小无关，静态和动态屈服应力随着 CNS 含量的增加而增加，但随着粉煤灰含量的增加而降低。在含有 CNS 和大量粉煤灰的混合物中，观察到塑性黏度略有增加。

瓷器抛光残留物（PPR）产生于瓷砖行业，由于含有大量的无定形二氧化硅和氧化铝并且细度高（D_{50} 为 1～10μm），因此具有火山灰活性。De Matos 等[60] 使用 PPR 代替 SCC 中的水泥 [最高 30％（质量分数）]，并研究了混合物的流变特性。PPR 的加入增强了浆料的剪切变稀行为。这可以归因于在水泥颗粒之间引入了更细的颗粒，从而降低了由于滚珠效应导致的颗粒间摩擦。其他研究人员也报道了由于掺入比水泥更细的矿物而导致流动指数降低，以及在矿物比水泥粗的情况下会出现相反的行为，例如，在掺加硅灰[61] 以及石灰石粉[62] 的情况下。此外，屈服应力还受到材料细度的影响。更细的材料减少了颗粒间的距离并增加相互作用。屈服应力与颗粒之间的距离成指数反比[63]。这可以通过 de Matos 等[60] 的试验结果来验证。此外，塑料黏度随着 PPR 含量的增加而增加[60]。Sua-Iam 等[64] 指出使用三元混合物（1 型波特兰水泥＋石灰石粉＋残余的稻壳灰）的 SCC 比传统的 SCC 有更好的工作性能。

Ouldkhaoua 等[65] 用阴极射线管（CRT）玻璃和偏高岭土代替 SCC 混合物中的砂，并通过改进的坍落度测试流变特性。加入 50％ 的 CRT 砂玻璃显著改善了流变性能并最大限度地减少了 SP 的用量。Güneyisi 等[66] 将碎橡胶和轮胎碎片作为天然骨料的部分替代物（0～25％），并测量了用粉煤灰替代水泥［30％（质量分数）］的 SCC 混合物的流变特性。通过增加橡胶颗粒对天然骨料的替代水平，在相同转速下观察到更高的扭矩值，表明橡胶 SCC 新拌性能的恶化。

Benabed 等[67] 在 SCC 混合物中使用了各种类型的砂子（河砂、碎砂和沙丘砂）并测试了黏度。掺加沙丘砂会降低 SCC 的流变性，因为它的细度高，需要高掺量的水才能实现高流动性。含石灰石细粉（10％～15％）和碎砂的 SCC 混合物表现出最佳的流变特性。da Silva 等[31] 使用具有光滑表面纹理的河砾石作为粗骨料，而不是碎石骨料，发现与碎骨料相比，SCC 流变性能有所改善。

Blankson 和 Erdem[68] 研究了有机［迁移型阻锈剂（MCI）］和无机（亚硝酸钙阻锈剂）阻锈剂在 SCC 中的作用，并测量了改性 SCC 的流变特性。有机和无机阻锈剂都降低了 SCC 的黏度，但这种效果在有机 MCI 的情况下更为突出。两种类型的阻锈剂都降低了抗离析性。此外，在有机 MCI 阻锈剂的情况下，观察到较高的 SCC 工作性能保持效果。

8.2.2 特殊流变行为

8.2.2.1 触变性

触变性是新拌的胶凝材料的固有特性，在混凝土的泵送性、稳定性和模板填充以及 3D 打印的可建造性方面发挥着重要作用[69]。如果混合物在施加剪切应力时黏度随时间持续降低，在去除剪切应力时随时间推移黏度恢复，则称该混合物具有触变性。这种重构的物理起源可能是固体颗粒之间的胶体相互作用和早期水化产物在接触点的成核效应。结构速率 A_{thix} 定义为材料静止时静态屈服应力的增加速率，非触变性混凝土的结构速率为 0，大多数触变性混凝土的结构速率为 $2Pa/s$。

触变现象对 SCC 的各种应用具有重要影响，例如模板压力的发展、可泵送性、多层浇筑（连续层的界面行为）等。模板的设计和施工是浇筑混凝土结构体的关键环节。由于 SCC 的高流动性，故 SCC 对模板的实际压力将高于静水压力。因此，需要设计更坚固的模板，这增加了模板的设计和施工成本。水泥基材料的触变性对限制模板侧压力的大小起着重要作用。在浇筑速率较低的情况下，材料会形成一种内部结构，从而提高其承受上方浇筑额外载荷的能力[70]。

在絮凝率较高的情况下，SCC 的表观屈服应力增加到临界值以上，导致已浇筑的 SCC 层不与随后浇筑的层混合。由于混凝土没有振动，这种现象的负面影响是最终产品中两个相邻层之间形成一个弱界面。除了较差的物理外观和机械强度外，混凝土的孔隙率和渗透性也会增加，从而导致严重的耐久性问题[71]。

结构类型影响着 SCC 触变性的选择。由于现浇混凝土模板尺寸和形状较大，不建议使用高触变性材料（$A > 0.5\text{Pa/s}$）。这是因为它的高结构化速率阻碍了材料的自由流动。建议在预制混凝土构件中使用具有高絮凝率的 SCC[72]。

为了在不显著影响坍落扩展度的情况下控制结构构筑速率，Roussel 和 Cussigh[73] 提出了调整混合比例的五个主要因素：混合物中粉体的总量；水/粉的重量比（w/p）；粉末的细度；减水剂的量；增黏剂的用量（VA）。

Rahman 等[72] 将不同掺量的粉煤灰和石灰石粉（LSP）掺加到 SCC 混合物中，发现增加 FA 和 LSP 的含量会增加混合物的触变性。该结果可归因于粉末细度的增加而导致结构构筑速率的增加。Ahari 等[74] 通过加入粉煤灰（FA）、硅灰（SF）、偏高岭土（MK）、C 类粉煤灰（FAC）、F 类粉煤灰（FAF）和粒状炉渣（BFS）来研究 SCC 的触变性能。结果表明，与参考混合物和其他矿物相比，掺加 SF 和 MK 后的触变行为随时间的增加更高。此外，再生粗骨料也会影响 SCC 的触变性。Singh 等[75] 指出，通过增加再生骨料替代天然骨料的用量，SCC 混合物的触变性程度增加。这归因于与回收骨料相关的高内摩擦。

8.2.2.2　剪切变稀或剪切增稠行为

剪切变稀表现为黏度随剪切速率降低而降低，而剪切增稠则表现为黏度随剪切速率增加而增加。

在混凝土生产和浇筑方面，剪切增稠一般被认为是一个潜在的工业问题。解释剪切增稠行为的流行理论包括有序-无序转变理论、大颗粒的颗粒惯性理论和细颗粒的聚集理论。根据有序-无序理论，如果颗粒有序成层，则流动容易，而无序结构由于颗粒的干扰而消耗更多的能量来流动，从而增加了黏度。大颗粒的颗粒惯性理论认为，悬浮颗粒之间的动量转移和颗粒惯性的主导地位，取决于颗粒的雷诺数。根据聚集理论，剪切增稠可能发生在某些临界剪切应力下，此时由于流动引起的流体动力变得大于粒子间的排斥力。de Larrard 等[8] 和 Feys 等[76] 认为 SCC 表现出剪切增稠现象。Chia 和 Zhang[34] 用 AEA 研究了 SCC 中的剪切增稠现象。结果表明，SCC 混合物在空气含量为 8.3% 时表现出从剪切增稠到剪切变稀的转变。通过增加空气含量，吸附在水泥颗粒上的气泡增加，从而阻碍团簇的形成。气泡的加入不仅提升了混合物的变形能力，还降低了水动力的作用。因此，混合物在高空气含量下往往表现出剪切变稀行为。

Huang 等[32] 观察到在 SCC 添加 SP 后的剪切增稠行为。他们提出了这种行为的三个原因：①SP 将细颗粒分散在溶液中。根据成簇理论，剪切增稠现象归因于粒子从分散到成簇的变化。所以，SP 的加入促进了剪切增稠的发生。②剪切速率的增加导致细颗粒和聚合物链的无序程度的增加，从而导致遵循有序无序理论的剪切增稠。③吸附的 SP 由于剪切应力的作用可以从细小颗粒上撕下，解吸状态更容易形成团簇。

Güneyisi 等[66] 使用轮胎碎片和橡胶屑制备混凝土，他们发现指数"n"（Herschel-Bulkley）值和"c/μ"（修改后的 Bingham）系数随着碎屑橡胶和轮胎碎片对天然骨料替代水平的增加而增加，表现出剪切增稠行为。在用轮胎碎片代替天然粗骨料的情况下观察到最高的"c/μ"系数和指数"n"值，而在用橡胶粒代替细骨料时达到最低值。

在 SCC 中使用天然骨料时观察到剪切增稠行为，但当用粉煤灰制成的轻质骨料（LWA）代替天然骨料时，这种行为会降低[77]。由于 LWA 的球形形状，观察到屈服应力和塑性黏度降低。

Le 等[16] 指出，随着 RHA（平均孔径 5.7μm）和 SF 的加入，SCC 的剪切增稠程度会降低。且 SF 的效果比 RHA 强得多。

8.3 SCC 模板压力

与传统混凝土相比，SCC 具有很高的和易性，可能会对模板产生较大的侧向压力，并造成经济和安全问题。如果承包商和工程师根据全部静水压力设计 SCC 模板，而不考虑浇筑过程中的模板压力变化和放置后的压力衰减，这将导致模板系统的成本增加——抵消了 SCC 快速浇筑和节省劳动力产生的成本节约，从而影响利润率。

使用不同形状和尺寸的模板或模具成型 SCC 时，SCC 混合物的流动性和稳定性受模板特性的影响。为避免蜂窝状和表面缺陷，模板应防止漏水和漏浆，特别是当 SCC 黏度低时。

8.3.1 模板压力的影响因素

混凝土对模板施加的侧向压力受混合物组成、模板特性和浇筑条件的影响。混合物成分包括胶材的类型和含量、水胶比、SCMs、填料、浆体体积、粗骨料的特性和含量、化学外加剂、混凝土稠度、混凝土单位重量和温度[78]。影响模板压力的最重要因素是浇筑速率、混凝土屈服应力和模板高度[79,80]。在从底部泵送混凝土的情况下，混凝土的整个泵送中将处于运动状态，产生的压力将是静水压力和泵送压力的累积压力。如果混凝土不运动，则由于 SCC 的触变性，可以降低压力[79]。

触变性对 SCC 的各种应用有重要影响，例如模板压力的发展、泵送性、多层浇筑（连续层的界面行为）等。SCC 的侧向压力和触变性之间可能存在关系。触变性越大，侧向压力越低，压力随时间下降的速度越快。这是由于在没有任何剪切作用的静止状态下，混合物会很快重新获得屈服应力。可以通过增加结构的堆积来获得更大的侧向压力下降。Omran 和 Khayat[78] 得出结论，触变水平越高，静止时的结构构筑越快，因此在浇筑过程中侧向压力越低，并随着时间的推移迅速下降。无论何时，混凝土的结构构筑速率对模板侧向压力的分布都有相当大的影响。较快的结构化程度导致浇筑后不久就能迅速形成内聚力，因此，具有内聚力的混合物对模板施加的侧向压力低于其全部静水压力。在更快的絮凝速率（快速的结构形成速率）和较低的浇筑速率下，侧向应力的最大值仍然低于浇筑过程中的静水压力[70]。

水泥基材料的结构构筑已被广泛研究。研究发现，矿物外加剂可以通过加速水化速率来增加结构构筑速度，然而，高水化率并不总是导致高的结构形成速度[4]。Kim 等[81] 在 SCC 混合物中加入粉煤灰和石灰石粉，并测量了流动性和模板侧向压力之间的关系。结果表明，两种矿物的掺入增加了模板的侧向压力。通过添加少量加工黏土、MK 和铝硅石可以降低模板压力[82]。

8.3.2　模板压力预测

由于 SCC 的高浇筑速率，应合理设计模板以适应预期的模板压力。在设计 SCC 模板时，尤其是在高浇筑率下，要考虑足够的液柱压力。然而，ACI 347R-14 标准提出了基于混凝土刚度/强度发展速度确定 SCC 浇筑速率的新规定和建议。SCC 的刚度特性测量包括在方法中，并且这些方法能够使用一些简单的设备在现场轻松测量。三种典型的测量 SCC 侧向压力的方法如下所述。

8.3.2.1　Gardner 提出的方法[83]

根据一些现场测试结果，Gardner 等提出了一个参数——t_{400}（坍落扩展度下降到 400mm 的时间），来表征 SCC 的特性。定义坍落扩展度为 0 时的时间 t_0 为：

$$t_0 = t_{400} \times \frac{初始坍落度}{初始坍落度 - 400mm} \tag{8.1}$$

使用 t_0 建立了一个简单的方程来估计侧向压力（P_{max}）随时间的变化。浇筑后，随时间变化的侧压极限值 P_{max}（kPa）可计算如下：

$$P_{max} = wR\left(t - \frac{t^2}{2t_0}\right), \quad t < t_0 \tag{8.2}$$

$$P_{max} = wRt_0/2, \quad t \geqslant t_0 \tag{8.3}$$

式中，w 为混凝土的单位重量，kN/m³；R 为放置速率，m/h。

该等式不能用于浇筑时间大于达到 P_{max} 所需时间的情况。对于 $t > t_0$，假设压力保持在最大值不变。

如果填充模板的时间，t_h（t_h = 模板高度/R）小于 t_0，公式中使用 $t = t_h$：

$$P_{max} = wR\left(t - \frac{t_h^2}{2t_0}\right) \tag{8.4}$$

值得一提的是，Gardner 等[83] 的实验结果有限，因为作者可用的最大混凝土水头高度为 4m，这意味着静水压力为 96kPa。

8.3.2.2　Kayat 提出的方法[84]

Khayat 等提出了几种测量和预测模板压力的方法。开发了一种便携式测量装置，称为 UofS2 压力柱，用于评估塑性混凝土施加的侧向压力。UofS2 压力柱是一种聚氯乙烯（PVC）圆柱形压力容器，带有平板式法兰封闭件。在测试过程中，先以给定的浇筑速率将没有任何振动的混凝土从容器顶部填充到距离底部传感器中心线上方 0.5m 的高度。然后将压力容器的顶部密封，并逐渐增加内部气压以模拟在给定浇筑速率下浇筑 SCC 的静水压力。

使用传感器记录相应侧向压力，并对静水压力作图。

另一种方法是基于 SCC 的结构堆积。在这种经验方法中，现场 SCC 的剪切强度是通过斜面（IP）测试或便携式叶片（PV）测试来测量的。利用 $IP\tau_{0\text{rest}@15\text{min}}$ 和 $PV\tau_{0\text{rest}@15\text{min}}$ 测试静置 15min 后的静态屈服应力，用以表征静置混凝土的结构构筑。这些值被用于计算 $P_{\max}$，从自由表面到 $P_{\max}$ 的压力包络为静水压力。Khayat 等开展了一项综合测试项目，以评估影响 SCC 施加的模板压力的关键混合参数。研究的参数包括配合比、混凝土成分、混凝土温度、浇筑特性和最小模板尺寸。采用 UofS2 压力柱和经验测试方法评估侧向压力特性并将其与 SCC 流变特性相关联。

大约使用 780 个数据点推导方程，以预测 SCC 施加的压力，使用特殊统计软件对多个参数进行分析。用于计算 $P_{\max}$ 的公式如下：

$$P_{\max} = \frac{wh}{100}[112.5 - 3.8h + 0.6R - 0.6T + 10D_{\min}$$
$$- 0.021PV\tau_{0\text{rest}@15\text{min}@T=22℃}] \times f_{\text{MSA}} \times f_{\text{WP}} \tag{8.5}$$

$$P_{\max} = \frac{wh}{100}[112 - 3.83h + 0.6R - 0.6T + 10D_{\min}$$
$$- 0.023IP\tau_{0\text{rest}@15\text{min}@T=22℃}] \times f_{\text{MSA}} \times f_{\text{WP}} \tag{8.6}$$

式中，w 是混凝土的单位重量，kN/m^3；h 是浇筑高度，m；R 是浇筑速率，m/h；T 是混凝土实际温度，℃；$D_{\min}$ 相当于最小模板尺寸（d），在 $0.2m < d < 0.5m$ 的情况下，$D_{\min} = d$，在 $0.5m < d < 1m$ 的情况下，$D_{\min} = 0.5m$；$PV\tau_{0\text{rest}@15\text{min}@T=22℃}$ 是在 22℃下静置 15min 后的静态屈服应力值，$PV\tau_{0\text{rest}@15\text{min}@T}$ 是利用便携式叶片试验在实际混凝土温度下测得的静态屈服应力值；$IP\tau_{0\text{rest}@15\text{min}@T=22℃}$ 是在 22℃下静置 15min 后的静态屈服应力值，$IP\tau_{0\text{rest}@15\text{min}@T}$ 为斜面试验测得的混凝土实际温度下的静态屈服应力值；f_{MSA} 是最大骨料尺寸（MSA），对于 MSA=10mm 和低触变性 SCC（$PV\tau_{0\text{rest}@15\text{min}@T=22℃} \leqslant 700\text{Pa}$），对于 $4m \leqslant H \leqslant 13m$，取 $1.0 \leqslant f_{\text{MSA}} \leqslant 1.10$，对于 MSA 为 14～19mm 的各种触变水平的 SCC，对于任何 H，$f_{\text{MSA}} = 1$；f_{WP} 是说明连续升降之间的延迟的因素，并随着 SCC 的触变性而线性变化：对于任何触变性 SCC，连续浇注时 $f_{\text{WP}} = 1$，对于非常低到非常高的触变性 SCC（$PV\tau_{0\text{rest}@15\text{min}@T=22℃} = 50～1000\text{Pa}$，在浇筑中间中断 30min 的等待期时 $f_{\text{WP}} = 1.0～0.8$。

此外，学者们还提出了其他模型或方法预测 SCC 的模板压力。例如，Ovarlez 和 Roussel[70] 提出了一个物理模型，并与以前的文献工作进行了比较。他们的模型的预测结果具有出色的适应性和可靠性。他们的结果显示，基于材料不能絮凝的假设，侧向应力等于静水压力，因此保持为流体的假设。他们假设静止时的屈服应力随时间推移线性增加。

$$P_{\max} = \rho g H - \frac{H^2 A_{\text{thix}}}{eR} \tag{8.7}$$

式中，A_{thix} 是静止时静态屈服应力的增加率，Pa/s；H 是高度，m；e 是宽度，m；R 是浇筑速度，m/h；ρ 是混凝土密度，kg/m^3。

考虑到钢筋的横截面积对最大压力的影响，Perrot 等[85] 进一步完善了该方程式。由于这一变化，最大的水平压力可以根据以下公式计算。

$$P_{max} = \left\langle \rho g H - \left[\frac{\phi_b + 2S_b}{(e - S_b)\phi_b} \right] \frac{A_{thix} H^2}{R} \right\rangle \tag{8.8}$$

式中，S_b 是每延米模板长度的水平钢筋截面面积，m^2，ϕ_b 是垂直钢筋的平均直径，m。

值得一提的是，上面介绍的所有方法都有一些局限性。因此，建议用多种方法来评估模板的侧压力，直到根据与项目相关的参数范围来确认性能。

由于 SCC 的触变性，任何对在模板中已浇筑混凝土的扰动都会增加 SCC 的模板压力。有一些现场浇筑条件会增加模板压力。可以将振动传递给新浇筑的混凝土的现场条件会导致其失去内部结构并增加压力。重型设备在靠近模板的地方作业，或在模板上继续工作，也会传递振动。从泵管中掉落混凝土或放置水桶也会搅动已浇筑的混凝土。值得一提的是，从底部泵送混凝土将产生比全液体压力更高的压力。

8.4　SCC 的稳定性

SCC 是一种多相材料，包括空气、水泥浆和具有不同密度的粗、细骨料。与传统混凝土相比，SCC 的设计需要相对较高的水泥浆含量、较高的塑性黏度和较低的屈服应力，以达到较高的流动性和稳定性。这种高流动性并不能在所有情况下都保证混凝土的优良工作性，并可能对其稳定性产生不利影响。混凝土的稳定性是指它在流动和硬化过程中保持其各种成分均匀分布的能力。SCC 的稳定性包括两个方面，即静态稳定性和动态稳定性。前者是指在静止状态下抵抗混凝土中浆体和骨料分离的能力，后者是指在搅拌、泵送、浇筑和振动过程中保持混凝土中骨料均匀分布的能力。SCC 稳定性差会导致离析，在泵送过程中可能造成管道堵塞，在钢筋周围堵塞，出现孔洞和蜂窝等，对混凝土的工作性、力学性能和耐久性产生负面影响。

8.4.1　静态稳定性

由于 SCC 中不同成分的密度存在差异，在 SCC 静止时，粗骨料会沉淀下来，而水和气泡会上升。重力引起的骨料离析或泌水对混凝土结构的力学性能、爬杆效应、外观和耐久性都有很大的不利影响。因此，了解静态离析或泌水现象的机制并确定影响参数是至关重要的。这对改善混凝土配合比以达到静态稳定性和目标机械性能是很有用的。

在没有外力的情况下，悬浮在水泥浆中的单个骨料颗粒受到三个垂直力的作用，分别为重力、浮力和水泥浆屈服应力产生的阻力。如果颗粒在水泥浆中保持稳定，则应满足以下公式。

$$F_{grav} - F_{buoy} \leqslant F_{res} \tag{8.9}$$

式中，$F_{grav} - F_{buoy}$ 代表重力和浮力对骨料的综合作用力，N；F_{res} 代表水泥浆施加的阻力，N。

应用斯托克斯定律并考虑水泥浆的流变行为，骨料在混凝土中的移动速度可以表示如下。

当将水泥浆考虑为宾汉姆流体时：

$$v = \frac{d^2(\rho_s - \rho_1)g - 18d\tau}{18\eta_{pl}} \tag{8.10}$$

当考虑水泥浆符合 Herschel-Bulkley 模型时：

$$v = \sqrt{\frac{d^{n+1}(\rho_s - \rho_1)g - 18d^n\tau}{18\eta_{pl}}} \tag{8.11}$$

式中，v 是颗粒的恒定终端沉降率，m/s；ρ_s 和 ρ_1 分别代表骨料和浆料的密度，kg/m^3；g 代表重力常数，m/s^2；d 代表颗粒的直径，m；η_{pl} 是浆料的塑性黏度，Pa·s；τ 代表浆料的屈服应力，Pa；n 代表流变指数。

上述方程是针对球形颗粒制定的，这对不规则的集料颗粒来说是不准确的。由浆体施加到非球形骨料的阻力取决于其形状与运动方向之间的相对取向。非球形集料不仅要承受与流速平行的阻力，还要承受侧向力，这可能会导致颗粒的旋转和晃动。考虑沉降过程中集料形状的影响是非常复杂的。

上述方程也适用于单一骨料。Bethmont 等[86] 认为多种骨料对稳定性的贡献主要取决于颗粒骨架的固体分数，并报道可以使用骨料粒度与间距的比率来考虑固体分数。Roussel 等[87] 发现当固体体积分数大于 $0.85\phi_{div}$ 时，直接接触力优于悬浮液中的其他颗粒间力，可以近似为最大填充率。

在没有分离的情况下，沉降颗粒相对于悬浮流体的相对速度肯定是零。因此，可以估算出颗粒稳定的临界直径 d_c，如下所示：

$$d_c = \frac{K\tau_0}{|\rho_s - \rho_f|g} \tag{8.12}$$

式中，K 为形状相关因子，对于球体等于 18。

如果颗粒直径小于 $d_c(d < d_c)$，则混凝土是稳定的。如果 $d > d_c$，仍然可以制备稳定的 SCC。稳定体系取决于浆体的骨料分数和流变参数。存在一个临界固体分数（ϕ_c），低于该值时（即 $\phi < \phi_c$）悬浮液不稳定，可以通过下式获得：

$$\phi_c = \frac{\phi_{max}}{\sqrt[3]{\frac{6M\tau_0}{\tau|\rho_s - \rho_f|dg} + 1}} \tag{8.13}$$

式中，M 是一个与形状有关的参数，对于球形颗粒来说，它等于 $3\pi/4$；ϕ_{max} 是骨料的最大随机堆积分数。

因此，混凝土的静态稳定性标准如下[88]：

$$\text{静态稳定性标准}\begin{cases} d < d_c, & \text{不考虑固体分数 } \phi \\ \phi > \phi_c, & \text{如果 } d > d_c \end{cases} \tag{8.14}$$

SCC 的静态稳定性可以通过不同方法进行评估，包括视觉稳定性指数（VSI）、柱式试验、静态筛分试验等。表 8.1 总结了常用的测试方法。

表 8.1 SCC 静态稳定性的评价方法汇总

测试方法	评价参数（基本）	测试方法的特点
视觉稳定性指数[89]	坍落扩展度试验后混合物的外观	主观因素大
硬化后的视觉稳定指数[90]	粗骨料在 SCC 切割面的分布情况	一种简单的质量控制方法，但在一定程度上仍受人为因素的影响
图片分析法[91,92]	粗骨料在 SCC 切割面的分布情况	一种准确定量的方法
柱式试验[89]	集料沉降后装置中上下部分集料数量的差异	测试结果可靠，而测试设备笨重、耗时、费力
快速渗透测试和分离探针[90,93]	SCC 中的渗透深度（上层砂浆的厚度）	该测试方便快捷，但测试结果容易受到骨料含量、形状及其在 SCC 中分布的影响
静态筛分试验	流经筛网的砂浆质量与倒入筛网的 SCC 总质量之比	浇筑的混合物的初始高度对测试结果有很大影响
电导率法	SCC 不同部位的电导率差异	非破坏性精确测试，但只适用于实验室 A
波速分析法[97]	波速随着 SCC 高度的变化而变化	非破坏性测试，可以捕捉整个时期的数据，但只适用于实验室

8.4.2 动态稳定性

与静态稳定性相比，动态稳定性更为复杂，需要考虑混凝土在不同过程中的稳定性，包括搅拌、泵送、浇筑和振动等。一般来说，在 SCC 浇筑过程中可能发生由剪切引起的颗粒迁移，这被称为动态离析，归因于流动过程中形成的剪切率梯度。高剪切率区域的骨料会向低剪切率区域迁移。在不同的浇筑和运输过程中，模拟高速状态和流动距离（如泵送），评估 SCC 的动态偏析对理解颗粒迁移现象有重要意义。由于其相对较低的塑性黏度和屈服应力值，SCC 中的砂浆基质不能提供足够的拖曳力并承载粗骨料。这导致了粗集料的离析，特别是在流动距离较高的情况下。因此，由于动态离析，与浇筑点相比，在流动前端可以观察到较低的粗集料含量。

尽管学者们对水泥基材料流变特性的理论模型开展了广泛的研究，但这些模型还没有被应用到粗集料动态稳定性的评估中。大多数认识仍然是基于实验观察。Cai 等[98] 开发了一个新拌混凝土的三维多相数值模型，以更好地理解振动下的粗集料沉降。基于斯托克斯定律考虑了振动混凝土中粗集料的沉降速率，并通过分段筛分法确定了混合物的标定流变参数。

学者们已经提出了几种方法评估 SCC 在不同过程中的动态稳定性。例如，加压泌水试验主要用于评估泵送过程中的稳定性。视觉稳定性指数和流动性测试[94] 主要用于评估浇筑引起的流动过程中的稳定性。振动与筛分试验主要用于评估振动时的稳定性。SCC 动态稳定性的评价方法汇总见表 8.2。

表 8.2　SCC 动态稳定性的评价方法汇总

动态稳定性	测试方法	评价参数（基础）	测试方法的特点
SCC 在搅拌过程中的稳定性	—	—	—
SCC 在浇筑过程中的稳定性	泄压试验[99]	混凝土在压力下的排水量	估计混凝土在压力梯度下保持均匀性的能力
	跳桌试验[100]	不分离特性，表示对砂沉降阻力	评估混凝土对动态应力的承受能力
	有色混凝土实验[101]	非彩色混凝土和彩色混凝土之间的界面形状	限于短的浇筑长度和低压力
	混凝土剪切试验[102]	剪切层中骨料的迁移和重新分布	只研究了层流中的粗集料迁移问题
	全尺寸浇筑[103,105]	混凝土的流变学特性和泵送压力	一个最有效和可靠的方法，但测试设备和成本太大
	视觉稳定性指数[106]	VSI 值，坍落度测试后混合物的外观	主观因素大
	坍落扩展度测试[107]	试验后骨料径向分布	流动距离短，测试对离析不够敏感
	流动性测试[108]	流经槽的混凝土混合物中粗骨料含量的变化	主要取决于混凝土和设备底部之间的摩擦力
	T-box 测试[109,110]	箱体向下倾斜部分与向上倾斜部分之间的骨料体积差异	对于坍落扩展度很低、流动时间较长的混凝土，其结果不够准确
	动态筛分试验[111]	在 15min 的静止时间内，流经 5mm 方孔筛的砂浆质量与倒入筛子的混凝土总质量之比	不适合现场使用，测试的可重复性仍有疑问
	三室筛试验[112]	粗集料在三室筛中的重量分布情况	方法的有效性需要进一步研究
SCC 在振捣过程中的稳定性	振动筛分试验[113,114]	停止振动后骨料的分离程度	该方法的准确性仍然受到质疑
	该测试监测混凝土中骨料的沉降[115]	骨料的空间位移和沉降速度	一种实时监测方法，但只适用于实验室

一般来说，通过降低砂浆的浆体含量、水胶比和减水剂的用量来增加砂浆基体的稠度，加入黏改剂也可以提高 SCC 的稳定性[116,117]。另一方面，Koura 等[117] 的研究表明，砂浆的黏塑性（屈服应力和塑性黏度）和黏弹性的数值越高，对 SCC 的动态离析影响越积极。

更均匀、更粗的集料粒径分布[110]，以及更低的含砂量[116] 会增加 SCC 的动态离析。Koura 等[117] 的研究表明，粗集料的体积含量与堆积密度之比（ϕ/ϕ_{max}）对 SCC 的动态稳定性起主导作用。Hosseinpoor 等[118] 研究了骨料的形态特征对 SCC 动态稳定性的影响以及剪切引起的颗粒骨架粒度分布的变化。

8.5　本章小结

自从自密实混凝土被发明以来，全世界范围内对 SCC 开展了广泛研究。由于具有高流动性和高稳定性，自密实混凝土已被广泛用于预制工业以节省人力。然而，由于 SCC 对原材料和环境的敏感性，并没有广泛地应用于现场施工。SCC 的研究和应用促进了流变学工具在混凝土科学中的应用。SCC 在新拌特性方面与传统的振捣混凝土完全不同，但具有相同的硬化特性。SCC 的新拌特性与流变学密切相关。具有高黏度和低屈服应力的 SCC 需要使用高效减水剂或超塑化剂和增黏剂。SCC 的配合比设计也主要是基于其流动性。在应用方面，应更多关注 SCC 的模板压力和 SCC 的稳定性控制，这由其流变特性决定。

参 考 文 献

[1] Hayakawa M，Matsuoka Y，Shindoh T. Development and application of superworkable concrete［M］// Peter J M Bartos. Special Concretes-Workability and Mixing. London：CRC Press，1993：185-192.

[2] Kuroiwa S，Matsuoka Y，Hayakawa M，et al. Application of super workable concrete to construction of a 20-story building［J］. ACI Special Publication，1993，140：147-162.

[3] Khayat K H. Viscosity-enhancing admixtures for cement-based materials—An overview［J］. Cement and Concrete Composites，1998，20（2-3）：171-188.

[4] Yuan Q，Liu W，Wang C，et al. Coupled effect of viscosity enhancing admixtures and superplasticizers on rheological behavior of cement paste［J］. Journal of Central South University，2017，24（9）：2172-2179.

[5] Feys D，Verhoeven R，De Schutter G. Fresh self compacting concrete, a shear thickening material ［J］. Cement and Concrete Research，2008，38（7）：920-929.

[6] Okamura H，Ozawa K. Mix design method for self-compactable concrete［J］. Japan Society Civil Engineers，1994，1994（496）：1-8.

[7] Khayat K H，Ghezal A，Hadriche M S. Factorial design model for proportioning self-consolidating concrete ［J］. Materials and Structures，1999，32：679-686.

[8] De Larrard F，Ferraris C F，Sedran T. Fresh concrete：a Herschel-Bulkley material［J］. Materials and structures，1998，31（7）：494-498.

[9] Serdan T，de Larrard F. Optimization of SCC thanks to Packing Model［C］. 1st Int. RILEM Symp. On SCC，Stockholm：RILEM. 1999：333-335.

[10] Wallevik O H，Nielsson I. Self-compacting concrete-a rheological approach［C］. Proceedings of the International Workshop on Self-Compacting Concrete，Kochi University of Technology，Kami，Japan，1998：23-26.

［11］ Domone P. Mortar Tests for Self-Consolidating Concrete ［J］. Concrete International，2006，28（4），39-45.

［12］ Ashish D K，Verma S K. Determination of optimum mixture design method for self-compacting concrete：Validation of method with experimental results ［J］. Construction and Building Materials，2019，217：664-678.

［13］ Yuan Q，Long G，Liu Z，et al. Sealed-space-filling SCC：A special SCC applied in high-speed rail of China ［J］. Construction and Building Materials，2016，124：167-176.

［14］ Heikal M，Zohdy K M，Abdelkreem M. Mechanical，microstructure and rheological characteristics of high performance self-compacting cement pastes and concrete containing ground clay bricks ［J］. Construction and Building Materials，2013，38：101-109.

［15］ Jalal M，Fathi M，Farzad M. Effects of fly ash and TiO_2 nanoparticles on rheological，mechanical，microstructural and thermal properties of high strength self compacting concrete ［J］. Mechanics of Materials，2022，61：11-27.

［16］ Le H T，Kraus M，Siewert K，et al. Effect of macro-mesoporous rice husk ash on rheological properties of mortar formulated from self-compacting high performance concrete ［J］. Construction and Building Materials，2015，80：225-235.

［17］ Safiuddin M，West J S，Soudki K A. Flowing ability of the mortars formulated from self-compacting concretes incorporating rice husk ash ［J］. Construction and Building Materials，2011，25（2）：973-978.

［18］ Le H T，Ludwig H M. Effect of rice husk ash and other mineral admixtures on properties of self-compacting high performance concrete ［J］. Materials & Design，2016，89：156-166.

［19］ Hassan A A A，Lachemi M，Hossain K M A. Effect of metakaolin on the rheology of self-consolidating concrete ［C］. Design，Production and Placement of Self-Consolidating Concrete：Proceedings of SCC2010，Montreal，Canada，September 26-29，2010. Springer Netherlands，2010：103-112.

［20］ Benaicha M，Roguiez X，Jalbaud O，et al. Influence of silica fume and viscosity modifying agent on the mechanical and rheological behavior of self compacting concrete ［J］. Construction and Building Materials，2015，84：103-110.

［21］ Lu C，Yang H，Mei G. Relationship between slump flow and rheological properties of self compacting concrete with silica fume and its permeability ［J］. Construction and Building Materials，2015，75：157-162.

［22］ Ling G，Shui Z，Sun T，et al. Rheological behavior and microstructure characteristics of SCC incorporating metakaolin and silica fume ［J］. Materials，2018，11（12）：2576.

［23］ Kostrzanowska-Siedlarz A，Gołaszewski J. Rheological properties of high performance self-compacting concrete：Effects of composition and time ［J］. Construction and Building Materials，2016，115：705-715.

［24］ Rashad A M. Metakaolin as cementitious material：History，scours，production and composition-A comprehensive overview ［J］. Construction and building materials，2013，41：303-318.

［25］ Vejmelková E，Keppert M，Grzeszczyk S，et al. Properties of self-compacting concrete mixtures containing metakaolin and blast furnace slag ［J］. Construction and Building Materials，2011，25（3）：1325-1331.

［26］ Jiao D，Shi C，Yuan Q，et al. Effect of constituents on rheological properties of fresh concrete-A review ［J］. Cement and concrete composites，2017，83：146-159.

[27] Pal S C, Mukherjee A, Pathak S R. Investigation of hydraulic activity of ground granulated blast furnace slag in concrete [J]. Cement and concrete research, 2003, 33 (9): 1481-1486.

[28] Sethy K P, Pasla D, Sahoo U C. Utilization of high volume of industrial slag in self compacting concrete [J]. Journal of Cleaner Production, 2016, 112: 581-587.

[29] Boukendakdji O, Kadri E H, Kenai S. Effects of granulated blast furnace slag and superplasticizer type on the fresh properties and compressive strength of self-compacting concrete [J]. Cement and concrete composites, 2012, 34 (4): 583-590.

[30] Alberti M G, Enfedaque A, Gálvez J C. The effect of fibres in the rheology of self-compacting concrete [J]. Construction and building materials, 2019, 219: 144-153.

[31] da Silva M A, Pepe M, de Andrade R G M, et al. Rheological and mechanical behavior of high strength steel fiber-river gravel self compacting concrete [J]. Construction and Building Materials, 2017, 150: 606-618.

[32] Huang F, Li H, Yi Z, et al. The rheological properties of self-compacting concrete containing superplasticizer and air-entraining agent [J]. Construction and Building Materials, 2018, 166: 833-838.

[33] Du L, Folliard K J. Mechanisms of air entrainment in concrete [J]. Cement and concrete research, 2005, 35 (8): 1463-1471.

[34] Chia K S, Zhang M H. Effect of chemical admixtures on rheological parameters and stability of fresh lightweight aggregate concrete [J]. Magazine of Concrete Research, 2004, 56 (8): 465-473.

[35] Andersen P J, Roy D M, Gaidis J M. The effect of superplasticizer molecular weight on its adsorption on, and dispersion of, cement [J]. Cement and Concrete Research, 1988, 18 (6): 980-986.

[36] Mardani-Aghabaglou A, Tuyan M, Yılmaz G, et al. Effect of different types of superplasticizer on fresh, rheological and strength properties of self-consolidating concrete [J]. Construction and Building Materials, 2013, 47: 1020-1025.

[37] Ma B, Wang H. Rheological properties of self-compacting concrete paste containing chemical admixtures [J]. Journal of Wuhan University of Technology-Mater. Sci. Ed., 2013, 28 (2): 291-297.

[38] Ferrari L, Kaufmann J, Winnefeld F, et al. Interaction of cement model systems with superplasticizers investigated by atomic force microscopy, zeta potential, and adsorption measurements [J]. Journal of colloid and interface science, 2010, 347 (1): 15-24.

[39] Benaicha M, Alaoui A H, Jalbaud O, et al. Dosage effect of superplasticizer on self-compacting concrete: Correlation between rheology and strength [J]. Journal of Materials Research and Technology, 2019, 8 (2): 2063-2069.

[40] Schmidt W, Brouwers H J H, Kühne H C, et al. Influences of superplasticizer modification and mixture composition on the performance of self-compacting concrete at varied ambient temperatures [J]. Cement and Concrete Composites, 2014, 49: 111-126.

[41] Ahari R S, Erdem T K, Ramyar K. Thixotropy and structural breakdown properties of self consolidating concrete containing various supplementary cementitious materials [J]. Cement and Concrete Composites, 2015, 59: 26-37.

[42] Revilla-Cuesta V, Skaf M, Faleschini F, et al. Self-compacting concrete manufactured with recycled concrete aggregate: An overview [J]. Journal of Cleaner Production, 2020, 262: 121362.

[43] González-Taboada I, González-Fonteboa B, Martínez-Abella F, et al. Thixotropy and interlayer bond

strength of self-compacting recycled concrete [J]. Construction and building materials, 2018, 161: 479-488.

[44] Gonz ález-Taboada I, González-Fonteboa B, Eiras-López J, et al. Tools for the study of self-compacting recycled concrete fresh behaviour: Workability and rheology [J]. Journal of Cleaner Production, 2017, 156: 1-18.

[45] Singh R B, Singh B. Rheological behaviour of different grades of self-compacting concrete containing recycled aggregates [J]. Construction and Building Materials, 2018, 161: 354-364.

[46] Rashwan S, AbouRizk S. Research on an alternative method for reclaiming leftover concrete [J]. Concrete International, 1997, 19 (7) 56-60.

[47] González-Taboada I, González-Fonteboa B, Martínez-Abella F, et al. Analysis of rheological behaviour of self-compacting concrete made with recycled aggregates [J]. Construction and Building Materials, 2017, 157: 18-25.

[48] González-Taboada I, González-Fonteboa B, Martínez-Abella F, et al. Self-Consolidating Recycled Concrete: Rheological Behavior Over Time [J]. ACI Materials Journal, 2020, 117 (1): 3-14.

[49] González-Taboada I, González-Fonteboa B, Martínez-Abella F, et al. Robustness of self-compacting recycled concrete: analysis of sensitivity parameters [J]. Materials and Structures, 2018, 51: 1-10.

[50] Singh R B, Kumar N, Singh B. Effect of supplementary cementitious materials on rheology of different grades of self-compacting concrete made with recycled aggregates [J]. Journal of Advanced Concrete Technology, 2017, 15 (9): 524-535.

[51] Carro-López D, Gonz ález-Fonteboa B, De Brito J, et al. Study of the rheology of self-compacting concrete with fine recycled concrete aggregates [J]. Construction and Building Materials, 2015, 96: 491-501.

[52] Carro-López D, González-Fonteboa B, Martínez-Abella F, et al. Proportioning, fresh-state properties and rheology of self-compacting concrete with fine recycled aggregates [J]. Hormigón y acero, 2018, 69 (286): 213-221.

[53] Behera M, Minocha A K, Bhattacharyya S K, et al. Rheology study of fresh self-compacting concrete made using recycled fine aggregates [C]. Rheology and Processing of Construction Materials: RheoCon2 & SCC9 2. Springer International Publishing, 2020: 467-475.

[54] Güneyisi E, Gesoglu M, Algın Z, et al. Rheological and fresh properties of self-compacting concretes containing coarse and fine recycled concrete aggregates [J]. Construction and Building Materials, 2016, 113: 622-630.

[55] Bahrami N, Zohrabi M, Mahmoudy S A, et al. Optimum recycled concrete aggregate and micro-silica content in self-compacting concrete: Rheological, mechanical and microstructural properties [J]. Journal of building Engineering, 2020, 31: 101361.

[56] Ahari R S, Erdem T K, Ramyar K. Effect of various supplementary cementitious materials on rheological properties of self-consolidating concrete [J]. Construction and Building Materials, 2015, 75: 89-98.

[57] Güneyisi E, Gesoglu M, Al-Goody A, et al. Fresh and rheological behavior of nano-silica and fly ash blended self-compacting concrete [J]. Construction and Building Materials, 2015, 95: 29-44.

[58] Diamantonis N, Marinos I, Katsiotis M S, et al. Investigations about the influence of fine additives on the viscosity of cement paste for self-compacting concrete [J]. Construction and Building Materials,

2010，24（8）：1518-1522.

[59]　Durgun M Y，Atahan H N. Rheological and fresh properties of reduced fine content self-compacting concretes produced with different particle sizes of nano SiO2 [J]. Construction and Building Materials，2017，142：431-443.

[60]　de Matos P R，de Oliveira A L，Pelisser F，et al. Rheological behavior of Portland cement pastes and self-compacting concretes containing porcelain polishing residue [J]. Construction and building materials，2018，175：508-518.

[61]　Yahia A. Shear-thickening behavior of high-performance cement grouts—Influencing mix-design parameters [J]. Cement and concrete research，2011，41（3）：230-235.

[62]　Ma K，Feng J，Long G，et al. Effects of mineral admixtures on shear thickening of cement paste [J]. Construction and Building Materials，2016，126：609-616.

[63]　Guo Y，Zhang T，Wei J，et al. Evaluating the distance between particles in fresh cement paste based on the yield stress and particle size [J]. Construction and building materials，2017，142：109-116.

[64]　Sua-Iam G，Sokrai P，Makul N. Novel ternary blends of Type 1 Portland cement，residual rice husk ash，and limestone powder to improve the properties of self-compacting concrete [J]. Construction and Building Materials，2016，125：1028-1034.

[65]　Ouldkhaoua Y，Benabed B，Abousnina R，et al. Rheological properties of blended metakaolin self-compacting concrete containing recycled CRT funnel glass aggregate [J]. Journal of Silicate Based and Composite Materials，2019，71（5）：154-161.

[66]　Güneyisi E，Gesoglu M，Naji N，et al. Evaluation of the rheological behavior of fresh self-compacting rubberized concrete by using the Herschel-Bulkley and modified Bingham models [J]. Archives of civil and mechanical engineering，2016，16：9-19.

[67]　Benabed B，Kadri E H，Azzouz L，et al. Properties of self-compacting mortar made with various types of sand [J]. Cement and Concrete Composites，2012，34（10）：1167-1173.

[68]　Blankson M A，Erdem S. Comparison of the effect of organic and inorganic corrosion inhibitors on the rheology of self-compacting concrete [J]. Construction and Building Materials，2015，77：59-65.

[69]　Jiao D，De Schryver R，Shi C，et al. Thixotropic structural build-up of cement-based materials：A state-of-the-art review [J]. Cement and Concrete Composites，2021，122：104152.

[70]　Ovarlez G，Roussel N. A physical model for the prediction of lateral stress exerted by self-compacting concrete on formwork [J]. Materials and Structures，2006，39：269-279.

[71]　Roussel N. Rheology of fresh concrete：from measurements to predictions of casting processes [J]. Materials and Structures，2007，40（10）：1001-1012.

[72]　Rahman M K，Baluch M H，Malik M A. Thixotropic behavior of self compacting concrete with different mineral admixtures [J]. Construction and building materials，2014，50：710-717.

[73]　Roussel N，Cussigh F. Distinct-layer casting of SCC：The mechanical consequences of thixotropy [J]. Cement and Concrete Research，2008，38（5）：624-632.

[74]　Ahari R S，Erdem T K，Ramyar K. Time-dependent rheological characteristics of self-consolidating concrete containing various mineral admixtures [J]. Construction and Building Materials，2015，88：134-142.

[75]　Singh R B，Singh B，Kumar N. Thixotropy of self-compacting concrete containing recycled aggregates [J]. Magazine of Concrete Research，2019，71（1）：14-25.

[76]　Feys D，Verhoeven R，De Schutter G. Fresh self compacting concrete，a shear thickening material [J]. Cement and Concrete Research，2008，38（7）：920-929.

[77]　Gesoglu M，Güneyisi E，Ozturan T，et al. Shear thickening intensity of self-compacting concretes containing rounded lightweight aggregates [J]. Construction and Building Materials，2015，79：40-47.

[78]　Omran A F，Khayat K H. Choice of thixotropic index to evaluate formwork pressure characteristics of self-consolidating concrete [J]. Cement and concrete research，2014，63：89-97.

[79]　Billberg P. Understanding formwork pressure generated by fresh concrete [M]// Rousselo N. Understanding the Rheology of Concrete. Cambridge：Woodhead Publishing，2012：296-330.

[80]　Geiker M，Jacobsen S. Self-compacting concrete（SCC）[M]. Developments in the Formulation and Reinforcement of Concrete，Woodhead Publishing，2019：229-256.

[81]　Kim J H，Noemi N，Shah S P. Effect of powder materials on the rheology and formwork pressure of self-consolidating concrete [J]. Cement and Concrete Composites，2012，34（6）：746-753.

[82]　Kim J H，Beacraft M，Shah S P. Effect of mineral admixtures on formwork pressure of self-consolidating concrete [J]. Cement and Concrete Composites，2010，32（9）：665-671.

[83]　Gardner N J，Keller L，Quattrociocchi R，et al. Field investigation of formwork pressures using self-consolidating concrete [J]. Concrete international，2012，34（1）．

[84]　Khayat K H，Omran A F. Field validation of SCC formwork pressure prediction models [J]. Concrete international，2011，33（6）：33-39.

[85]　Perrot A，Amziane S，Ovarlez G，et al. SCC formwork pressure：influence of steel rebars [J]. Cement and Concrete Research，2009，39（6）：524-528.

[86]　Bethmont S，Schwartzentruber L D A，Stefani C，et al. Contribution of granular interactions to self compacting concrete stability：Development of a new device [J]. Cement and Concrete Research，2009，39（1）：30-35.

[87]　Roussel N，Lemaître A，Flatt R J，et al. Steady state flow of cement suspensions：A micromechanical state of the art [J]. Cement and Concrete Research，2010，40（1）：77-84.

[88]　Roussel N. A thixotropy model for fresh fluid concretes：Theory，validation and applications [J]. Cement and concrete research，2006，36（10）：1797-1806.

[89]　ASTM International. Standard Test Method for Rapid Assessment of Static Segregation Resistance of self-Consolidating Concrete Using Penetration Test [S]. West Conshohocken，2014.

[90]　Shen L，Struble L，Lange D. Testing static segregation of SCC [C]. SCC2005，Proceedings of the 2nd North American Conference on The Design and Use of SCC，November，2005：1-3.

[91]　Shen L. Role of aggregate packing in segregation resistance and flow behavior of self-consolidating concrete [D]. Urbana-Champaign：University of Illinois at Urbana-Champaign，2007.

[92]　Nili M，Razmara M，Sadeghi M，et al. Automatic image analysis process to appraise segregation resistance of self-consolidating concrete [J]. Magazine of Concrete Research，2018，70（8）：390-399.

[93]　ASTM International. Standard test method for static segregation of self-consolidating concrete using column technique [S]. West Conshohocken，2014.

[94]　JGJ/T 283—2012. Technical specification for application of self-compacting concrete [S]. China Architecture and Building Press，BeiJing，2012.

[95]　Nili M，Razmara M. Proposing a new apparatus to assess the properties of self-consolidating concrete

[J]. Journal of Testing and Evaluation，2020，48（4）：3188-3201.

[96] Khayat K H，Pavate T V，Assaad J，et al. Analysis of variations in electrical conductivity to assess stability of cement-based materials [J]. Materials Journal，2003，100（4）：302-310.

[97] Naji S，Khayat K H，Karray M. Assessment of static stability of concrete using shear wave velocity approach [J]. ACI Materials Journal，2017，114（1）：105.

[98] Cai Y，Liu Q，Yu L，et al. An experimental and numerical investigation of coarse aggregate settlement in fresh concrete under vibration [J]. Cement and Concrete Composites，2021，122：104153.

[99] Browne R D，Bamforth P B. Tests to establish concrete pumpability [C]. Journal Proceedings，1977，74（5）：193-203.

[100] Chalimo T，Touloupov N，Markovskiy M. Osobennosti trouboprovodnogo transporta betonnikh cmeceiy betononaçoçami [J]. Minsk，Edition Stroikniga，1989.

[101] Jacobsen S，Haugan L，Hammer T A，et al. Flow conditions of fresh mortar and concrete in different pipes [J]. Cement and Concrete Research，2009，39（11）：997-1006.

[102] 武斌. 流变特性对新拌混凝土稳定性的影响 [D]. 北京：中国建筑材料科学研究总院，2019.

[103] Kaplan D，De Larrard F，Sedran T. Avoidance of blockages in concrete pumping process [J]. ACI Materials journal，2005，102（3）：183.

[104] Choi M S，Kim Y J，Jang K P，et al. Effect of the coarse aggregate size on pipe flow of pumped concrete [J]. Construction and Building Materials，2014，66：723-730.

[105] Secrieru E，Cotardo D，Mechtcherine V，et al. Changes in concrete properties during pumping and formation of lubricating material under pressure [J]. Cement and Concrete Research，2018，108：129-139.

[106] ASTM International Committee C09 on Concrete and Concrete Aggregates. Standard Test Method for Slump Flow of Self-consolidating Concrete1 [S]. ASTM international，2014.

[107] Tregger N，Gregori A，Ferrara L，et al. Correlating dynamic segregation of self-consolidating concrete to the slump-flow test [J]. Construction and Building Materials，2012，28（1）：499-505.

[108] Shen L，Jovein H B，Sun Z，et al. Testing dynamic segregation of self-consolidating concrete [J]. Construction and Building materials，2015，75：465-471.

[109] Esmaeilkhanian B，Feys D，Khayat K H，et al. New test method to evaluate dynamic stability of self-consolidating concrete [J]. ACI Materials Journal，2014，111（3）：299-308.

[110] Esmaeilkhanian B，Khayat K H，Yahia A，et al. Effects of mix design parameters and rheological properties on dynamic stability of self-consolidating concrete [J]. Cement and Concrete Composites，2014，54：21-28.

[111] Alami M M，Erdem T K，Khayat K H. Development of a new test method to evaluate dynamic stability of self-consolidating concrete [C]. SCC2016-8th International RILEM Symposium on Self-Compacting Concrete. 2016：113-122.

[112] Gökçe H S，Andiç-Çakır Ö. A new method for determination of dynamic stability of self-consolidating concrete：3-Compartment sieve test [J]. Construction and Building Materials，2018，168：305-312.

[113] Safawi M I，Iwaki I，Miura T. The segregation tendency in the vibration of high fluidity concrete [J]. Cement and Concrete Research，2004，34（2）：219-226.

[114] Chia K S，Chen-Chung K，Min-Hong Z. Stability of fresh lightweight aggregate concrete under vibration [J]. ACI materials journal，2005，102 (5)：347.

[115] Petrou M F，Harries K A，Gadala-Maria F，et al. A unique experimental method for monitoring aggregate settlement in concrete [J]. Cement and Concrete Research，2000，30 (5)：809-816.

[116] Ley-Hernández A M，Feys D. How Rheology Governs Dynamic Segregation of Self-Consolidating Concrete [J]. ACI Materials Journal，2019，116 (3)：131-140.

[117] Koura B I O，Hosseinpoor M，Yahia A. Coupled effect of fine mortar and granular skeleton characteristics on dynamic stability of self-consolidating concrete as a diphasic material [J]. Construction and Building Materials，2020，263：120131.

[118] Hosseinpoor M，Koura B I O，Yahia A. Rheo-morphological investigation of static and dynamic stability of self-consolidating concrete：A biphasic approach [J]. Cement and Concrete Composites，2021，121：104072.

第 9 章

其他水泥基材料的流变学

为响应对全球可持续发展理念的号召，寻找对环境影响小的可替代硅酸盐水泥的胶凝材料一直是水泥混凝土领域的首要任务。其中，碱激发材料被认为是 21 世纪最有潜力的替代材料。此外，为了满足实际工程的需要，人们研发了许多新型的水泥基复合材料，例如水泥浆回填材料和纤维增强水泥基材料。然而，可替代的胶凝材料和新型水泥基材料的流变行为通常与硅酸盐水泥混凝土的流变行为差异很大。本章将介绍三种水泥基材料的流变学，即碱激发材料、水泥浆回填材料和纤维增强水泥基材料。

9.1 碱激发材料（AAMs）的流变学

9.1.1 引言

碱激发材料（AAMs）已逐渐被学术界和工业界认定为波特兰水泥基材料（PCMs）的有效替代品。AAMs 由各种前驱体和激发剂组成，可通过激发具有反应性的固体铝硅酸盐来制备。此外，AAMs 的研发改善了水泥工业对环境的不利影响，降低了原材料生产的能源消耗和 CO_2 排放[1]。然而，AAMs 中使用的硅酸钠会导致较高的 CO_2 排放和地表水酸化，这将降低其环境效益[2]。因此，需要更合理的配合比设计方案。为了更好地控制 AAMs 的工作性，必须充分了解组成因素对其流变性能的影响。本节介绍了激发剂和前驱体的性质和用量对 AAMs 流变性能的影响。这将为今后在现场应用中更好地控制这种新型可持续材料提供指导。

Bingham 模型、改进 Bingham 模型和 Herschel-Bulkley（H-B）模型是描述水泥基材料流变行为的最常用模型[3]。表 9.1 总结了由各类前驱体、激发剂和矿物掺合料/外加剂制备的 AAMs 的流变学模型和特点。显然，Bingham 模型、改进 Bingham 模型和 H-B 模型可以从经验上表征 AAMs 的流变特性。然而，不同体系的适用性不同。碱激发剂的碱度控制着前驱体颗粒的溶解行为，碱阳离子起着电荷平衡的作用，而激发剂中的阴离子基团（尤其是硅酸盐物种）的聚合程度和其在前驱体颗粒表面的吸附状态，可能会影响粒子之间的相互作用。这些机制决定了激发剂对 AAMs 流变行为的影响。一般来说，Bingham 模型适用于氢氧化钠激发的浆体，而 H-B 模型更适用于硅酸钠激发的浆体[4]。此外，Bingham 模型似乎对 NaOH 和硅酸钠激发的砂浆与混凝土均适用，与水泥基砂浆和混凝土类似[5]。改进 Bingham 模型不仅可描述偏离 Bingham 流体的非线性行为，而且在低剪切速率区域具有与 H-B 模型类似的变维参数，其没有数学限制[3]。然而，它却极少被用于描述 AAMs 的流变行为。

除激发剂外，初始铝硅酸盐的来源和成分也会对 AAMs 的流变行为产生显著影响。由于偏高岭土的板状颗粒和高比表面积的影响，碱激发偏高岭土体系通常表现出较高的黏度和表观屈服应力[6]，这意味着需要合适的激发剂和足够的水来确保其良好的工作性[7]。据报道，碱激发粉煤灰浆体表现为宾汉姆流体[8]，而碱激发粉煤灰-矿渣复合体系的流变行为却更符合 H-B 模型[9]。这些流变学形态与前驱体颗粒粒径、溶解行为和反应性，以及初始沉淀凝胶的差异有关。下面将详细讨论组成因素对 AAMs 流变性的影响。

表 9.1　不同 AAMs 的流变学模型和特点[10]

模型	激发剂	前驱体	外加剂/掺合料	相关系数(R^2)	曲线特征
Bingham 模型	硅酸钠	矿渣（混凝土）	—	0.965~0.997	高触变性；$60 \leqslant \tau_0 \leqslant 220$；$88 \leqslant \mu \leqslant 99.5$
	氢氧化钠				低触变性；$175 \leqslant \tau_0 \leqslant 375$；$57 \leqslant \mu \leqslant 84$
	硅酸钠	粉煤灰（混凝土）	两种高效减水剂	0.973~0.987	触变性随外加剂剂量增加而降低；$25 \leqslant \tau_0 \leqslant 120$；$80 \leqslant \mu \leqslant 115$
H-B 模型	硅酸钠	矿渣	—	—	高触变性；$5 \leqslant \tau_0 \leqslant 87.5$
		粉煤灰＋矿渣	—	>0.99876	$9.43 \leqslant \tau_0 \leqslant 96.86$；$0.81 \leqslant n \leqslant 1.38$；$0.21 \leqslant K \leqslant 3.66$；$659 \leqslant$ 触变环面积 $\leqslant 7113$
改进 Bingham 模型	硅酸钠	矿渣＋钢渣	稳定剂	0.968~0.998	$0.339 \leqslant \tau_0 \leqslant 3.439$；$0.004 \leqslant c/\mu \leqslant 0.02$
		矿渣＋玻璃粉＋铝酸钙水泥	—		$1.47 \leqslant \tau_0 \leqslant 12.72$；$1.18 \leqslant \mu \leqslant 13.85$
	氢氧化钠	粉煤灰	—	—	$3.3 \leqslant \tau_0 \leqslant 37$；$-0.0087 \leqslant c/\mu \leqslant 0$

注：τ_0 为动态屈服应力，Pa；μ 为塑性黏度，Pa·s；触变环面积，Pa/s；K 为稠度系数。

9.1.2　碱激发剂对 AAMs 流变学的影响

碱激发剂的性质和用量显著影响着 AAMs 的反应过程、微观结构和性能。因此，激发剂是控制 AAMs 浆体流变行为的关键。碱激发剂按化学成分可分为六大类：苛性碱、非硅酸类弱酸盐、硅酸盐、铝酸盐、铝硅酸盐、非硅酸类强酸盐。其中，钠基激发剂是最广泛使用且最具成本效益的，而钾基激发剂也已被用于实验室研究。本节将讨论 NaOH/KOH、$Na_2O \cdot nSiO_2$ 激发剂对 AAMs 流变特性的影响。

9.1.2.1　NaOH/KOH

(1) 离子性质

AAMs 中最常用的苛性碱激发剂是 NaOH 和 KOH 溶液。据报道，用 NaOH 溶液制备的 AAMs 浆体通常比用 KOH 的浆体具有更高的屈服应力和塑性黏度[8]。例如，与 KOH 激发粉煤灰浆体相比，相同物质的量浓度 NaOH 激发的浆体表现出较高的屈服应力和塑性黏度[8]。这是由于 K^+ 的电荷密度较低，产生了较低的离子偶极力和溶液黏度[11]。不管激发剂剂量如何，吸附在带负电颗粒表面的 Na^+ 浓度较低。相比之下，颗粒表面的 K^+ 吸附较多，这会降低范德华力，增加带电粒子间的双层斥力，从而有助于降低屈服应力。而 Na^+ 更倾向与水结合，从而消耗更多的自由水。

(2) 浓度

碱浓度是影响 AAMs 流变性的另一个重要因素。表 9.2 总结了 NaOH 浓度对 AAMs 流变特性的影响。由于较高的溶解度和电离度，含较高 NaOH 浓度的浆体出现更负的 Zeta 电位值（$-7.28mV$）[12]。然而，NaOH 浓度对不同 AAMs 体系的流变响应变化趋势的影响有所不同。由于炉渣的反应性较高，其溶解速度比粉煤灰快。因此，钙铝硅酸盐玻璃结构中由改性阳离子（例如 Ca^{2+}）和非桥氧形成的离子键更容易溶解，导致早期炉渣中 Ca^{2+} 的释放[13]。由于 Ca^{2+} 的重吸附，Zeta 电位变得不那么负。然而，硅酸盐和铝酸盐可能部分被低电荷阳离子取代。这两种机制决定了最终的 Zeta 电位值，这与悬浮液稀释程度和反应时间有关。此外，在早期粉煤灰-矿渣复合体系中占主导地位的 N-A-S-H 凝胶的水结合能力弱于矿渣体系中主导的 C-A-S-H 凝胶的水结合能力，因此复合体系中的水自由度较高[14]，但这种效应可能不如静电斥力显著。

表 9.2　NaOH 浓度对不同前驱体制备的 AAMs 流变性能的影响[10]

前驱体	水胶比或液固比（按质量）	NaOH 浓度/(mol/L)	临界浓度/(mol/L)	主要特征
粉煤灰	0.25	8；10	—	τ_0 随浓度增加而轻微降低
	0.35	4；8	—	τ_0 和 μ 随浓度增加而增加
	0.45	1；2	—	τ_0 随浓度增加而增加
矿渣	0.55	2.57；3.37；4.13	3.37	τ_0 随着浓度（<3.37mol/L）的增加而减小，然后增加；μ 随浓度增加而增加
矿渣＋粉煤灰	0.6	0.83；1.67；2.5；3.33；4.17；5；5.83；6.67	4.17	G' 的增长率随浓度（<4.17mol/L）的增加而增加
	0.5	1；2；3；4；5；6；7；8	—	τ_0 和 μ 随浓度的升高而降低

回顾文献，发现可能存在一个临界 NaOH 浓度，可显著改变 AAMs 的流变特性，尤其是黏弹性的发展。这主要是因为 OH^- 起到化学驱动作用，刺激固体铝硅酸盐的溶解。然

而，Na^+ 必须位于四面体配位结构的空隙中，以补偿由于 Al^{3+} 取代 Si^{4+} 而产生的电荷[15]。因此，离子浓度影响溶解和缩聚动力学之间的竞争，从而影响黏弹性的发展。

图 9.1 表明，7mol/L 的 NaOH 浓度是一个临界值，低于该临界值时，碱激发粉煤灰（AAFA）浆体的屈服应力、储能模量（G'）和刚化速率随着浓度的增加而增加，而高于该临界值时，这些流变参数则呈下降趋势[16]。溶解和缩聚反应的竞争可能是这种现象的合理解释。一方面，较低 NaOH 浓度可同时加速溶解和缩聚动力学。另一方面，在高 NaOH 浓度环境中，溶解作用占主导地位，产生更多带负电的单体，从而导致粒子之间产生显著的排斥作用[16]。然而，前驱体的性质也可能影响 NaOH 浓度的临界值。

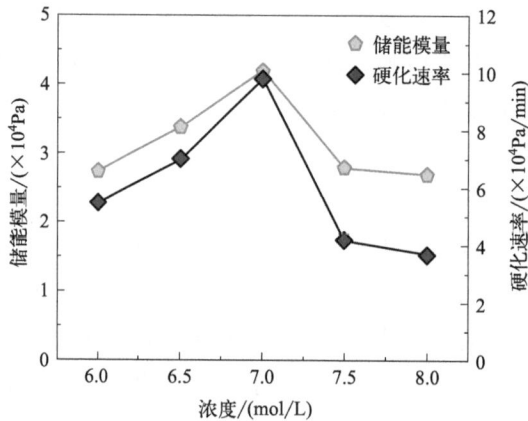

图 9.1　NaOH 浓度对碱激发粉煤灰浆体储能模量和硬化速率的影响[16]

如前所述，矿渣中较高的 CaO 含量和较低的玻璃体聚合度更有利于溶解，从而产生比 FA 更高的反应速率[13]。这意味着与 AAFA 相比，矿渣的引入加快原料体系的溶解速度。因此，实现溶解和凝胶沉淀平衡所需的碱度降低，即临界 NaOH 浓度降低。此外，尽管 NaOH 浓度的增加促进了 Si—O—Na 键的形成，但由于颗粒表面的早期水化产物沉淀，过高的浓度是不利的。Xie 等指出，8.87mol/L NaOH 是一个阈值：在该阈值以下，碱激发磷渣（AAPS）的黏弹性转变时间（从黏性向弹性转变）随着 NaOH 浓度的增加而延迟[17]。由于静电斥力的增强，分散性变好和水化率降低可能是造成这种现象的原因。在该阈值以上，黏弹性转变随着 NaOH 浓度的增加而加速，可归因于高度交联凝胶的快速生成和静电斥力的降低。

9.1.2.2　硅酸钠/硅酸钾

(1) 离子性质和添加激发剂方式

由于塑化效应，用硅酸钠制备的 AAMs 通常表现出更好的工作性，其屈服应力低于 PCMs 和 NaOH 激发体系[18]。如图 9.2 所示，与 NaOH 激发的体系相比，含有硅酸钠的悬浮液的体系屈服应力较低。Kashani 等报道，由于矿渣表面硅醇基团脱质子化，NaOH/KOH-矿渣体系和水玻璃-矿渣体系的初始 Zeta 电位均为负值[19]。然而，随着激发剂浓度增加，NaOH/KOH-矿渣系的 Zeta 电位由负变为正，这意味着双电层斥力先减小后增大。相比之下，水玻璃-矿渣体系的 Zeta 电位变得更负[19]。这是由于硅酸盐低聚物吸附在矿渣颗粒表面，导致溶液中 Ca^{2+} 的溶解不足，从而引起更大的双电层斥力。因此，硅酸钠-粉煤灰浆体的屈服应力低于 NaOH-粉煤灰浆体的屈服应力[8]。激发剂中硅酸盐的吸附增加了粉煤灰颗粒表面总的负电荷，增强了颗粒之间的斥力，从而减少颗粒的絮凝[20]。

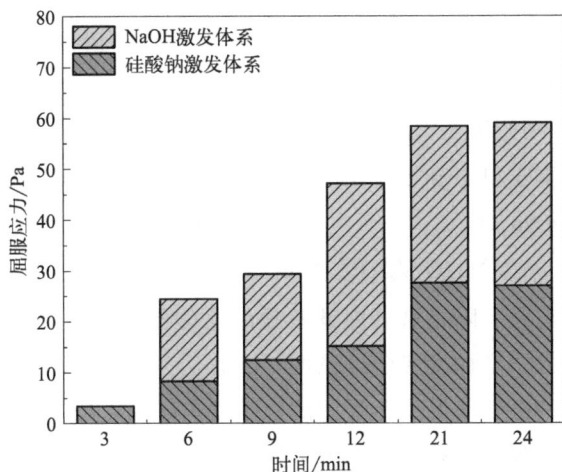

图 9.2　NaOH 和硅酸钠激发矿渣悬浮液屈服应力演变的比较[4]

有研究表明硅酸钠-矿渣悬浮液具有明显的触变性特征[4]。这一特性主要体现在触变材料的破坏和重建，很大程度上与流动历史和静止时间有关[21]。触变性可以通过触变滞回曲线（定性）[21] 和触变指数（定量）[22] 来衡量。图 9.3 为分别用硅酸钠和 NaOH 激发矿渣浆体的触变滞回曲线。可以看出来，与 NaOH 激发的体系相比，硅酸钠-矿渣浆体具有更大的触变滞回环面积和更高的剪切应力，尤其在第一个剪切循环中[4]。这主要归因于初始 C-A-S-H 凝胶的快速形成，并在颗粒间产生胶体力。然而，这种胶体力会受到连续剪切的破坏，因此长时间搅拌将改善硅酸钠-矿渣混凝土的工作性[5]。

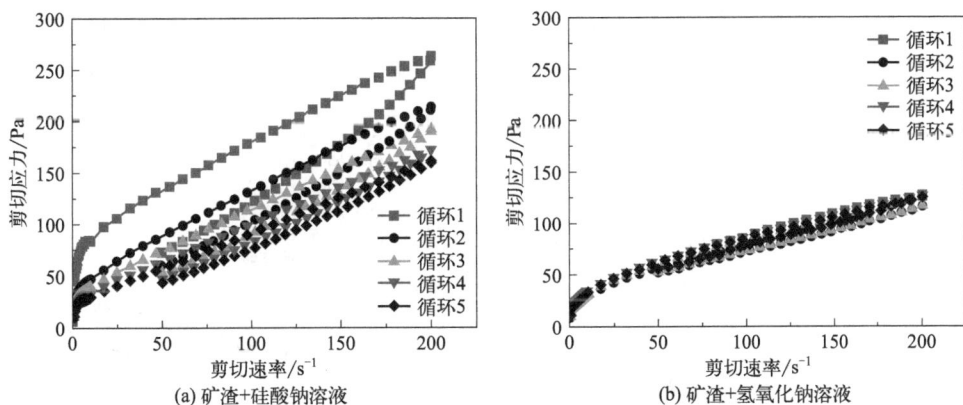

图 9.3　碱激发矿渣浆体的触变滞回曲线[4]

Poulesquen 等展开了应变扫描试验，以研究由 NaOH/KOH 和两种类型的二氧化硅合成的硅酸盐溶液对偏高岭土（MK）体系聚合过程中黏弹性参数（包括储能模量 G'、损耗模量 G''、损耗因子 $\tan\delta = G''/G'$）的影响[11]。尽管 NaOH 的碱性较弱，但它可以更好地溶解

MK，因此体系表现出更快的反应速率。K$^+$与水的结合较弱，更倾向于与带负电的硅酸盐结合，从而对冷凝过程产生干扰作用[11]。然而，与 NaOH-MK 体系相比，由于 K$^+$与溶解的 Si 和 Al 四面体单体之间的相互作用更强，在 KOH-MK 体系中测得的 tanδ 更小，表明结构更为刚性[23]。而较小的 Na$^+$有较高的电荷密度，可强烈地吸引和保留水分子的水合层。

固态硅酸钠比液态硅酸钠激发的体系具有更高的屈服应力和塑性黏度。固态硅酸钠的溶解反应导致用作润滑剂的自由水减少，额外的溶解热也将促进矿渣-粉煤灰体系中凝胶的形成[24]。这种流变特性似乎使固态硅酸钠比液态硅酸钠更适合制备基于挤出的 3D 打印砂浆。另外，已有一些研究侧重于单组分 AAMs 和流变行为和流动性。

（2）模数（nSiO$_2$/nNa$_2$O）

Mehdizadeh 等发现，当 Na$_2$O/Al$_2$O$_3$ 摩尔比恒定为 1.0 时，碱激发磷渣浆体的屈服应力随着硅酸钠模量的增加而下降，这可由硅酸盐的塑化效应来解释[25]。结果表明，增加模数可降低浆体的屈服应力、增稠率和塑性黏度。因此，为了获得满意的触变性能，降低模数更有利于确保碱-矿渣基 3D 打印混凝土层间的稳定性。然而，也有学者发现增加硅酸钠的模数会导致粉煤灰浆体的表观黏度和屈服应力增加[8]。

在粉煤灰＋矿渣（FA/SL＝9：1）灌浆体系中，随着模数从 1.4 增加到 1.8，塑性黏度降低[26]。此外，在矿渣＋粉煤灰复合浆体（FA/SL＝5：5）中，当模数从 0.4 增加到 1.6 时，屈服应力和触变滞回环面积分别降低约 76％和 83％[9]。这可能是由于高液固比下低模数（1.4）悬浮液的高碱度和高电离度，促进了溶解及聚合作用，从而导致较高的塑性黏度。低模数（0＜Ms≤0.4）和高模数（0.4＜Ms≤1.4）在对浆体结构构建的影响上存在很大差异。模数较低的浆体表现出较高的初始 G'，随后结构构建速率缓慢增加；而高模数则导致结构形成延迟，后期构建速率迅速增加[9]。相比之下，低模数水玻璃具有较高的碱度，可促进混合物中的早期溶解和凝胶沉淀，导致较高的初始 G'。因此，前驱体颗粒表面沉淀出的凝胶可能会阻碍进一步的反应。

图 9.4 展示了不同文献中 AAMs 屈服应力和塑性黏度与所使用的激发剂模数之间的关系。通常，当激发剂的模数低于 1.2 左右时，电离度较高，硅酸盐低聚物的塑化效果好，因

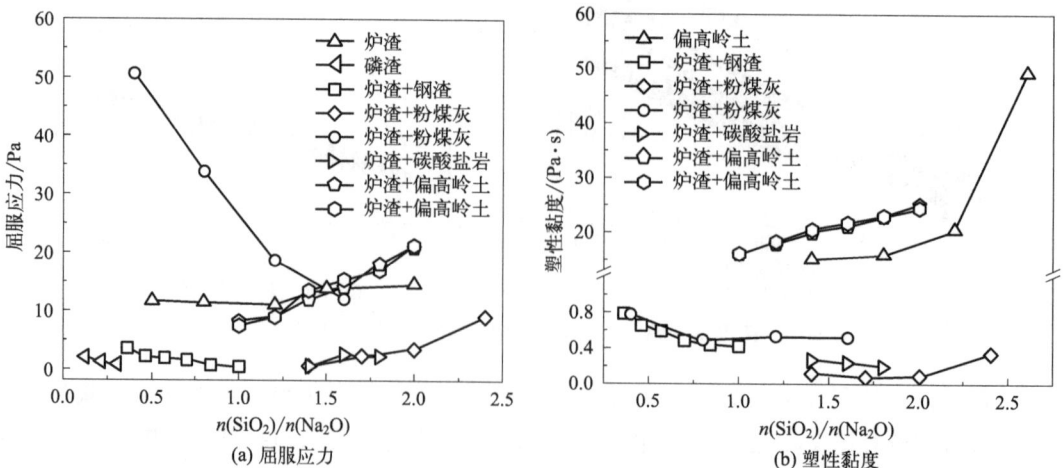

(a) 屈服应力　　(b) 塑性黏度

图 9.4　在首个剪切循环时模数对不同 AAMs 的屈服应力和塑性黏度的影响[10]

此模数的增加有助于降低 AAMs 的屈服应力。然而，较高的模数（＞1.4）似乎不利于降低屈服应力。除了离子偶极力的增长外，模数的增加还导致碱液中更多的胶体 HO-Si-OM 络合物形成几个纳米级的团簇，从而提高硅酸根阴离子团的聚合度。此外，必须考虑 Ca^{2+} 和硅酸根在早期沉淀出的 C-(A)-S-H 凝胶对含钙体系流变特性的影响[27]。较高的模数导致更多活性的 $[SiO_4]^{4-}$ 与溶解出的 Ca^{2+} 反应，产生更多的水合产物。因此，悬浮液的黏度增加，高度聚合的硅酸盐的复杂网络结构不容易被剪切破坏。理论上，间隙流体（硅酸盐溶液）的黏度直接影响 AAMs 的黏度，图 9.4(b) 证实了这一观点，表明由于更多胶体团簇的形成，塑性黏度通常会随着模量增加而增加。

（3）浓度

下面介绍硅酸钠浓度对高钙 AAMs 流变性能的影响。图 9.5 表明在硅酸钠浓度较低（2.2×10^{-4} mol Na_2O/g 矿渣和 4.4×10^{-4} mol Na_2O/g 矿渣）的情况下，排斥力的增加反映了 $[SiO_4]^{4-}$ 基团的解絮凝和塑化效应。然而，Na_2O 的进一步增加则会导致屈服应力的增加（6.6×10^{-4} mol Na_2O/g 矿渣），表明双电层力可能存在潜在的引力，促进絮凝并导致

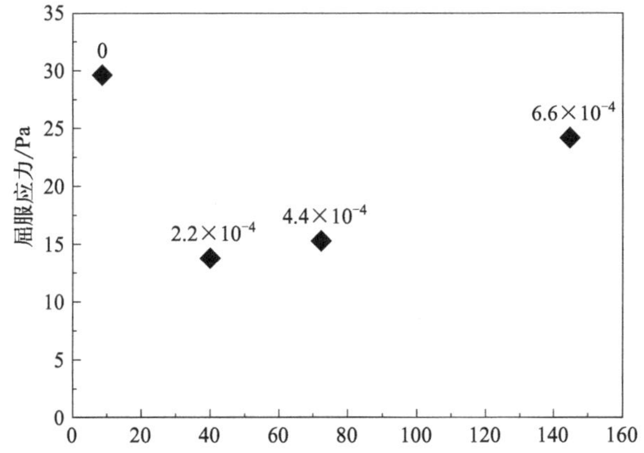

(a) 不同浓度硅酸钠(0、2.2×10^{-4} mol Na_2O/g矿渣、4.4×10^{-4} mol Na_2O/g矿渣和6.6×10^{-4} mol Na_2O/g矿渣)激发矿渣的屈服应力(水胶比为0.45)

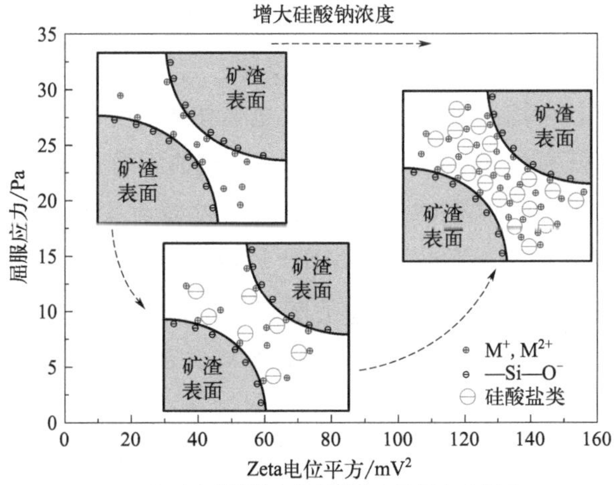

(b) 对应悬浮液中粒子间静电作用力示意图

图 9.5　硅酸钠浓度对高钙 AAMs 流变性能的影响[19]

更高的屈服应力[20]。在硅酸钠-矿渣体系中，Na_2O浓度对屈服应力的影响是复杂的。对于相对较低的模数（<0.8），增加Na_2O浓度导致浆体屈服应力的增加与上述讨论一致[28]。然而，当硅酸钠的模数较高（>1.2）时，增加Na_2O浓度没有导致浆体出现类似的行为[28]。这可能归因于初始C-(A)-S-H凝胶在动态剪切条件下形成和分解所需的模数随着Na_2O浓度的增加而降低。

在一些复合体系中，硅酸钠/硅酸钾浓度（$Na_2O\%/K_2O\%$）对流变性能的影响也被详细地研究，尤其在黏弹性（结构构建动力学）方面。Dai等发现增加矿渣＋粉煤灰浆体中的硅酸钠用量（3%～6%Na_2O）会导致结构形成延迟，随后G'突增，这与较长的初凝时间相一致[9]。此外，他们观察到在高硅酸钠浓度下快速增加的结构构建阶段，损耗因子演变曲线出现驼峰，这表明在给定时间内G''的增加速度快于G'[9]。这是因为$Si(OH)_4$冷凝释放额外的水，从而导致损耗因子增加并表现出更黏性的行为。这些驼峰也被报道与凝胶化作用有关[23]。此外，浆体的动态屈服应力、触变性和剪切增稠响应随硅酸钠用量的增加而降低，甚至表现为宾汉流体[9]。

9.1.3 前驱体对AAMs流变学的影响

AAMs涵盖多种材料，其差异取决于起始铝硅酸盐的物理化学性质。对不同固化条件下不同前驱体的碱激发反应及流变行为的认识已引起广泛的关注。当使用不同的前驱体时，AAMs的流变行为和参数有显著差异。

对于富钙原料，如矿渣、磷渣和C级粉煤灰，由于其活性成分含量高，通常可单独用作前驱体。Lopez Gonzalez等用0.25mol/L NaOH溶液激发含有13%（质量分数）Al_2O_3［非晶态：55.5%（质量分数）］的改性碱性氧炉渣，发现其浆体的塑性黏度比由11%（质量分数）Al_2O_3和5%（质量分数）SiO_2［非晶态：65.5%（质量分数）］改性的碱激发炉渣浆体的高约2倍[29]。结果表明，特定富钙前驱体的反应性成分总量不能决定其反应性。反应组分的化学性质似乎更为重要。在硅酸钠激发C级粉煤灰＋废砖粉复合的高钙体系中，发现随着富钙废砖粉含量的增加，浆体的屈服应力和稠度系数增加[30]，这是因为更高浓度的Ca^{2+}会引发更强的离子相关吸引力并生成更多凝胶[31]。此外，砖粉（含有少量混凝土粉末）的分散性差导致悬浮液中固体体积分数较高，也会导致流变响应增加[30]。

F级粉煤灰通常用作低钙前驱体，其反应性取决于玻璃相的含量和组成。在以低钙粉煤灰为主的碱激发复合体系中，细小的球形粉煤灰颗粒对流变性能产生了有益的影响。Aboulayt等发现碱激发偏高岭土＋粉煤灰（MK＋FA）灌浆料的最大堆积体积分数（ϕ_M）随着FA对MK的替换量的增加而增加，这是球形FA颗粒的填充效应所致[32]。此外，FA的替换使更多的表面润湿水自由流动。因此，黏度（稠度）降低，凝结时间和泌水风险增加。

基于粉煤灰微球（FAM）的"滚珠轴承"效应，Yang等提出可将其用作新型无机分散剂。当FAM对普通粉煤灰的置换率增加时，不管硅酸钠的模数如何，所有样品的塑性黏度均降低[图9.6(a)][33]。这一现象可由FAM颗粒的"滚珠轴承"效应和润滑效应来解释，

FAM 颗粒打破了絮体和碎片之间的联锁。除了堆积密度外，屈服应力似乎更容易受到硅酸钠模数的影响［图 9.6(b)］。在 $Ms=1.4$ 的体系中，只有 40％的 FAM 降低了悬浮液的屈服应力，可以推断 FAM 的"滚珠轴承"破坏了粉煤灰和矿渣颗粒之间的联锁，以抵抗颗粒堆积密度的增加。相比之下，$Ms=1.8$ 的体系中，"滚珠轴承"效应似乎不太明显，因为更多的硅胶可能与矿渣释放的 Ca^{2+} 发生反应，产生更多的初级凝胶，从而增加悬浮颗粒之间的吸引力。然而，具有较大比表面积的 FAM 颗粒也需要消耗更多的水，因此，需在该体系中考虑堆积密度、表面吸水率和"滚珠轴承"三个效应之间的平衡。

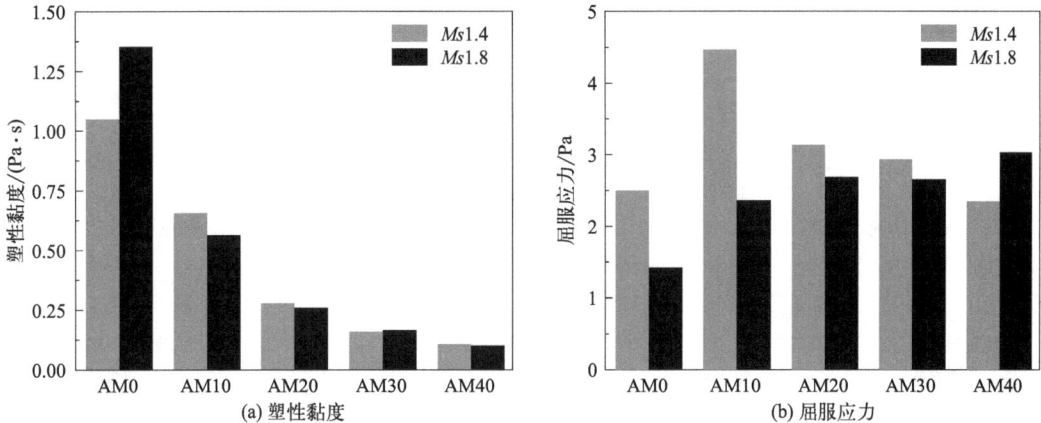

图 9.6　通过 Ms 为 1.4 和 1.8 水玻璃溶液制备的碱激发粉煤灰-矿渣复合浆体的塑性黏度和屈服应力[33]
当矿渣含量（质量分数）恒定为 40％时，60％的粉煤灰被 0％、10％、20％、30％和 40％的
粉煤灰微球取代，分别表示为 AM0、AM10、AM20、AM30 和 AM40

　　粉煤灰/矿渣的比值对碱矿渣-粉煤灰复合体系的流变性有很大影响。引入不同含量的矿渣直接影响初始溶解行为，较高的钙含量也导致沉淀凝胶体系的变化。与复合激发剂（Na_2CO_3＋硅酸钠）激发的 FA 浆体相比，矿渣替换粉煤灰（FA/SL＝3∶1；4∶1）降低了浆体的屈服应力。与这一发现类似，在硅酸钠激发的矿渣＋粉煤灰复合浆体中，Dai 等将矿渣对粉煤灰的置换率增加至 70％（质量分数），发现屈服应力和稠度系数分别降低了 51％和 81％[9]，这是由于较细的 FA 颗粒引起的絮凝减少以及矿渣的快速溶解导致固含量的降低。随着混合浆体中的矿渣/粉煤灰质量比的增加，触变滞回环面积增加。然而，另一项研究报道，粉煤灰/矿渣质量比为 2 的混合浆体的屈服应力几乎是 AAFA 的 2 倍，而触变滞回环面积却降低了[34]。不同的水胶比和原料粒径可能是造成这些差异的原因。Dai 等使用的粉煤灰比矿渣细，且水胶比随着 FA 含量的增加而降低[9]。这增强了颗粒间的引力，导致更多絮凝结构，使其更难被剪切破坏。然而，更多矿渣的引入也意味着更快的溶解和更多早期C-A-S-H 凝胶的形成，导致更高的结构形成速率[27]。

　　引入具有非常高的比表面积的偏高岭土（MK）通常可引起较显著的流变响应，这表明需要合适的激发剂、分散剂和足够的水来实现良好的和易性。此外，与水泥基悬浮液相比，由于板状 MK 颗粒具有较低 ϕ_M 值，因此 MK 基浆料通常具有高黏度。除了 MK 的不规则板状颗粒的负面影响外，MK 的增黏效果归因于更大的比表面积，需要更多的自由水进行润湿。此外，具有扭曲铝层结构的 MK 具有较高的反应性，因此含有更多 MK 的浆体由于快速凝胶化导致屈服应力和储能模量的更快增长[35]。表 9.3 总结了前驱体性质对硅酸钠激发体系流变性能的影响。可以看出，前驱体的物理性质（尤其是形态）共同影响表面吸水率和堆积密度，从而改变 AAMs 的流变特性。这些因素的综合效应可以通过水（浆体或砂浆）膜厚度来很好地评估，而这些膜厚度与 AAMs 流变特性之间的相关性尚未定量提出。此外，由于聚合物结构和聚合物颗粒相互作用的变化，不同反应性的前驱体以不同比例混合时，流变参数也会受到影响。

表 9.3　前驱体性质对硅酸钠激发复合体系的流变性能的影响[10]

前驱体	液固比（按体积/质量）	控制条件	流变参数		决定性因素
			τ_0/Pa	K 或者 μ/(Pa·s^n /Pa·s)	
偏高岭土＋粉煤灰（灌浆）	液固比 0.75	偏高岭土/粉煤灰 0：10；2：8；4：6；6：4；8：2	从 0.40 降低到 0.02	从 0.01 增加到 0.10	偏高岭土的高比表面积；粉煤灰的填充作用
粉煤灰＋硅灰（灌浆）	水胶比 0.75	硅灰/粉煤灰 0：10；1：9；2：8；3：7；4：6	从 1.81 增加到 9.51	从 0.0105 增加到 0.066	硅灰的高比表面积和高反应性
矿渣＋粉煤灰＋粉煤灰微球［浆体中矿渣含量固定为 40%（质量分数）］	液固比 0.5	粉煤灰/粉煤灰微球 6：0；5：1；4：2；3：3；2：4	从 2.51 增加到 4.47，再降低到 2.35	从 1.05 降低到 0.11	粉煤灰微球的"滚珠轴承"效应、填充作用和高比表面积
C 级粉煤灰＋废砖粉	水胶比 0.3	粉煤灰/废砖粉 4：6；3：7；2：8；1：9；0：10	从 693 降低到 130	从 675 降低到 88	废砖粉中 CaO 含量高，溶解性差
偏高岭土＋废红砖粉（浆体）	液固比 0.71	废砖粉/偏高岭土 0：10；2.5：7.5；5：5；7.5：2.5；10：0	没有明显变化	从 2.18 降低到 0.09	偏高岭土更高的比表面积和反应性

9.1.4　化学外加剂对 AAMs 流变学的影响

9.1.4.1　减水剂

众所周知，减水剂被广泛用于改善 PCMs 材料的流变性和工作性。常用的减水剂有：①木质素磺酸盐类；②萘基、氨基磺酸盐类和三聚氰胺类减水剂；③聚羧酸盐类减水剂。减水剂的工作机制及其与波特兰水泥的相容性已在大量文献中得到很好的解释。外加剂在水泥颗粒表面的有效吸附引起颗粒间静电排斥和空间位阻，从而避免了絮凝物的形成。因此，在某种程度上，添加此类外加剂可减少需水量并提高耐久性和力学性能。表 9.4 总结并对比了文献中不同用量的各种减水剂对 AAMs 流变特性的影响。

表 9.4　不同用量的各种减水剂对 AAMs 流变学性能影响的比较[10]

减水剂	剂量（按胶凝材料质量占比计）	前驱体	激发剂	主要流变特征
聚羧酸盐（PC）；萘磺酸盐（NS）	1.0%～5.0%	粉煤灰（净浆）	硅酸钠	添加 PC 轻微降低黏度；添加 NS 不仅增加黏度且导致闪凝
N 和 PC	1.0%～4.0%	粉煤灰＋矿渣（净浆）		PC 能更有效地提高工作性
聚羧酸醚（PCE）；木质素磺酸盐（LS）	1%；1.5%	粉煤灰（混凝土）		含 LS 的混合物产生最小的 μ 和 τ_0（1.5% 掺量下出现离析）
PCE；三聚氰胺甲醛衍生物（M）；萘甲醛衍生物（NF）；乙烯基共聚物（V）	0.3%；0.5%；1.0%；1.5%；2.0%	矿渣（净浆和砂浆）		所有减水剂的影响可忽略不计
		矿渣（净浆和砂浆）	NaOH	NF 有效降低 τ_0
M；NF；V	约 0.4%	矿渣（净浆）		添加 1.26mg NF 可显著降低 τ_0
具有不同侧链长度和阴离子电荷密度的 HPEG PCEs	0.05%			具有高阴离子性、高分子量和短侧链长度的 HPEG PCEs 有更好的分散作用

（1）在碱激发矿渣（AAS）中的应用

在 NaOH-AAS 体系中，添加适量的减水剂在早期可表现出一定的增塑效果，但后期效果可能会变得不稳定，这取决于高 pH 条件下的减水剂分子结构的稳定性。Palacios 等研究了四种不同的高效减水剂（HRWRA）对 NaOH-AAS 净浆和砂浆流变行为的影响[4]。由于减水剂在碱性环境中的化学稳定性，只有萘基 HRWRA 可显著降低屈服应力。尽管聚羧酸盐基、三聚氰胺基和乙烯基共聚物的 HRWRA 中较低分子量碎片仍可能吸附在矿渣颗粒表面并引起静电排斥，但空间位阻作用并不显著[4]。

此外，学者们发现这些外加剂在 NaOH（pH＝13.6）激发矿渣浆体中也出现类似的行为[36]。如图 9.7 所示，当实施至少 10min 的剪切作用时，添加不同剂量的三聚氰胺基减水剂的 AAS 的屈服应力和塑性黏度均高于对照组。乙烯基共聚物的增塑作用在 AAS 浆体中似乎不太明显。只有含 1.26mg 的萘系高效减水剂才能显著降低 NaOH-AAS 浆体的屈服应力和塑性黏度［图 9.7(c) 和 (d)］。这是由于吸附介导的团聚颗粒尺寸和数量减少，这进一步表明了萘系高效减水剂在碱性环境中的化学稳定性。这些结果揭示了不同超塑化剂在 NaOH-AAS 浆料的碱性环境中的适用性和塑化效果。

减水剂在前驱体颗粒上的有效吸附对其塑化效率非常重要。随着阴离子高效减水剂分子（含磺酸基）在颗粒表面的吸附增加，矿渣和粉煤灰悬浮液的 Zeta 电位值逐渐降低（更负），这表明静电排斥可能在分散机制中起作用[36]。Palacios 等进一步研究了这些高效减水剂在 NaOH-AAS 中的工作机理，发现磺酸盐和聚羧酸盐高效减水剂的工作机制以空间位阻效应为主[37]。其中，三聚氰胺减水剂对静电斥力的贡献最大（仅约 26%），而分子量最低的萘系衍生外加剂的空间斥力范围最小。与三聚氰胺衍生物和乙烯基共聚物相比，分子量较低的聚羧酸系高效减水剂表现出最高的空间位阻效应，这可能与分子结构相关的不同吸附构象

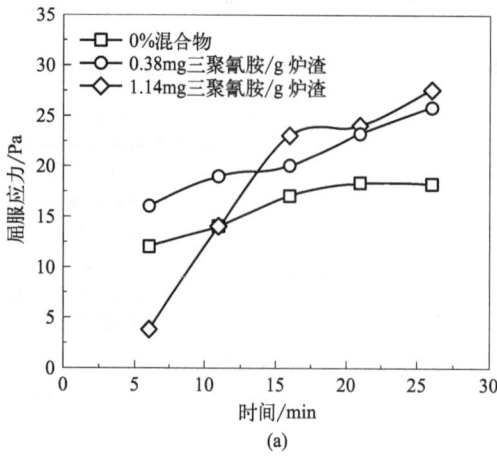

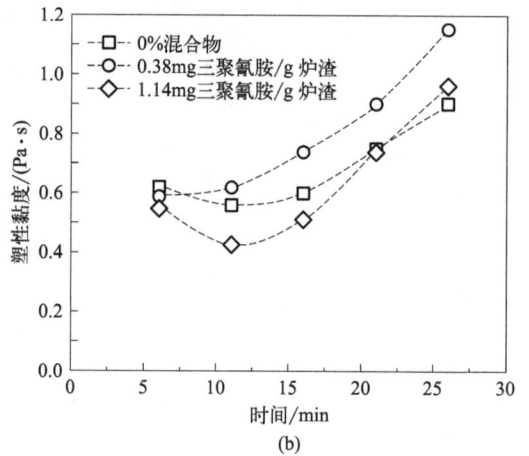

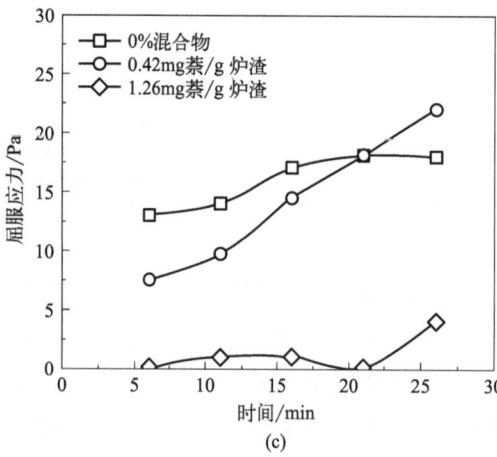

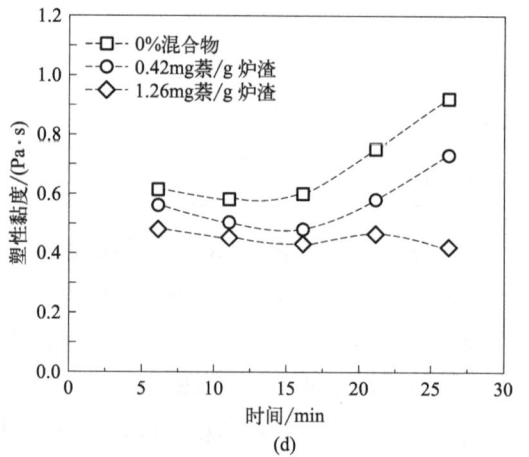

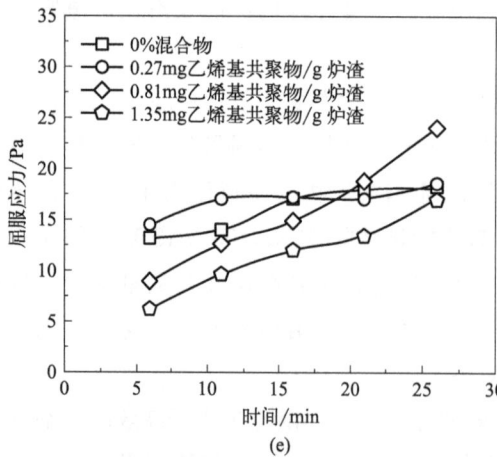

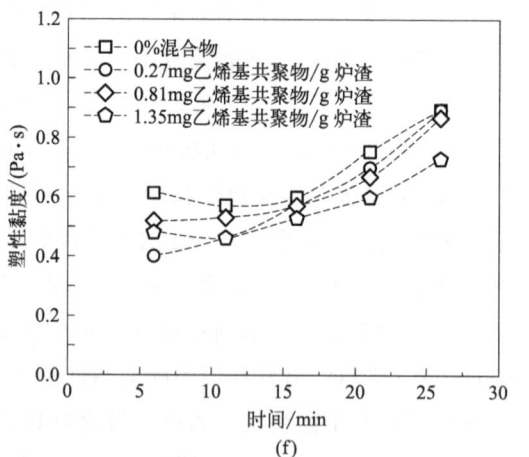

图 9.7 添加不同剂量的高效减水剂（三聚氰胺基、萘基和乙烯基共聚物）的 NaOH（pH＝13.6）激发矿渣浆体的屈服应力和塑性黏度演变[36]

有关[37]。

除化学稳定性外，阴离子型高效减水剂在碱性介质中的溶解度及其与激发剂阴离子基团之间的竞争吸附，也会影响减水剂在 AAMs 中的吸附效率和分散效果。分子结构不同的

PCEs 在 NaOH 和 Na_2CO_3 溶液中的溶解度差异导致分散效果不同[38]。由于在 Na_2CO_3 溶液中的溶解度极低，测试的 PCEs 对 Na_2CO_3-矿渣浆体的流动性改善效果小。而具有高分子量 $(M_w > 30000Da)$ 和短侧链 $(n_{EO} = 7)$ 的烯丙基醚 PCE 在 NaOH-矿渣体系中表现出最好的分散效果，这可能是由于它们在 NaOH 溶液中具有良好的溶解性和较强的与 Ca^{2+} 的螯合能力。然而，这些聚合物分子在碱性溶液中的溶解度高并不意味着分散能力就更好。Lei 等基于 α-甲丙烯基-ω-羟基聚(乙二醇)醚（HPEG），合成了一系列具有不同阴离子电荷密度或侧链长度的 PCEs[39]。如图 9.8 所示，虽然 23-HPEG-15 $(M_w = 42000Da；n_{EO} = 23)$ 在 NaOH 溶液中的溶解度（4.50mol/L）高于 23-HPEG-7 (a) $(M_w = 410000Da；n_{EO} = 23；2.96mol/L NaOH)$，但它在 NaOH-矿渣浆中的分散效果却更差。因此，碱液中的溶解度是此类 PCEs 在 AAS 中分散效率的限制因素，而非决定性因素。

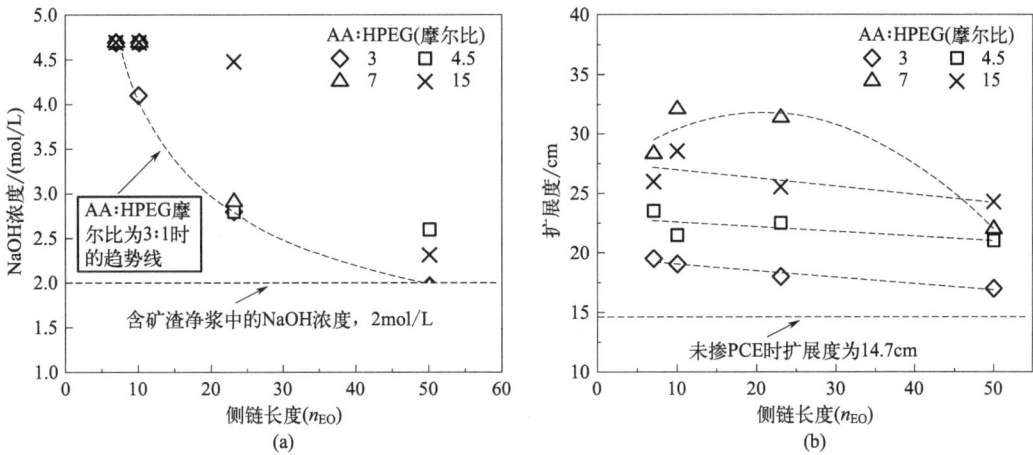

图 9.8　不同 HPEG PCEs 达到浊点所需的 NaOH 浓度（a）及含有 0.05%（质量分数）不同 HPEG PCE 的 NaOH-矿渣浆体的扩展度（b）[39]

众所周知，许多阴离子型高效减水剂通过与 Ca^{2+} 的强螯合作用提高吸附效率。由于硅醇基的脱质子化，带负电的矿渣颗粒吸附了一些 Ca^{2+}，这为阴离子型高效减水剂在矿渣颗粒表面的吸附提供了可能。然而，目前的研究表明高效减水剂在矿渣表面的吸附能力仍然远远低于水泥基系统中。在某种程度上，低吸附效率可认为是此类聚合物分子与激发剂中阴离子团间的竞争吸附所致[38]。Marchon 等认为，PCE 分子与羟基之间的竞争吸附可导致碱激发体系中发生快速的流动度损失[40]。如前所述，PCE 在 Na_2CO_3-矿渣中的低吸附效率也可以解释为由于 CO_3^{2-} 沉淀而几乎完全去除溶液中的 Ca^{2+}。这可能会导致矿渣颗粒对 Ca^{2+} 的吸附不足，降低 PCE 的吸附效率。

(2) 在 AAFA 中的应用

不少研究报道了三代减水剂对 AAFA 净浆和混凝土流变性的影响。与对照组相比，含有减水剂（包括木质素磺酸盐、三聚氰胺和聚羧酸盐）的 AAFA 浆体的屈服应力和塑性黏度均较低，然而仅在早期有效[41]。如前所述，减水剂在碱液中的低化学稳定性、溶解度以及其在颗粒上的低吸附程度可被视为塑化效率低的主要原因。此外，Laskar 和 Bhattacharjee 指出，4mol/L 的 NaOH 是一个临界值，在该临界值以下，增加木质素磺酸钠和聚羧酸盐减水剂的用量可以改善硅酸钠-FA 浆体的和易性[42]。然而，目前仍不清楚添加木质素磺酸盐更易导致 AAFA 浆体出现离析的原因。与 AAS 浆体不同，Criado 等发现在 AAFA 中，聚羧酸减水剂是所测试的三种减水剂中塑化效率最高的[41]。

大多数减水剂，包括第三代超塑化剂，被设计用于在 PC 早期水化过程中与溶解的 Ca^{2+} 形成络合物。矿渣和高钙（C 级）粉煤灰溶解过程也会释放大量的 Ca^{2+}，但在低钙粉煤灰（F 级）系统中几乎没有钙溶解，因此在 F 级粉煤灰体系中减水剂可能不形成空间位阻。正如 Montes 等所报道的，聚羧酸盐减水剂仅轻微降低了硅酸钠-FA 浆体的黏度[43]。而聚羧酸减水剂可更有效地降低硅酸钠-C 级 FA 浆体的剪切应力和黏度，这种更高的吸附效率可归因于 Ca^{2+} 的存在[44]。与水泥浆相比，含有减水剂的 AAFA 浆体导致的塑性黏度和屈服应力的下降并不总是伴随着流动性的改善。在 Criado 等的研究中，坍落度和流变参数之间几乎没有相关性[41]。这与 Laskar 等的报道相反：添加不同减水剂的 AAFA 混凝土的流变参数和坍落度存在良好的相关性[42]。因此，未来的研究应充分考虑粉煤灰的性质、减水剂和粉煤灰间的相互作用、激发剂类型和添加方法的影响。

9.1.4.2 其他化学外加剂

除减水剂外，其他常用外加剂，如减缩剂、缓凝剂、降凝剂等对 AAMs 流变性能的影响也被研究。有研究表明，与对照组相比，添加聚丙二醇（PPG）基减缩剂的 AAS 净浆的流动性可以增加（PPG1000）、减少（PPG400）或保持（PPG2000）在相似水平，这取决于PPG 的剂量和分子量[45]。浆体流动性的差异取决于 PPG 对间隙液黏度和矿渣颗粒溶解过程的影响。因此，未来对不同结构和分子量的减缩剂在高碱 AAMs 中的化学稳定性和流变性需要进行更多的研究。

Xu 等发现柠檬酸可作为缓凝剂，也可用于 AAMs 中作为潜在的增塑剂[46]。如表 9.5 所示，添加 3%（质量分数）柠檬酸的 NaOH 激发（C 级）粉煤灰/石灰窑灰的混合浆体表现出较低的塑性黏度和与 PC 浆体相当的屈服应力，并且这些流变参数可在前 1h 内保持在可行水平。柠檬酸的引入降低了浆体的碱度，从而延缓了溶解过程。此外，柠檬酸的羧基与含钙前驱体释放的 Ca^{2+} 之间形成羧酸络合物也会影响凝胶化过程，从而降低屈服应力。

表 9.5　未添加和添加 3%（质量分数）柠檬酸的硅酸盐水泥（PC）浆体和碱激发粉煤灰（C 类）＋石灰窑灰浆体（记为 AAFA＋LKD）的塑性黏度和屈服应力[46]

性能	PC	AAFA＋LKD		AAFA＋LKD-3%柠檬酸		
反应时间/min	10	5	10	5	10	60
塑性黏度/(Pa·s)	12.4	12.6	13.6	4.4	3.9	6.5
屈服应力/Pa	105	69.3	432	91.8	72.5	64.7

注：在原文献的表格中，屈服应力的单位为 MPa，可能有误，此处更正为 Pa。

低分子量（$M_w=2000au$）的聚丙烯酸钠用作降凝剂，可降低高岭石悬浮液的屈服应力和剪切黏度[6]。然而，聚丙烯酸钠对降低偏高岭土基 AAMs 的屈服应力和黏度的作用有限，甚至对偏高岭土的悬浮液也有限[6]。因此，在这种情况下，聚丙烯酸钠更像是絮凝剂，而不是降凝剂。灌浆材料通常要求在流动性和稳定性之间保持良好的平衡。通常需添加黏度调节剂或稳定剂以防止离析和泌水。Aboulayt 等将多糖基稳定剂（黄原胶）应用于偏高岭土＋粉煤灰混合体系的灌浆料中，并发现其对灌浆稳定性产生有利影响[32]。对于给定的粉煤灰掺量，不同剪切速率下的屈服应力和塑性黏度均随稳定剂用量的增加而增大。

9.1.5　矿物掺合料对 AAMs 流变学的影响

无论是惰性还是具有反应活性的矿物掺合料，在水化过程中均具有物理填充效应。此外，细粉的高比表面积可为水化提供丰富的成核位点。因此，浆体的新拌和硬化性能将受到不同程度的影响。

（1）活性矿物掺合料

硅灰（SF）是一种常用的火山灰掺合料，也可作 AAMs 的前驱体与矿渣或粉煤灰混合。SF 对 AAMs 的流变改性作用与水胶比（w/b）及其物理化学性质密切相关。研究表明，导致 AAFA 灌浆液屈服应力和塑性黏度显著增加的 SF 量随着 w/b 的减小而减小。例如，w/b 为 0.75 的灌浆中 SF 的临界含量为 20％，而 w/b 为 1.25 的灌浆中 SF 的临界含量为 50％。超过该临界含量后，观察到 AAFA 灌浆的屈服应力和塑性黏度随着 SF 占比的增加而增加[47]。这与水泥基灌浆中添加 SF 的影响相似。使用高于临界含量的 SF 意味着没有足够的水用于润湿及后续反应，导致屈服应力和塑性黏度显著增加。当低于该临界含量时，由于球形颗粒的影响，SF 的润滑效果占主导。最近一项研究报道，在碱矿渣的超高性能混凝土（水灰比为 0.175）中加入 12.5％（质量分数）SF，能保持良好的和易性[48]。

钢渣是一种冶金渣，含有大量低活性或惰性成分，其火山灰活性较低。在基于 AAS 的 3D 打印材料中，增加钢渣对矿渣的替换率可降低触变性[12]。钢渣含量的增加降低了水化程度，导致初始凝胶较少及颗粒间的连接减弱，从而减少了颗粒的可逆连接。此外，由于钢渣的比表面积较小，其引入降低了 AAM 的塑性黏度。

（2）惰性矿物掺合料

添加适量的惰性矿物掺合料，如石灰石粉末（LS），可作为填料优化混合体系的颗粒堆积模型，并增加润滑用水，从而改善流变性能。这可以补偿高比表面积和成核效应的负面影响。在硅酸钠激发矿渣/粉煤灰混合灌浆液中加入 5％～20％（质量分数）LS 不会改变其流变模型（Bingham 模型），但图 9.9 表明 LS 对降低屈服应力和塑性黏度有积极效果，尤其

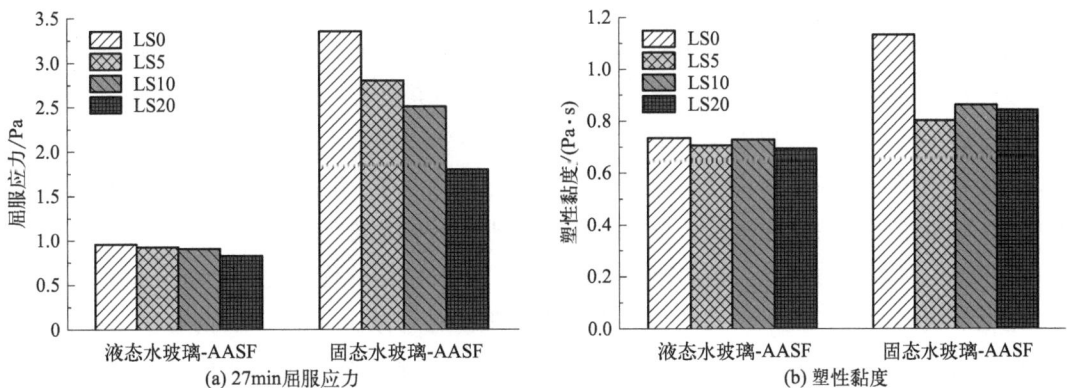

图 9.9　无添加及添加 5％～20％（质量分数）石灰石（LS）后，使用水玻璃和固态硅酸钠作为激发剂的碱激发矿渣/粉煤灰（AASF）灌浆的 27min 屈服应力和塑性黏度[24]

是对于固态硅酸钠制备的灌浆[24]。与矿渣和粉煤灰相比，LS 的粒径范围和 d_{50} 均较小，它的比表面积（1602m²/kg）也比粉煤灰（2428m²/kg）低。因此，在一定程度上 LS 可以起到填充作用，并减少湿润需水量。

为了改善黏稠的 AAFA 浆料以进行 3D 打印，Alghamdi 等使用 15%～30%（质量分数）的 LS（$d_{50}=1.5\mu m$）替代 FA（$d_{50}=17.9\mu m$），发现 LS 的引入可获得良好的稠度和保水性，提高了打印质量[49]。此外，在水玻璃-MK 灌浆中，Xiang 等发现通过使用不同比例的 Fuller-细砂粉［10%、20%、30% 和 40%（质量分数）］替代 MK，也可以实现类似的效果。例如，使用 70%（质量分数）MK（比表面积为 16646m²/kg）和 30%（质量分数）Fuller-细砂（比表面积为 8886m²/kg）制备的混合物，其屈服应力在第一次剪切循环时降低了 73%[7]。然而，添加不同体积分数（10%、30% 和 60%）的细硅砂作为填料添加到硅酸钠-MK 浆体中会导致黏度增加，但降低了相同固体体积分数下浆体的含水量[50]。

9.1.6　骨料对 AAMs 流变学的影响

目前，大多数研究都集中在 AAMs 净浆的流变学，而关于 AAMs 砂浆/混凝土流变学的研究报道较少。对于 AAMs 净浆，通常推荐采用 Bingham 模型来描述 NaOH-AAMs 浆体的流变行为，而 H-B 模型更适合硅酸钠-AAMs 浆体[28]。对于 NaOH 或硅酸钠-AAMs 砂浆/混凝土，Bingham 模型均适用于这两种系统，这种行为类似于 PC 砂浆/混凝土[18]。与 PC 砂浆相比，碱激发粉煤灰和碱激发矿渣砂浆的和易性对液固比的变化更为敏感[18]。此外，You 等发现使用铜渣作为细骨料代替天然砂可以改变碱激发粉煤灰渣砂浆的流变特性。据报道，由于钢渣具有更不规则的形状和含有更多细粉，20% 和 40%（体积分数）的低替换率导致更高的屈服应力和稠度[51]。钢渣密度较高，较高的置换率（60%）则会引起不良的流变反应，如离析和泌水。

9.2　水泥浆体回填材料的流变学

9.2.1　引言

采矿和选矿作业涉及一系列挑战，例如管理大量地下和地表空洞以及大量矿山废物。由于产生的尾矿含有重金属、选矿药剂和硫化物，因此对其进行有效管理已成为可持续采矿作业的一个突出问题。由于越来越严格的环境规则和多变的选矿实践，以及实现应用并盈利的目的，研发出了一些新技术可将问题尾矿转化为有用的材料。解决上述尾矿管理挑战的一种常见做法是通过水泥浆体回填技术将其重新充填到地下采场或空洞中。

回填是一种环境友好且安全的尾矿管理方法。回填采场的优势包括允许开采相邻采场、稳定地面、提高矿石回收率以及减少地表废物处理。它可减少高达 50% 的有害尾矿，否则这些尾矿将会囤积在地表[52]。尾矿是在选矿厂从已开采矿石中提取可回收金属和矿物后产生的残渣，通常由磨细的主岩、脉石矿物和少量未回收的矿石矿物组成。矿山废物的管理成本高昂，给岩土工程（如尾矿坝溃坝）和环境（如地下水污染和酸性矿山排水）造成严重危害[53]。水泥浆体回填材料（CPB）是由尾矿、胶凝材料和水组成的非离析复合材料[54]。在传统的水泥浆体回填材料中，增稠剂用于使尾矿浆液（固体含量为 20%～40%，按质量计）致密化，以产生固体含量为 50%～70%（质量分数）的增稠尾矿（TTs）。为了提高增稠剂的性能，添加特定剂量的絮凝剂。然后过滤 TTs 以获得固体含量≥80%的尾矿，过滤后的尾矿可用于 CPB 制备[54]。固体含量取决于浆体的流变特性，范围为 70%～80%，约 15%（质量分数）的颗粒＜20μm。这种粒径分布可防止在管道运输时发生沉降，且泌水量低[55]。CPB 由占总固体质量 3%～7%的胶凝材料组成，其具体含量取决于生产成本和挖掘采场周围预期的应力大小[56]。添加水泥可提供足够的凝聚力防止液化，并提供足够的力学强度[57]。CPB 有三个主要作用：首先，它可支撑地面，从而提供安全的工作环境。其次，它可用于建造采矿作业的地板、墙壁或屋顶/顶盖，另外它还是一种有效的矿山废弃物处理方法[53]。

在位于矿山表面的回填站中制备新拌的 CPB 后，CPB 形成一种密度相对较高的泥浆。回填的目的是将新拌 CPB 注入地下采空区，以形成硬化结构，巩固相邻矿体，确保安全的采矿环境。可运输性是新拌 CPB 的关键性能之一，它取决于流动性。新拌 CPB 是一种非牛顿流体，在高剪切应力下流动，在低剪切应力下停止[58]。而新拌 CPB 必须具有足够的流动性以确保从工厂到地下采空区的有效泵送/输送[54]。据报道，屈服应力的上限为 200Pa 以确保 CPB 的有效离心泵送。新拌 CPB 的流动性对于矿山回填作业的成本效益和效率至关重要，其中成本占采矿过程总成本的 20%。流动性差不仅影响泵送/输送效率，还可能导致管道堵塞，导致生产过程显著推迟，并增加采矿过程的成本。因此，为了避免管道堵塞，应确保新拌 CPB 的流畅运输能力[59]。根据尾矿的物理和矿物学特性，具有 12～25cm 坍落度的 CPB 通常在运输和回填中表现良好[52]。然而，Sivakugan 等认为具有 23～28cm 坍落度的 CPB 在管道运输中表现更好[60]。为了预测管道流的压力梯度和流速，必须了解新拌 CPB 的流变特性[52]。

泵送/输送和浇筑取决于新拌 CPB 的流变特性，这与混合物的物理特性（例如密度、CPB 混合物浓度和成分特性）以及颗粒间作用力的类型和大小（如间隙流体的 pH 值和离子浓度）密切相关[59,56]。众所周知，每个矿山的尾矿性质，如粒径、粒度分布、矿物学和化学成分，都有很大的不同。

9.2.2　影响 CPB 流变性能的因素

(1) 水泥

水泥主要决定 CPB 的水化反应，影响其随时间变化的性能。由于水化产物的形成，CPB 的微观结构在运输过程中不断变化，从而改变流变特性。Panchal 等观察到随着水化时间的增加，CPB 的屈服应力和触变性增加[55]。结果表明，屈服应力在水化初期增加较快，105min 后逐渐减慢。

CPB 的流变参数随胶凝材料含量的变化而变化。胶凝材料用量从 4%增加到 8%导致屈服应力、塑性黏度和触变性增长[55]。这种变化可能是由于物理特性（例如堆积密度）和化学反应（例如水合作用）引起的。由于尾矿和胶凝材料的堆积密度不同，混合物中的堆积密度可能会提高。因此，通过增加胶凝材料含量，堆积密度得到提高，毛细管孔体积减小，从而降低了 CPB 的流动性。此外，增加水泥含量会增加水化产物，加强尾矿颗粒之间的黏结，从而提高 CPB 的流变特性[55]。

Deng 等研究了胶凝材料含量对超细水泥浆体回填材料（UCPB）[粒径（d_{80}）<10μm] 流变性能的影响，水泥含量为 0～25%[61]。Casson 屈服应力在水泥含量为 6% 时出现最高值，然后随着水泥用量的进一步增加而降低。这种行为的可能原因如下：①水泥的粒径远大于超细模拟尾矿（UST），由于水泥和 UST 的粒度分布不同，混合的堆积密度得到提高并达到峰值，混合物显示出最高的屈服应力；②此外，观察到在较高的剪切速率（$25s^{-1}$、$50s^{-1}$、$100s^{-1}$、$200s^{-1}$、$300s^{-1}$）下，无论水泥含量如何，含水泥的 CPB 的表观黏度和剪切应力先降低，然后随着剪切时间的增加而增加（在恒定剪切速率下长时间剪切）。初始剪切力（τ_0）、最小剪切力（τ_{min}）和 3600s 后的最终剪切力（τ_{3600}）随着水泥/尾矿比（c/t）的增加先增大后减小[62]。Peng 等注意到，随着养护时间从 0h 增加到 4h，CPB 中水泥含量从 3% 增加到 6%（初始硫酸盐浓度为 25000×10^{-6}），屈服应力和塑性黏度均增加[63]。Di 等发现剪切力和黏度随着 c/t 和 w/c 的增加而增加[64]。研究表明，尾矿/水泥比（t/c）对流变性能没有影响，但坍落度受其影响[65]。通过增加 t/c，观察到坍落度略有增加。然而，随着固体浓度的增加，这种关系减弱。

（2）固体含量

作为悬浮液，固体含量对水泥浆体的流变参数有显著影响。在矿产行业中，固体含量对浆体黏度的最常见影响是：从低固体含量、中等固体含量到较高固体含量下，浆体对应表现出牛顿行为、宾汉姆行为和剪切变稀行为[66]。显然，CPB 体系的流变特性也受到固体含量的影响。

将固体含量从 50% 增加到 60%，超细胶结填充料（UCB）的初始剪切应力从 8.6Pa 增加到 76.5Pa。此外，对于总固体含量百分比，在稳态剪切试验中观察到的表观黏度和剪切应力在恒定剪切速率下随着剪切时间的延长先降低，然后缓慢增加[61]。UCB 的这种瞬态流动可能是由以下原因引起的。两种性能的最初降低可能是由于剪切破坏了微观结构，而逐渐增加是由于测试期间水泥水化和颗粒沉降引起的微观结构重建。一方面，在水化过程中，水化硅酸钙（C-S-H）、氢氧化钙（CH）和钙矾石的形成会导致 UCB 的结构累积，增加其表观黏度。另一方面，由于颗粒沉降，流变测量杯底部的固体含量增加，这可能导致测量值增加[61]。将固体含量从 60% 增加到 70%，观察到 Casson 屈服应力从 6.16Pa 增加到 61.70Pa[62]。Lang 等也观察到随着固体含量的增加，流变性能增加[65]。Yang 等研究了全尾矿胶结填充料（CUTB）的流变特性，观察到明显的剪切变稀行为[67]。此外，通过二次曲线增加 c/t 和固体含量，观察到黏度和屈服应力的增加。新拌 CPB 表现出剪切变稀特性，这在具有较高屈服应力的混合物中更为明显[62]。Cao 等研究了固体含量（60%～72%）对 CPB 黏度的影响，观察到黏度随着固体含量和 c/t 比的增加而增加，当固体含量和 c/t 比分别为 60% 和 1:10 时，黏度最低（8.26Pa·s）[68]。

（3）混合强度

混合过程使浆体成分均匀化，在确定新拌 CPB 的流变特性方面发挥重要作用。在不损害混合料质量和生产率的情况下减少混合时间和混合强度是人们广泛追求的目标。因此，设计良好的混合技术对于制备 CPB 非常重要。

不同的混合强度导致不同的流变特性，这可以用粒子流相互作用理论（PFI 理论）来解释。PFI 理论证明了粒子的凝聚、分散和再凝聚过程。凝聚是指两个或多个颗粒之间的接触。颗粒应相互分离，以确保改善 CPB 中的流变性能。由于粒子的总势能，这些粒子被迫聚集在一起，而总势能是由范德华引力、静电斥力和空间位阻的合力产生的。要分离颗粒，剪切力应大于总势能。这样，CPB 的流变性能降低。造成混合物流变学变化的另一个现象是结构的破坏。结构破坏归因于水泥颗粒的双电层收缩和/或在水化过程中颗粒间形成的连接断裂。当混合物中的水泥与水反应时，会形成水化产物，以膜的形式包裹在颗粒表面，使颗粒黏结在一起。在混合过程中，颗粒之间的连接被破坏，颗粒被分离。较高的混合强度会增加结构破坏，将更多的水化产物溶解到孔隙溶液中，这可能会影响流变特性[69]。

Yang 等在 $360 \sim 600 s^{-1}$ 的剪切速率下观察到良好的流动性和黏度降低[69]。为了节约能源和提高生产率，这些学者提出最佳混合速度应为 $300 \sim 400 r/min$。在较高的剪切速率（$>500 r/min$）下，大量离子和早期水化产物溶解到孔隙溶液中，会增强颗粒团聚，增加 CPB 的屈服应力和宾汉姆黏度，并且在水泥含量较高的情况下，这种影响更大。此外，在低剪切速率下观察到较低的屈服应力和剪切变稀行为，而在高剪切速率下观察到较高的屈服应力和剪切增稠行为[70]。在恒定剪切速率（$300 s^{-1}$）下，CPB 的表观黏度和屈服应力在长时间剪切过程中先降低后稳定增加[62]。$100 s^{-1}$ 左右的剪切速率促进颗粒间松散连接的破坏或颗粒的随机碰撞，从而降低黏度（剪切变稀）。较高的剪切速率（约 $400 s^{-1}$）增强了粒子团聚，称为水团簇的形成，这会略微增加 CPB 的黏度（剪切增稠）[71]。

（4）颗粒粒径

一般来说，在给定固体含量下，含有较细颗粒的悬浮液具有较高的屈服应力和黏度。这是因为更细的颗粒有更大的颗粒表面积，因此颗粒间的相互作用更大，需水量更高。随着固体含量的增加，含有较细颗粒的泥浆的屈服应力逐渐增加，而含有粗颗粒的混合物表现出从类液体到类固体的相对急剧的转变[66]。

优化粒径是调整 CPB 流变性能的一项重要技术。Deng 等研究了粒径对 CPB 流变性能的影响，发现在较大粒径以及较高体积分数与表观最大堆积密度（ϕ/ϕ_m）比的情况下，新拌 CPB 的剪切变稀行为更为明显[72]。对于（ϕ/ϕ_m）<0.875 的样品，粒径更小的 CPB 浆液产生更高的屈服应力，但与粗粒径的浆液相比，时变流变行为不太明显[72]。此外，由于较高的水化产物含量和颗粒沉降速率，表观黏度随着粒径的增加而增加。而通过增加细颗粒比例，可降低新拌 CPB 泥浆的和易性[73]。

（5）高效减水剂（HRWR）

CPB 技术现在正朝着高固体含量的 CPB 方向发展，以提高力学性能。然而，高固体含量的 CPB 悬浮液可能具有高黏度和剪切增稠特性。此外，固体含量高于临界值会导致 CPB 中的动态黏度和屈服应力呈指数增长。因此，较高的固体含量会恶化 CPB 混合物的流变特性，并可能引起管道堵塞。使用低固体浓度和高含水量或使用高效减水剂（HRWR）获得 $15 \sim 25 cm[6 \sim 10 in(1 in=2.54 cm)]$ 范围内的坍落度，可避免管道堵塞[54]。

Ouattara 等研究了不同类型的 HRWRs 对 CPB 稠度的影响，包括聚胺磺酸盐（PMS）、聚萘磺酸盐（PNS）和四种聚羧酸盐（PC）减水剂。与其他类型的 HRWRs 相比，PC 基 HRWRs 在提高 CPB 的稠度方面最为有效[74]。对由多种金属矿尾矿和不同类型胶凝材料制备的高固体含量 CPB，这些学者还研究了 PC 基、PMS 基和 PNS 基 HRWR 对其流变性能的影响[54]。HRWRs 的加入降低了屈服应力和无限剪切黏度。通过增加 HRWR 剂量，流变行为从剪切增稠（用于控制 CPB）变为宾汉姆流动。据报道，最佳 PC 用量为 0.121%（以 CPB 总固体含量的质量计），以确保屈服应力小于 200Pa。此外，与 PNS 和 PMS 类型相比，基于 PC 的 HRWR 改善 CPB 流变性能的效果更好。胶凝材料含量在 3.5%～6% 之间的变化对含 PC 型 HRWR 的 CPB 的流变性影响可忽略不计[54]。Ercikdi 等发现基于聚萘磺酸盐（PNS）和聚羧酸盐（PC）的减水剂改善了 CPB 的流变性[75]。与木质素、PNS 相比，在富含硫化物的尾矿制备的 CPB 中使用最低剂量的 PC 基 WRA 即可实现 17.8cm（7in）的坍落度[76]。Guo 等研究了聚羧酸和萘系减水剂对煤矸石基 CPB 流变性的影响。研究表明，添加 WRA 可降低屈服应力并增加塑性黏度，萘系和聚羧酸的较优含量分别为 1.5% 和 0.4%（按胶凝材料质量计）[77]。Ouattara 等研究了超塑化剂（SP）对不同固体含量和不同类型胶凝材料的 CPB 流变性的影响。结果表明，PC 基 SP（46% 固体浓度，相对密度为 1.10）在最佳用量下用于混合水泥［80% 高炉矿渣和 20% 硅酸盐水泥（S-GU）］浆体回填材料（固体含量为 75%）显示出更好的流变性能[52]。与硅酸盐水泥（GU）相比，添加超塑化剂后，具有 S-GU 和 GU-FA（50% 硅酸盐水泥和 50%F 级粉煤灰）的 CPB 流变性能有所改善[54]。与 GU-FU 和 GU 相比，S-GU 黏合剂似乎与 PC 基 HRWRs 更兼容[54]。Panchal 等得出的结论是，通过将 PC 基 SP 的用量从 0 到 1% 增加，CPB（含富碳酸盐的尾矿）的屈服应力、塑性黏度和触变性降低[55]。Haruna 等研究了 Master Glenium 高效减水剂（羧酸化合物）对不同类型尾矿制备的 CPB 流变性的影响：研究表明，添加 0.125%SP（占 CPB 总重量）可将 CPB 的塑性黏度和屈服应力降低约 50%，并建议将此用量作为最佳用量[78]。然而，当使用不同类型的尾矿时，需要不同的 SP 剂量才能获得相同的流动性。

(6) 温度

当新拌 CPB 通过管道运输时，无论使用何种系统，即重力、重力/泵或泵/重力系统，都会因新拌 CPB 与管道内侧壁的摩擦而产生热量。这是由于 CPB 的动能转化为热能，导致温度升高。此外，CPB 中温度的提高还来自水泥水化，而水泥水化在运输至较深的地下采空区时需要较长的运输时间，回填过程甚至在 0℃ 以下的温度进行[79]。因此，揭示高温和 0℃ 以下温度对 CPB 流变性能的影响至关重要。

Cheng 等发现随着温度的升高（5～50℃），CPB 的屈服应力和塑性黏度逐渐降低[80]。在一定程度上稳定的泥浆中存在大量絮体网络结构。随着温度的升高，稳定结构被破坏，从而释放出自由水，这增强体系的流动性，进而导致 CPB 的基本流变参数降低。此外，随着温度的升高，触变性降低。然而，也有研究得到相反的结论：CPB 的屈服应力和塑性黏度随着温度的升高而增加。提高温度导致水泥水化速度加快，从而产生更多的水化产物，引起新拌 CPB 的屈服应力值增加[59]。Zhao 等还注意到，随着温度从 2℃ 升高到 60℃，CPB 的剪切应力和表观黏度增加[81]。此外，从 2℃ 升高到 20℃ 导致宾汉姆屈服应力持续下降，然后当温度上升到 60℃ 时增加。

（7）其他成分

其他成分，包括初始硫酸盐浓度、Minecem、絮凝剂、采矿水和碱激发水泥（AAC）对 CPB 流变性能的影响，简要总结如下。

Kou 等以 AAC 为胶凝材料，研究了不同胶凝材料用量、固化时间和温度、炉渣细度和硅酸盐模数下的流变参数[82]。屈服应力和塑性黏度随着固化时间、温度和胶凝材料含量（高达 8%）的增加，以及水玻璃模量的降低而增加。在较高模数下，固体颗粒的负 Zeta 电位较高，孔隙溶液的 pH 值较低。与 OPC 相比，AAC 的流变性能对固化温度更敏感[82]。

Xiapeng 等调查了不同初始硫酸盐浓度对 CPB 流变性的影响，观察到随着初始硫酸盐浓度的增加，屈服应力降低，表观黏度升高[63]。Zhao 等将新型黏合剂 Minecem（主要是水泥和矿渣的混合物）加入 CPB，发现其混合物的基本流变特性对水含量和温度更敏感[81]。

尾矿需要脱水以缩短制备 CPB 的时间。因此，使用一些絮凝剂来加速尾矿的沉降和脱水速度。絮凝剂将细颗粒结合在一起，形成致密的聚集体，以比单个颗粒更快的速度沉降和脱水。然而，水仍然滞留在絮体中，与相邻的絮体形成三维网络的同时也保留了水。在向浓缩机、滤饼等床层施加压力过程中，滞留的水没有完全排出，且网络结构导致更高的屈服应力。流变学可用于研究剪切对絮凝结构的影响，并可用于研发出脱水速率理想的絮凝剂。此外，流变技术还可用于制造足够稳固的絮体，以保证絮体在脱水阶段保持完整，但随后阶段易被压缩和/或剪切，以促进内部和絮体内部水分的逸出，并降低屈服应力[66]。了解含有絮凝剂的 CPB 的流变参数对于更好地运输到地下采场至关重要。Xu 等研究了含絮凝剂（阴离子型聚丙烯酰胺）的 CPB 流变性能，发现新拌 CPB 具有较高的初始屈服应力。随着剪切速率的增加，表观黏度急剧下降，并在后期稳定增加[83]。此外，随着固化时间和黏合剂含量的增加，引入絮凝剂的 CPB 的表观黏度增加。

加入矿井水增加了 CPB 的屈服应力，降低了流动性。此外，孔隙流体中盐度的增加也会导致屈服应力增加[81]。

9.3　纤维增强水泥基材料的流变学

9.3.1　引言

随着抗压强度的增加，混凝土变得更脆，可能导致灾难性破坏。混凝土的这种脆性行为可通过使用不同类型的纤维来克服，纤维桥接微观和宏观裂缝，并承受作用于混凝土的后续拉伸应变。此外，添加纤维可提高硬化混凝土的韧性或能量吸收能力。简而言之，纤维增强提高了延展性、韧性、剪切和弯曲强度，阻止了裂纹的生长和贯通，减少了收缩、开裂和渗透性，提高了抗疲劳和抗冲击性能[84]。纤维已广泛应用于水泥基体系，以取代钢筋并提高结构性能。

纤维改善上述性能的效率取决于纤维的性质、数量、长径比、取向、分散性和新拌混凝土的流动性[85]。纤维的形状是细长的，因此其影响取决于结构中的方向和位置以及相对于主应力的方向和位置[86]。硬化体中纤维的效率取决于优化后混合物组成和受控的流变行为。

为此，在流动和生产阶段，应尽量减少纤维的联锁和力学相互作用。

虽然纤维的加入可改善混凝土的力学性能和耐久性，但会对材料的新拌性能产生负面影响，进而影响增强的效率。纤维会使混凝土难以拌和和浇筑，可能导致水泥基体系中出现过多空隙或纤维分散效果差。为了有效使用纤维，必须了解其对水泥基材料的新拌状态或流变性能的影响。

纤维的针状结构增加了流动阻力，并在纤维和骨料颗粒内部结构的形成中发挥作用。纤维对和易性的影响主要来自以下四个方面：第一，与骨料相比，纤维在形状上更细长；因此，在相同体积下，纤维的表面积高于骨料。第二，刚性纤维可改变颗粒骨架的结构，而柔性纤维可填充它们之间的空间。刚性纤维可以推动大于纤维长度的颗粒，从而增加颗粒骨架孔隙度。第三，纤维表面的行为不同于水泥和骨料，即塑料纤维可能是疏水性或亲水性的。第四，纤维可以变形（即卷曲、钩状或波浪形），以改善纤维间以及其与周围基质的锚固效果[86]。

在混凝土中掺入纤维会对流变性产生负面影响。含有纤维的悬浮液是非牛顿流体，出现法向应力差的现象。流动阻力是由于颗粒的反向运动而产生的。在流动过程中，纤维由于其细长的形状而旋转，发生定向排列。这种运动会受到周围纤维或颗粒的干扰或制约[86]。在中高纤维含量下，使用增塑剂可能有助于获得混凝土的目标流变性能。在纤维用量较高时，可能需要更大的浆体体积，以确保浇筑质量。因此，类似自密实混凝土的混合物可作为浇筑纤维增强混凝土的实际解决方案。

纤维增强混凝土的流变特性取决于各种参数，即纤维含量、长径比、几何形状和类型、模板几何形状产生的壁效应、不同类型纤维的相互作用、纤维与水泥浆和骨料的相互作用、堆积密度和最大骨料尺寸。颗粒形状对砂浆塑性黏度的影响遵循如下规律：球形颗粒＜粒状颗粒＜片状颗粒＜针状颗粒。

Swamy 等指出纤维增强混凝土无法在高于临界纤维浓度时发生流动，即使在自密实混凝土中加入纤维[87]。纤维在高于此浓度时形成团块。该临界体积分数随着混合物中粗颗粒体积分数的增加而降低，增加长径比也可降低临界值。当达到该临界浓度时，观察到纤维因子（纤维长径比和体积分数的乘积）的值为 0.2～2[88]。基于混合物组成，Grünewald 提出该值在 0.3～1.9 之间[86]。Martinie 等建议纤维因子不应超过 4，因为在该临界值以上，纤维往往会成团[89]。此外，他们假设纤维因子低于 3.2 的纤维增强混凝土对流变性能的影响较小。通过增加纤维因子，塑性黏度相对增加。随着纤维体积分数和长径比的增加，混凝土的和易性降低[89]。纤维有助于内部结构的形成，从而增加屈服应力。

在钢纤维掺量不超过 $18kg/m^3$，或合成大丝纤维（直径＞0.3mm）掺量不超过 $2.4kg/m^3$ 的情况下，通常可以直接掺加纤维而无需调整混凝土的配合比。在较高剂量下，需要根据纤维类型对混凝土配合比进行一些调整。例如，可增加减水剂的用量，以保持和易性，而不改变水灰比（w/c）。当纤维用量进一步增加时，须增加浆体体积（胶凝材料），并加入更多细骨料，以确保纤维在混凝土中的适当调节和分散（ACI 544.4R）。然而，纤维增强水泥浆体的流变参数随着砂含量的增加而增加[90]。

当将普通粒径的硅酸盐水泥与超细水泥（最佳含量为 20％置换率）混合时，可以获得优异的流变性能，这使得在水泥基材料中掺入纤维成为可能[91]。Martinie 等提出了超高性能纤维增强混凝土的简单配合比设计标准，并指出可以通过降低纤维的长径比、降低颗粒骨架的堆积分数或使用堆积分数较高的砂粒来增加纤维体积分数[88,89]。

9.3.2　纤维对 FRCs 流变学的影响

以下介绍了各种因素对纤维增强水泥基材料流变性的影响。

9.3.2.1　纤维取向

纤维的取向会影响混凝土的流变性。通常假设，在高流动性水泥基体系中，纤维会沿流动方向排列，平行于预期应力[92]。基质中纤维的取向取决于许多因素，如纤维几何形状及其相互作用效应（水泥浆体-骨料-纤维-模板）、混凝土的流动性以及混凝土浇筑和压实过程[84]。由于混凝土产生应变或流动，纤维发生定向排列，因此预测纤维增强水泥基材料的结构行为更加复杂。水泥基复合材料中纤维的取向和位置可能会偏离假设的各向同性分布和方向，由于发生动态/静态偏析或纤维浮动、流动阻塞，以及流动和壁面效应导致的纤维取向[86]。流动混凝土中当纤维沿拉应力方向排列时，弯曲强度得到提高，另一方面，纤维取向不良降低了混凝土的和易性和弯曲强度[84]。

在屈服应力较低的可流动混凝土中，纤维在水泥浆中具有较高的可移动性，并且在轻微的外部振动下可以轻松移动和定向排列；而在较刚性混凝土中，存在形成纤维球的风险，限制了纤维的移动，甚至形成堵塞[84]。然而，屈服应力控制着牛顿流体中纤维的定向和显著黏度会使混合物不均匀，并影响纤维的分布[93]。

根据混合物组成和流变特性，含有纤维的水泥基材料可发生"滚动"或"塞流"。前者可能发生在自密实混凝土中（屈服应力较低），而后者可能发生在流动性较差的混凝土中。因此，流动模式决定了纤维的方向。影响纤维取向的其他参数包括长径比、与其他颗粒的相互作用、纤维位置（靠近壁）、相浓度、混合物组成、流变特性和生产过程中的流动"历史"。纤维和管壁之间的距离越近，它们在流动方向上排列的速度越快。

流变仪中的壁效应和剪切体运动会影响纤维的排列，因此纤维增强混凝土的流变特性也取决于剪切速率和剪切应变[86]。有研究指出纤维的分布和取向取决于流体材料的屈服应力[94]。有学者建立屈服应力和取向因子 α（当纤维不垂直于剖面时，$\alpha=0$，相当于无纤维混凝土；当所有纤维垂直于剖面时，$\alpha=1$）之间的相关性[84]。屈服应力为 36Pa 和 45Pa 的混凝土的取向因子值分别为 0.57 和 0.45，表现出均匀的纤维分布。对于高屈服应力（120Pa）的混凝土，$\alpha=0.3$，表明纤维聚集，分散效果极差[84]。这些学者在纤维增强高强混凝土中观察到了类似的纤维取向结果[95]。

水泥基材料中的纤维分布显著影响其流变性能、力学性能和耐久性。纤维的分布取决于纤维相对于骨料的大小。为了提高硬化状态下纤维的效率，建议选择比骨料最大尺寸长的纤维，通常为 2～4 倍[86]。将纤维添加到流动性或工作性较差的混合物，导致纤维不会以较快的速度分散。因此，它们在混合器中相互堆积成团，导致水泥基材料性能恶化[95]。

纤维均匀分布，无结块或成球，对新拌砂浆的流动性有积极影响。Wang 等指出水泥基体系的适度流变性能是钢纤维在 UHPC 中均匀分散的必要条件[94]。过高的塑性黏度和屈服应力可能会使纤维在混合过程中难以分散，而流动性太大可能会导致其在浇筑期间产生显著的离析。Li 注意到当塑性黏度低于 5Pa·s 时，超高性能纤维增强水泥基复合材料（UHPFRCC）中的纤维分散性较差[96]。

在复合材料中获得良好纤维分散的一种方法是采用高速搅拌器和更长的搅拌时间实现高搅拌能量[97]。在将所有纤维加入搅拌车后，建议使用 10～12r/min 的混合速度和 4～5min（至少 40 转）的混合时间。对于在中央搅拌机中的搅拌，搅拌时间和转速的执行方式与素混凝土相同（ACI 544.4R）。

9.3.2.2 纤维长度

通过减小纤维长度可降低屈服应力和塑性黏度[98]。这可能是因为长纤维比短纤维更容易对骨料产生更有害的干扰，并导致更大的流动阻力。Banfill 等观察到随着碳纤维长度的增加，塑性黏度和屈服应力均增加[99]。Zhang 等使用聚丙烯纤维，发现屈服应力和表观黏度随着纤维长度的增加而逐渐增加[100]。Tattersall 等指出增加纤维长度主要增加屈服值，但对塑性黏度影响不大[101]。然而，Ponikiewski 注意到钢纤维的长度对 SCC 的屈服值和塑性黏度没有显著影响，但对于钩状钢纤维，塑性黏度随着纤维长度的增加而降低[102]。此外，长金属纤维导致的黏度比短金属纤维的高[103]。

9.3.2.3 纤维类型

建筑行业中使用最多的是钢纤维和聚合物合成纤维。不同类型的纤维及其材料特性如表 9.6 所示。

表 9.6 纤维种类和材料特征[86]

纤维类型	典型纤维直径/μm	典型纤维长度/mm	密度/(g/cm³)	弹性模量/(kN/mm²)	抗拉强度/(N/mm²)	断裂伸长率/%
钢纤维-弯钩端	500～1300	30～60	7.85	160～210	＞1000	3～4
钢纤维-波纹形	400	26～32	7.85	210	980	
AR-玻璃纤维	3～30	3～25	2.68～2.70	72～75	1500～1700	1.5～2.4
聚丙烯纤维-单丝	18～22	6～18	0.91	4～18	320～560	8～20
聚丙烯纤维-原纤化	50～100	6～19	0.91	3.5～10	320～400	5～15
聚丙烯腈纤维	18～104	4～24	1.18	15～20	330～530	6～20
碳纤维	5～10	6	1.6～2.0	150～450	2600～6300	0.4～1.6

(1) 钢纤维

对于长且不易弯曲的钢纤维（例如，长度 $L=30～60mm$，长径比 $r=45～80$），骨料和纤维间的力学相互作用主导了流动行为，这可能是由于这些纤维类型的表面积与较粗的砂相当。钢纤维的加入影响水泥基复合材料的屈服应力，但对净浆特性的影响较小[86]。

引入低于临界体积分数钢纤维通常导致水泥浆体的屈服应力和塑性黏度降低，直至达到纤维的临界体积分数，这些流变参数将会增长[90]。在混合过程中，刚性的钢纤维可能会增强对水泥浆体结构的破坏，从而降低初始的屈服应力和塑性黏度；而将纤维用量增加到临界值以上可能会导致纤维间的机械联锁和缠绕，从而导致流变参数的增加^[90]。根据 Cao 等的研究，添加 2% 的钢纤维（长度 $L=13mm$，直径 $D=200\mu m$，$r=65$）得到的屈服应力和塑性黏度低于素砂浆的^[104]。然而，Tattersall 观察到屈服应力和塑性黏度随着钢纤维含量的增加而增加^[105]。图 9.10 显示了三种类型钢纤维的影响（长径比/长度/含量），与参比样相比，添加不同长径比、长度和含量的纤维均增加了塑性黏度和屈服应力。Choi 等测定了钢纤维（$\phi0.5$，300mm）对湿拌喷射混凝土流变性的影响。当钢纤维用量大于 $50kg/m^3$ 时，扭矩黏度显著增加，喷射混凝土过程中出现泵送难题^[106]。Alferes Filho 等在 SCC 中使用钩状钢纤维（长度 $L=30mm$，$r=47.6$），发现添加 $20kg/m^3$（0.25%）对剪切剖面没有显著影响；但当纤维含量超过 $80kg/m^3$（1.02%）时，剪切转矩与纤维含量的增加成正比^[107]。同时观察到塑性黏度的增长与纤维增量之间存在直接关系。

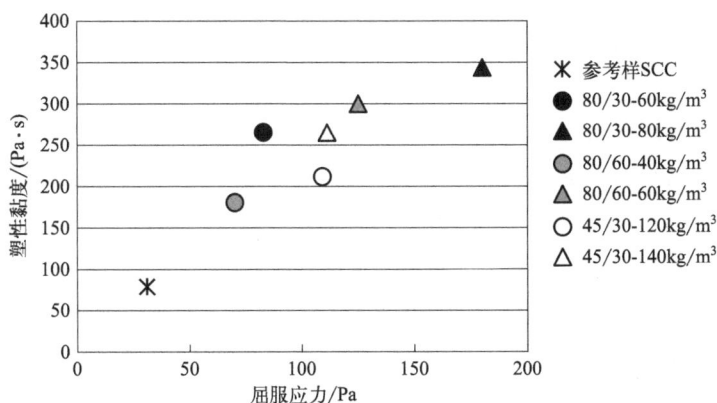

图 9.10 纤维增强自密实混凝土屈服应力和塑性黏度^[86]

（2）碳纤维

Jiang 等研究了直径为 $7\mu m$ 的碳纤维对水泥浆流变性的影响，得出结论：屈服应力随着纤维含量的增加而增加，但与 3mm 长的纤维相比，使用 6mm 长的纤维时，屈服应力的增长更大^[108]。此外，塑性黏度也随着纤维含量的增加而增加，在相同剂量下，3mm 纤维（0~1% 纤维含量）产生的塑性黏度大于 6mm 纤维，但在使用 1.5% 纤维掺量时效果相反^[108]。Banfill 等人观察到屈服应力和塑性黏度随着纤维含量（体积分数）（0.15%~0.5%）和长度（3~12mm）的增加而增加，随着水灰比的增加而减小^[99]。

Jiang 等还研究了添加纳米碳纤维（CNF）的水泥浆体的流变性，指出 CNF 对屈服应力和塑性黏度都很敏感，0.5% 以上的用量对流变性有显著的负面影响^[108]。在 UHPC 中加入 0~0.3% CNF 时，Meng 和 Khayat 发现塑性黏度和屈服应力先减小后增大，当 CNF 含量为 0.05% 时，两者均出现最小值^[109]。

（3）纤维素纤维

Kaci 等研究了纤维素纤维（长度=1mm，平均直径=$10\mu m$）对砂浆流变性的影响。结果表明，在纤维掺量低于 0.55% 时，屈服应力仅适度依赖于掺量，但在该临界值之后，屈服应力急剧增加。此外，在高剪切速率下，纤维掺量为 0.55% 时，黏度最小^[110]。Rapoport 等发现对于给定类型和含量的纤维，纤维分散度和水泥浆基质流变性之间不存在相关性，而且水泥浆黏度也不影响纤维分散[111]。

（4）玻璃纤维

随着玻璃纤维的引入，新拌砂浆的屈服应力逐渐增大。这些纤维填充水泥和砂粒间的空隙，并吸附砂浆中的自由水。此外，纤维和颗粒之间形成的团聚体增了流动阻力。因此，添加玻璃纤维会导致更高的屈服应力。玻璃纤维的加入也增加了等效塑性黏度，这可能是胶凝材料和纤维之间的摩擦导致。

（5）其他纤维

碳酸钙晶须是无机晶体，已被用作水泥基材料的微观增强材料，以提高韧性和减少收缩。一般来说，晶体的长度范围为 $20\sim30\mu m$，直径为 $0.5\sim2\mu m$，长径比为 $20\sim60$。与钢、玻璃或聚乙烯醇等其他类型的纤维相比，碳酸钙晶须具有较小的粒径和较大的比表面积。这些纤维的加入使浆料更具黏稠，更难流动。此外，晶须容易团聚，从而降低增强效率[92]。屈服应力和塑性黏度随着 w/c 的降低和碳酸钙晶须的增加而增加[92]。Zhang 等研究了聚丙烯纤维（当量直径 $0.033\sim0.048mm$，长度分别为 3mm、6mm 和 12mm）对水泥浆体流变性的影响，发现随着纤维长度和用量的增加，屈服应力和表观黏度增加[100]。在粉煤灰地质聚合物复合材料中加入 2% 的短 PVA 纤维（$L=6mm$，$D_{avg}=14\mu m$），初始屈服应力从 12kPa 增加到 67kPa。

（6）杂化纤维体系

有研究表明，钢纤维体积分数对砂浆的塑性黏度有显著影响，而碳纤维、玻璃纤维和聚丙烯纤维的体积分数对屈服应力有显著影响[112]。Cao 等指出，通过增加钢纤维中 PVA 纤维的加入量或增加 PVA 纤维中 $CaCO_3$ 晶须的加入量，可提高屈服应力和塑性黏度，这表明 PVA 纤维和 $CaCO_3$ 晶须的引入对砂浆的流动性有负面影响[104]。这可能是由于 PVA 纤维的亲水性和 $CaCO_3$ 晶须的高比表面积导致。他们还提出，混杂纤维（1.75% 钢纤维＋0.2% PVA 纤维＋0.5% $CaCO_3$ 晶须）增强的胶凝材料具有最佳的流变性能。在纤维含量较低（0.1%）时，PVA 和金属纤维产生的塑性黏度低于对照组混合物（无纤维）[104]。此外，在特定纤维含量下，添加金属纤维产生的屈服应力高于 PVA 纤维产生的。然而，与增加金属纤维含量相比，通过增加 PVA 含量而增加的塑性黏度更高[113]。

9.3.3　纤维对 AAMs 流变学的影响

许多文献已表明 AAMs 具有比 PCMs 更紧密的微观结构和良好的力学性能，但如何控制其收缩（尤其是硅酸钠体系）以及如何推进其在侵蚀性环境中的应用，仍然是巨大的挑战。因此，在 AAMs 中添加纤维成为抑制收缩开裂的一种重要方法，这引起了近年来高性能和超高性能碱激发混凝土（UHPC）的创新。研究表明，AAM-UHPC 的流动性随着钢纤维体积分数的增加而降低[114]。如图 9.11 所示，添加弯钩钢纤维的混合物在高纤维含量下表现出最高的流动性，而在低纤维含量下纤维形状的影响可以忽略不计。此外，Liu 等研究了直形钢纤维的长径比（6/0.12、8/0.12、13/0.12、13/0.2）对流动性的影响[114]。当钢纤维体积分数增加到 3% 时，6/0.12 的长径比是确保良好流动性的最佳选择（图 9.12）。由于聚乙烯醇（PVA）分散性差，体积分数的增加也会导致 AAS 复合材料产生高黏度和高屈服应力。然而，Choi 等已成功研制出具有高延展性、低塑性黏度和屈服应力的 AAS 基复合材料，所用的 w/b 为 0.4，减水剂剂量为 0.27%，PVA 掺量为 1.3%（体积分数）[97]。

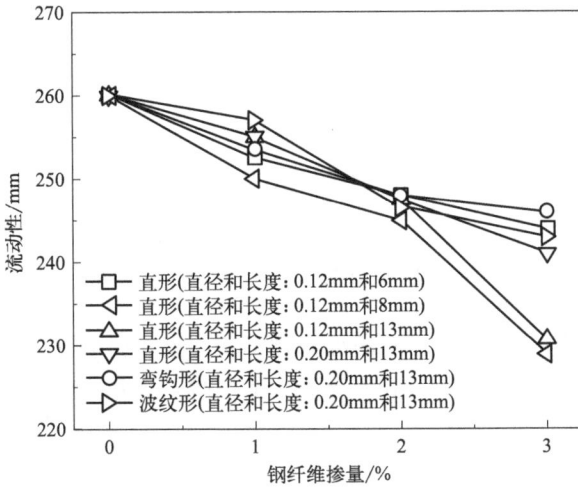

图 9.11　添加不同钢纤维的 AAM-UHPC 的流动性[114]

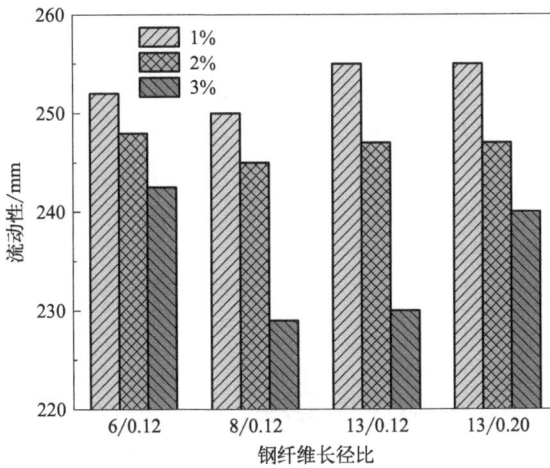

图 9.12　不同长径比的直形钢纤维对 AAM-UHPC 流动性的影响[114]

9.3.4　FRC 屈服应力的预测

新拌状态下，纤维可看作悬浮在流体中的固体颗粒。当纤维体积分数 ϕ 变化时，主导水泥基体系流动行为的机制也随之改变——可能是水动力作用，也可能转为纤维-纤维接触作用。为了设计出可工作/可流动的纤维增强混凝土，纤维体积分数应低于临界含量。学者们提出了三种不同状态下的体系来关联纤维的引入及其对水泥基复合材料流动性的影响。在稀释状态下（$\phi < 1/r^2$，其中 r 是长径比 $r = L/D$），纤维可以自由移动，不会与粒子发生任何相互作用。在半稀释状态下（$1/r^2 < \phi < 1/r$），纤维之间可能存在一定的水动力相互作用及部分纤维间的接触。在稀释和半稀释状态下，纤维-流体相互作用占主导。在高浓度状态下（$\phi > 1/r$），每根纤维都与许多相邻纤维接触[115]。为了预测浓缩悬浮液（如水泥基体系）

的流动行为，应考虑相体积和填充密度之间的关系。

根据 Philipse 的研究，对于细长颗粒（$r \gg 1$），紧密堆积分数定义为 $\phi_{fm} = \alpha_m/r$，松散堆积分数定义为 $\phi_{fc} = \alpha_c/r$。其中，$\alpha_m = 4$ 和 $\alpha_c = 3.2$ 表示长径比在 $50 \sim 100$ 之间的随机纤维取向[116]。因此，Martinie 等根据纤维悬浮程度提出了三种情况：在 $\phi < \phi_{fc}$ 的情况下，纤维悬浮液的流变行为为接近悬浮；当 $\phi_{fc} < \phi < \phi_{fm}$ 时，纤维之间发生的接触会影响流变性能；而当 $\phi > \phi_{fm}$ 时，水泥基复合材料无法流动[88,89]。

根据 Martinie 等的理论，在添加纤维后，若希望屈服应力仍保持同一数量级，从而使混凝土呈现相似的流变行为，相对堆积分数应低于 0.8 $\left[\dfrac{V_f\left(\dfrac{L}{D}\right)}{4} + \dfrac{\phi_s}{\phi_m} \leqslant 0.8 \right]$，如图 9.13 所示[88,89]。相对堆积分数在 $0.8 \sim 1$ 之间的混合物可认为是最佳的混合物，而为了获得高流动性混合物，其相对堆积分数应限制在 0.8 之内。他们将总的相对体积分数定义为纤维和颗粒骨架的相对体积分数之和 $\left[\dfrac{V_f\left(\dfrac{L}{D}\right)}{4} + \dfrac{\phi_s}{\phi_m} \right]$，其中 ϕ_s 和 ϕ_m 分别是砂的体积分数和紧密堆积分数（圆砂为 0.65）[88,89]。这一理论已得到了证实[95]。

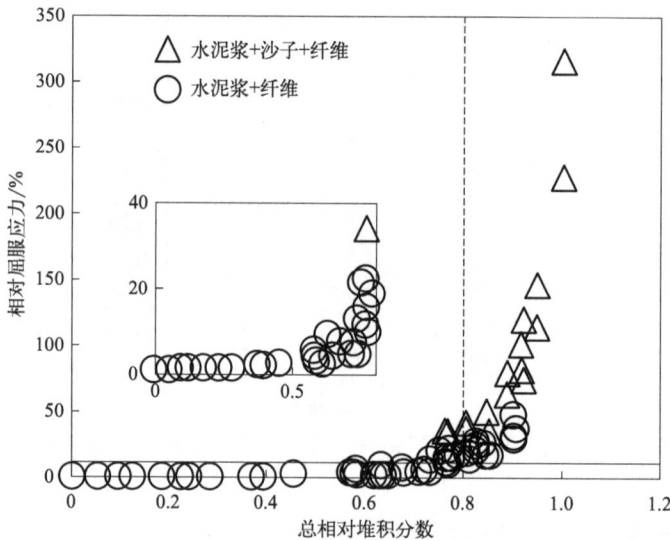

图 9.13　相对屈服应力作为总相对堆积分数的函数（虚线对应于理论随机松散堆积）[88,89]

Wang 等提出在纤维体积分数为 1%、2% 和 3% 的情况下，新拌 UHPC 的最优屈服应力范围分别为 $900 \sim 1000\text{Pa}$、$700 \sim 900\text{Pa}$ 和 $400 \sim 800\text{Pa}$[94]。

9.3.5　塑性黏度的预测

含有高浓度球形刚性颗粒的悬浮液，无论含或不含针状刚性钢纤维 [$r \leqslant 85$，$V_f \leqslant 2\%$（体积分数）]，其黏度均可通过以下公式计算[86]：

$$\eta_e = \eta \left\{ (1-\phi) + \frac{\pi \phi r^2}{3\ln(2r)} \right\} \tag{9.1}$$

式中，η 为介质黏度，$Pa \cdot s$；ϕ 为纤维的体积分数，%；η_e 为含纤维混合物的塑性黏度，$Pa \cdot s$。

纤维的局部浓度（如纤维成团）和颗粒絮凝会降低堆积密度并增加黏度[86]。聚合物（$r=6\sim27$）的临界体积分数（ϕ_{cf}）可通过下式预测：

$$\phi_{cf} = 0.54 - 0.0125 \ln r \tag{9.2}$$

9.4　本章小结

(1) AAMs

由于 AAMs 成分复杂，其流变行为可以用不同的流变模型来描述。激发剂的类型似乎是控制流变模型确定的主要因素。一般来说，Bingham 模型适用于 NaOH 激发的净浆，而 H-B 模型更适合于硅酸钠制备的净浆。其他成分因素（如前体和化学外加剂）也对流变参数有重要影响。例如，硅酸钠激发粉煤灰浆体表现为 Bingham 流体，而碱激发粉煤灰-矿渣浆体的流变行为则更符合 H-B 模型。

激发剂溶液中硅酸根低聚物的聚合状态及其在前驱体颗粒表面的吸附机制对 AAMs 的流变性能有重要影响。此外，由于离子尺寸不同，与 KOH 激发剂相比，NaOH 激发剂通常会导致更高的屈服应力、黏度和更快的黏弹性转变。特定剂量的水玻璃可发挥良好的塑化效果。通常，存在一个激发剂临界浓度（模数和 Na_2O%），可通过影响离子分布和碱活化过程来逆转流变特性的趋势。

前驱体的物理性质影响其表面吸水率和堆积密度，而化学性质可改变前驱体颗粒的溶解行为和沉淀凝胶的类型，两者共同影响着 AAMs 的流变行为。在碱激发混合体系中，高比表面积的前驱体（如 MK）的含量是导致高屈服应力和塑性黏度的主要原因。

目前，大多数市售减水剂在 AAMs 中的分散效率较低，这可从三个方面来解释：高碱性环境中的化学稳定性、溶解度以及激发剂的阴离子基团与阴离子型外加剂之间的竞争吸附。这些都取决于外加剂聚合物分子结构和电荷的合理设计，在某些特定体系中可表现出有效性，例如，具有高阴离子性、高分子量和短侧链长度的 HPEG-PCE 在高钙体系中表现出良好的分散效果。

添加惰性矿物掺合料（如细砂和石灰石粉）对改善 AAMs 流变性能具有积极作用。这是由于惰性细粉的添加可优化颗粒紧密堆积模型，可补偿高比表面积和成核效应的负面影响。另一方面，活性矿物掺合料对 AAMs 流变性的影响是复杂的，这取决于其物理化学特性和悬浮液的水胶比。

尽管学者们在 AAMs 这一领域已取得了可喜的成果，然而目前的研究进展与充分理解 AAMs 流变学以及推进其工程应用之间仍然存在很大的差距。在未来的研究中，可以考虑以下几个方面：①对 AAMs 中的组分、颗粒间作用力及其相互关系，以及反应动力学进行更深入的研究，以深入理解反应过程中颗粒间的相互作用机制，从而全面了解各组分对流变学性质的影响。②研发稳健的配方及相关化学外加剂，以同时满足 AAMs 的流变性能和力学性能要求。例如，需要开发适用于 AAMs 的有机增塑剂，或适当添加无机增塑剂，以改善 AAMs 的工作性能。③目前关于 AAMs 混凝土的流变学研究仍有限,尤其是纤维和掺合料对其流变特性的影响。必须建立经验公式来定量描述这些材料与 AAMs 流变性能的关系,从而促进 AAMs 的大规模商业应用。

(2)水泥浆体回填材料

水泥浆体回填材料(CPB)通常由尾矿、水泥和水组成,已成为全球大多数矿山常使用的结构材料。为了消耗尾矿库,减少固体采矿废物足迹,广泛研究和应用了成浆技术。CPB 通常也用于地下回填作业,以提高采空区的稳定性。CPB 通过管道运输,随后在地下空隙中形成尾矿堆。增稠后的高密度尾矿浆液表现为非牛顿流体,在颗粒分离之前可以长距离流动。因此,在长距离运输内,尾矿浆体可以看作均匀稳定的体系。CPB 的流变性对成浆技术至关重要。CPB 表现出复杂的流变行为,如屈服应力和触变性。絮凝浆体或浓稠尾矿的时变流变行为正在得到广泛研究。

虽然 CPB 的流变特性已被研究,但仍有许多方面需要进一步研究。例如,化学外加剂(如高效减水剂和絮凝剂)对 CBP 的流变性、可泵性和稳定性的影响需要深入研究,同时也需要开发对流变特性不太敏感的新型化学外加剂。

(3)纤维增强水泥基材料

纤维增强提高了延展性、韧性、剪切和弯曲强度,阻止了裂缝的生长和贯通,减少了收缩、开裂和渗透性,提高了水泥基体系的抗疲劳和抗冲击性。纤维增强的主要缺点是纤维会对水泥基复合材料流变性能产生负面影响。

纤维增强混凝土的流变特性取决于各种参数,即纤维含量、长径比、几何形状和类型、模板几何形状产生的壁效应、不同类型纤维的相互作用、混合物组成、纤维与水泥浆和骨料的相互作用、堆积密度和最大骨料尺寸。纤维增强存在一个临界值,超过该临界值,流动性/工作性能将严重恶化。不同类型纤维的用量应低于临界值。

参 考 文 献

[1] Duxson P, Provis J L, Lukey G C, et al. The role of inorganic polymer technology in the development of 'green concrete' [J/OL]. Cement and Concrete Research, 2007, 37: 1590-1597.

[2] Habert G, D'espinose de Lacaillerie J B, Roussel N. An environmental evaluation of geopolymer based concrete production: Reviewing current research trends [J/OL]. Journal of Cleaner Production, 2011, 19 (11): 1229-1238.

[3] Jiao D, Shi C, Yuan Q, et al. Effect of constituents on rheological properties of fresh concrete-A review [J/OL]. Cement and Concrete Composites, 2017, 83: 146-159.

[4] Palacios M, Banfill P F G, Puertas F. Rheology and setting of alkali-activated slag pastes and mortars: Effect of organic admixture [J/OL]. ACI Materials Journal, 2008, 105 (2): 140-148.

[5] Puertas F, González-Fonteboa B, González-Taboada I, et al. Alkali-activated slag concrete: Fresh and hardened behaviour [J/OL]. Cement and Concrete Composites, 2018, 85: 22-31.

[6] Romagnoli M, Leonelli C, Kamse E, et al. Rheology of geopolymer by DOE approach [J/OL]. Construction and Building Materials, 2012, 36: 251-258.

[7] Xiang J, Liu L, Cui X, et al. Effect of Fuller-fine sand on rheological, drying shrinkage, and microstructural

properties of metakaolin-based geopolymer grouting materials [J/OL]. Cement and Concrete Composites, 2019,：103381.

[8] Vance K，Dakhane A，Sant G，et al. Observations on the rheological response of alkali activated fly ash suspensions：the role of activator type and concentration [J/OL]. Rheologica Acta, 2014, 53 (10-11)：843-855.

[9] Dai X，Aydin S，Yardimci M Y，et al. Effects of activator properties and GGBFS/FA ratio on the structural build-up and rheology of AAC [J/OL]. Cement and Concrete Research, 2020, 138：106253.

[10] Lu C，Zhang Z，Shi C，et al. Rheology of alkali-activated materials：A review [J/OL]. Cement and Concrete Composites, 2021, 121：104061.

[11] Poulesquen A，Frizon F，Lambertin D. Rheological behavior of alkali-activated metakaolin during geopolymerization [J/OL]. Journal of Non-Crystalline Solids, 2011, 357 (21)：3565-3571.

[12] Zhang D W，Wang D M，Lin X Q，et al. The study of the structure rebuilding and yield stress of 3D printing geopolymer pastes [J/OL]. Construction and Building Materials, 2018, 184：575-580.

[13] Newlands K C，Foss M，Matchei T，et al. Early stage dissolution characteristics of aluminosilicate glasses with a blast furnace and fly-ash-like composition [J]. J Am Ceram Soc, 2017, 100：1941-1955.

[14] Zhang D W，Zhao K F，Xie F Z，et al. Effect of water-binding ability of amorphous gel on the rheology of geopolymer fresh pastes with the different NaOH content at the early age [J/OL]. Construction and Building Materials, 2020, 261：120529.

[15] Shi C，Jiménez A F，Palomo A. New cements for the 21st century：The pursuit of an alternative to Portland cement [J/OL]. Cement and Concrete Research, 2011, 41 (7)：750-763.

[16] Rifaai Y，Yahia A，Mostafa A，et al. Rheology of fly ash-based geopolymer：Effect of NaOH concentration [J/OL]. Construction and Building Materials, 2019, 223：583-594.

[17] Xie F，Liu Z，Zhang D，et al. Understanding the acting mechanism of NaOH adjusting the transformation of viscoelastic properties of alkali activated phosphorus slag [J/OL]. Construction and Building Materials, 2020, 257：119488.

[18] Alonso M M，Gismera S，Blanco M T，et al. Alkali-activated mortars：Workability and rheological behaviour [J/OL]. Construction and Building Materials, 2017, 145：576-587.

[19] Kashani A，Provis J L，Qiao G G，et al. The interrelationship between surface chemistry and rheology in alkali activated slag paste [J/OL]. Construction and Building Materials, 2014, 65：583-591.

[20] Palacios M，Alonso M M，Varga C，et al. Influence of the alkaline solution and temperature on the rheology and reactivity of alkali-activated fly ash pastes [J/OL]. Cement and Concrete Composites, 2019, 95：277-284.

[21] Yahia A，Khayat K H. Analytical models for estimating yield stress of high-performance pseudoplastic grout [J/OL]. Cement and Concrete Research, 2001, 31 (5)：731-738.

[22] Hou P，Muzenda T R，Li Q，et al. Mechanisms dominating thixotropy in limestone calcined clay cement (LC3) [J/OL]. Cement and Concrete Research, 2021, 140：106316.

[23] Steins P，Poulesquen A，Diat O，et al. Structural evolution during geopolymerization from an early age to consolidated material [J/OL]. Langmuir, 2012, 28 (22)：8502-8510.

[24] Xiang J，Liu L，Cui X，et al. Effect of limestone on rheological, shrinkage and mechanical properties of alkali-Activated slag/fly ash grouting materials [J/OL]. Construction and Building Materials,

2018，191：1285-1292.

[25] Mehdizadeh H，Kani E N，Sanchez A P，et al. Rheology of activated phosphorus slag with lime and alkaline salts [J/OL]. Cement and Concrete Research，2018，113：121-129.

[26] Yin Suhong，Haiyu G，Jie H，et al. Rheological Properties and Fluidity of Alkali-activated Fly Ash-slag Grouting Material [J]. J South China Univ Technol（Natural Science），2019，47（8）：120-128，135.

[27] Palacios M，Gismera S，Alonso M M，et al. Early reactivity of sodium silicate-activated slag pastes and its impact on rheological properties [J/OL]. Cement and Concrete Research，2021，140：106302.

[28] Puertas F，Varga C，Alonso M M. Rheology ofalkali-activated slag pastes. Effect of the nature and concentration of the activating solution [J/OL]. Cement and Concrete Composites，2014，53：279-288.

[29] Lopez Gonzalez P L，Novais R M，Labrincha J A，et al. Modifications of basic-oxygen-furnace slag microstructure and their effect on the rheology and the strength of alkali-activated binders [J/OL]. Cement and Concrete Composites，2019，97：143-153.

[30] Guo X，Shi H，Hu W，et al. Setting time and rheological properties of solid waste-based composite geopolymers [J]. Based Composite Geopolymers，J Tongji Univ（Natural Science），2016，44：1066-1070.

[31] Vyšvařil M，Vejmelková E，Rovnaníková P. Rheological and mechanical properties of alkali-activated brick powder based pastes：Effect of amount of alkali activator [J/OL]. IOP Conference Series：Materials Science and Engineering，2018，379（1）.

[32] Aboulayt A，Jaafri R，Samouh H，et al. Stability of a new geopolymer grout：Rheological and mechanical performances of metakaolin-fly ash binary mixtures [J/OL]. Construction and Building Materials，2018，181：420-436.

[33] Yang T，Zhu H，Zhang Z，et al. Effect of fly ash microsphere on the rheology and microstructure of alkali-activated fly ash/slag pastes [J/OL]. Cement and Concrete Research，2018，109（April）：198-207.

[34] Ishwarya G，Singh B，Deshwal S，et al. Effect of sodium carbonate/sodium silicate activator on the rheology，geopolymerization and strength of fly ash/slag geopolymer pastes [J/OL]. Cement and Concrete Composites，2019，97（December 2018）：226-238.

[35] Rovnaník P，Rovnaníková P，Vyšvařil M，et al. Rheological properties and microstructure of binary waste red brick powder/metakaolin geopolymer [J/OL]. Construction and Building Materials，2018，188：924-933.

[36] Palacios M，Houst Y F，Bowen P，et al. Adsorption of superplasticizer admixtures on alkali-activated slag pastes [J/OL]. Cement and Concrete Research，2009，39（8）：670-677.

[37] Palacios M，Bowen P，Kappl M，et al. Repulsion forces of superplasticizers on ground granulated blast furnace slag in alkaline media，from AFM measurements to rheological properties [J/OL]. Materiales de Construccion，2012，62（308）：489-513.

[38] Conte T，Plank J. Impact of molecular structure and composition of polycarboxylate comb polymers on the flow properties of alkali-activated slag [J/OL]. Cement and Concrete Research，2019，116：95-101.

［39］ Lei L, Chan H K. Investigation into the molecular design and plasticizing effectiveness of HPEG-based polycarboxylate superplasticizers in alkali-activated slag [J/OL]. Cement and Concrete Research, 2020, 136: 106150.

［40］ Marchon D, Sulser U, Eberhardt A, et al. Molecular design of comb-shaped polycarboxylate dispersants for environmentally friendly concrete [J/OL]. Soft Matter, 2013, 9 (45): 10719-10728.

［41］ Criado M, Palomo A, Fernández-jiménez A, et al. Alkali activated fly ash: Effect of admixtures on paste rheology [J/OL]. Rheologica Acta, 2009, 48 (4): 447-455.

［42］ Laskar A I, Bhattacharjee R. Effect of plasticizer and superplasticizer on rheology of fly-ash-based geopolymer concrete [J/OL]. ACI Materials Journal, 2013, 110 (5): 513-518.

［43］ Montes C, Zang D, Allouche E N. Rheological behavior of fly ash-based geopolymers with the addition of superplasticizers [J/OL]. Journal of Sustainable Cement-Based Materials, 2012, 1 (4): 179-185.

［44］ Xie J, Kayali O. Effect of superplasticiser on workability enhancement of Class F and Class C fly ash-based geopolymers [J/OL]. Construction and Building Materials, 2016, 122: 36-42.

［45］ Ye H, Fu C, Lei A. Mitigating shrinkage of alkali-activated slag by polypropylene glycol with different molecular weights [J/OL]. Construction and Building Materials, 2020, 245: 118478.

［46］ Xu L, Matalkah F, Soroushian P, et al. Effects of citric acid on the rheology, hydration and strength development of alkali aluminosilicate cement [J/OL]. Advances in Cement Research, 2018, 30 (2): 75-82.

［47］ Güllü H, Cevik A, Al-Ezzi K M, et al. On the rheology of using geopolymer for grouting: A comparative study with cement-based grout included fly ash and cold bonded fly ash [J/OL]. Construction and Building Materials, 2019, 196: 594-610.

［48］ Wetzel A, Middendorf B. Influence of silica fume on properties of fresh and hardened ultra-high performance concrete based on alkali-activated slag [J/OL]. Cement and Concrete Composites, 2019, 100 (January): 53-59.

［49］ Alghamdi H, Nair S A, Neithalath N. Insights into material design, extrusion rheology, and properties of 3D-printable alkali-activated fly ash-based binders [J/OL]. Materials and Design, 2019, 167: 107634.

［50］ Kuenzel C, Li L, Vandeperre L, et al. Influence of sand on the mechanical properties of metakaolin geopolymers [J/OL]. Construction and Building Materials, 2014, 66: 442-446.

［51］ You N, Liu Y, Gu D, et al. Rheology, shrinkage and pore structure of alkali-activated slag-fly ash mortar incorporating copper slag as fine aggregate [J/OL]. Construction and Building Materials, 2020, 242: 118029.

［52］ Ouattara D, Yahia A, Mbonimpa M, et al. Effects of superplasticizer on rheological properties of cemented paste backfills ⌊J⌋. International Journal of Mineral Processing, 2017, 161: 28-40.

［53］ Yin S, Wu A, Hu K, et al. The effect of solid components on the rheological and mechanical properties of cemented paste backfill [J]. Minerals Engineering, 2012, 35: 61-66.

［54］ Ouattara D, Mbonimpa M, Yahia A, et al. Assessment of rheological parameters of high density cemented paste backfill mixtures incorporating superplasticizers [J]. Construction and Building Materials, 2018, 190: 294-307.

［55］ Panchal S, Deb D, Sreenivas T. Variability in rheology of cemented paste backfill with hydration age, binder and superplasticizer dosages [J]. Advanced Powder Technology, 2018, 29 (9): 2211-2220.

［56］ Simon D，Grabinsky M. Apparent yield stress measurement in cemented paste backfill ［J］. International Journal of Mining，Reclamation and Environment，2013，27 (4)：231-256.

［57］ Huynh L，Beattie D A，Fornasiero D，et al. Effect of polyphosphate and naphthalene sulfonate formaldehyde condensate on the rheological properties of dewatered tailings and cemented paste backfill ［J］. Minerals Engineering，2006，19 (1)：28-36.

［58］ Qi C，Fourie A. Cemented paste backfill for mineral tailings management：Review and future perspectives ［J］. Minerals Engineering，2019，144：106025.

［59］ Wu D，Fall M，Cai S J. Coupling temperature，cement hydration and rheological behaviour of fresh cemented paste backfill ［J］. Minerals Engineering，2013，42：76-87.

［60］ Sivakugan N，Veenstra R，Naguleswaran N. Underground mine backfilling in Australia using paste fills and hydraulic fills ［J］. International Journal of Geosynthetics and Ground Engineering，2015，1 (2)：1-7.

［61］ Deng X，Klein B，Tong L，et al. Experimental study on the rheological behavior of ultra-fine cemented backfill ［J］. Construction and Building Materials，2018，158：985-994.

［62］ Deng X J，Klein B，Zhang J X，et al. Time-dependent rheological behaviour of cemented backfill mixture ［J］. International Journal of Mining，Reclamation and Environment，2018，32 (3)：145-162.

［63］ Peng X P，Fall M，Haruna S. Sulphate induced changes of rheological properties of cemented paste backfill ［J］. Minerals Engineering，2019，141：105849.

［64］ Di W U，Cai S J，Huang G. Coupled effect of cement hydration and temperature on rheological properties of fresh cemented tailings backfill slurry ［J］. Transactions of Nonferrous Metals Society of China，2014，24 (9)：2954-2963.

［65］ Lang L，Song K I，Lao D，et al. Rheological properties of cemented tailing backfill and the construction of a prediction model ［J］. Materials，2015，8 (5)：2076-2092.

［66］ Sofra F. Rheological properties of fresh cemented paste tailings ［M］//Yilmaz E，Fall M. Paste Tailings Management. Cham：Springer，2017：33-57.

［67］ Yang S，Xing X，Su S，et al. Experimental study on rheological properties and strength variation of high concentration cemented unclassified tailings backfill ［J］. Advances in Materials Science and Engineering，2020，6360131.

［68］ Cao S，Yilmaz E，Song W. Evaluation of viscosity，strength and microstructural properties of cemented tailings backfill ［J］. Minerals，2018，8 (8)：352.

［69］ Yang L，Wang H，Li H，et al. Effect of high mixing intensity on rheological properties of cemented paste backfill ［J］. Minerals，2019，9 (4)：240.

［70］ Yang L，Wang H，Wu A，et al. Shear thinning and thickening of cemented paste backfill ［J］. Applied Rheology，2019，29 (1)：80-93.

［71］ Wang H，Yang L，Li H，et al. Using coupled rheometer-FBRM to study rheological properties and microstructure of cemented paste backfill ［J］. Advances in Materials Science and Engineering，2019，6813929.

［72］ Deng X J，Klein B，Hallbom D J，et al. Influence of particle size on the basic and time-dependent rheological behaviors of cemented paste backfill ［J］. Journal of Materials Engineering and

Performance, 2018, 27 (7): 3478-3487.

[73] Ke X, Hou H, Zhou M, et al. Effect of particle gradation on properties of fresh and hardened cemented paste backfill [J]. Construction and Building Materials, 2015, 96: 378-382.

[74] Ouattara D, Belem T, Mbonimpa M, et al. Effect of superplasticizers on the consistency and unconfined compressive strength of cemented paste backfills [J]. Construction and Building Materials, 2018, 181: 59-72.

[75] Ercikdi B, Kesimal A, Cihangir F, et al. Cemented paste backfill of sulphide-rich tailings: Importance of binder type and dosage [J]. Cement and Concrete Composites, 2009, 31 (4): 268-274.

[76] Ercikdi B, Cihangir F, Kesimal A, et al. Utilization of water-reducing admixtures in cemented paste backfill of sulphide-rich mill tailings [J]. Journal of Hazardous Materials, 2010, 179 (1-3): 940-946.

[77] Guo Y, Wang P, Feng G, et al. Performance of coal gangue-based cemented backfill material modified by water-reducing agents [J]. Advances in Materials Science and Engineering, 2020, 12: 1-11.

[78] Haruna S, Fall M. Time-and temperature-dependent rheological properties of cemented paste backfill that contains superplasticizer [J]. Powder Technology, 2020, 360: 731-740.

[79] Wu D. Mine Waste Management in China: Recent Development [M]. Singapore: Springer, 2020.

[80] Cheng H, Wu S, Li H, et al. Influence of time and temperature on rheology and flow performance of cemented paste backfill [J]. Construction and Building Materials, 2020, 231: 117117.

[81] Zhao Y, Taheri A, Karakus M, et al. Effects of water content, water type and temperature on the rheological behaviour of slag-cement and fly ash-cement paste backfill [J]. International Journal of Mining Science and Technology, 2020, 30 (3): 271-278.

[82] Kou Y, Jiang H, Ren L, et al. Rheological properties of cemented paste backfill with alkali-activated slag [J]. Minerals, 2020, 10 (3): 288.

[83] Xu W, Tian M, Li Q. Time-dependent rheological properties and mechanical performance of fresh cemented tailings backfill containing flocculants [J]. Minerals Engineering, 2020, 145: 106064.

[84] Boulekbache B, Hamrat M, Chemrouk M, et al. Flowability of fibre-reinforced concrete and its effect on the mechanical properties of the material [J]. Construction and Building Materials, 2010, 24 (9): 1664-1671.

[85] Zollo R F. Fiber-reinforced concrete: an overview after 30 years of development [J]. Cement and Concrete Composites, 1997, 19 (2): 107-122.

[86] Grünewald S. Fibre reinforcement and the rheology of concrete [M] //Understanding the rheology of concrete. Cambridge: Elsevier, 2012: 229-256.

[87] Swamy R N, Mangat P S. Influence of fibre-aggregate interaction on some properties of steel fibre reinforced concrete [J]. Matériaux et Construction, 1974, 7 (5): 307-314.

[88] Martinie L, Rossi P, Roussel N. Rheology of fiber reinforced cementitious materials: classification and prediction [J]. Cement and concrete research, 2010, 40 (2): 226-234.

[89] Martinie L, Roussel N. Fiber-reinforced cementitious materials: from intrinsic isotropic behavior to fiber alignment [M] //Design, Production and Placement of Self-Consolidating Concrete. Springer, 2010: 407-415.

[90] Kuder K, Ozyurt N, Mu E, et al. Rheology of fiber-reinforced cement systems using a custom built

rheometer [M] //Brittle Matrix Composites 8. Cambridge：Elsevier，2006：431-439.

[91] Kaufmann J，Winnefeld F，Hesselbarth D. Effect of the addition of ultrafine cement and short fiber reinforcement on shrinkage，rheological and mechanical properties of Portland cement pastes [J]. Cement and Concrete Composites，2004，26 (5)：541-549.

[92] Cao M，Xu L，Zhang C. Rheology，fiber distribution and mechanical properties of calcium carbonate ($CaCO_3$) whisker reinforced cement mortar [J]. Composites Part A：Applied Science and Manufacturing，2016，90：662-669.

[93] Sepehr M，Ausias G，Carreau P J. Rheological properties of short fiber filled polypropylene in transient shear flow [J]. Journal of Non-Newtonian Fluid Mechanics，2004，123 (1)：19-32.

[94] Wang R，Gao X，Huang H，et al. Influence of rheological properties of cement mortar on steel fiber distribution in UHPC [J]. Construction and Building Materials，2017，144：65-73.

[95] Boulekbache B，Hamrat M，Chemrouk M，et al. Influence of yield stress and compressive strength on direct shear behaviour of steel fibre-reinforced concrete [J]. Construction and Building Materials，2012，27 (1)：6-14.

[96] Li M. Multi-scale design for durable repair of concrete structures [M]. University of Michigan，2009.

[97] Choi S J，Choi J I，Song J K，et al. Rheological and mechanical properties of fiber-reinforced alkali-activated composite [J/OL]. Construction and Building Materials，2015，96：112-118.

[98] Vaxman A，Narkis M，Siegmann A，et al. Short-fiber-reinforced thermoplastics. Part III：Effect of fiber length on rheological properties and fiber orientation [J]. Polymer Composites，1989，10 (6)：454-462.

[99] Banfill P F G，Starrs G，Derruau G，et al. Rheology of low carbon fibre content reinforced cement mortar [J]. Cement and Concrete Composites，2006，28 (9)：773-780.

[100] Zhang K，Pan L，Li J，et al. How does adsorption behavior of polycarboxylate superplasticizer effect rheology and flowability of cement paste with polypropylene fiber？[J]. Cement and Concrete Composites，2019，95：228-236.

[101] Tattersall G，Banfill P. The rheology of fresh concrete [M]. London：Pitman Books Ltd，1983.

[102] Ponikiewski T. The rheology of fresh steel fibre reinforced self-compacting mixtures [J]. ACEE Architecture Civil Engineering Environment，2011，4 (2)：65-72.

[103] Hossain K M A，Lachemi M，Sammour M，et al. Influence of Polyvinyl Alcohol，Steel，and Hybrid Fibers on Fresh and Rheological Properties of Self-Consolidating Concrete [J/OL]. Journal of Materials in Civil Engineering，2012，24 (9)：1211-1220.

[104] Cao M，Xu L，Zhang C. Rheological and mechanical properties of hybrid fiber reinforced cement mortar [J]. Construction and Building Materials，2018，171：736-742.

[105] Tattersall G H. Workability and quality control of concrete [M]. Boca Raton：CRC Press，1991.

[106] Choi P，Yun K K，Yeon J H. Effects of mineral admixtures and steel fiber on rheology，strength，and chloride ion penetration resistance characteristics of wet-mix shotcrete mixtures containing crushed aggregates [J]. Construction and Building Materials，2017，142：376-384.

[107] Alferes Filho R S，Motezuki F K，Romano R C O，et al. Evaluating the applicability of rheometry in steel fiber reinforced self-compacting concretes [J]. Revista IBRACON de Estruturas e Materiais，2016，9：969-988.

［108］　Jiang S，Shan B，Ouyang J，et al. Rheological properties of cementitious composites with nano/fiber fillers ［J］. Construction and Building Materials，2018，158：786-800.

［109］　Meng W，Khayat K H. Effect of graphite nanoplatelets and carbon nanofibers on rheology，hydration，shrinkage，mechanical properties，and microstructure of UHPC ［J］. Cement and Concrete Research，2018，105：64-71.

［110］　Kaci A，Bouras R，Phan V T，et al. Adhesive and rheological properties of fresh fibre-reinforced mortars ［J］. Cement and Concrete Composites，2011，33 (2)：218-224.

［111］　Rapoport J R，Shah S P. Cast-in-place cellulose fiber-reinforced cement paste，mortar，and concrete ［J］. ACI Materials Journal，2005，102 (5)：299.

［112］　Ponikiewski T，Szwabowski J. The influence of selected composition factors on the rheological properties of fibre reinforced fresh mortar ［M］ //Brittle Matrix Composites 7. Cambridge：Elsevier，2003：321-329.

［113］　Hossain K M A，Lachemi M，Sammour M，et al. Influence of polyvinyl alcohol，steel，and hybrid fibers on fresh and rheological properties of self-consolidating concrete ［J］. Journal of Materials in Civil Engineering，2012，24 (9)：1211-1220.

［114］　Liu Y，Zhang Z，Shi C，et al. Development of ultra-high performance geopolymer concrete (UHPGC)：Influence of steel fiber on mechanical properties ［J/OL］. Cement and Concrete Composites，2020，112 (November 2019)：103670.

［115］　Doi M，Edwards S F. Dynamics of rod-like macromolecules in concentrated solution. Part 1 ［J］. Journal of the Chemical Society，Faraday Transactions 2：Molecular and Chemical Physics，1978，74：560-570.

［116］　Philipse A P. The random contact equation and its implications for (colloidal) rods in packings，suspensions，and anisotropic powders ［J］. Langmuir，1996，12 (5)：1127-1133.

第 10 章
泵送与流变学

泵送是混凝土施工中广泛使用的浇筑方法。本章首先介绍了泵送性能这一描述混凝土泵送效率的重要参数，并给出了泵送性能的定义和计算方法。其次，强调了润滑层在混凝土泵送过程中的重要性，同时总结了润滑层的测试和分析方法，并基于润滑层性能，介绍了基于经验、数值和计算模拟预测泵送压力的方法。最后，讨论了泵送对新拌混凝土性能的影响。

10.1 引言

混凝土泵送技术是目前建筑领域最常见的技术之一。该技术可将大量材料以垂直或水平方式运输至极高或极深的位置。因此，混凝土的有效浇筑成为确保施工项目能够按计划执行的关键。

泵送技术已经发展了数十年，近年来，人们对超高和超深结构泵送需求的快速增长，使得研究混凝土在极长泵送距离下的可泵性成为了焦点[1]，例如，哈利法塔需要将混凝土泵送至距地面 606m 高的工作平台处[1]，现代油井需要将水泥浆泵送至 3000m 深的地下[2]。对于这种极具挑战的泵送距离需求，需要掌握材料在运输过程中性能的变化规律，以及高压和长时间运输会改变材料性能，否则会影响材料的浇筑效率和稳定性。因此，进一步研究泵送对混凝土性能的影响，符合现代混凝土施工快速发展的需求。

可泵性是混凝土泵送技术的基础，它是一个综合性概念，目前世界上并没有统一的定义。此外，随着混凝土技术的进步和工程结构的日益复杂，现代混凝土与传统混凝土的性能差异越来越大，单一的评价指标已不能适应现代混凝土可泵性的评价要求。为了克服传统评价方法的缺点，适应现代混凝土的复杂性，研究人员提出一系列经验性指标来评价混凝土的泵送性能，包括压力泌水试验、坍落度时间、坍落度等。虽然这些指标较于单一指标可以更全面地反映混凝土的可泵性，但它们并不能从理论本质上全面地表征混凝土的可泵性，也不能用于建立准确的数学模型来预测混凝土的泵送性能。随着混凝土泵送高度和距离的提高，泵送难度越来越大，经验性指标的缺陷导致其不能准确预测混凝土的泵送压力和控制泵送混凝土的质量。对于具有一定技术难度的超高层混凝土泵送施工，施工单位大多采用水平盘管试验来测试混凝土的可泵性，但该试验耗时且费用昂贵。因此，流变学已成为研究新拌混凝土工作性能的主要工具。它不仅可用于预测压力作用下混凝土在泵管中的流动行为，而且可以建立混凝土流变参数、泵管直径、泵管长度和混凝土泵送压力之间的数学关系。

在泵送过程中，材料受到各种作用，强剪切、高压、持续几分钟到半小时的温度升高，都会导致混凝土流动性和材料性能的波动。此外，当泵送速度较快时，其施加在泵送混凝土上的最大等效剪力可以超过 $35s^{-1}$[3]，最大泵送压力可以达到数十兆帕[4]。这些效应中的任何一个都足以引起混凝土性能的变化。此外，对于长距离泵送作业，例如对于中等泵送速率下的超高层建筑构件[1]，材料要承受这些耦合效应的时间长达 0.5h，而混凝土性能的变化又具有复杂的时变效应。因此，泵送过程中复杂耦合效应导致混凝土材料性能变化很难用单一机理解释，也很难用一组简单的数学模型进行描述。

根据过往研究表明，泵送后的混凝土性能变化具有普遍趋势，例如屈服应力的增加和塑性黏度的降低[5,6]，但不同的研究常有着相互矛盾的结论，例如含气量的变化[7,8]，因此有必要对数据进行整理和系统分析，以阐明泵送引起混凝土性能变化的机理。

10.2　可泵性的表征

当混凝土处于完全饱和状态时，其作为流体的运动可视为水动力流动[9,10]。在这种情况下，混凝土混合物中的粗骨料基本不离析，具有足够的水泥或砂浆覆盖率。此时，当泵送速率保持恒定，并且管道具有直线形状和恒定直径时，压力损失与管道长度呈线性关系。相反，当流体为悬浮液状态时，混凝土中的砂浆或水泥含量过低而不足以润滑粗骨料时，其流动状态为"不饱和"态，此时流体的运动类型成为摩擦应力传递[11]。在这种情况下，压力损失与管道长度呈非线性关系。因为颗粒之间的相互摩擦作用占主导地位，库仑摩擦定律主导了压力损失与管道长度之间的变化趋势。流体的局部压力，而非流体的总压力，决定了单位长度的压力损失，总压力随着长度的增加呈指数下降[12]。

10.2.1　可泵性的定义

可泵性的定义缺乏通用标准，但众所周知，该术语主要包括两个方面：混凝土运输过程中无堵塞；因泵送引起的材料性能无显著变化[13]。许多国家已经发布了测定混凝土可泵性的规范和标准。影响泵送性能的因素有很多，包括管道尺寸、悬浮液流动性、骨料粒度分布、化学外加剂等。可泵性的第一个方面与流体的饱和度密切相关，通常与粗骨料堵塞、加压泌水或压力作用下的材料流动性有关[9,14]。另一方面，与泵送后材料性能的变化息息相关，然而，这些变化背后的机制仍无定论。

10.2.2　可泵性的测定

Hagen-Poiseuille 和 Buckingham-Reiner 方程是描述总压损失和泵送最著名的方程，这两个方程均要求流体符合牛顿流体和宾汉姆流体。管道内部发生的剪切应力可通过下式所得：

$$\tau_w = \frac{\Delta p_{tot}}{L} \times \frac{R}{2} = \Delta p \times \frac{R}{2} \tag{10.1}$$

式中，τ_w 为剪切应力；R 为距中心的距离；Δp_{tot} 为距离 L 上的总压力损失。根据式(10.1)，对于传统的振动混凝土（CVC），管道中心区域的剪切应力小于混凝土混合物的屈服强度。该区域称为"塞流区（plug）"，其速度均匀[11]。相反，在塞流区外，存在一个"润滑层（LL）"，其中的剪切应力高于其屈服强度，如图 10.1 所示。然而，对于某些自密实混凝土（SCC），由于其屈服强度较低，塞流区可能很薄，甚至是不存在塞流区。

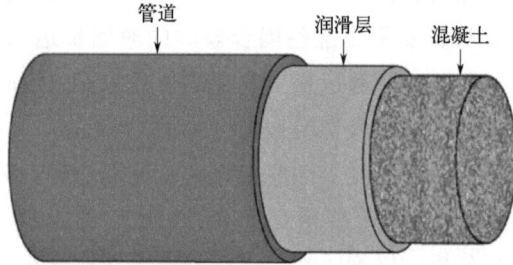

图 10.1　管道内混凝土流动示意图[15]

通过积分速度剖面，可以计算出泵速，泵速与管径、牛顿黏度、宾汉姆屈服应力和塑性黏度有关。

10.3　润滑层

10.3.1　润滑层的形成机理

在泵送压力和管道摩擦力共同作用下，混凝土内部会形成不均匀剪力场，剪切力在管道和材料界面处最大，沿管道半径方向线性减小，直至圆心处的0Pa。混凝土的不均匀性决定了骨料将从剪切力较大的地方移动到剪切力较小的地方，使得边界处的浆体体积高于主体混凝土，进而形成润滑层。许多研究人员[9,16-20]都证实了润滑层的存在，但如何确定润滑层的性质和其对混凝土的可泵性的影响仍存在争论。Sakuta 等[20]认为，混凝土的可泵性仅与润滑层的性能有关，而与混凝土的性能无关。然而，由于混凝土具有不同的流速分布，高流动性混凝土（如 SCC）的广泛使用使得这一主张受到了质疑[21]，如图 10.2 所示。

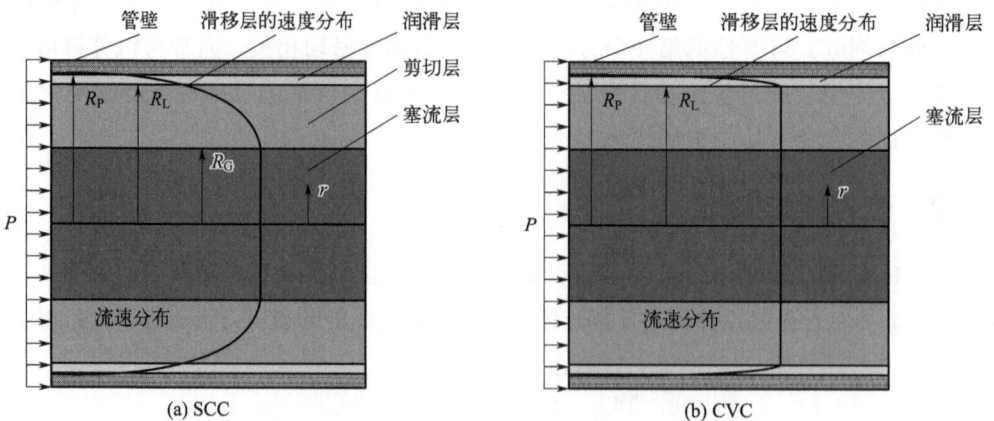

图 10.2　泵送管道中 SCC 和 CVC 的流量分布[22]

10.3.2　润滑层的确定

评测润滑层性能对于确定混凝土的泵送性至关重要，因此，研究人员研制了各种仪器来量化它的特性，主要包括摩擦仪和滑管仪两种。

10.3.2.1　摩擦仪

与流变仪不同，摩擦仪仅测量旋转摆锤表面的剪切，假设所有剪切都发生在润滑层中，这适用于大多数具有中低屈服应力的混凝土[14]。这种仪器最初是由 Kaplan 通过改进 BTRheome 而发明的。随后，另外两种摩擦仪也被陆续发明，均具备测量润滑层性能的能力（图 10.3)[13,23]。

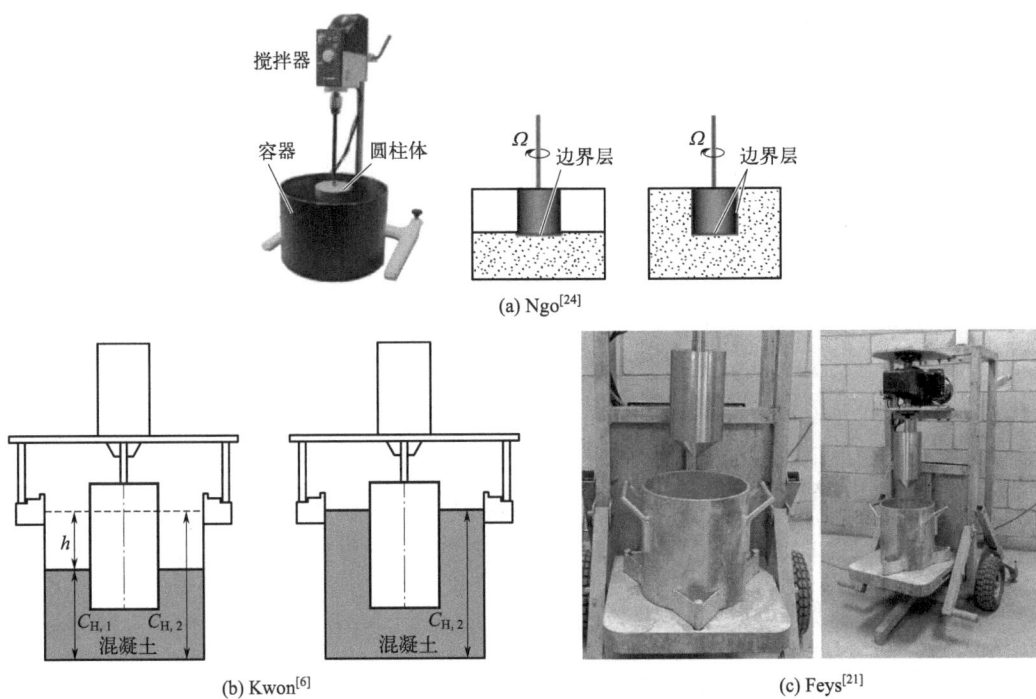

(a) Ngo[24]

(b) Kwon[6]　　　　　　　　　　　　(c) Feys[21]

图 10.3　各类摩擦仪示意图

尽管摩擦仪在逐渐发展和改进，但目前仍无法满足行业需求。随着混凝土技术的发展，越来越多的高工作性混凝土（HWC）和 SCC 用于施工。然而，上述摩擦仪的基本假设与这些高流动性材料并不兼容。这是因为这些摩擦仪假定了一个不可流动的整体区域，而实际上，具有较低屈服应力的混凝土通常在润滑层外也有被剪切的区域。基于此，Feys 等[21]开发了一种带有锥体转子的摩擦仪，一定程度上解决了这一问题。

10.3.2.2　滑管仪

Mechtcherine 等[25] 发明了滑管仪来评估混凝土的泵送性，如图 10.4 所示。滑管仪测得的两个参数 a 和 b 分别对应摩擦仪中润滑层的屈服应力和黏度常数。滑管仪的测试原理是在管道中加入混凝土，在管道上部施加不同的重量以模拟泵送压力，使管道与混凝土产生相对滑动。利用传感器测试不同重量下的混凝土流量，并将结果导入 Kaplan 泵送预测法，进

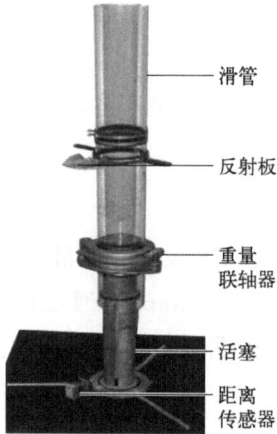

图 10.4 Mechtcherine 等
设计的滑管仪[25]

标注：滑管、反射板、重量联轴器、活塞、距离传感器

而计算实际泵送过程中泵送压力与泵送速率的关系。

滑管仪的原理类似于摩擦仪，可以较为真实地模拟泵管中混凝土的流动。但由于管道长度有限，难以达到实际泵送过程中混凝土的剪切速率。同时，滑管仪的原理只考虑了普通混凝土的泵送情况，并没有考虑混凝土中存在剪切区的情况。

10.3.2.3 其他方法

除了摩擦仪和滑管仪外，其他设备和方法也被用来研究润滑层的特性，包括超声波速度剖面仪[26]（UVP）、粒子图像测速仪、彩色混凝土图像法、等效砂浆法[27] 等。这些方法均在测量润滑层厚度、流变特性或其他材料组成方面取得了较好的应用效果，但在成本或准确量化结果方面也存在局限性。

10.4 泵送预测

混凝土泵送的难易程度与混凝土自身及润滑层的流变性能密切相关。泵送压力的预测主要基于混凝土和润滑层的流变特性以及润滑层的厚度[16,28,29]。根据混凝土的流变特性及其在管道中的流动特性，Kaplan 等提出了一种计算水平管道中混凝土压力损失的解析公式[28]。Kwon 等[29] 通过考虑润滑层的厚度和流变特性，推导出了另一种计算泵送流量的方程。Khatib[30] 提出了一个遵循宾汉姆流动行为的混凝土分析模型，其中考虑了混凝土和润滑层的流变特性。该模型根据距泵管中心轴不同距离处混凝土的剪切应变率，通过分析管道各横截面新拌混凝土的速度分布而建立，可用于计算泵送过程中的流量。该分析模型使用全尺寸泵送回路进行了验证，结果表明预测的压力损失值与测量值吻合度较好。

10.4.1 泵送预测的经验模型

从 20 世纪 50 年代开始，经验性方法被用于混凝土泵送过程中压力损失的粗略预测，目前一些泵送施工标准或规范仍然沿用这些方法。

基于 Eckardstein 的预测图，ACI 推荐了一种预测泵送压力的方法[31]。该方法采用坍落度试验来评价混凝土的泵送性，但缺乏一个多边标准来评价泵送质量和泵送对混凝土流变性能的影响。

此外，中国住房和城乡建设部发布的混凝土泵送施工技术规范[32] 推荐使用 Morinaga 法进行压力损失预测，如下所示：

$$\Delta P_H = \frac{2}{r}\left[K_1 + K_2\left(1+\frac{t_2}{t_1}\right)V_2\right]a_2 \tag{10.2}$$

$$K_1 = 300 - S_1 \tag{10.3}$$

$$K_2 = 300 - S_2 \tag{10.4}$$

式中，ΔP_H 为管道内每米的压力损失，Pa/m；r 为管道半径，m；K_1 为黏度系数；K_2 为速度系数，(Pa·s)/m；S_1 是混凝土的坍落度；t_2/t_1 为混凝土泵分配阀切换时间与活塞推混凝土时间之比，设备未知时可假设为 0.3；V_2 为管内混凝土混合料的平均流速；a_2 为径向压力与轴向压力的比值，普通混凝土可设置为 $0.9^{[32]}$。

日本建筑学会混凝土泵送法施工指南推荐的压力损失预测方法如下：

$$P = P_v H + P_b (L + 3B + 2T + 2F) \qquad (10.5)$$

$$P_v = 0.015 + 0.057\eta \qquad (10.6)$$

$$P_b = 0.057 + 0.032\eta \qquad (10.7)$$

式中，P_v 为垂直输送管的压力损失，MPa；P_b 为水平输送管的压力损失，MPa；H 为泵送高度，m；L 为水平管的长度，m；B 为弯管长度，m；T 为锥形管的长度，m；F 为软管长度，m；η 为塑性黏度，Pa·s。

综上所述，在过去十来年里，提出了很多针对常规振动混凝土的经验公式。然而，对于在泵送工程中广泛使用的自密实混凝土等高流动性混凝土，因为其流变性能不同于常规振捣混凝土，传统经验公式法的适用性有待商榷。

10.4.2　泵送预测的数值模型

Kaplan 提出了最常用的泵送预测数值模型，这一模型将圆柱形管道中混凝土输送的物理作用与混凝土的流变特性联系起来。为了更好地预测泵送过程中的流动行为，Kaplan 提出了两个方程来计算泵送过程中的压力损失以应对两种材料情况：第一种用于同时存在塞流区和润滑层的具有高屈服强度的混凝土，第二种用于润滑层比 CVC 厚得多的高流动性混凝土，这种混凝土在泵送中通常存在剪切。在 Kaplan 模型中，润滑层的厚度是未知的，因此引入了一个新的参数，即黏性常数，来描述流体的剪切应力与线速度的比值，以方便描述润滑层的黏度[14]。

$$\Delta p = \frac{2}{R}\left(\frac{Q}{\pi R^2}\eta_{LL} + \tau_{0,LL}\right) \qquad (10.8)$$

$$\Delta P = \frac{2}{R}\left(\frac{\dfrac{Q}{\pi R^2} - \dfrac{R}{4\mu_p}\tau_{0,LL} + \dfrac{R}{3\mu_p}\tau_{0,LL}}{1 + \dfrac{R}{4\mu_p}\eta_{LL}}\eta_{LL} + \tau_{0,LL}\right) \qquad (10.9)$$

Kaplan 模型避免了计算润滑层厚度。由于很少有经济实用的方法可以量化混凝土润滑层的确切厚度，因此 Kaplan 模型使用了润滑层的黏度常数，无需测量润滑层的厚度和黏度。与前者不同的是，Kwon 等[29] 提供了另一种描述管道中输送的混凝土压力损失的方法，根据之前的测量结果，假设润滑层厚度为 2mm，并将管道中混合物的横截面分为三个区域：塞流区、润滑层和剪切区（仅当剪切应力高于流体的屈服强度时才存在）。泵送率预测方程如下：

$$Q = 3600\frac{\pi}{24\mu_S\mu_P}[3\mu_P\Delta P(R_P^4 - R_L^4) - 8\tau_{S,0}\mu_P(R_P^3 - R_L^3) + \qquad (10.10)$$

$$3\mu_S\Delta P(R_L^4 - R_G^4) - 8\tau_{P,0}\mu_S(R_L^3 - R_G^3)]$$

此外，近年来普遍使用的自密实混凝土由于具有明显的触变性，Schryver 和 Schutter[33] 提供了一种无量纲泵送公式，如下所示：

$$Q = \frac{\pi}{48} \left[\frac{\tau_0 R^3}{\mu} \right] \frac{1}{Pn^3} \times \left[6Pn^4 - 8Pn^3 + 2(1+\zeta^3)(1-3\zeta) + 6\varepsilon^3 \sigma \right|^R + 24\varepsilon^2 \sigma \left|^R + \right.$$

$$\left. 3\varepsilon\sigma \right|^R (4-\zeta^2) - 24\zeta^2 \sigma \left|^R - 8\sigma^3 \right|^R - 3\zeta^2(4+\zeta^2)\ln\left(\frac{\varepsilon+\sigma}{\zeta}\right) \left|^R \right]$$

(10.11)

比起前两种忽略混凝土触变性特征的方法，这种方法通过在确定沿流动横截面方向的速度变化时引入触变性因子，这个扩展的 Poiseuille 流公式可以模拟与管道中实际流动非常相似的混凝土泵送流动。值得注意的是，在这个公式中，假设在泵送过程中没有形成润滑层，以此探寻触变性对流速、塞流半径、壁面剪切速率和泵送压力损失之间关系的影响。

10.4.3　压力损失预测的计算机模拟

计算机模拟通常用于校准和验证上述数值模型的有效性。计算流体动力学（CFD）和离散元法（DEM）是最常用的方法。此外还有平滑粒子水动力学（SPH）和黏性颗粒材料（VGM）模型等方法。

由于润滑层在泵送机制中的重要性，几种计算机模拟方法被用来预测泵送性能。其中一种模拟方法是基于计算流体动力学（CFD）。基于剪切诱导颗粒迁移的假设，CFD 方法得到的流速和速度分布与大规模泵送测试的结果一致[16]。使用 CFD 进行的另一项模拟生成了用于模拟滑管仪的单流体数值模型，基于 Chateau-Ovarlez-Trung 和 Krieger-Dougherty 模型对塞流区和润滑层进行建模。这种模拟滑管仪的方法得出的润滑层特性与实验室实验结果相匹配，特别是对于较低水灰比的混合物的模拟精度更高[34]。

结合 Navier-Stokes 求解式和压力梯度力模型，离散元法（DEM）可以预测混凝土泵送过程中的流动问题。DEM 模拟粒子相互作用和离散粒子运动学的能力使其不仅可以模拟直管中的流体行为，还可以模拟弯曲或弯头内部的流体行为，这是许多分析模型或计算机模拟无法做到的。这种 DEM 分析很好地模拟了流速和速度剖面，其结果与大规模泵送试验的数据相符[35]。

10.5　泵送对新拌混凝土性能的影响

10.5.1　含气量

由于组分、浇筑方法和泵送条件的不同，泵送对新拌混凝土含气量的影响并没有一致的趋势[36-38]。图 10.5（见文后彩插）展示了水平泵送后，多数研究表明泵送后混凝土含气量有所增加，但在少数情况下，新拌混凝土的含气量在泵送后有所下降。对于垂直泵送，大多数研究报告了含气量的损失[37,38]。对于这一区别，研究者认为，泵送及材料运输过程中的复杂机制和材料的不同组分可能是泵后含气量不同变化趋势的原因。

对于水平泵送，管道的长度可能与含气量的变化程度有关。当流体由泵活塞推动时[13]或在相对较慢的垂直泵送情况下由重力推动时会产生真空效应[38,43]。混凝土产生真空效应

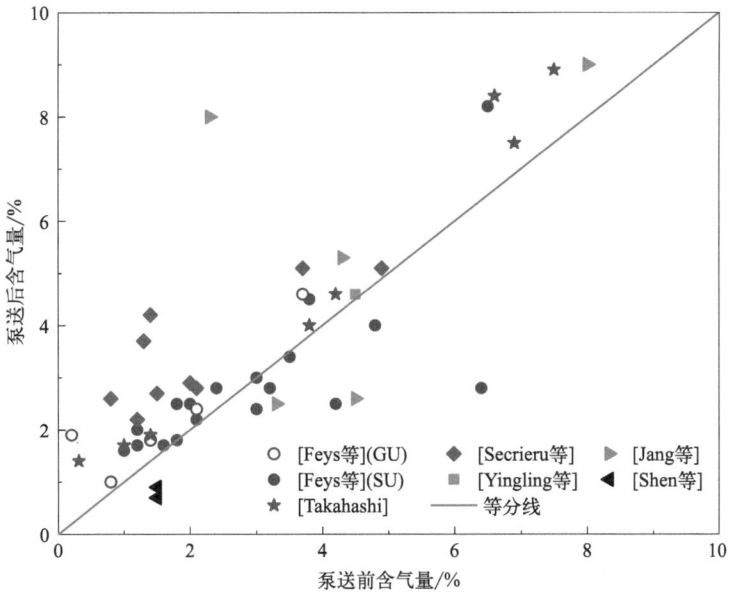

图 10.5　水平泵管实验中泵送前后新拌混凝土的含气量变化[39]

数据来自文献 [7,8,37,40-42]，GU 为 Feys 等在根特大学进行的实验；

SU 为 Feys 等在舍布鲁克大学完成的实验

后会产生负压，从而增加了剩余气孔的大小。这些新聚结的空隙更容易因气泡合并而破裂，从而导致整个混合物中的空气流失[43,44]。压力效应是基于气泡的内部压力与其大小成反比的理论，导致直径小于 $100\mu m$ 的气泡急剧增加[45]。根据亨利定律，平衡时溶液中溶解气体的浓度与气体压呈线性关系，表明较小的气泡在压力下更容易溶解。混凝土从管道中排出后，压力降低也会影响空气孔隙分布和材料的含气量。一旦混合物离开管道，压力就会突然消失，从而产生减压效果，结果溶解的空气会逸出。气泡的数量不会增加太多，但气泡的大小和间距会增加，影响新拌混凝土的整体孔隙结构，对硬化后混凝土的抗冻性有不利影响。另一方面，压力的突然损失增加了新拌混凝土的含气量。这种增加是否会超过加压引起的减少取决于测量前材料的固结状态[43]。Jang 等[7] 的一项研究提出了水平泵送距离与含气量变化程度之间的负线性关系（图 10.6 中黄色三角形图标，见文后彩插）。造成这种情况的原因可能是，虽然末端软管造成的真空效应相似，但泵送距离越长需要的压力越高，这导致了更大的压力效应，因此泵送距离越长的混凝土承受的压力越大。由于压力效应变得更为重要，对于长管而言，真空效应的作用相对短管变小。因此，较长管道中混凝土含气量增益较小甚至为负。

　　然而，由于不同的材料成分和末端软管配置，在不同的研究中，泵送距离和含气量的变化之间没有确切的关系。

　　同时，对于垂直泵送，浇筑方式应是决定泵后含气量变化的最重要参数。通过比较实验室中垂直泵送和自由落体后含气量的损失，Yingling 等[38] 得出如下结论：在垂直泵送过程中，冲击效应是造成含气量损失的主因（图 10.7）。冲击效应假说是指当混凝土从管道中流出时，由于材料与外部物体（包括管弯头、模板和其他物品）之间的物理冲击而导致的气泡

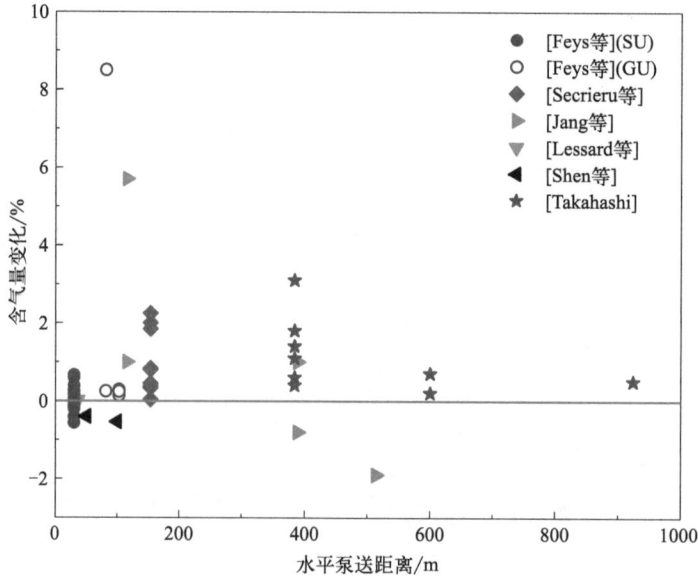

图 10.6　水平管中含气量的变化率[39]

数据来自文献[7,8,37,40-42]，灰线为含气量变化为 0 的指示线

逸出。据报道，即使是 120mm 落差的冲击也足以造成含气量的明显下降[43]。然而，尽管浮力效应（冲击效应影响的一种机理解释）表明更大的泡沫更有可能首先破裂，但实际上冲击效应究竟对何种大小的气泡造成的影响更大，还缺乏进一步的实验证明。

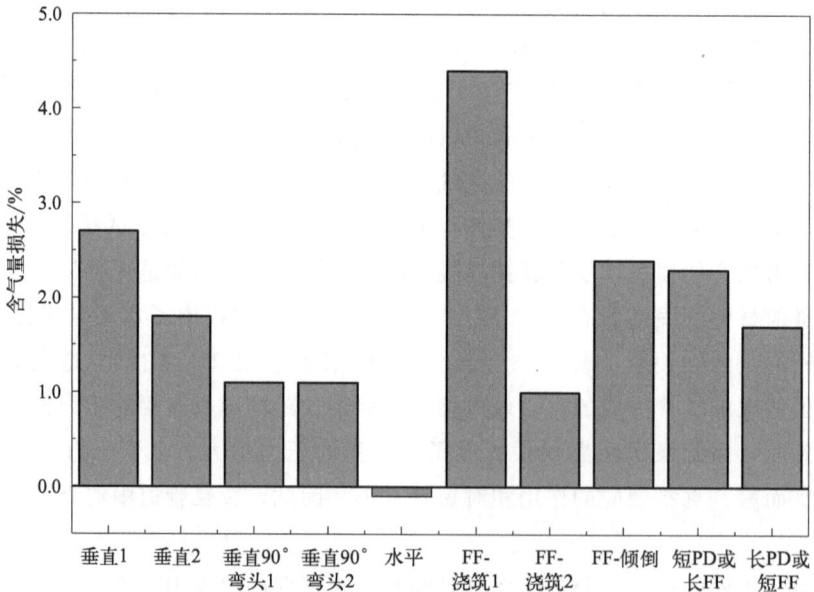

图 10.7　不同泵后排放方法导致 CVC 中含气量的变化

PD＝管排；FF＝为自由落体，数据来自文献[38,39]

此外，通过对比垂直和水平泵送数据，Elkey 等[43] 发现，对于使用粉煤灰、引气剂和减水剂的常规 5000psi（1psi＝6894.76Pa）混凝土，36m 垂直泵送使其含气量略微增加了 0.25％，这可能是由于气泡分布向更小的气泡移动，使得气孔更容易被压力计检测到，或者

是由于在泵送之后测量之前浆体内气体的少量合并。与此相对的是，Hover 和 Phares[46] 曾发现，含有减水剂和引气剂的普通混凝土，在 18m 垂直泵送和 1.2m 的无约束自由落体后，含气量减少了 0.5%~2%。此外，Lessard 等[37] 测试了含有引气剂和减水剂常规混凝土，发现水平泵送后，材料增加了 0.1% 的含气量，而垂直泵送（大约 20m 的管长结合 0.15~0.3m 的自由落体）相对于未连接末端异径管或连接了 0.9m 异径管的管路，分别减少了 0.9% 和 0.5% 的含气量。Vosahlik 等[44] 的一项实验显示，水平和垂直泵送均导致 SCC 和高强混凝土的含气量下降 3%~4%。

对于水平泵送实验，两篇关于不含引气剂的 SCC 的论文[10,40] 表明水平泵送引起的含气量变化不是恒定的。而这些论文发现，含有引气剂的 SCC 在水平泵送后，含气量有更显著的下降（0.7%）。这一区别可能是添加了引气剂的 SCC 具有较高初始含气量，导致泵送后含气量的损失更大。同样地，添加了引气剂的 SCC 残留含气量仍然比没有引气剂的混凝土高得多。研究人员还对湿拌喷射混凝土进行了类似的测试[47,48]，将混凝土用大致水平的短管道运输并喷射到地面上。在大多数情况下，泵送后混凝土含气量下降（图 10.8），对于初始含气量高的混凝土以及包含引气剂或减水剂的混凝土，含气量的下降更为显著。

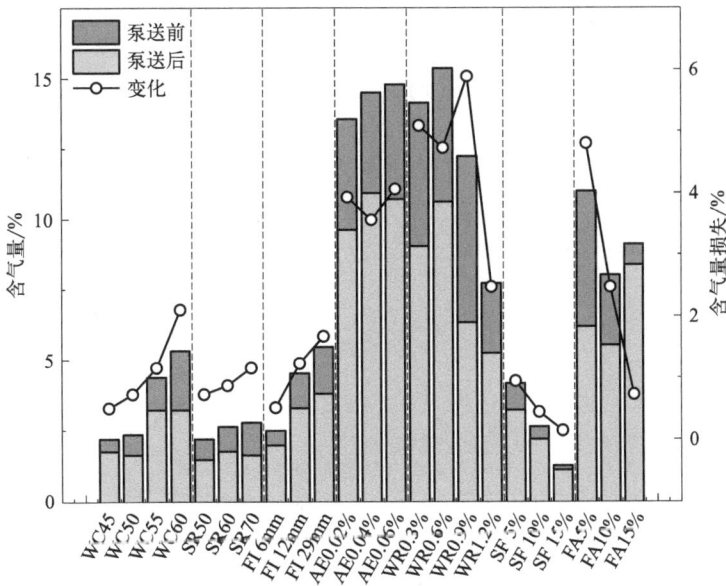

图 10.8　不同配合比设计下喷射混凝土对含气量的影响[39]

仅在此图中：WC=水与黏合材料的比例，SR=细骨料与总骨料的百分比，FI=聚丙烯纤维，

AE=引气剂，WR=减水剂，SF=硅灰，FA=粉煤灰，数据来自文献[47]

除了运输方法和材料成分外，流变特性也会影响气泡的形成和稳定性[49]。由于黏性阻力而增加的黏度可以抑制气泡的运动，而黏度可以通过两种方式限制气泡的运动：缓冲效应（吸收外部无序的冲击）和屏障效应（减临近气泡的结合）。一般来说，混凝土初始塑性黏度的增加与含气量的变化程度有关。流体越黏稠，在运输过程中释放或获得空气的可能性就越小。如图 10.9（见文后彩插）所示，现有研究已部分证明了上述关系的存在[7,8,40,42,50]。

此外，研究人员通过对波特兰水泥加压探究了新拌混凝土含气量的变化规律，发现增加

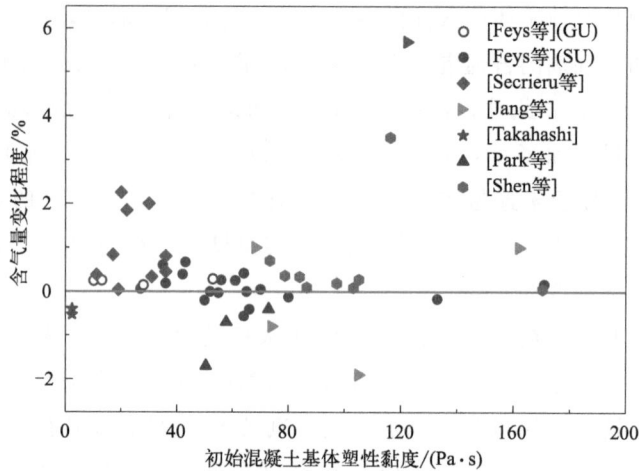

图 10.9　混凝土初始黏度与泵送后含气量的变化[39]

数据来自文献[7,8,40,42,50,51]

压力水平会降低新拌混凝土中的总含气量。然而，对于硬化混凝土，初始含气量不同时，在不同压力水平下其含气量的变化趋势不同[43]　[图 10.10，见文后彩插]。当外加压力低于 1MPa 时，无论初始含气量如何，含气量都会增加。然而，混凝土含气量在压力大于 1MPa 后出现明显下降，而在压力为 2.1MPa 时，初始总含气量低于 5％的材料的含气量再次增加。

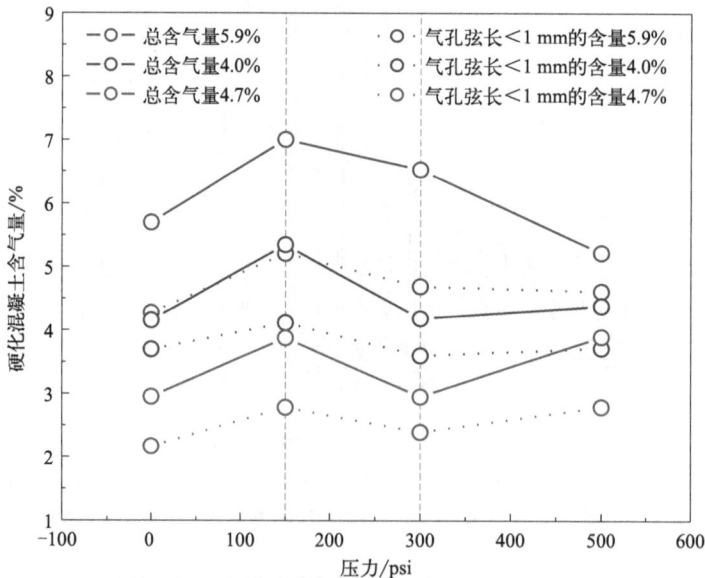

图 10.10　新拌含气量会影响不同施加压力下材料硬化后的含气量[39]

数据来自文献[43]

　　除此以外，含气量对屈服应力亦有影响，但如果不了解材料内部气泡的大小，就无法轻易确定其变化趋势[8,10]。一般来说，更多的小气泡会增加屈服应力，因为它们在泵送过程中保持球形的能力更强，而较大的气泡更容易变形，因此会降低整体材料的屈服应力[37]。

但这一结论仅为理论推导，在实验中并未得到验证。根据 30m 长的水平管泵送测试结果[40]，如表 10.1 所示，尽管添加引气剂会影响初始流变性能，但并不一定对屈服应力有显著影响。

表 10.1　流变特性和含气量的变化[40]

序号	化学外加剂（除 WRA 外）	含气量			塞流区混凝土屈服应力		
		泵前/%	泵后/%	变化率	泵前/%	泵后/%	变化率
SCC10		1.8	1.8	0.00%	24	41	70.8%
SCC13	AEA:0.67①	6.5	8.2	26.2%	33	37	12.1%
SCC14	VMA:0.05②	3.8	4.5	18.4%	33	25	93.9%
SCC15		6.4	2.8	−56.3%	50	64	2.0%
SCC18		1.2	1.7	41.7%	36	48	133.3%

① AEA 是引气剂的缩写。
② VMA 是黏度调节剂的缩写。

10.5.2　流变性能

10.5.2.1　屈服应力和塑性黏度

许多研究试图揭示泵送后混凝土的屈服应力和塑性黏度的变化规律，如图 10.11 所示。然而，正如 Fataei 等[52] 所述，由于泵送管道中的剪切速率远高于实验室设备的剪切速率，因此流变仪在特性测量过程中无法完全捕捉到泵送引起的流变变化，因此，要想深入研究此问题，必须引入足尺泵送实验。已有的研究选择的管道长度和材料成分的范围很广，基本涵盖了实验和实际施工工作中面临的常见情况。自 2010 年以来，从 30m[5] 到 1000m[7,29] 范围内的水平管路已被用于测试泵送后流变特性的变化。此外，多种配合比的混凝土已被测试。测试的混凝土的水胶比低至 0.125[29] 或高达 0.5[8]，使用的辅助胶凝材料包括硅灰、粉煤灰、石灰石填料、磨碎颗粒高炉渣和氧化锆硅灰[5,29,53]。此外，大部分使用的材料都含有减水剂[5,51]，有时减水剂的掺量可高达 3.54%，部分混凝土还含有引气剂和黏度改性外加剂[5,54]。这些研究为泵送引起的混凝土流变性能变化提供了丰富的实验结果。

据报道，大多数研究发现泵后的混凝土黏度降低（图 10.11，见文后彩插）[4,5,7,8,29,42,50,51,53]。无论材料成分和泵送方法如何，泵送后的混凝土平均损失了 31.79% 的黏度，并且黏度的变化程度随着初始黏度的增加而增加。由于材料成分和泵送方法的差异，很难得出一个适合每个实验结果的关于黏度变化的数学函数。然而，一些研究声称黏度变化程度与管道长度[4] 或泵速[41,55] 正相关。

尽管存在例外情况，但泵送后屈服应力通常会增加（图 10.12，见文后彩插）。无论材料成分和泵送方法如何，泵送混凝土平均增加 264.73% 的屈服应力，并且屈服应力的变化程度随着初始黏度的增加而增加。屈服应力变化程度的中位数为 96.15%，表明数据存在强烈的左偏度。没有研究提供由于泵送材料成分引起的屈服应力变化趋势，尽管一些研究将这种变化趋势与泵送设置相关联[4]。

通常认为流变特性的变化与泵速或泵送距离有关。Feys 等[56] 使用不同的流速泵送混

水泥基材料流变学

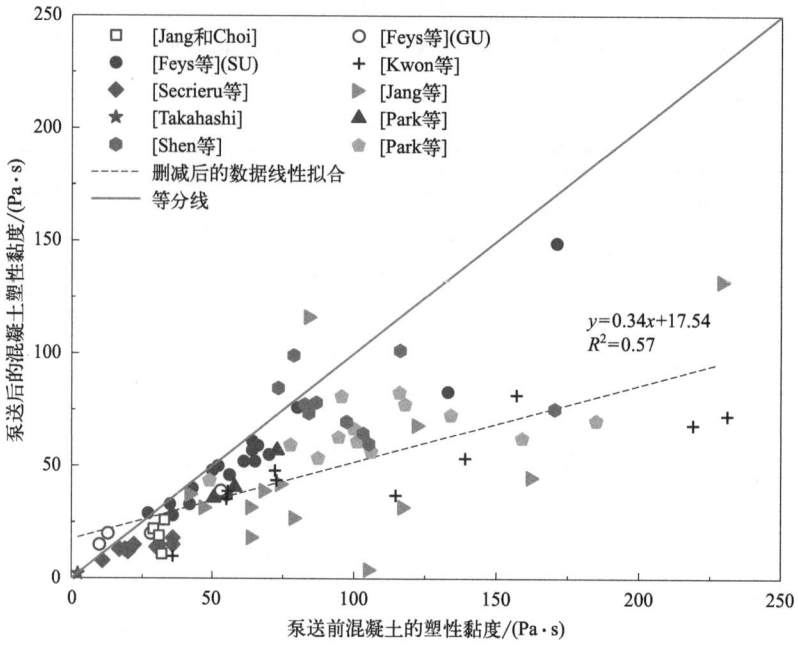

图 10.11　泵送前后混凝土塞流区塑性黏度对比[39]

文献[51]的数据是使用了改进 Bingham 模型的初始切向黏度,而不是塑性黏度,
因此,其数据仅供参考,线性拟合时不予考虑,

数据来自文献[4,5,7,8,29,42,50,51,53]

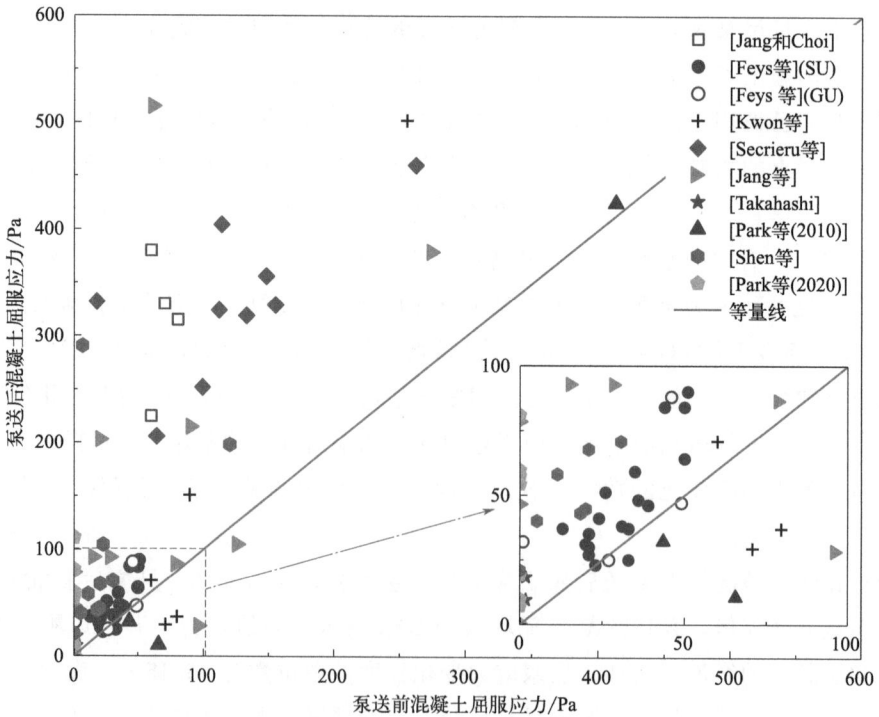

图 10.12　泵送前后混凝土塞流区屈服应力对比[39]

数据来自文献[4,5,7,8,29,42,50,51,53]

230

凝土，发现对于初始流动性较低的混凝土，如 CVC，下降的泵速与屈服应力增加有关但与黏度几乎无关。然而，对于初始流动性较高的混凝土，如 HWC 和 SCC，其泵速的下降与屈服应力的下降有关，但与黏度的变化规律尚不清楚。这种差异可能与减水剂的掺量有关，因为当减水剂掺量高时，即使泵速降低，更多的胶凝颗粒也可以附着在可用的外加剂上，从而降低屈服应力。另一方面，对于泵送距离对泵后流变性能的影响，图 10.13（见文后彩插）显示了泵送距离与混凝土塑性黏度变化之间的关系，数据来自 8 个足尺水平泵送实验。由于并非所有实验都考虑到使用不同的管道长度的影响，因此在类似条件下只能比较四组数据。其中，Jang 和 Choi[4] 的结果得出有显著的负线性相关性的结论。然而，Park 等[53] 和 Jang 等[7] 由于测试中使用的混凝土混合物的混合比例不同，没有显示出显著的相关性，而 Kwon 等[29] 甚至发现泵送距离与塑性黏度变化存在正相关。如果能控制泵送的混凝土配合比一致，泵送长度与塞流区混凝土塑性黏度之间的关系可能较好。不幸的是，只有一篇论文[4] 可以满足这种条件。总体而言，八次实验的数据普遍显示泵送长度与混凝土塑性黏度损失呈负相关，但由于试验条件和初始材料性能不同，暂时无法得出具有较高重复性的实验结论。

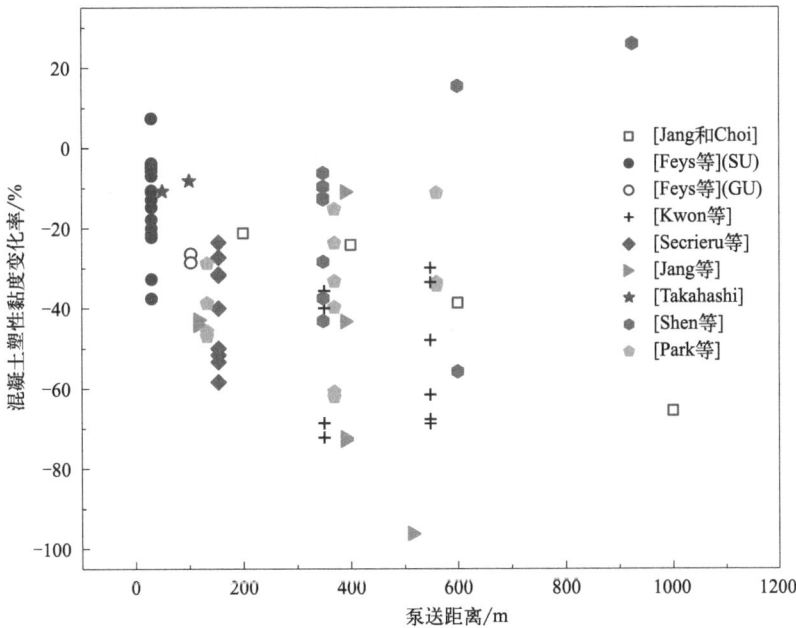

图 10.13　泵送距离与混凝土塞流区塑性黏度变化的关系[39]

数据来自文献[4,5,7,8,29,42,51,53]

　　此外，图 10.14（见文后彩插）展示了泵送距离与混凝土塞流区屈服应力变化之间的关系。与图 10.13 类似，只有少数实验测试了不同泵送长度的影响。其中，Jang 和 Choi[4] 发现了明显的正线性相关性，Kwon 等[29] 发现了一些负相关的结果。Jang 等[7] 没有发现实验结果具有明显的相关性，因为这组实验中，并没有控制每种混凝土的配合比一致。一般来说，大多数的实验数据都表明泵送长度与混凝土的塑性黏度之间存在正相关关系，但由于测试条件和初始材料特性之间的差异，很难基于以上实验得出描述这一关系的数学函数。

　　Jang 等[4] 的实验数据表明，不同的外加压力也会对混凝土屈服应力和塑性黏度的变化产生重要影响。在水平泵送回路中，对一组水胶比为 0.33 的混凝土进行了不同压力水平的测试。实验人员发现，泵送后混凝土流变屈服应力和塑性黏度的变化率与外加压力具有一定的相关性，如图 10.15 所示。

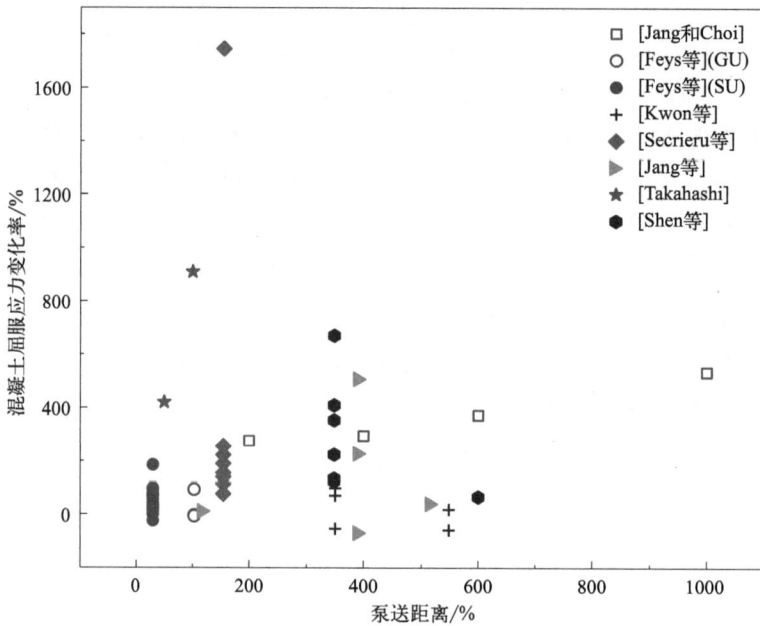

图 10.14　泵送距离与混凝土塞流区屈服应力变化的关系[39]

数据来自文献[4,5,7,8,29,42,51])

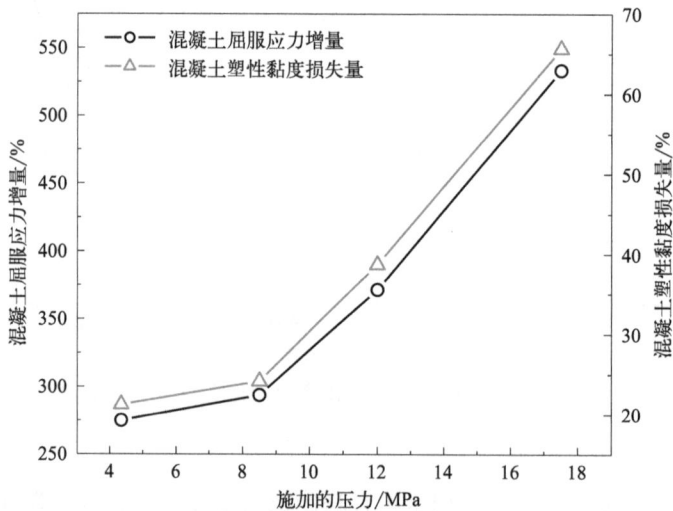

图 10.15　混凝土塞流区屈服应力和塑性黏度的变化与施加压力有关，所用混凝土为水胶比 0.33，并添加 10％粉煤灰、45％高炉渣和 0.7％的减水剂[39]

数据来自文献[4]

　　由于泵送引起的流变特性变化的确切机制尚无普遍结论。许多研究人员提供了部分假说或解释，包括针对水泥的水化、触变性的逆转、骨料的吸水性和化学外加剂的分散[5,7] 等方面。但由于缺乏对这一问题的全面分析，因此本书仍需对已发表的泵送引起的流变特性变化的机制进行梳理总结。

值得注意的是，由于足尺泵送测试的数量有限以及管路设置、材料设计和流变装置的差异，很难进行直接的数值比较。不同的泵送设置，即不同的管道配置、混凝土组分和泵送速率，都会影响材料所受压力[28] 和剪切应力[57]，进而影响实际发生在材料的物理和化学现象。此外，这种变化的观察结果可能会因不同的测量方案而有所不同，尽管如 Haist 等[58] 所建议的，如果采用相同的流变测量转子并合理地对不同流变仪的测试数据进行转换统一，则可以减少这种差异。不幸的是，关于泵送后特性变化的研究通常使用了不同类型的流变仪，且这些实验数据也不符合使用 Haist 等[58] 提出的数据转换公式的前提条件。因此，对不同学者报告的泵送流变性能测量结果的直接对比应非常小心。此外，对于低屈服应力的混凝土（如 SCC），由于大部分研究使用了 Bingham 模型，因此导致测量出的混凝土的初始屈服应力接近于 0，甚至为负值。当这种情况发生时，研究人员无法根据常用的预测方程来预测泵送压力损失[28,29]。因此，为了解决这一问题，不同的作者在这种情况下使用了不同的初始屈服应力近似值（大多为 0.1Pa 或 1Pa）。不幸的是，低屈服应力混凝土泵送后的屈服应力一般远大于 0（多为几十帕斯卡）。这样一来，泵送前后的变化率实质上就取决于所假设的初始屈服应力，也因而缺乏实际工程意义。因此，对于具有高流动性的混凝土，需要开发一种更有用的流变模型，最重要的是，需要开发一种利用这种模型的预测方法来解决这个问题。由于上述原因，在本综述中，如果混凝土的初始屈服应力接近于 0，则不将其纳入关于屈服应力变化程度百分比的讨论。

作为混凝土的重要组成部分，水泥浆在泵送过程中和泵送后通过水化和触变性影响流变性能。水胶比以及辅助胶凝材料成分是与这两种效应相关的最关键参数。然而，不同的论文使用了不同的材料凝固时间（从几分钟到 2～3h）和泵送距离（从 30m 到数千米），因此很难直接建立水胶比或辅助胶凝材料成分与泵后流变性能变化的关系。

水化受颗粒堆积密度和颗粒间力强弱的影响，对混凝土的流变特性具有重要影响。在水化过程中，屈服应力和塑性黏度都会由于不同的机制而上升[59,60]。由于颗粒的聚集，水化过程促进了最小时间依赖性黏度的增长[61]。同时，增加的颗粒间键的数量和强度加强了微观结构絮凝，在宏观水平上，造成了屈服应力的增加[62]。Uchikawa 等[63] 指出，对于水泥浆体，在水化的最初几个小时内屈服应力的发展被描述为初始凝固，它由钙矾石的形成和半水硫酸钙的水化控制。水胶比为 0.3 的水泥浆在凝固的第一个小时内显示出 0.50～1.17Pa/min 的屈服应力增长，具体增长多少取决于熟料的成分和特征。此外，Struble 和 Lei[62] 发现水泥浆体（$w/c=0.45$）的屈服应力在水化时间达到 120min 前仅缓慢增加，之后屈服应力的增长呈指数函数迅速上升。而随着水胶比的增加，这样的增长拐点将被推迟。在休眠期，水泥浆的屈服应力以大约 0.42Pa/min 的速度增加。这一结论与 Yang 和 Jennings 的结论一致，即如果缺乏适当的拌和，水泥将在至少 5h 内保持未水化状态，并且在最初 2h 内水泥浆的流变性可以在很大程度上通过拌和方法来控制[64]。类似地，对于黏度的变化，Banfill 等[65] 观察到水胶比为 0.4 的 G 级油井水泥浆在水化的第一个小时内黏度适度增加。

另一方面，虽然泵送的持续时间通常很短，但该过程被证明可以加速水泥水化。泵送过程加速了水化，同时这一过程破坏了水泥颗粒间的结合并进一步促进了水化，这可能为泵送后屈服应力增加提供了部分解释。Shen 等[41] 证明了水平泵送后，混凝土水化过程加快，其中混凝土的休眠期和凝结期分别缩短了 10.3％～27.3％和 15.6％～28.4％。类似地，基于此的水泥浆实验也得出了类似的结论[66-68]。

许多研究还发现泵送过程中温度明显升高[7,8,69]。温度的提高会促进水化，从而增加胶凝材料的屈服应力。Secrieru 等[8] 发现，在泵送 154m 后，普通混凝土和高性能混凝土的温度分别升高了 3K 和 8K。尽管很难区分水化和摩擦对温度升高的贡献，但他们得出的结论是，材料的升温加速了水泥水化，从而提高了屈服应力。未来应进行比较研究，以确定温度升高与泵送引起的水化加速之间的因果关系，以及水化和摩擦引起的温度升高的定量贡献。

此外，数值模拟已广泛用于泵送压力预测的影响因素和泵送过程中混凝土流动行为的准确预测[33,70-73]。一些研究还使用计算机模拟方法证明了泵送对混凝土流变性能的影响[70,72]。Fataei 等[70] 发现，对于剪切增稠混凝土，例如 SCC，较高的泵速会导致润滑层的黏度增加，从而增加颗粒向塞流区的扩散。相反，对于 CVC，润滑层中的表观黏度在润滑层中达到的高剪切速率下几乎是恒定的。此外，Tavangar 等[72] 证明泵送过程中较高的流速会生成更厚的润滑层，这表明更强烈的剪切会导致更多的颗粒迁移，在润滑层中驱动更少的粗颗粒，并留下更密集的栓流区。此外，Xu 等[73] 使用移动粒子半隐式方法，发现泵送过程导致粗骨料体积分数的变化高达 1％，而颗粒迁移现象与材料特性的变化有关，因此，证明了泵送过程改变了混凝土的流变性能。

10.5.2.2 触变性

触变性是与材料内部空间结构的重新排列随时间变化的过程[74]。所有混凝土都可以表现出触变性，并且这种演变可以通过剪切来逆转，例如通过强烈拌和或泵送[75]。Roussel 等[75] 认为至少存在两种类型的触变性，即与胶体絮凝有关的短期触变性（大约几秒钟）和由于早期水化导致的长期触变性（大约 20min）。水化硅酸钙（C-S-H）凝胶是后一种触变性的主要来源，因此它也与水化加速有关，例如添加具有强成核性能的辅助胶凝材料或温度升高[75]。此外，颗粒间胶体力是两种触变性的另一个来源[76]。

混凝土的触变性[74,77,78] 可能是剪切引起的流变变化的原因[79]。混凝土在泵送前和泵送期间可能会受到触变性的影响，这可能会导致其工作性能发生变化，尤其是对于 SCC 而言[3,33,66]。此外，使用粉煤灰和萘基减水剂对 C30/37 的 CVC 进行的水平泵送测试证明，在泵送过程暂停 20min 后不久便会发生触变效应[80]，因此，触变性的影响应是泵送混凝土应该考虑的问题。

根据文献 [79，81，82]，SCC 的触变行为与水胶比、混合物的最大堆积密度和减水剂用量有关，前两者影响因素是水泥浆。在纯剪切[3] 或压力[80] 作用下也观察到了触变性的逆转。触变性在颗粒之间引起可逆的物理或化学键，从而影响流变行为[74]。物理键和化学键都可以将水泥颗粒结合在一起。不管这些键的因果关系如何，它们都可能被剪切力分解[83]。当引入更高的剪切力时，一些连接可能会断开。这就解释了为什么即使在泵送前经常进行预混料，泵送过程仍然会引起颗粒的分散和再分散，从而导致混凝土流变性能的改变。水泥颗粒的分散和解絮凝随后导致表面积增加，因此早期水化速率和程度增加。触变效应也解释了为什么不同的水胶比会影响颗粒通过剪切分散的有效性[5]：较低的水胶比意味着较高的相对颗粒分数，这会增加颗粒间的力，需要更多的剪切才能断开连接。

Kim 等[84] 验证的假设指出，混凝土混合物经受的压力可以促进颗粒分散以逆转触变效应，从而改变新拌混凝土的流变性能。Ouchi 和 Sakue[85] 首先提出假设，即通过作用在混凝土上的压力分散颗粒会产生更大的水泥颗粒总表面积，这会释放水并更好地吸附减水剂。通过专门研究高压下的水泥浆（由于水泥浆可以近似地代表泵送混凝土中的润滑层），Kim 等[84] 设计了一个测试，以隔离实际泵送过程中的两个影响因素：压力和速度梯度引起的剪切作用。Kim 等[84] 发现压力对流变性能的影响在水胶比小于 0.40 的水泥浆体上很明显，但在水胶比较高的水泥浆体上影响较小。这与文献 [5] 的结论相吻合，这可以用相同的机制来解释，即较低的水胶比体系需要较高的剪切能来分散粒子间的力。

此外 Jang 和 Choi[4] 的实验数据表明，外加压力对混凝土塞流区屈服应力和塑性黏度的变化也有很大影响。在水平泵送回路中以不同压力水平测试了一组水胶比为 0.33，并含有 10％粉煤灰、45％矿渣和 0.7％减水剂的混凝土，产生的流变变化如图 10.16 所示。然而，

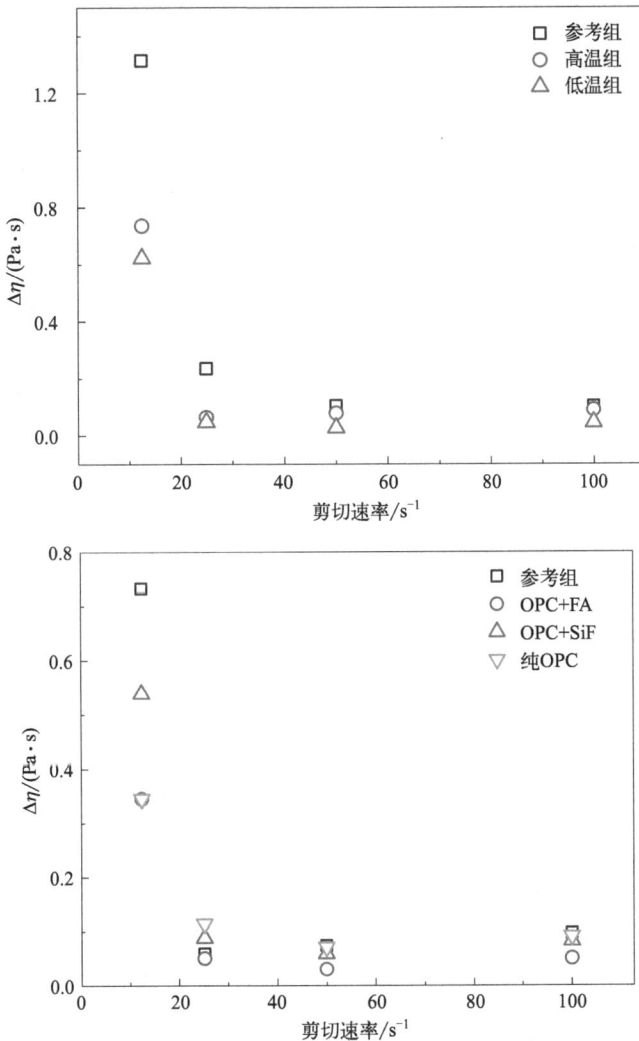

图 10.16

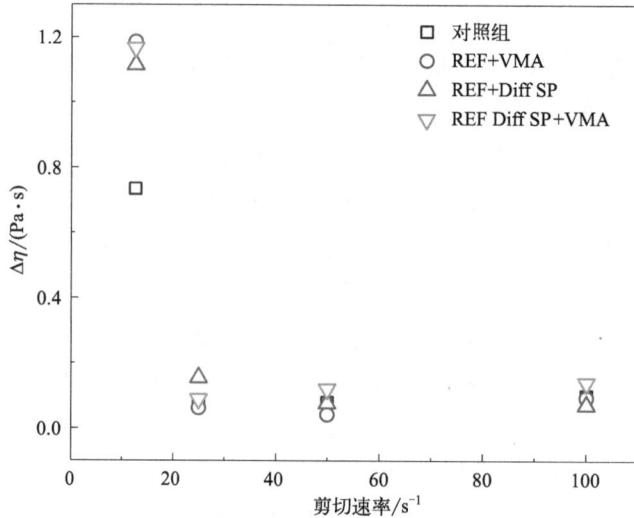

图 10.16　表观黏度随剪切速率的变化[3]

由实验结果[84]可知，当水胶比低于 0.40 且施加压力低于 20MPa 时，屈服应力和塑性黏度均下降[4]。在这个实验中，水化作用的影响是较小的。与此不同的是，根据参考文献［4］和［84］的结论，即使性能变化与施加的压力有关，屈服应力的增益也可能因此与促进水化作用更相关，这种水化作用的影响先于触变性逆转的不利影响。

值得注意的是，对于在恒定搅拌速度下分散良好的混凝土，温度、辅助胶凝材料的化学成分和化学外加剂是在不同的剪切速率下混合物黏度发生变化的原因[3,82]。在较低的剪切速率下，温度和胶凝材料在保持剪切速率恒定方面仍然发挥着重要作用。与高剪切速率下的温度相比，较高的温度会导致剪切前后表观黏度发生更强烈的变化，并且硅灰比单独的普通波特兰水泥（OPC）和 OPC＋粉煤灰促进更多的黏度增加，如图 10.17 所示。然而，当剪切速率达到 $21s^{-1}$ 时，胶凝材料类型对黏度变化的影响可以忽略不计，在等于 $50s^{-1}$ 的剪切速率下，温度的影响也会减弱[3]。

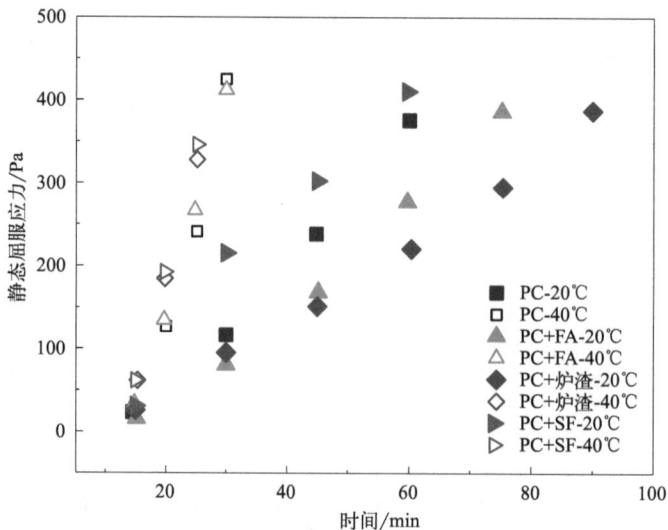

图 10.17　不同温度下含有不同 SCM 成分的水泥体系的静态屈服应力演变

总之，泵送过程中触变性的逆转可能是泵送引起的流变学变化的来源。泵送过程施加的压力和剪切效应都可能导致水泥颗粒之间的某些键断裂。因此，水泥团簇的解絮凝应该是高压和剪切力的共同作用，两者都有助于黏度的降低，但屈服应力的增加可能与加速水泥水化有关。此外，黏度损失的程度不仅与剪切强度有关，还与温度和材料成分有关。

10.5.2.3　辅助胶凝材料

SCM 的掺入可以通过其物理特性和早期水化动力学影响流变特性。固体颗粒的物理特性可用于通过 Yodel 模型[86] 预测静态屈服应力，并通过 Krieger-Dougherty 模型[87] 预测表观黏度。水泥基材料以及水泥 SCM 系统显示出干颗粒的流动性特征与其悬浮液的流变学之间的联系。同时，通过引入 SCM 形成的填料效应，可以加速胶凝材料体系的水化速率。由于一些 SCM 在水化初期不产生水化物，因此实际水胶比高于其等效的纯硅酸盐水泥体系，导致可以比实际水胶比产生更多的水化物。此外，水泥水化产物提供了更多额外成核位点[88]。因此，可以使用细石英填料[89]、硅灰[88] 和矿渣[90,91] 来加速水化。

尽管关于 SCM 对混凝土泵送后特性的影响的研究十分有限，但关于拌和能量对水泥-SCM 材料的影响的研究则较为常见。首先，添加 SCM 可以改变水泥浆的剪切变稀效果，具体取决于矿物的性质：偏高岭土增强剪切变稀效果，硅灰降低剪切变稀效果，石英或粉煤灰对其影响不大[92]。Jiao 等[93,94] 发现连续剪切可以降低触变性，从而保留部分工作性。此外，一些 SCM（如粉煤灰）在添加量达到 20%（总胶凝的替代质量）时会损害混凝土的稳定性。据报道，磨碎的粒状高炉矿渣在替代水泥时会促进泌水效应[95]。然而，其他 SCM，如偏高岭土，由于其细度，可以提高新拌混凝土的稳定性。同时，粉煤灰和偏高岭土的三元体系可以在不补偿偏析稳定性的情况下实现更高的流动性[96]。

此外，一项关于不同 SCM 对混凝土流变特性随混合时间变化影响的比较研究[97] 表明，在混合时间较长的情况下，具有粉煤灰和大理石粉末的胶凝系统倾向于降低 V 形漏斗流动时间，而含有硅灰的胶凝系统则增加了 V 形漏斗流动时间。原因是硅灰的粒径小得多，因此外加的混合力不足以破坏颗粒间的结合，而粉煤灰和大理石粉末的颗粒间结合较弱，在长时间混合下会断裂。

此外，一些泵送实验报告了泵送过程中温度的升高[7,8,69]，这可能对掺有 SCM 材料的混凝土流变性能产生影响。已知含有不同 SCM 的水泥体系对温度变化的反应因各种 SCM 的水化动力学而不同。Huang 等[98] 的研究发现，将温度从 20℃升高到 40℃会促进结构构筑，从而增加胶凝材料的静态屈服应力（图 10.17）。与仅含普通波特兰水泥的水泥浆相比，添加硅灰对改善颗粒间结合效果最为显著，这可能是由于其较小的比表面积。添加飞灰和炉渣也可以改善键的形成。此外，比较 20℃和 40℃之间的数据可以发现，通过控制采样时间，材料成分之间的静态屈服应力和结构建立时间的差异随着温度的升高而适度减小。

对已发表的水平泵送试验数据进行整理，不同胶凝材料对单位泵送距离混凝土塑性黏度变化的贡献略有不同（图 10.18）。与波特兰水泥粉相比，添加硅灰对降低塑性黏度的影响最大，其次是石灰石粉、粉煤灰，但他们之间的差别不大。但添加硅灰磨碎的高炉矿渣、氧化锆硅灰、氧化锆硅灰粉煤灰、钢渣粉煤灰可抑制塑性黏度的降低。

同样可以确定的是，除了普通波特兰水泥＋硅灰、普通波特兰水泥＋粉煤灰、普通波特兰水泥＋粉煤灰＋钢渣的组合外，含有 SCM 的水泥体系的屈服应力与不含 SCM 普通波特兰水泥相比显著降低（图 10.19）。特别是在普通波特兰水泥＋粉煤灰的情况下，混凝土屈服应力的离散性非常高，这可能是由于实验使用的粉煤灰含量和水胶比差异较大。

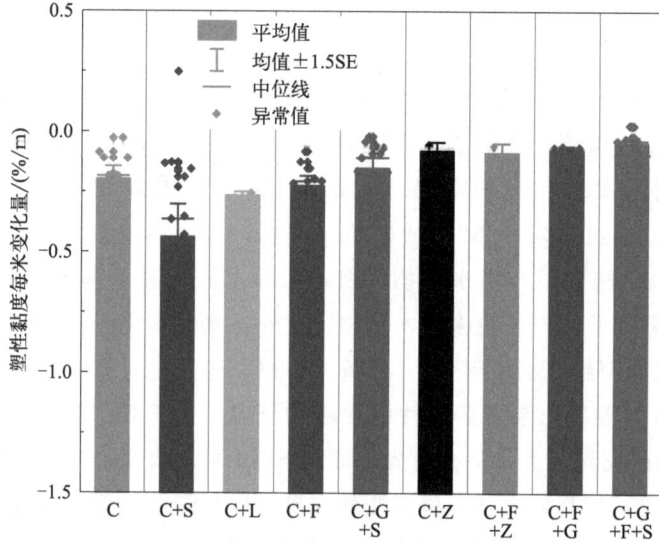

图 10.18 使用不同胶凝材料的单位泵送距离混凝土塑性黏度的变化[39]

仅在该图中：C＝普通波特兰水泥；S＝硅灰；L＝石灰石填料；F＝粉煤灰；Z＝氧化锆硅灰；

G＝磨碎的粒状高炉矿渣，数据来自文献[4,5,8,29,42]

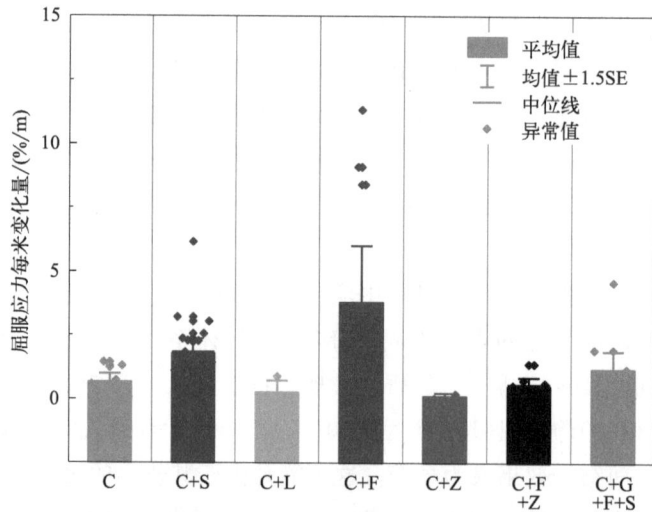

图 10.19 使用不同胶凝材料的单位泵送距离混凝土屈服应力的变化

仅在该图中：C＝普通波特兰水泥；S＝硅灰；L＝石灰石填料；F＝粉煤灰；Z＝氧化锆硅灰；

G＝磨碎的粒状高炉矿渣，数据来自文献[4,5,8,29,42,51,53][39]

综上所述，添加 SCM 会对泵送后的流变学变化产生影响。根据实验室研究，泵送过程中剪切效应和温度升高的影响都会导致较小粒径混合物（例如硅灰）的黏度和静态屈服应力增加，但温度效应对较大粒径 SCM 的静态屈服应力的增加较小，剪切效应甚至导致大粒径混合物的黏度降低。由于剪切效应和温度升高的复杂组合，足尺泵送实验的结果表明，添加不同的 SCM 对泵送后流变变化的影响不同，这种差异的原因可以追溯到 SCM 的不同的物理和化学特性。

10.5.2.4　骨料吸水率

虽然高压可能会驱使一定量的水进入骨料，但 Choi 等[99] 证明，即使连续 15min 施加 250bar（1bar＝10^5Pa）的压力，也不会显著增加高强度混凝土中的吸水率。因此，泵送过程中的高压可能不会导致骨料吸收率的显著增加，也不会进一步导致流变特性的变化，这可能是因为一般情况下，骨料在拌和前已完全水饱和。

10.5.2.5　减水剂

化学外加剂（如减水剂）的添加使泵送后混凝土性能问题进一步复杂化，因为泵送前外加剂的剩余剂量决定了剪切作用可以有效提供的颗粒分散程度。如果在泵送前加入足够量的减水剂，泵送过程中释放的解絮凝水泥颗粒可以为化学外加剂提供更多的吸附位点，从而提高整体流动性。

然而，泵送后由于剪切过度和温度升高，流体对减水剂的需求增加，如果添加的外加剂不足，反而会降低混凝土的流动性。强烈的剪切不仅释放出更多的水泥颗粒，它还可以从粒子上剥离了外加剂分子，使其处于"非活性"状态，这进一步增加了活性减水剂的稀缺性[42]。而当泵送导致温度升高后，外加剂吸附率也会随温度升高而增加[100]。此外，不同的减水剂对温度变化的反应可能不同，因为 PNS 或 PMS 显示流变特性与时间之间的相关性与温度无关。然而，掺有 PCP 的水泥浆的流变特性与温度有关[101]。

已有研究探索了减水剂的吸附效果与不同混合速度、强度和持续时间下新鲜胶凝材料流动性之间的联系，但应进一步研究泵送在这种关系中的作用。Juilland 等[67] 发现更高的剪切力分散了水泥团块，提供了更多的吸附位点，此外，剪切效应也改变了无水溶解作用。此外，更长的混合时间减轻了部分减水剂的过度流化效应。另一方面，减水剂的存在可以放大延长拌和的结果，从而促进黏度的增加。此外，较长的混合时间会使含有减水剂的水泥体系从聚集和解聚的平衡状态转变为絮凝状态，混合时间延长会阻碍减水剂对水泥水化的阻滞作用[102]。

虽然理论上减水剂对混凝土泵后性能变化存在影响，但通过分析使用了减水剂的三个水平泵送实验[4,5,29]，未发现减水剂掺量和混凝土流变性能变化存在显著关系。

10.6　本章小结

混凝土泵送是建筑领域最常见的施工方法之一，泵送性的定义和测定已经发展了数十年，混凝土泵送性的科学评价是混凝土泵送技术的基础。为了确定混凝土的泵送性，许多泵压预测方法已被提出。其中，经验模型通常因其易于计算而被工程界广泛使用，但这些方法与高流动性的现代混凝土的兼容性受到科研界的质疑。数值模型可以准确地预测混凝土在直管中的泵送行为，但混凝土在弯头和软管中的流动行为目前只能基于经验判断来预测。此外，研究人员还开发了计算机模拟来预测泵送性能，但需要进一步研究以准确模拟复杂的混凝土泵送过程。

泵送过程对混凝土的含气量、流变性能等具有不可避免的影响。空气含量的变化可能与运输方式相关性更大，而不是混凝土成分。此外，初始混凝土黏度可能对空气含量变化有影响，但这种相关性需要进一步研究。通常，由于泵送过程中的压力和剪切速率较高，黏度会降低，而屈服应力会增加。加速水化和触变性的逆转可能是影响流变性能变化的主要机制。

参 考 文 献

［1］ Shah S P，Lomboy G R. Future research needs in self-consolidating concrete ［J］. Journal of Sustainable Cement-Based Materials，2015，4 (3-4)：154-163.

［2］ https：//theartesiacompanies. com/oil-well-cement/. Oil well cement ［R］. ARTESIA.

［3］ Feys D，Asghari A. Influence of maximum applied shear rate on the measured rheological properties of flowable cement pastes ［J］. Cement and Concrete Research，2019，117：69-81.

［4］ Jang K P，Choi M S. How affect the pipe length of pumping circuit on concrete pumping ［J］. Construction and Building Materials，2019，208：758-766.

［5］ Feys D，De Schutter G，Khayat K H，et al. Changes in rheology of self-consolidating concrete induced by pumping ［J］. Materials and Structures，2016，49 (11)：4657-4677.

［6］ Kwon SH，Park CK，Jeong JH，et al. Prediction of Concrete Pumping：Part I-Development of New Tribometer for Analysis of Lubricating Layer ［J］. ACI Materials Journal，2013，110 (6)：647-655.

［7］ Jang KP，Kwon SH，Choi MS，et al. Experimental Observation on Variation of Rheological Properties during Concrete Pumping ［J］. International Journal of Concrete Structures and Materials，2018，12 (1)：79.

［8］ Secrieru E，Cotardo D，Mechtcherine V，et al. Changes in concrete properties during pumping and formation of lubricating material under pressure ［J］. Cement and Concrete Research，2018，108：129-139.

［9］ Browne RD，Bamforth PB. Tests to Establish Concrete Pumpability ［J］. Journal Proceedings，1977，74 (5)：193-203.

［10］ Feys D，De Schutter G，Verhoeven R. Rheology and pumping of self-compacting concrete ［C］. ACI International Conference on Recent Advances in Concrete Technology and Sustainability Issues，10th. American Concrete Institute，2009：83-99.

［11］ Feys D，Wallevik JE，Yahia A，et al. Extension of the Reiner-Riwlin equation to determine modified Bingham parameters measured in coaxial cylinders rheometers ［J］. Materials and Structures，2013，46 (1-2)：289-311.

［12］ Coussot P，Ancey C. Rheophysical classification of concentrated suspensions and granular pastes ［J］. Physical Review E，1999，59 (4)：4445-4457.

［13］ Jolin M，Chapdelaine F，Gagnon F，et al. Pumping Concrete：A Fundamental and Practical Approach ［C］. Shotcrete for Underground Support X. Whistler，British Columbia，Canada：American Society of Civil Engineers，2006：334-347.

［14］ Kaplan D. Pompage Des Bétons ［D］. Marne：Ecole Nationale Des Ponts et Chaussées，1999.

［15］ Choi MS，Kim YJ，Kim JK. Prediction of Concrete Pumping Using Various Rheological Models ［J］. International Journal of Concrete Structures and Materials，2014，8 (4)：269-278.

［16］ Choi M，Roussel N，Kim Y，et al. Lubrication layer properties during concrete pumping ［J］.

Cement and Concrete Research，2013，45：69-78.

[17] Jo SD，Park CK，Jeong JH，et al. A Computational Approach to Estimating a Lubricating Layer in Concrete Pumping [J]. CMC-Computers Materials & Continua，2012，27（3）：189-210.

[18] Morinaga M. Pumpability of concrete and pumping pressure in pipeline [C]. RIELM Seminar Held in Leeds. 1973.

[19] Phillips RJ，Armstrong RC，Brown RA，et al. A constitutive equation for concentrated suspensions that accounts for shear-induced particle migration [J]. Physics of Fluids A：Fluid Dynamics，1992，4（1）：30-40.

[20] Sakuta M，Sho Y，Kasami H，et al. Pumpability and rheological properties of fresh concrete [C]. Proceedings of the Conference on Quality Control of Concrete Structures，Stockholm，Sweden，1979：125-132.

[21] Feys D，Khayat KH，Perez-Schell A，et al. Development of a tribometer to characterize lubrication layer properties of self-consolidating concrete [J]. Cement and Concrete Composites，2014，54：40-52.

[22] Yuan Q，Li B，Shi C，et al. An overview on the prediction and rheological characterization of pumping concrete [J]. Materials Reports，2018，32（17）：2976-2985.

[23] Ngo TT. Influence of Concrete Composition on Pumping Parameters and Validation of a Prediction Model for the Viscous Constant [D]. Cergy-Pontoise，France：University Cergy-Pontoise，2009.

[24] Ngo TT，Kadri EH，Bennacer R，et al. Use of tribometer to estimate interface friction and concrete boundary layer composition during the fluid concrete pumping [J]. Construction and Building Materials，2010，24（7）：1253-1261.

[25] Mechtcherine V，Nerella VN，Kasten K. Testing pumpability of concrete using Sliding Pipe Rheometer [J]. Construction and Building Materials，2014，53：312-323.

[26] Choi MS，Kim YJ，Kwon SH. Prediction on pipe flow of pumped concrete based on shear-induced particle migration [J]. Cement and Concrete Research，2013，52：216-224.

[27] Le HD，Kadri EH，Aggoun S，et al. Effect of lubrication layer on velocity profile of concrete in a pumping pipe [J]. Materials and Structures，2015，48（12）：3991-4003.

[28] Kaplan D，Larrard F de，Sedran T. Design of Concrete Pumping Circuit [J]. Materials Journal，2005，102（2）：110-117.

[29] Kwon SH，Park CK，Jeong JH，et al. Prediction of Concrete Pumping：Part II-Analytical Prediction and Experimental Verification [J]. ACI Materials Journal，2013，110（6）：657-667.

[30] Khatib R. Analysis and prediction of pumping characteristics of high-strength self-consolidating concrete [D]. Canada：Université de Sherbrooke，2013.

[31] ACI 304. 2R-96 Placing concrete by pumping methods [S]. ACI Committee 304，1998.

[32] Technical Specification for Construction of Concrete Pumping：JGJ/T 10—2011 [S]. Beijing：China Architecture Pubilishing and Media Co.，Ltd.，2011.

[33] Schryver RD，Schutter GD. Insights in thixotropic concrete pumping by a Poiseuille flow extension [J]. Applied Rheology，2020，30（1）：77-101.

[34] Nerella VN，Mechtcherine V. Virtual Sliding Pipe Rheometer for estimating pumpability of concrete [J]. Construction and Building Materials，2018，170：366-377.

[35] Tan Y，Zhang H，Yang D，et al. Numerical simulation of concrete pumping process and investigation of wear mechanism of the piping wall [J]. Tribology International，2012，46 (1)：137-144.

[36] Hover K. Some Recent Problems with Air-Entrained Concrete [J]. Cement，Concrete and Aggregates，1989，11 (1)：67-72.

[37] Lessard M，Baalbaki M，Aïtcin PC. Effect of Pumping on Air Characteristics of Conventional Concrete [J]. Transportation Research Record：Journal of the Transportation Research Board，1996，1532 (1)：9-14.

[38] Yingling J，Mullings GM，Gaynor RD. Loss of air content in pumped concrete [J]. Concrete International，1992，14 (10)：57-61.

[39] Li F，Shen W，Yuan Q，et al. An overview on the effect of pumping on concrete properties [J]. Cement and Concrete Composites，2022，129：104501.

[40] Feys D，Khayat KH，Khatib R. How do concrete rheology，tribology，flow rate and pipe radius influence pumping pressure? [J]. Cement and Concrete Composites，2016，66：38-46.

[41] Shen W，Yuan Q，Shi C，et al. Influence of pumping on the resistivity evolution of high-strength concrete and its relation to the rheology [J]. Construction and Building Materials，2021，302：124095.

[42] Takahashi K. Effects of mixing and pumping energy on technological and microstructural properties of cement-based mortars [D]. Germany：Technische Universität Bergakademie Freiberg，2014.

[43] Elkey W，Janssen DJ，Hover KC. Concrete Pumping Effects on Entrained Air Voids. Washington State Department of Transportation [R]. Washington：Washington State Transportation Commission，Transit，Research，and Intermodal Planning (TRIP) Division，1994.

[44] Vosahlik J，Riding KA，Feys D，et al. Concrete pumping and its effect on the air void system [J]. Materials and Structures，2018，51：1-15.

[45] Mielenz RC，Wolkodoff VE，Backstrom JE，et al. Origin，Evolution，and Effects of the Air Void System in Concrete Part 4-The Air Void System in Job Concrete [C]. Journal Proceedings. 1958，55 (10)：507-517.

[46] Hover KC，Phares RJ. Impact of Concrete Placing Method on Air Content，Air-Void System Parameters，and Freeze-Thaw Durability [J]. Transportation Research Record，1996，1532 (1)：1-8.

[47] Chen L，Ma G，Liu G，et al. Effect of pumping and spraying processes on the rheological properties and air content of wet-mix shotcrete with various admixtures [J]. Construction and Building Materials，2019，225：311-323.

[48] Talukdar S，Heere R. The effects of pumping on the air content and void structure of air-entrained，wet mix fibre reinforced shotcrete [J]. Case Studies in Construction Materials，2019，11：e00288.

[49] Du L，Folliard KJ. Mechanisms of air entrainment in concrete [J]. Cement and Concrete Research，2005，35 (8)：1463-1471.

[50] Park CK. Development of Low Viscosity High Strength Concrete and Pumping Simulation Technology [R]. Korea：Samsung C&T Corporation，2010.

[51] Shen W，Shi C，Khayat K，et al. Change in fresh properties of high-strength concrete due to pumping [J]. Construction and Building Materials，2021，300：124069.

[52] Fataei S，Secrieru E，Mechtcherine V. Experimental Insights into Concrete Flow-Regimes Subject to Shear-Induced Particle Migration (SIPM) during Pumping [J]. Materials，2020，13 (5)：1233.

［53］ Park CK，Jang KP，Jeong JH，et al. Analysis on Pressure Losses in Pipe Bends Based on Real-Scale Concrete Pumping Tests. ［J］. ACI Materials Journal，2020，117（3）.

［54］ Secrieu E. Pumping behaviour of modern concretes-Characterisation and prediction ［D］. Germany：Technische Universität Dresden，2018.

［55］ Shen W，Yuan Q，Shi C，et al. How do discharge rate and pipeline length influence the rheological properties of self-consolidating concrete after pumping? ［J］. Cement and Concrete Composites，2021，124：104231.

［56］ Feys D，Khayat KH，Perez-Schell A，et al. Prediction of pumping pressure by means of new tribometer for highly-workable concrete ［J］. Cement and Concrete Composites，2015，57：102-115.

［57］ Feys D. How much is bulk concrete sheared during pumping? ［J］. Construction and Building Materials，2019，223：341-351.

［58］ Haist M，Link J，Nicia D，et al. Interlaboratory study on rheological properties of cement pastes and reference substances：comparability of measurements performed with different rheometers and measurement geometries ［J］. Materials and Structures，2020，53（4）：92.

［59］ Talero R，Pedrajas C，González M，et al. Role of the filler on Portland cement hydration at very early ages：Rheological behaviour of their fresh cement pastes ［J］. Construction and Building Materials，2017，151：939-949.

［60］ Tattersall GH，Banfill PF. The rheology of fresh concrete ［M］. London，England：Pitman Books Limited，1983.

［61］ Otsubo Y，Miyai S，Umeya K. Time-dependent flow of cement pastes ［J］. Cement and Concrete Research，1980，10（5）：631-638.

［62］ Struble LJ，Lei WG. Rheological changes associated with setting of cement paste ［J］. Advanced Cement Based Materials，1995，2（6）：224-230.

［63］ Uchikawa H，Ogawa K，Uchida S. Influence of character of clinker on the early hydration process and rheological property of cement paste ［J］. Cement and Concrete Research，1985，15（4）：561-572.

［64］ Yang M，Jennings HM. Influences of mixing methods on the microstructure and rheological behavior of cement paste ［J］. Advanced cement based materials，1995，2（2）：70-78.

［65］ Banfill PFG，Carter RE，Weaver PJ. Simultaneous rheological and kinetic measurements on cement pastes ［J］. Cement and Concrete Research，1991，21（6）：1148-1154.

［66］ Han D，Ferron RD. Influence of high mixing intensity on rheology，hydration，and microstructure of fresh state cement paste ［J］. Cement and Concrete Research，2016，84：95-106.

［67］ Juilland P，Kumar A，Gallucci E，et al. Effect of mixing on the early hydration of alite and OPC systems ［J］. Cement and Concrete Research，2012，42（9）：1175-1188.

［68］ Saleh FK，Teodoriu C. The mechanism of mixing and mixing energy for oil and gas wells cement slurries：A literature review and benchmarking of the findings ［J］. Journal of Natural Gas Science and Engineering，2017，38：388-401.

［69］ Petit JY，Khayat KH，Wirquin E. Methodology to couple time-temperature effects on rheology of mortar ［J］. ACI Materials Journal，2008，105（4）：342.

［70］ Fataei S，Secrieu E，Mechtcherine V，et al. A first-order physical model for the prediction of shear-induced particle migration and lubricating layer formation during concrete pumping ［J］. Cement and

Concrete Research，2021，147：106530.

[71] De Schryver R，El Cheikh K，Lesage K，et al. Numerical Reliability Study Based on Rheological Input for Bingham Paste Pumping Using a Finite Volume Approach in Open FOAM [J]. Materials，2021，14 (17)：5011.

[72] Tavangar T，Hosseinpoor M，Yahia A，et al. Novel tri-viscous model to simulate pumping of flowable concrete through characterization of lubrication layer and plug zones [J]. Cement and Concrete Composites，2022，126：104370.

[73] Xu Z，Li Z，Jiang F. Numerical approach to pipe flow of fresh concrete based on MPS method [J]. Cement and Concrete Research，2022，152：106679.

[74] Barnes HA. Thixotropy—a review [J]. Journal of Non-Newtonian Fluid Mechanics，1997，70 (1-2)：1-33.

[75] Roussel N，Ovarlez G，Garrault S，et al. The origins of thixotropy of fresh cement pastes [J]. Cement and Concrete Research，2012，42 (1)：148-157.

[76] Abebe YA，Lohaus L. Rheological characterization of the structural breakdown process to analyze the stability of flowable mortars under vibration [J]. Construction and Building Materials，2017，131：517-525.

[77] Mewis J，Wagner NJ. Thixotropy [J]. Advances in Colloid And Interface Science，2009，147-48：214-227.

[78] Rahman MK，Baluch MH，Malik MA. Thixotropic behavior of self compacting concrete with different mineral admixtures [J]. Construction and building materials，2014，50：710-717.

[79] Lowke D. Thixotropy of SCC—A model describing the effect of particle packing and superplasticizer adsorption on thixotropic structural build-up of the mortar phase based on interparticle interactions [J]. Cement and Concrete Research，2018，104：94-104.

[80] De Schutter G. Thixotropic effects during large-scale concrete pump tests on site [C]. International Conference on Advances in Construction Materials and Systems，RILEM，2017，118：26-32.

[81] Lapasin R，Longo V，Rajgelj S. Thixotropic behaviour of cement pastes [J]. Cement and Concrete Research，1979，9 (3)：309-318.

[82] Li Z，Cao G，Guo K. Numerical method for thixotropic behavior of fresh concrete [J]. Construction and Building Materials，2018，187：931-941.

[83] Chateau X. 6-Particle packing and the rheology of concrete [M]. Roussel N. Understanding the Rheology of Concrete. Woodhead Publishing，2012：117-143.

[84] Kim JH，Kwon SH，Kawashima S，et al. Rheology of cement paste under high pressure [J]. Cement and Concrete Composites，2017，77：60-67.

[85] Ouchi M，Sakue J. Self-compactability of fresh concrete in terms of dispersion and coagulation of particles of cement subject to pumping [C]. Proceedings of the 3rd North-American Conference on the Design and Use of Self-Consolidating Concrete，Chicago，2008.

[86] Flatt RJ，Bowen P. Yodel：A Yield Stress Model for Suspensions [J]. Journal of the American Ceramic Society，2006，89 (4)：1244-1256.

[87] Krieger IM，Dougherty TJ. A mechanism for non-Newtonian flow in suspensions of rigid spheres [J]. Transactions of the Society of Rheology，1959，3 (1)：137-152.

［88］　Lothenbach B，Scrivener K，Hooton RD. Supplementary cementitious materials ［J］. Cement and Concrete Research，2011，41（12）：1244-1256.

［89］　Fernandez Lopez R. Calcined clayey soils as a potential replacement for cement in developing countries ［D］. Lausanne：Ecole Polytechnique Fédérale de Lausanne，2009.

［90］　Utton CA，Hayes M，Hill J，et al. Effect of temperatures up to 90 C on the early hydration of Portland-blastfurnace slag cements ［J］. Journal of the American Ceramic Society，2008，91（3）：948-954.

［91］　Wu X，Roy DM，Langton CA. Early stage hydration of slag-cement ［J］. Cement and Concrete Research，1983，13（2）：277-286.

［92］　Cyr M，Legrand C，Mouret M. Study of the shear thickening effect of superplasticizers on the rheological behaviour of cement pastes containing or not mineral additives ［J］. Cement and Concrete Research，2000，30（9）：1477-1483.

［93］　Jiao D，Shi C，Yuan Q. Influences of shear-mixing rate and fly ash on rheological behavior of cement pastes under continuous mixing ［J］. Construction and Building Materials，2018，188：170-177.

［94］　Jiao D，Shi C，Yuan Q. Time-dependent rheological behavior of cementitious paste under continuous shear mixing ［J］. Construction and Building Materials，2019，226：591-600.

［95］　Sun Z，Young C. Bleeding of SCC pastes with fly ash and GGBFS replacement ［J］. Journal of Sustainable Cement-Based Materials，2014，3（3-4）：220-229.

［96］　Mehdipour I，Razzaghi MS，Amini K，et al. Effect of mineral admixtures on fluidity and stability of self-consolidating mortar subjected to prolonged mixing time ［J］. Construction and Building Materials，2013，40：1029-1037.

［97］　Khalid AR，Rizwan SA，Hanif U，et al. Effect of Mixing Time on Flowability and Slump Retention of Self-Compacting Paste System Incorporating Various Secondary Raw Materials ［J］. Arabian Journal for Science and Engineering，2016，41（4）：1283-1290.

［98］　Huang H，Huang T，Yuan Q，et al. Temperature dependence of structural build-up and its relation with hydration kinetics of cement paste ［J］. Construction and Building Materials，2019，201：553-562.

［99］　Choi Y wang，Choi BG，Oh SR. Absorption Properties of Coarse Aggregate according to Pressurization for Development of High Fluidity Concrete under High Pressure Pumping ［J］. Journal of The Korea Institute for Structural Maintenance and Inspection，2016，20（3）：122-129.

［100］　Plank J，Sachsenhauser B，De Reese J. Experimental determination of the thermodynamic parameters affecting the adsorption behaviour and dispersion effectiveness of PCE superplasticizers ［J］. Cement and Concrete Research，2010，40（5）：699-709.

［101］　Petit JY，Wirquin E，Khayat KH. Effect of temperature on the rheology of flowable mortars ［J］. Cement and Concrete composites，2010，32（1）：43-53.

［102］　Han D，Ferron RD. Effect of mixing method on microstructure and rheology of cement paste ［J］. Construction and Building Materials，2015，93：278-288.

第 11 章
流变学与 3D 打印

3D 打印混凝土是基于泵送挤出工艺施工的，这要求材料具有足够的流动性，并且可以快速获得强度，这些要求都与 3D 打印材料的流变性能有关。本章首先介绍了 3D 打印技术的发展和分类，之后，介绍了 3D 打印混凝土所要求的性能，尤其是流动性、挤出性和建造性等可打印性，这是首先要解决的关键问题。随后，系统地说明了表征可打印性的测试方法和评估承载能力的标准。最后，验证了流变性能对层间黏结性能的影响。

11.1　3D 打印混凝土简介

11.1.1　3D 打印技术的发展

3D 打印技术，也被称为增材制造，是一项在 20 世纪 80 年代末期逐渐兴起的新技术，在计算机辅助设计和自动化操作的帮助下进行物品的建造，非常有发展前景。自 1983 年发明第一台 3D 打印机以来，这项技术发展迅速[1]。3D 打印技术广泛应用于各个行业，并在制药、医疗、汽车、航空航天和电子行业等领域取得了许多成就[2-5]，3D 打印的理念也为土木工程领域带来了新的挑战和机遇。3D 打印混凝土在过去几年中引起了极大的关注，因为它有可能改变传统建筑，生产无需模板的建筑结构[6-8]。此外，3D 打印具有设计灵活、施工速度快、劳动力需求少和能耗低的特点[9-13]。可以预见，该技术在土木工程领域具有大规模应用的巨大潜力。1997 年，Pegna[14] 首次尝试了水泥基材料 3D 打印技术。众多专家学者的研究和工程案例证明了 3D 打印技术在土木工程中的可行性和巨大的发展潜力。

这种创新的施工工艺主要包括粉末床打印（也称为 D 形工艺）、轮廓（CC）工艺和混凝土打印[10,12,15-17]。虽然上述三个过程的重点不同，但核心原理都是通过分层打印来构建 3D 实体。D 形工艺是基于粉末材料的[6]，由 Enrico Dini 于 2007 年发明。D 形工艺实体打印系统的打印流程如图 11.1 所示。首先，铺设一层黏合剂，然后将骨料喷涂在黏合剂上与其黏合。目标实体打印完成后，散落的骨料可以回收利用。由于有足够的力支撑上部实体的制造，因此这种方法可以打印复杂的结构模型[18]，并且不需要考虑材料的凝结时间。据悉，与传统的施工方法相比，D 形工艺在打印相同尺寸的构件时只需要 1/4 的施工时间，具有明显的省时特点。D 形工艺的核心是打印机的打印头，它由一根配备了 300 个微型喷嘴的横梁制成。微型喷嘴之间有一定的间隔，在打印时可以选择性地喷涂黏合剂以黏合分散的细砂，而未被黏结的砂可以回收以备下次使用。喷嘴处黏合剂的流速与喷嘴尺寸和液体压力有关，见式(11.1)：

$$Q = k_v \sqrt{\frac{\Delta p}{10}} \tag{11.1}$$

式中，Q 是黏合剂的流速，m^3/h；Δp 是液体压力，Pa；k_v 是流量常数，$m^3/(h \cdot Pa)$。

采用 D 形技术，欧洲航天局研究了使用人造月球尘埃来打印和建造月球基地[6]。

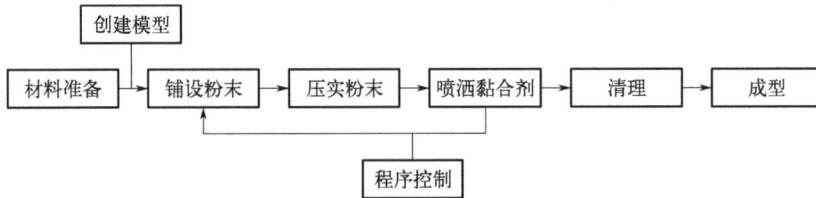

图 11.1　D 形工艺的施工过程

CC 工艺最初由 Khoshnevis 发明[19]，并已成功应用于实际工程施工。在打印过程中，打印头的 X 轴或 Z 轴的移动由起重机驱动并控制，由两个侧轨驱动打印头沿 Y 轴移动。打印喷嘴按照预先设计的程序连续均匀地挤出混凝土材料，使其逐层堆积。CC 工艺的特点是它在挤出装置上添加了一个刮刀，如图 11.2 所示。刮刀的角度和方向可以自动调整以成型不同的几何形状，并使打印表面平整[20,21]。此外，可以将打印的实体用作外墙模板，然后将钢筋布置在内部以形成整体，这大大节省了模板的成本。使用轮廓制作可以在不到 20s 的时间内打印 1ft（1ft=0.093m^2）的墙壁，并可在一天内打印一幢 200m^2 的房子[22]。通过轮廓工艺打印的墙壁如图 11.3 所示。该过程可以归纳为四个步骤，即模型设计和处理，原材料运输，喷嘴移动和配筋。模型设计由计算机软件实现，模型处理称为切片。目前，3D打印模型设计相对简单，建模主要基于 CAD（计算机辅助设计）、CG（计算机图形学）、图像建模和扫描建模等。在切片过程中，需要输入设计的打印参数，例如打印速率，然后切片软件会根据设置的参数计算出最佳的打印路径。原材料的输送和喷嘴的移动速度应相匹配，以确保新拌浆体能够顺利输送到挤出装置。目前，轮廓工艺打印机主要是机械臂式和缆索

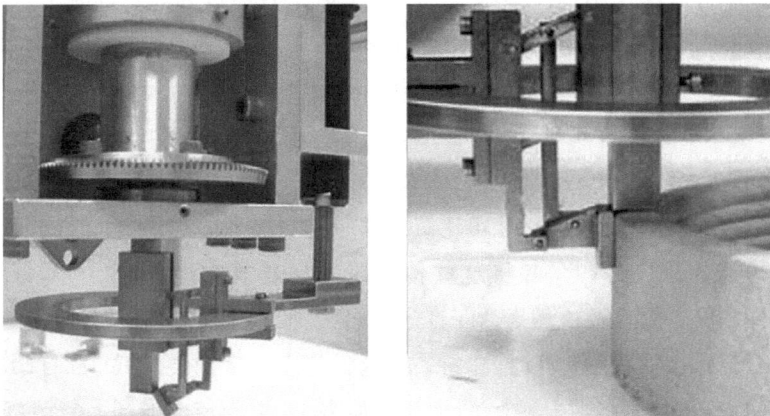

图 11.2　轮廓工艺使用的刮刀[20]

式。与传统的框架式打印机相比，通过在机器人手臂的底部设置导轨，可以使其具有更大的打印空间和更快的打印速度。Branch 于 2015 年开发了全球最大的 c-fab 机械臂 3D 打印机，并首次成功打印了墙壁。缆索式轮廓工艺是通过一系列缆索连接移动平台或终端设备，其具有易于拆卸及重新组装、运输方便、价格低廉的优点。根据缆索能否完全控制终端设备，缆索控制方式分为全控型和非全控型，全控型适合高速高精度的情况[23]。2015 年，世界先进节约项目（WASP）使用高度为 12m，宽度为 6m 的 3D 打印机，在露天建筑工地上用黏土、稻草和土壤等环保材料建造了土坯结构。该打印机被称为 BigDelta，其将升降机连接到打印机的支架上以运输固体材料。

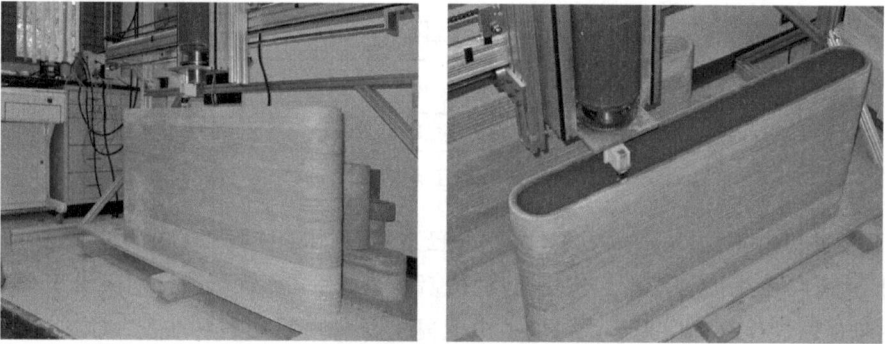

图 11.3　通过轮廓工艺打印的墙体[20]

值得一提的是，轮廓工艺可以用于快速建立一个初具运行能力的月球基地。计划使用 CC 技术为 NASA 的沙漠研究和技术调查（D-RATS）设施的高保真度模拟起草一份详细计划，以建造某些关键的基础设施来评估将 CC 技术应用于外星的优点、局限性和可行性。建议建造和测试的设施包括道路、着陆垫和停机坪、遮阳墙、防尘坪、隔热罩和毫米防护罩、无尘平台以及其他采用原位资源利用（ISRU）策略的建筑结构。

混凝土打印由拉夫堡大学的研究人员所提出[8,24]。混凝土打印的过程类似于轮廓工艺，属于挤出型。打印喷嘴安装在横梁上，可以沿 X、Y 和 Z 轴自由移动。新拌浆体通过管道输送到挤出头，并按照设定的路线移动，然后逐层堆叠。与轮廓工艺相比，混凝土打印沉积分辨率更小，可以更好地控制构件的表面质量。混凝土打印机和通过混凝土打印技术建造的大跨度拱形结构如图 11.4 所示。Lim 等[8] 开发了一种混凝土 3D 打印系统，是一种尺寸为 5.4m×4.4m×5.4m 的钢框架，打印头的最大移动速度为 5m/min。2014 年，中国公司 WinSun 使用混凝土和玻璃纤维，用尺寸为 150.0m×10.0m×6.6m 打印机在一天内打印了 10 个建筑面积为 200m^2 的房屋。此外，该公司还建造了世界上第一座建筑面积为 1100m^2 的 3D 打印别墅和世界上最高的 3D 打印建筑，即一栋 5 层高的建筑。Rudenko[25] 使用水泥和砂子，将结构部件分段打印，并将这些构件组装到建筑物中。2016 年，Gosselin 等[26] 发明了一种带有挤出头的六轴机械臂 3D 打印设备。河北工业大学于 2019 年建成了单跨度 18.04m、总长 28.1m 的混凝土 3D 打印桥，也是世界上最大的装配式 3D 打印桥。

上述三种 3D 打印技术各有其独特的优势，如表 11.1 所示。但是，3D 打印技术的打印速度和精度互不兼容。D 形工艺由于其直径小，打印速度慢而具有较高的打印精度。轮廓工

图 11.4　混凝土打印机及通过混凝土打印建造的大跨度拱形结构[27]

艺和混凝土打印都配备了单独的大型打印头，因此打印速度快但打印精度低。在打印尺寸方面，轮廓工艺技术的机械手可以灵活地移动并打印出大型部件。但是，由于打印框架的限制，D 形和混凝土打印技术不能打印大尺寸构件。

表 11.1　胶凝材料 3D 打印工艺对比[23]

参数	D 形	轮廓工艺	混凝土打印
工艺	选择黏结	挤出	挤出
打印材料	砂	黏结材料	混凝土
支撑系统	游离粉	梁	石膏
分辨率	高	低	低
层厚	4～6mm	13mm	5～25mm
打印速度	慢	快	快
打印尺寸	受打印框限制	大	受打印框限制
喷嘴数量	数百个	1	1
喷嘴直径	0.15mm	15mm	9～20mm

目前，3D 打印技术发展迅速。虽然 3D 打印可以加快施工过程，帮助建造复杂形状的建筑并减少劳动力和能源消耗，但这项新技术仍然存在一些问题。首先，由于打印机尺寸的限制，打印设备的框架限制了构件的打印范围。当拌合物中的骨料粒径过大时，材料将难以运送和挤出。现有的研究重点是水泥净浆和砂浆的 3D 打印。其次，与传统的浇筑工艺相比，3D 打印构件的强度会有所降低，这将对打印材料提出更高的性能要求。最后，3D 打印

对混凝土的可打印性有所要求，这与普通混凝土的工作性完全不同。

11.1.2 3D打印混凝土的要求

虽然3D打印技术在建筑行业中具有巨大的潜力，但对于混凝土在新拌状态下的性能和硬化状态下的力学性能来说，它仍然是一项具有挑战性的课题。与传统建造方式不同，3D打印混凝土用于建造没有模板的实体。3D打印材料的性能要求与传统混凝土有很大不同。在大多数情况下，3D打印材料必须经过四个生产程序，如表11.2所示。

表 11.2　水泥基材料挤出增材制造中的生产程序和基础物理行为

生产程序	基于挤压的3DPC的基础物理行为
运输	泵送或重力流是否有能量输入，3DPC需要在管道中流动
打印过程	挤压采用初级动力（泵送），冲压挤压或螺杆挤压。此过程中的剪切作用较为复杂
沉积过程中3DPC的变形	重力流、黏弹塑性变形和复杂的剪切作用。3DPC需要保持流畅和稳定
建筑材料沉积后的行为	自重和沉积动能引起的变形；早期收缩，早期蠕变，热膨胀，层间黏结

首先，需要将材料泵送到打印头。这对3D打印材料的泵送性提出了相应的要求，泵送性已在第10章中进行过讨论。3D打印混凝土的主要挑战是要求材料同时具有挤出性和建造性。拌合物需要具有良好的流动性，以确保混凝土能够连续通过喷嘴泵送和挤出，并且混凝土需要良好的支撑能力来承载后续混凝土层产生的载荷[28,29]。流动性和建造性是影响3D打印水泥基材料工作性能的两个关键因素，这两者与其流变性能密切相关。材料的流变特性，包括屈服应力、塑性黏度和触变性，对于混凝土打印而言非常重要，因为打印质量和硬化性能与其新拌性能直接相关。屈服应力对应于新拌混凝土开始流动所需的剪切应力，而塑性黏度则是评估流动后的阻力。因此，可以应用流变理论来评价3D打印水泥基材料的工作性能，水泥基材料的流变性能是实现顺利打印的关键。

Marchon等[30]提出了基于理化概念的打印混凝土的四步硬化演变过程：①高剪切状态；②堆叠；③湿坯强度增长；④快速强度发展。步骤①包括材料从开始拌和到堆叠时（例如，混合、泵送和挤出）所经历的所有剪切过程。因此，结构的演化可以根据沿打印路径暴露于材料的剪力来分解或重建。步骤②表示挤出后的屈服应力，其中材料不再受到剪切流的影响。然而，存在着各种各样的力，包括胶体相互作用和早期反应产物之间键的形成。相互作用力由每个粒子的势能阱决定，它倾向于通过位错达到其相邻粒子之间能量最小的位置来达到平衡。步骤③称为湿坯强度，表示颗粒已经絮凝并达到触变力的持续平衡，材料经历线性结构堆积。随后，颗粒的渗滤网络开始刚化，并且在步骤④中观察到非线性的硬化发展，结构的建造不可逆转。

此外，一些学者还研究了3D打印地聚物材料的可打印性与流变参数之间的关系。对于混凝土的挤出来说，控制新拌混凝土的流变特性至关重要，它决定了打印过程的成败。Le等[24]提出，屈服应力在178.5~359.8Pa时，3D打印浆体可以顺利挤出。Alghamdi等[31]提出，保证地聚物浆体可打印性的屈服应力上限是700Pa，而Panda和Tan[32]发现屈服应力在0.6~1.0kPa之间适合砂浆的挤出。文献中结论的差异可能是由于流变设备和挤出设备之间的差异。也有更深入的研究，Ranjbar 等[33] 提出了一种简单的分析程序，可以通过动态模式的流变测量来准确预测混凝土的可打印性。结果表明，以下两个连续剪切步骤可以模拟地聚物砂浆在堆叠过程中和堆叠后的硬化发展：①通过预剪切超过比较小的临界应变 γ_c 的振荡应变来模拟材料的剪切经历；②施加小于 γ_c 的应变的小振荡，以模拟堆叠成型后的混凝土。

11.2　3D 打印混凝土的可打印性

11.2.1　可打印性的定义

3D 打印混凝土的可打印性是要解决的第一个关键问题，可打印性的定义是材料顺利通过 3D 打印过程的能力。在材料完全混合和打印期间，材料应该是"可挤出的"，这对应于超过一个临界值的较宽范围的流动性。此外，材料的流动性不应导致组分的分离。一旦进入打印头，材料需要挤出并立即成型。对应于低于该特定临界值的另一个流动性值范围，材料在挤出后首先需要保持其形状，并且可以支撑一些重量，而不会在后续层堆叠在其上时过度变形。理想的材料在堆叠前应该是可流动的，在堆叠时既可挤出又可构建，堆叠后应迅速硬化。Lim 等[8] 首先提出，3D 打印水泥基材料的四个关键性能是泵送性、可打印性、建造性和开放时间。其中，开放时间被定义为上述性能在可接受的公差范围内保持一致的时间段。他们指出，挤出性、建造性和层间黏结是决定可打印性的关键因素。此外，挤出性和建造性是 3D 打印混凝土的两个最关键和最具竞争力的特性[24]。这是因为高工作性提升了挤出性，而建造性对材料的工作性要求较低。为了满足可打印性，必须适当平衡这两个参数。Soltan 和 Li[34] 认为，可以用随时间变化的流动性来总结"可打印"胶凝材料的理想化行为，如图 11.5 所示。Zhang 等[35] 认为流变性能（黏度、屈服应力、触变性）和开放时间是控制混凝土材料可打印性的两个关键新拌性能，并提出可打印性包括泵送性、挤出性和建造性。Kazemian 等[36] 提出了评估 3D 打印混凝土表面质量的三个标准，包括表面无瑕疵，打印层的方形边界清晰且均匀。他们发现初凝时间不适合表征可打印性窗口，而且该表征方法过于主观，无法使用基本物理参数来表征可打印性。通常，大多数关于可打印性的研究都集中在挤出性和建造性上，这与 3D 打印材料的流变性能密切相关。

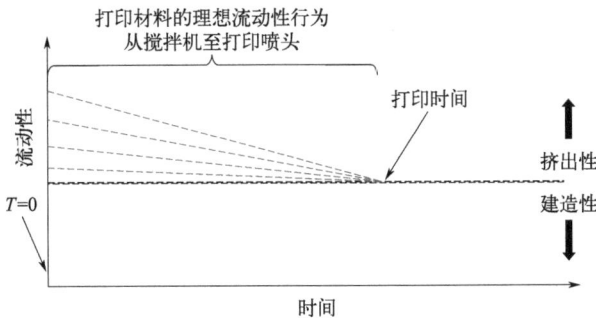

图 11.5　可打印材料的流动性、挤出性和建造性之间的关系[34]

11.2.2　可打印性试验

目前，大多数关于可打印性的研究主要集中在流动性、挤出性和建造性上。然而，由于水泥基材料的 3D 打印领域缺乏相关标准，研究人员大多参考或直接使用水泥基材料领域甚至其他领域的标准实验方法来表征水泥基材料的 3D 可打印性。

流动性是评价混凝土材料可打印性的重要参数之一。良好的流动性可以保证浆料通过输送装置并顺利挤出。目前，流动性测试的评价方法主要有流量表测试、坍落度测试、T_{50} 坍落度测试、V 形漏斗测试、L 形箱测试[34,37-39]，如图 11.6 所示。

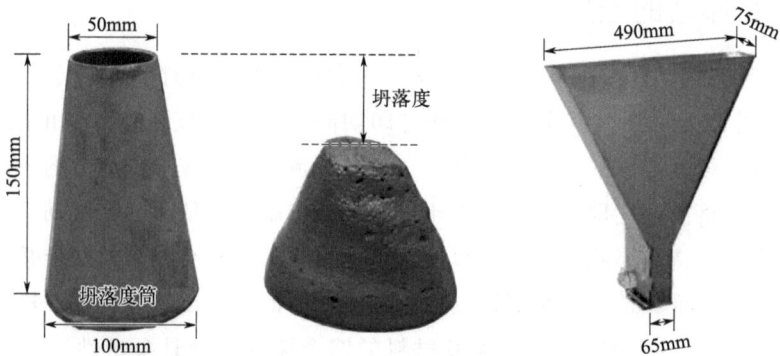

图 11.6　流动性测试[39]

混凝土的可挤出性是指材料从喷嘴连续均匀地挤出的能力，这是决定其可打印性的关键指标。目前，还没有专门的设备来测试和评价混凝土的可挤出性。Le 等[24] 通过观察挤出过程中是否存在堵塞和中断，即是否可以达到 4500mm 的连续挤出长度来评估新拌混凝土的可挤出性。Soltan 和 Li[34] 使用经过改造的胶枪来测试新拌混凝土的挤出性，如图 11.7 所示，但这种方法存在挤出压力不足且不稳定的缺陷。从开始搅拌到剪切应力上升至 0.3kPa 的时间可以用于表征开放时间[24]。

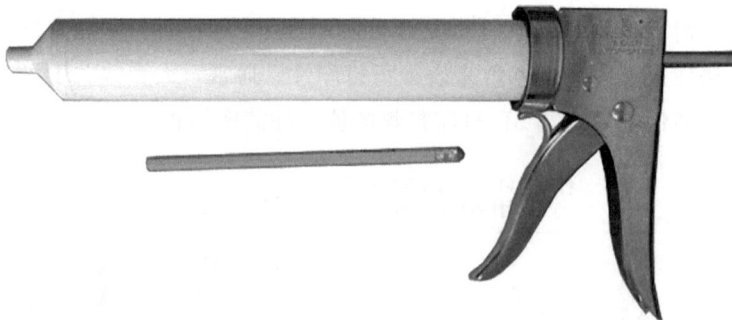

图 11.7　用于测试挤出性的改造胶枪[34]

水泥基材料的建造性是指打印材料在自重作用下保持形状稳定性的能力，是评价水泥基材料可打印性的另一个重要指标。许多研究人员通过测试打印材料的纵向变形值来表征建造性[40,41]。Zhang 等[40] 通过测试材料的湿坯强度来表征建造性。还有研究人员采用层的沉降试验和圆柱稳定性试验评价了建造性，并用混凝土贯入阻力仪（ASTM C 403）对不同水化时间材料的贯入阻力进行了测试[36]。材料能够保持其形状时的最高层数可以用于表征建造性[24]。Tay 等[42] 通过坍落度测试来评估试样的建造性，以确定可打印范围。他们认为，坍落度在 4～8mm 之间，扩展范围在 150～190mm 之间的拌合物具有良好的建造性。然而，192.5～269mm 的初始扩展直径被认为是满足建造性的最佳流动性范围[35]。在 3D 打印混凝土的建造性测试中，Wolfs 等[43] 测试了新拌状态下混合物的抗压强度和弹性模量，建立了破坏抗压强度与超声波无损检测结果之间的关系。此外，建造性测试的评估方法包括塑性测试和直接剪切测试。塑性试验表征理想塑性模型中的挤压力 F 与砂浆高度 h 之间的关系，直接剪切试验通常用于测量土壤的力学参数。近年来，一些研究人员利用直接剪切试验来测量混凝土砂浆的流变性能。此外，凝结行为对于控制打印过程具有重要意义，这是与混凝土刚度发展有关的重要参数。维卡针测试、波传输法和波反射法通常用于检测混凝土的凝结性能[44]。

11.2.3　承载力评价标准

3D 打印是一种快速的施工方式，材料堆叠在新拌材料之上。如果底部材料强度不足，无法承受上层的重量，则可能发生破坏现象。目前，公认的基于挤出的混凝土 3D 打印过程中坍塌的原因有两种机理，即材料破坏[图 11.8(a)]和稳定性破坏[图 11.8(b)]。

(a) 材料破坏　　　　　　　　　　　　(b) 稳定性破坏

图 11.8　基于挤出的增材制造中的坍塌现象[45]

这两个破坏机理都是由材料、支撑、载荷和几何形状共同作用的。不同之处在于，前者通常是恒定的，但后者确实会随着时间而变化，因为构件在建造过程中是逐渐堆积的。打印过程中的抵抗破坏的能力不仅取决于材料的性能指标，还取决于构件的设计情况，例如尺寸、几何形状和打印速度等工艺参数。

为了定义材料开始破坏时的行为，例如断裂、屈服等行为，已经提出了许多准则，但很难说哪一个最适合基于挤出工艺的混凝土打印。这主要是由于可打印的胶凝材料在建造过程中会从非牛顿流体状态过渡到固态。这个过程涉及许多复杂的化学反应和物理作用，以及力学问题。

Perrot 等[29] 提出了一种基于打印砂浆流变性能的屈服应力作为材料破坏准则用以评估建造性的方法。

$$\alpha_{\text{geom}}\tau_0(t) \geqslant \rho g h(t) \tag{11.2}$$

式中，α_{geom} 是一个几何因子；$\tau_0(t)$ 是砂浆的时间相关屈服应力；ρ 是密度，kg/m^3；g 是重力加速度，$9.8N/kg$；$h(t)$ 是随时间变化的物体高度，m。

Wangler 等[46] 应用了冯·米塞斯屈服准则，通过在可构建性方程中引入一个因子，得出：

$$\tau_0(t) \geqslant \rho g h(t)/\sqrt{3} \tag{11.3}$$

在更复杂的情况下，材料破坏和稳定性破坏都会被考虑在内[47]。该方法基于有限元扩展的时变特性，并采用 Mohr-Coulomb 失效准则，开发实验程序来确定完整的失效包络。塑性屈服和弹性屈曲的双重失效准则需要通过实验确定五种随时间变化的材料特性：表观弹性模量 $E(t)$、泊松比 $\nu(t)$、内聚 $C(t)$、内摩擦角 $\varphi(t)$ 和膨胀角 $\psi(t)$。Suiker[48] 引入了一种参数化的力学模型，该模型侧重于弹性弯曲和塑性坍塌之间的对比，可用于预测直立式墙体 3D 打印过程中的结构破坏。

Roussel 的研究中提出了另一种将材料流变学与稳定性相结合的方法准则[49]，公式如下：

$$E_0(t) \geqslant 3\rho g h(t)^3/2\delta^2$$
$$h_t = 2\delta\sqrt{\frac{1+\nu}{3\sqrt{3}\gamma_c}} \tag{11.4}$$

式中，E 是弹性模量；ν 是泊松比；γ_c 是临界剪切应变；δ 是一延米墙体的宽度。

最后，Jeong 等[50] 提出了一个分析模型，他考虑了材料沿打印路径长度的变化，将剪切强度（固体力学）采用为破坏准则，这部分内容不再阐述。

11.2.4 可打印的水泥基材料

3D 打印混凝土材料建造从小型到大型构件的主要挑战是：材料需满足可打印性。满足可打印性要求的混凝土需要有良好的流动性，以确保能够泵送和挤压通过打印机，并且需要良好的支撑能力来承受后续混凝土层带来的载荷，不会发生较大变形甚至坍塌。通常，流动性和建造性是满足水泥基材料可打印性的两个重要因素。因此，控制水泥基材料的流变性能是解决打印过程的关键。

在 3D 打印建筑构件中已经探索了一些胶凝材料，其中，硅酸盐水泥是 3D 打印混凝土中使用最广泛的胶凝材料。Gibbons 等[51] 探索了使用快硬波特兰水泥（RHPC）通过 D 形工艺来建造构件。Maier 等[52] 的研究中证明，铝酸钙水泥（CAC）在 3D 打印结构中具有很高的可行性，并具有良好的新拌和硬化性能。用于 3D 打印的混凝土的物理性能和可打印性在很大程度上取决于其组分的组成和性能[29]。目前，最大粒径小于 2mm 的细砂主要用作骨料[53,54]。2017 年，Rushing 等[55] 研究了含有粒径大于 10mm 粗骨料的混凝土在 3D 打印中的应用。Zhang 等[35] 提出，不同砂灰比时，开放时间不可避免地会影响流变性能，特别是触变性。他们发现触变剂不但可以提高混凝土的触变性，也可以改善初始流动性。Lim 等[22] 开发了一种高性能砂浆，由 54% 的砂、36% 的胶凝混合物和 10% 的水组成，用于混凝土打印。Gosselin 等[26] 提出了一种由 30%~40%（质量分数）的波特兰水泥、40%~50%（质量分数）的结晶二氧化硅、10%（质量分数）的硅粉和 10%（质量分数）的石灰石填料组成的新型高性能混凝土浆料，适用于大规模 3D 打印系统。Shakor 等[56] 开发了一种新的改性水泥粉末材料作为 3D 打印材料。Ma 等[41] 发现尾矿砂与河砂的比例为 2∶3 是最适合打印的骨料参数。

一些研究人员尝试在水泥基材料中添加纤维。Le 等[24] 提出了一种高性能纤维增强 3D 打印水泥基材料，以满足其可打印性，并且打印材料 28d 的抗压强度可以达到 110MPa。他发现，3D 打印分层结构的硬化性能不可避免地会受到各向异性的影响，抗压强度的降低取决于相对于打印层的加载方向[24]。Hambach 和 Volkmer[57] 尝试制备了掺加短纤维的 3D 打印复合材料，如碳纤维、玻璃纤维、玄武岩纤维等。打印材料由 61.5% 的 P.O 52.5R 硅酸盐水泥、21% 的硅粉、15% 的水和 2.5% 的减水剂组成，水灰比为 0.3。为了提高纤维的分散性和纤维与水泥基体之间的黏结力，在测试前对纤维进行了高温处理。纤维定向的方法是通过直径远小于纤维长度的打印喷嘴，在挤出过程中使短纤维平行于喷嘴的移动路径。材料的弯曲强度和抗压强度分别可以达到 30MPa 和 80MPa。Panda 等[58] 制备了一种基于挤出工艺的 3D 打印玻璃纤维增强地聚物，其使用了 23% 的 F 级粉煤灰、5% 的炉渣、3% 的硅粉、47% 的细河砂、15% 的液态硅酸钾、2% 的羟丙基甲基纤维素和 5% 的自来水。结果表明，添加纤维可以改善打印材料的力学性能，但增强效果不显著，这可能是由于纤维与水泥基体之间的黏结力较弱，测试结果检测到的纤维松动和纤维拔出现象也证明了这一点。Hou 等[59] 发现，在挤出过程中，混合的纤维在打印路径上表现出独特的定向特性。Soltan 和 Li[34] 提出了一种可打印的工程水泥基复合材料（ECC），其中包括分散的短聚合物纤维，以产生坚固的拉伸应变硬化。这些 ECC 材料旨在替代结构中对钢筋的需求，并提高 3D 打印工程应用的自由度和效率。

与波特兰水泥相比，地聚物的成分变化更大，包括各种前驱体和激发剂。因此，影响其可打印性的因素非常复杂，其性能可以针对不同的需求进行调整。原材料的组成对 3D 打印地聚物材料的流变性有很大的影响，Panda 等[60] 发现，碱激发粉煤灰的屈服应力、触变性和强度随着炉渣含量的增加而增加。此外，他们提出，从 3D 打印地聚物拌合料的旋转扭矩的上下曲线之间的区域所获得的最小触变值应为 10000。如果低于最小触变值，那么该材料则不适合用于基于挤出的 3D 打印[61]。Zhang 等[62] 研究了钢含量对新拌 3D 打印钢渣地聚物材料流变性能的影响，发现随着钢含量的增加，新拌浆体的剪切应力和屈服应力增加，塑性黏度会降低。Panda 和 Tan[32] 研究了砂胶比和水固比对 3D 打印碱激发砂浆可打印性的影响。他们发现，当砂与水泥的比例很高时，由于颗粒摩擦力的增加导致屈服应力的提高，材料无法从软管挤出。此外，随着水固比的提高，3D 打印碱激发材料的屈服应力和塑性黏度急剧下降。还有研究表明[32,60]，黏土对地聚合物新拌性能的影响很大程度上取决于水灰比和激发剂的量，而较高的激发剂用量会降低黏土的触变作用。

除原料外，碱性激发剂在 3D 打印地聚物的流变性能中也起着重要作用。有参考文献指出[31,63]，地聚物的流变特性取决于所用激发剂的性质，例如激发剂的化学成分、类型和浓度。一些研究人员指出[32,64]，硅酸钠激发炉渣的流变性和流动性与 SiO_2/Na_2O（S/N）的摩尔比和 Na_2O 的浓度有关。Panda 和 Tan[32] 发现，随着激发剂模量的增加，砂浆的屈服应力和表观黏度增加。Zhang 等[40] 发现，碱激发剂的 Si/Na 比对材料的挤出性和建造性有重要影响。高 Si/Na 比的碱激发剂会降低新拌浆体的黏度、屈服应力和强度发展速率，从而影响材料的可挤出性和建造性。Palacios 等[63] 发现，Na_2O 浓度的增加会提高碱激发矿渣的屈服应力。然而，Alghamdi 等[31] 提出，激发剂浓度的增加将导致剪切屈服应力的降低和新拌浆体的内聚力增强。Kashani 等[65] 发现 KOH 和 NaOH 激发的矿渣具有较高的屈服应力，而硅酸钠激发的矿渣的屈服应力保持不变。Poulesquen 等[66] 的研究结果表明，NaOH 比 KOH 激发的偏高岭土的反应速率要快。

通常，文献仅关注颗粒尺寸较小的 3D 打印混凝土的配合比。然而，含有粗骨料的 3D 打印混凝土对打印机挤出头提出了更高的要求，相关研究非常有限。目前，经常采用试错法或单因素变量法来优化 3D 打印混凝土的配合比，以满足可打印性的要求。此外，根据可打印性所提出的流变参数受测试装置、配合比设计和流变仪所应用的剪切速率的影响。现有的研究成果远远不足以为 3D 打印材料的制备提供参考，在材料的选择、设计程序、组分之间的相互作用以及它们的混合对混凝土拌合物的可打印性的影响方面的结论没有达成一致。

11.3 层间黏结和流变性能

11.3.1 层间黏结的表征

逐层打印是 3D 打印技术的主要特点，但与整体浇筑成型相比，连续两层之间的整体性较差。因此，打印构件的层间黏结性能是 3D 打印水泥基材料的主要关注点之一。基本上，可以用力学性能、耐久性和层间微观结构来表征层间黏结性能，这与构件主体材料不同。

最重要的层间黏结性能是力学性能，相关的测试方法通常包括抗拉强度试验[67,68]、劈裂抗拉试验[20,69]、斜剪试验和交叉法[70-72]，每种方法都有其特点。抗拉强度试验操作相对简单，试件可以直接进行拉拔，适用于层间黏结强度较低的试件。当黏结强度较高时，试件的固定就会出现问题。由于试件通常是通过黏合剂固定在试验机上，在层间界面发生破坏之前试件可能会从试验机上脱落，因此无法准确测试界面的黏结强度。抗拉强度试验是应用最广泛的测试方法之一，可以直接反映层间黏结强度。劈裂抗拉试验又称巴西劈裂试验，是施加垂直于界面的力，使界面从两端到中间产生破坏的加载方式，从施加的载荷可以计算出层间的黏结强度。但是这要求在测试中加载段和界面准确对齐，否则会导致较大的误差。斜剪试验是测试新老混凝土黏结强度的常用方法，交叉法可以同时测试层间的剪切强度和抗拉强度，是测试层间力学性能的有效方法。上述测试方法的加载示意如图 11.9 所示。

由于层间薄弱区域，因此与渗透性相关的层间耐久性比整体浇筑的构件差。因此，与打印层间界面的渗透相关的耐久性也是一个需要解决问题。与渗透相关的耐久性主要包括氯离

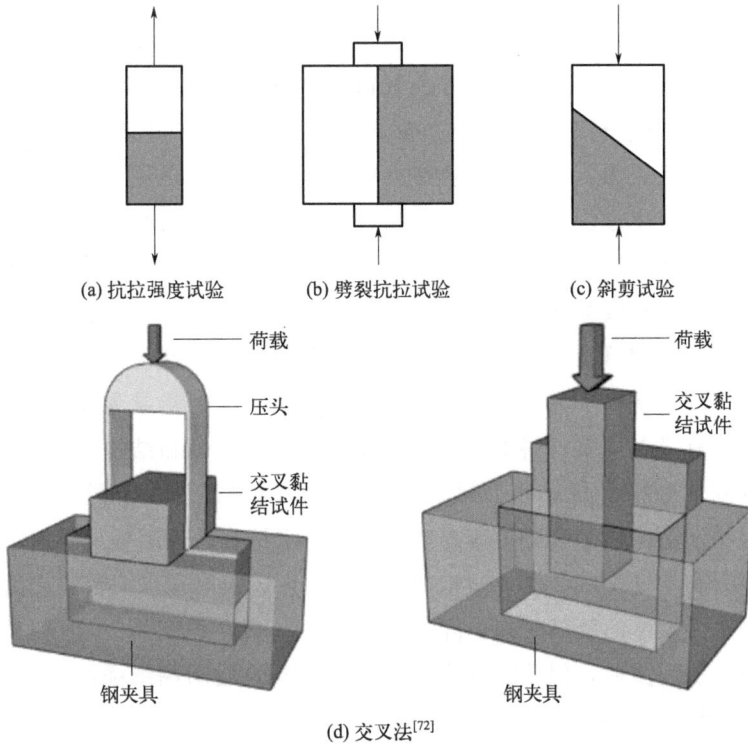

(a) 抗拉强度试验　　　　(b) 劈裂抗拉试验　　　　(c) 斜剪试验

(d) 交叉法[72]

图 11.9　测试示意图

子渗透[73]、水渗透以及二氧化碳渗透等[74,75]。在实际工程中，氯离子、水和二氧化碳的渗透速度极慢。因此，在实验室条件下，采用各种技术来加速渗透测试过程，可以在相对较短的时间内快速得到试验结果。在加速氯离子渗透试验中，施加电压以加速渗透，水渗透试验也可以通过施加高水压来加速渗透，碳化试验是将试件置于二氧化碳浓度较高的环境中来进行加速试验。上述测试可用于通过比较层间和主体材料中渗透介质的渗透深度来表征层间的抗渗性。值得注意的是，由于渗透介质和渗透机制的不同，对不同物质的抗渗性可能会有所差异。

众所周知，构件的力学性能和耐久性都会受其微观结构的影响，从微观的角度可以更好地解释层间弱面存在的原因。层间的微观结构可以通过光学显微镜、扫描电子显微镜和计算机断层扫描等方法进行观测，孔隙结构分析技术主要从以下几个方面进行：形貌、相结构、裂缝和孔隙等。

11.3.2　流变性能对层间黏结的影响

3D 打印混凝土是通过泵送挤出工艺建造的，这就要求材料具有满足泵送挤出要求所需的流动性，同时，它应当快速生成强度以保持其形状并承受上部叠加的载荷，这些要求都与 3D 打印材料的流变性能有关，流变性能主要研究应力、剪切速率和时间之间的关系[76]。水泥浆体的流变性能会随时间而发生变化，而 3D 打印混凝土是通过逐层打印建造的，相邻打印层之间存在时间间隔。因此，材料的流变性能会影响相邻层之间的黏结效果，进而直接影响层间的黏结强度。3D 打印混凝土对流变性能的要求包括屈服应力、黏度和结构构筑速率[77]。浆体的屈服应力可分为动态屈服应力和静态屈服应力,维持浆体流动的最小剪切应力被称为动态屈服应力,破坏浆体结构并使浆料从静态状态变为流动状态的临界应力是静态屈服应力[78]。流动性好的材料的屈服应力较低,有利于挤出,并且层间黏结强度高,但形状保持能力较差。结果表明,结构构筑速率高的材料屈服应力迅速增加,形状保持能力强。但是,如果结构构筑速率过快并且屈服应力超过临界值,则两个相邻混凝土层之间根本没有混合,会在层间形成"冷接缝",从而影响层间黏结[49,68]。通常,混凝土的结构构筑速率可以通过同时使用速凝剂和缓凝剂来控制。理论上说,打印浆体应具有合适的黏度。一方面,较低的黏度有利于泵送和挤出过程,但是,黏度应足够高以防止泌水和离析[79,80]。另一方面,黏度的增加将导致挤出压力的增加,较高黏度会有更好的形状保持能力[81]。为了获得合适的流变性能,有必要调整材料配合比以在屈服应力、黏度和结构构筑速率/触变性方面达到平衡。纤维素聚合物、高效减水剂、速凝剂和缓凝剂通常用于调节 3D 打印材料的性能。纤维素聚合物链上的羟基和醚键容易通过氢键与水结合,逐渐减少游离水,从而提高水泥砂浆的屈服应力和塑性黏度。高效减水剂和碳酸锂可以吸附在水泥颗粒表面,减缓水泥的水化速度,增加水泥浆体的凝结时间,降低屈服应力和塑性黏度[82]。在浆体中添加纤维可以提高刚度并减少层间变形,但孔隙率将有所提高,导致层间黏结强度降低[67]。材料的触变性是影响层间黏结性能的重要因素,触变性是指材料的黏度在剪切力的作用下逐渐降低,并在移除剪切力后逐渐恢复的性质[83]。水泥基材料的结构形成主要来自触变引起的可逆结构变化和水泥水化引起的不可逆结构变化[84]。其中,触变引起的可逆结构变化在早期占主导地位,水泥颗粒之间的相互作用导致絮凝。当胶凝悬浮液被剪切时,结构会被破坏。当剪切作用消失时,粒子之间微弱物理键的形成会重建结构,这是可逆的。这种重建可能来自布朗运动,这可能导致粒子构型的缓慢重新排布或粒子之间胶体相互作用的演变[85-87]。通过在材料中添加纳米颗粒或速凝剂以放大絮凝,可以增强材料的触变性[30,49]。触变性对于保证足够的承载能力至关重要,触变性越高,材料的承载性能越好。具有高触变性的材料具有较高的结构构筑速率,这不利于层间黏结强度的发展[88]。而且,3D 打印混凝土要求应该具有一定的流动性。因此,对于给定的材料,应该有一个最佳的触变行为。通过调整材料的配合比,我们可以获得所要求的材料性能。Sakka 等[68]发现,材料在触变率处于中等范围时(0.48~0.64Pa/s),层间黏结强度最高,加入苯乙烯-丁二烯橡胶(SBR)乳液也可以有效提高层间黏结强度。纳米黏土可以促进水泥颗粒之间的连接,增加水泥浆中絮状物的尺寸,并提高浆体的屈服应力,它是提高 3D 打印混凝土触变性的常用外加剂之一[89-91]。此外,通过增加粉体的总量和细度以及降低水灰比,都可以提高混凝土的触变性。对于粗骨料,触变性也与粗骨料的体积分数有关。粗骨料可以增强内部摩擦并产生互锁效应,从而增强触变性[74,92]。

高触变性混凝土的特点是结构构筑迅速,促进水泥颗粒之间的连接,使混凝土被上部打印材料覆盖前表面已经干燥,这会降低层间黏结效果。同时,高触变性混凝土的静态屈服应力迅速增加,随着打印的单层刚度的增加,层间黏结强度逐渐减弱。因此,高触变性拌合物的层间黏结强度低于低触变性的拌合物。结构建造速率应低于一定阈值,以保证后续打印层能够与前一个打印层混合。过高的结构构筑速率导致两层混凝土之间缺乏力学固结，从而导致出现明显的层边界[71,74,75]。例如，浇筑相邻两层的自密实混凝土有一个临界时间，一旦浇筑间隔超过这个临界时间，层间的力学强度将降低多达 40%，这个临界时间也与混凝土的触变性有关[85]，混凝土的触变性与材料的组分有关。根据施工条件，选择合适的触变性可以得到最佳的层间黏结[85]。

前已述及，静置时间的增加会改变混凝土的流变性能，进而影响层间黏结性能。层间时间间隔是 3D 打印技术的关键工艺参数，控制合理的打印时间间隔是保证良好层间黏结性能的关键。随着时间间隔的延长，水化反应继续进行，这会导致打印层刚度的提高，降低了层间浆体的黏结效果，使层间黏结性能逐渐降低。高触变性和高黏度的浆体在被下一个打印层覆盖之前会有较大的流动性损失，这使得两个打印层不能很好地接触和融合，从而导致层间黏合强度较低。通常，时间间隔越短意味着层间的黏结强度越高，随着时间间隔的增加，层间黏结强度会逐渐降低[54,93-94]。Wolfs 等[93] 发现，打印时间间隔为 24h 的试件的抗弯强度和劈裂抗拉强度比时间间隔为 15s 的试件分别低 16% 和 21%。Tay 等[94] 的研究结果表明，层间抗拉强度在 1~5min 的时间间隔内下降最为明显，之后下降较为缓慢。在不同的时间间隔内，层间黏结强度呈现出不同的趋势。Qian 和 Xu[73] 的研究结果表明，当间隔时间超过初凝时间时，层间黏结强度将低于浇筑试件强度的 80%。同时，高触变性材料的层间黏结强度会显著下降。在 Yuan 等[77] 的研究中也得到了类似的结论，即保证打印时间间隔小于 10min 对于层间黏结性能十分关键。此外，他们还发现，层间剪切强度可以表示为打印时间间隔的函数，并且与打印时间间隔有近似的负指数关系。

同时，流变性能会影响混凝土的表面含水量，表面含水量也是影响层间黏结性能的因素之一。一些研究人员研究了表面湿度与层间黏结性能之间的关系，但由于使用的材料和测试方法不同，他们的结论并不一致。Gillette[95] 认为混凝土表面存在自由水会降低层间黏结强度，Austin 等[96] 认为，干燥的层间表面更有利于提高层间的黏结强度。但同时，也有一些研究表明，层间黏结强度与表面湿度之间没有明显的相关性[97]。以上是关于传统浇筑混凝土的研究，3D 打印混凝土则不同，在打印过程中，3D 打印混凝土处于新拌状态，由于水分的蒸发，层间水泥的水化不完全，这会导致孔隙率较高[98,99]，而水分损失越大，层间的黏结强度越差。Sanjayan 等[98] 认为，表面湿度高的试件的层间黏结强度较高，影响层间黏合强度的不是层与层之间的时间间隔，而是打印层表面的含水量。由于水泥浆存在泌水现象，间隔时间较长的试件的层间黏结强度可能高于时间间隔短的试件。同时，界面处的水的蒸发也会受到环境条件的影响。因此，控制界面处的水分损失可以有效降低层间黏结强度的损失。根据 Roussel 的研究，即使有长达几个小时的层间时间间隔，当保护材料避免干燥时，试样的层间强度仍然高于基准试件[49]。由于缺乏保护模板，3D 打印混凝土会更快地失水。在打印混凝土中添加高吸水性聚合物以提供内养护可以有效降低混凝土中的水分损失[100]。Wu 等[101] 发现，合适的打印时间是在水泥水化诱导期的开始时间之前。超过此时间，层间冷接缝的数量、连续性和长度都会增加，从而降低了层间黏结强度。在参考文献中[46,49]，提出了最大打印时间间隔的公式(11.5)：

$$T_{\max} = \frac{\sqrt{\dfrac{(\rho g h_0)^2}{12} + \left(\dfrac{2\mu_p v}{h_0}\right)^2}}{A_{\text{thix}}} \tag{11.5}$$

式中，$T_{\max}$ 是最大的打印时间间隔；μ_p 是塑性黏度；v 是打印速度；A_{thix} 是结构构筑速率。最大时间间隔受材料属性和打印参数的影响，材料的结构构筑速率越高，可操作时间越短。当打印时间间隔超过最大时间间隔时，层间黏结性能会明显下降，这将影响打印构件的完整性和稳定性。

11.3.3 流变性能对界面耐久性的影响

打印构件的耐久性，特别是抗碳化性能和抗氯离子渗透性能，取决于离子的迁移行为。在层间的连通孔越多，就越容易被液体或其他物质渗透。高屈服应力和塑性黏度会产生较高的黏结强度，而较低的黏结强度则与由于界面的高孔隙率所导致较低的耐久性有关。因此，流变性能的变化不仅会影响层间黏结的力学性能，还会影响界面的耐久性。

动态屈服应力是指维持水泥浆体流动所需的最小应力，它反映了水泥浆体从喷嘴打印出来时 3DPC 的流动行为。动态屈服应力较低的 3DPC 将在自重作用下自动调整其形状以匹配下部打印层的粗糙表面，使上下两层更好地黏结形成一个整体[102]。但是，如果 3DPC 的动态屈服应力太大，则会导致上下层之间的接触较差[16]。在这种情况下，上层和下层之间会混入一部分空气，这将降低上下层之间的实际接触面积，从而影响界面离子的迁移，导致界面对氯离子侵蚀和碳化的抵抗力较差[95,103]。随着动态屈服应力的增加，氯化物的渗透深度加深，这表明界面处的耐久性逐渐变差。其机理是由于界面处存在有害孔隙，会导致 3DPC 界面处的实际接触面积减小，从而降低了水泥界面的耐久性。

由水泥水化和物理交联絮凝作用决定的结构构筑速率进一步影响着层间界面的表面湿度，并影响着层间的耐久性。层间较高的水化作用增强了两个粗糙表面的层间黏结性能，这两个表面通过水化产物连接并黏结在一起[102]。此外，在打印层接触之前，结构构筑速率过高的下部打印层对上下打印层之间水泥的相互作用有多种影响，从而影响界面性能。在这种情况下，较高的结构构筑速率导致 3DPC 两层之间的力学黏结较弱[74]，使得层间边界清晰，从而导致界面耐久性较差。

在诸多文献研究中，层间耐久性的变化规律与力学性能是一致的，较高的层间黏结强度会带来更好的耐久性。层间的耐久性和力学性能都取决于层间黏结的质量，而层间黏结的质量主要受所用材料的流变性和触变性的影响[98,104,105]。基于案例研究，Zhang 等[106] 研究了大尺寸 3D 打印水泥基材料的耐久性，发现 3DPC 比浇筑的水泥基材料更耐硫酸盐侵蚀和碳化，但对冻融破坏和氯离子渗透的抗性较差。其研究中解释说，打印条被上部打印的大型构件紧紧地压实，这为 CO_2 通过留下的空隙更少。Xu 等[107] 发现，当碳化深度和氯离子渗透深度值较高时，界面的剪切黏结强度必然较低，这显示出与之相反的趋势，并通过灰色关联分析法证实，碳化深度和氯离子渗透深度与剪切黏结强度高度相关。

材料流变特性的变化和打印参数的调整都会导致界面孔隙和裂缝的产生，界面孔隙和裂缝的存在为水和其他腐蚀性渗透创造了优先路径，并严重影响耐久性[85,108]。Wael 和 Kama

使用残余的水渗流阻力来表征层间的抗渗性，残余的水渗流阻力越高，抗渗透性越好。结果表明，高触变性材料的层间抗渗性远低于低触变性材料。例如，当时间间隔为 20min 时，低触变性材料的残余水渗流阻力为 86％，而高触变性材料仅为 29％。高触变性的材料具有较高的屈服应力增长率，提高了其形状保持能力，可以有效降低需要模板的建筑项目的模板压力。然而，高触变性导致的层间黏结性能的损失不容忽视。除了触变性外，上面讨论的层间黏结强度的影响因素也对层间的耐久性有影响。例如，较长的打印时间间隔会导致 3DPC 界面处的孔隙率较高，这对层间耐久性有负面影响[95]。

11.3.4　流变性能对界面微观结构的影响

界面微观结构上可以反映 3D 打印构件层间的力学性能和耐久性较差的原因。浆体的流变性能会随时间而变化，这会影响层间黏结性能和微观结构。

流变性能会影响界面处的孔隙率。一些研究发现，由于界面处存在空气，3DPC 会产生大量孔隙，从而导致层间黏结性能的恶化[109-111]。界面处的水化程度和孔隙度与动态屈服应力和结构构筑速率密切相关。较高的屈服应力和触变性会增加混凝土的刚度，使得连续的打印层难以根据下部打印层表面的粗糙程度进行调整，从而增加了界面处孔隙的密度[102]。在 Yao 等[103] 的研究中，当 3DPC 的动态屈服应力增加时，界面处的孔隙数量明显增加，并出现了一些较长的裂缝。这些现象符合斜剪强度测试的结果：无论是 3 天、7 天还是 28 天。动态屈服应力最高的水泥浆体的斜剪强度最低，随着动态屈服应力的增加，各阶段的斜剪强度都会降低。在斜剪强度试验中，试件均于层间界面处破坏，表明斜剪强度的下降是由界面微观结构性能的下降引起的。

流变性能会影响界面处裂缝的形成。具有层间微观结构的水化产物具有更致密的结构，具有更好的力学性能和耐久性。如果控制不好打印浆体的流变性能，在打印材料被上层覆盖之前，浆料的流动性会变差，屈服应力会增加，两层不能很好地接触和融合，打印构件中可能会出现"冷接头"。通过早期的微观结构观测，可以观察到层间界面之间存在明显的薄弱连接。如图 11.10 所示，两个相邻打印层之间的裂缝又长又宽，这导致层间黏结面积减小。此外，孔隙的边缘容易出现应力集中现象，这会降低层间黏结强度。孔隙边缘的应力集中随着裂缝尺寸的增加而成比例地增加。即使孔隙低于界面区域，黏结强度也很低。随着孔径和数量的增加，层间黏结性能降低[20]。建造速度越快，冷接头出现的可能性就越高，层间黏结也就越差。

因为微观结构不如基体致密，层间黏结性能会低于材料基体。一些研究人员认为，新老混凝土之间的黏结层可分为三层：穿透层、强影响层和弱影响层[112]。穿透层位于旧混凝土中，其中可观察到大量的 C-S-H 和少量的钙矾石或氢氧化钙，它对层间强度没有不利影响；强影响层位于新老混凝土之间，这是层间最薄弱的层，影响着层间黏结；弱影响层位于新混凝土中，其晶体形状和数量与新混凝土相似，并具有相同的特性。其强度高于强影响层，厚度取决于新混凝土的性能。从上面的模型中可以看出，两层混凝土之间的接触位置对层间黏结的影响最为显著。

同时，混凝土层之间存在自愈合现象。随着水泥水化的发展，水化产物不断生成，不断

图 11.10　界面结构的裂缝[107]

地填充着结构中的早期裂缝，可以在一定程度上增强层间的黏结。用于填充结构裂纹的水化产物有两种：一种可以桥接微观结构并弥补结构缺陷，主要是 C-S-H 相，如图 11.11（a）所示；另一种只能填充裂缝，不能提供有效连接，如图 11.11（b）所示。后者是方解石、钙矾石和波特兰石的组合。由于它不能很好地桥接层间结构，因此层间界面的力学性能不如前者。

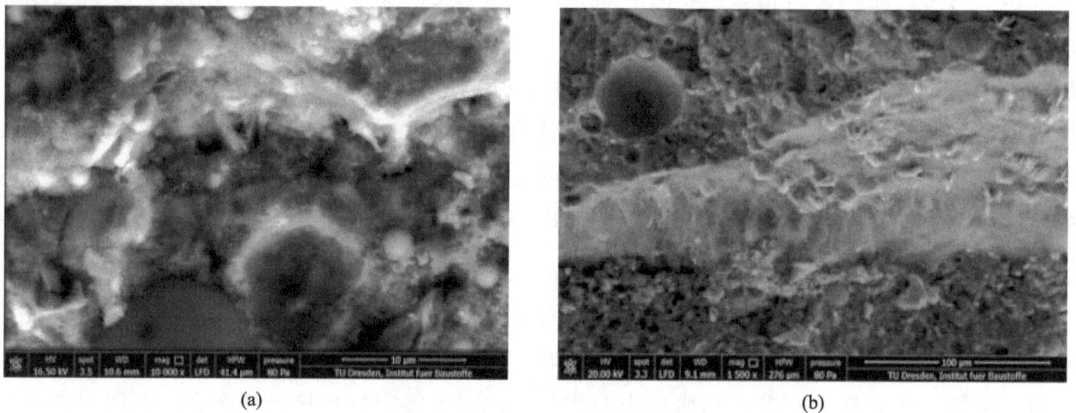

图 11.11　微观结构的水化产物[113]

众所周知，动态屈服应力和塑性黏度会影响混凝土泵送和挤出阶段的行为，而静态屈服应力、触变性和结构构筑速率决定了挤出后的形状保持力和建造性[49]。然而，值得注意的是，流变性能也会影响界面的微观结构，这决定了界面的力学性能和耐久性。如果流变性能不佳，层间结构将会有许多缺陷，例如大孔和裂缝。由于层间缺乏化学连接和机械互锁，界面的力学性能和耐久性也都很差。

11.4　本章小结

数字化和自动化建造在高效能和弥补熟练劳动力短缺方面带来了巨大的潜力。此外，用于传统钢筋混凝土（RC）施工的模板就占用了施工成本的 1/3～1/2，以及施工时间的 1/3～1/2。大尺寸混凝土 3D 打印（3DCP）是最有前景的混凝土行业的新技术，从规划阶段就开始采用数字化技术，最终实现工厂和建筑工地的无模化、自动化生产。

基于挤出工艺的技术是 3D 打印水泥基材料最有前景的技术。材料从喷嘴挤出，并根据数字化设计的打印路径逐层自动堆叠,而无需使用任何模板。

因此,3D 打印技术对 3D 打印材料提出了全新的要求,流变性能成为 3D 打印材料新拌性能和硬化性能最重要的影响因素。3DCP 仍处于非常早期的发展阶段,远未能够实现大规模推广应用。迫切需要对水泥基材料的流变学进行深入研究,以推动 3DCP 技术的发展。

参 考 文 献

[1] Sakin M,Kiroglu Y C. 3D printing of buildings:Construction of the sustainable houses of the future by BIM [J]. Energy Procedia,2017,134:702-711.

[2] Petrovic V,Gonzalez J V H,et al. Additive layered manufacturing:Sectors of industrial application shown through case studies [J]. International Journal of Production Research,2011,49:1061-1079.

[3] Horn T J,Harrysson O L A. Overview of current additive manufacturing technologies and selected applications [J]. Science Progress,2012,95:255.

[4] Bogue R. 3D printing:The dawn of a new era in manufacturing [J]. Assembly Automation,2013,33:307-311.

[5] Vaezi M,Seitz H,et al. A review on 3D micro-additive manufacturing technologies [J]. International Journal of Advanced Manufacturing Technology,2013,67:1721-1754.

[6] Cesaretti G,Dini E,et al. Building components for an outpost on the lunar soil by means of a novel 3d printing technology [J]. Acta Astronautica,2014,93:430-450.

[7] Khoshnevis B,Bukkapatnam S T,et al. Experimental investigation of contour crafting using ceramics materials [J]. Rapid Prototyping Journal,7,2001:32-42.

[8] Lim S,Buswell R,et al. Development of a viable concrete printing process [C]. 28th International Symposium on Automation and Robotics in Construction,Seoul,South Korea,2011,665-670.

[9] Paolini A,Kollmannsberger S,et al. Additive manufacturing in construction:A review on processes,applications,and digital planning methods [J]. Additive Manufacturing,2019,30:100894.

[10] Schutter G D,Lesage K,et al. Vision of 3D printing with concrete—Technical,economic and environmental potentials [J]. Cement and Concrete Research,2018,112:25-36.

[11] Williams H,Butler-Jones E. Additive manufacturing standards for space resource utilization [J]. Additive Manufacturing,2019,28:676-681.

[12] Asprone D,Auricchio F,et al. 3D printing of reinforced concrete elements:Technology and design approach [J]. Construction and Building Materials,2018,165:218-231.

[13] Hongyao S,Lingnan P,et al. Research on large-scale additive manufacturing based on multi-robot collaboration technology [J]. Additive Manufacturing,2019,30:100906.

[14] Pegna J. Exploratory investigation of solid freeform construction [J]. Automation in Construction,1997,5:427-437.

[15] Wu P,Wang J,et al. A critical review of the use of 3-D printing in the construction industry [J]. Automation in Construction,2016,68:21-31.

[16] Buswell R A,de Silva L,et al. 3D printing using concrete extrusion:A roadmap for research [J]. Cement and Concrete Research,2018,112:37-49.

[17] Hager I,Golonka A,et al. 3D printing of buildings and building components as the future of sustainable

construction [J]. Procedia Engineering, 2016, 151: 292-299.

[18] Lowke D, Dini E, et al. Particle-bed 3D printing in concrete construction-Possibilities and challenges [J]. Cement and Concrete Research, 2018, 112: 50-65.

[19] Khoshnevis B. Automated construction by contour crafting-related robotics and information technologies [J]. Automation in Construction, 2014, 13: 5-19.

[20] Zareiyan B, Khoshnevis B. Interlayer adhesion and strength of structures in contour crafting - Effects of aggregate size, extrusion rate, and layer thickness [J]. Automation in Construction, 2017, 81: 112-121.

[21] Khoshnevis B, Hwang D, et al. Mega-scale fabrication by contour crafting [J]. International Journal of Industrial and Systems Engineering, 2006, 1: 301.

[22] Lim S, Buswell R, et al. Developments in construction-scale additive manufacturing processes [J]. Automation in Construction, 2012, 21: 262-268.

[23] 马国伟，王里. 水泥基材料 3D 打印关键技术 [M]. 北京：中国建材工业出版社，2020.

[24] Le T T, Austin S A, et al. Mix design and fresh properties for high-performance printing concrete [J]. Materials and Structures, 2012, 45: 1221-1232.

[25] Rudenko A. 3D printed concrete castle is complete [OL]. 3D Concrete House Printer, 2015.

[26] Gosselin C, Duballet R, et al. Large-scale 3D printing of ultra-high performance concrete-A new processing route for architects and builders [J]. Materials & Design, 2016, 100: 102-109.

[27] Wang L, et al. Cementitious composites blending with high belite sulfoaluminate and medium-heat Portland cements for largescale 3D printing [J]. Additive Manufacturing, 2021, 46: 102189.

[28] Buswell R A, Soar R C, et al. Freeform construction: Mega-scale rapid manufacturing for construction [J]. Automation in Construction, 2007, 16: 224-231.

[29] Perrot A, Rangeard D, et al. Structural built-up of cement-based materials used for 3D-printing extrusion techniques [J]. Materials and Structures, 2016, 49: 1213-1220.

[30] Marchon D, Kwawashima S, et al. Hydration and rheology control of concrete for digital fabrication: Potential admixtures and cement chemistry [J]. Cement and Concrete Research, 2018, 112: 96-110.

[31] Alghamdi H, Nair S A O, et al. Insights into material design, extrusion rheology, and properties of 3D-printable alkali-activated fly ash-based binders [J]. Materials & Design, 2019, 167: 107634.

[32] Panda B, Tan M J. Experimental study on mix proportion and fresh properties of fly ash based geopolymer for 3D concrete printing [J]. Ceramics International, 2018, 44: 10258-10265.

[33] Ranjbar N, Mehrali M, et al. Rheological characterization of 3D printable geopolymers [J]. Cement and Concrete Research, 2021, 147: 106498.

[34] Soltan D G, Li V C. A self-reinforced cementitious composite for building-scale 3D printing [J]. Cement and Concrete Composites, 2018, 90: 1-13.

[35] Zhang Y, et al. Rheological and harden properties of the high-thixotropy 3D printing concrete [J]. Construction and Building Materials, 2019, 201: 278-285.

[36] Kazemian A, Yuan X, et al. Cementitious materials for construction-scale 3D printing: Laboratory testing of fresh printing mixture [J]. Construction and Building Materials, 2017, 145: 639-647.

[37] Paul S C, Yi W D T, et al. Fresh and hardened properties of 3D printable cementitious materials for building and construction [J]. Archives of Civil and Mechanical Engineering, 2018, 18: 311-319.

［38］ Zhang Y，Zhang Y，et al. Fresh properties of a novel 3D printing concrete ink ［J］. Construction and Building Materials，2018，174：263-271.

［39］ Ma G，Wang L. A critical review of preparation design and workability measurement of concrete material for largescale 3D printing ［J］. Frontiers of Structural and Civil Engineering，2018，12：382-400.

［40］ Zhang D W，Wang D M，et al. The study of the structure rebuilding and yield stress of 3D printing geopolymer pastes ［J］. Construction and Building Materials，2018，184：575-580.

［41］ Ma G，Li Z，Wang L. Printable properties of cementitious material containing copper tailings for extrusion based 3D printing ［J］. Construction and Building Materials，2018，162：613-627.

［42］ Tay Y，Qian Y，et al. Printability region for 3D concrete printing using slump and slump flow test ［J］. Composites Part B Engineering，2019，174：106968.

［43］ Wolfs R J M，Bos F P，et al. Correlation between destructive compression tests and non-destructive ultrasonic measurements on early age 3D printed concrete ［J］. Construction and Building Materials，2018，181：447-454.

［44］ MaG，Wang L，et al. State-of-the-art of 3D printing technology of cementitious material—An emerging technique for construction ［J］. Science China (Technological Sciences)，2018，61：475-495.

［45］ Suiker A，Wolfs R，et al. Elastic buckling and plastic collapse during 3D concrete printing ［J］. Cement and Concrete Research，2020，135：106016.

［46］ Wangler T，Lloret E，et al. Digital concrete：Opportunities and challenges ［J］. RILEM Technical Letter，2016，1：67-75.

［47］ Wolfs R，Bos F，et al. Triaxial compression testing on early age concrete for numerical analysis of 3D concrete printing ［J］. Cement and Concrete Composites，2019，104：103344.

［48］ Suiker A. Mechanical performance of wall structures in 3D printing processes：Theory，design tools and experiments ［J］. International Journal of Mechanical Sciences，2018，137：145-170.

［49］ Roussel N. Rheological requirements for printable concretes ［J］. Cement and Concrete Research，2018，112：76-85.

［50］ Jeong H，Han S J，et al. Rheological property criteria for buildable 3D printing concrete ［J］. Materials，2019，12：657.

［51］ Gibbons G J，Williams R，et al. 3D printing of cement composites ［J］. Advances in Applied Ceramics，2010，109：287-290.

［52］ Maier A K，Dezmirean L，et al. Three-dimensional printing of flash-setting calcium aluminate cement ［J］. Journal of Materials Science，2011，46：2947-2954.

［53］ Nerella V N，Krause M，et al. Studying printability of fresh concrete for formwork free concrete on-site 3D printing technology (CONPrint3D) ［C］. 25th Conference on Rheology of Building Materials，Regensburg，Germany，2016.

［54］ Le T T，Austin S A，et al. Hardened properties of high-performance printing concrete ［J］. Cement and Concrete Research，2012，42：558-566.

［55］ Rushing T S，Alchaar G，et al. Investigation of concrete mixtures for additive construction ［J］. Rapid Prototyping Journal，2017，23：74-80.

［56］ Shakor P，Sanjayan J，et al. Modified 3D printed powder to cement-based material and mechanical properties of cement scaffold used in 3D printing [J]. Construction and Building Materials，2017，138：398-409.

[57]　Hambach M，Volkmer D. Properties of 3D-printed fiber-reinforced Portland cement paste [J]. Cement and Concrete Composites，2017，79：62-70.

[58]　Panda B，Paul S C，et al. Anisotropic mechanical performance of 3D printed fiber reinforced sustainable construction material [J]. Materials Letters，2017，209：146-149.

[59]　Hou Z，Tian X，et al. 3D printed continuous fibre reinforced composite corrugated structure [J]. Composite Structures，2018，184：1005-1010.

[60]　Panda B，Unluer C，et al. Extrusion and rheology characterization of geopolymer nanocomposites used in 3D printing [J]. Composites Part B Engineering，2019，176：107290.

[61]　Panda B，Paul S C，et al. Additive Manufacturing of geopolymer for sustainable built environment [J]. Journal of Cleaner Production，2017，167：281-288.

[62]　Zhang D W，Wang D M，et al. Effect of steel content on rheological properties of 3D printing geopolymer materials [J]. Journal of Basic Science and Engineering，2018，26：596-604.

[63]　Palacios M，Banfill P F G，et al. Rheology and setting behavior of alkaliactivated slag pastes and mortars：Effect if organic admixture [J]. ACI Materials Journal，2008，105：140-148.

[64]　Puertas F，Varga C，et al. Rheology of alkali-activated slag pastes. Effect of the nature and concentration of the activating solution [J]. Cement and Concrete Composites，2014，53：279-288.

[65]　Kashani A，Provis J L，et al. The interrelationship between surface chemistry and rheology in alkali activated slag paste [J]. Construction and Building Materials，2014，65：583-591.

[66]　Poulesquen A，Frizon F，et al. Rheological behavior of alkali-activated metakaolin during geopolymerization [J]. Journal of Non-Crystalline Solids，2011，357：3565-3571.

[67]　Nematollahi B，Xia M，et al. Effect of type of fiber on inter-layer bond and flexural strengths of extrusion-based 3D printed geopolymer [J]. Materials Science Forum，2018，939：155-162.

[68]　Sakka F E，Assaad J J，et al. Thixotropy and interfacial bond strengths of polymermodified printed mortars [J]. Materials and Structures，2019，52：79.

[69]　Zareiyan B，Khoshnevis B. Effects of interlocking on interlayer adhesion and strength of structures in 3D printing of concrete [J]. Automation in Construction，2017，83：212-221.

[70]　Diab A，Abd Elmoaty A，et al. Slant shear bond strength between self compacting concrete and old concrete [J]. Construction and Building Materials，2017，130：73-82.

[71]　Megid W A，Khayat K H. Bond strength in multilayer casting of self-consolidating concrete [J]. ACI Materials Journal，2017，114：467-476.

[72]　Ma G，Salman N M，Wang L，et al. A novel additive mortar leveraging internal curing for enhancing interlayer bonding of cementitious composite for 3D printing [J]. Construction and Building Materials，2020，244：118305.

[73]　Qian P，Xu Q. Experimental investigation on properties of interface between concrete layers [J]. Construction and Building Materials，2018，174：120-129.

[74]　Iris G，Bel G，et al. Thixotropy and interlayer bond strength of self-compacting recycled concrete [J]. Construction and Building Materials，2018，161：479-488.

[75]　Megid W A，Khayat K H. Effect of structural buildup at rest of self-consolidating concrete on

mechanical and transport properties of multilayer casting [J]. Construction and Building Materials,
2019, 196: 626-636.

[76] Jiao D, Shi C, et al. Effect of constituents on rheological properties of fresh concrete-a review [J].
Cement and Concrete Composites, 2017, 83: 146-159.

[77] Yuan Q, Li Z, et al. A feasible method for measuring the buildability of fresh 3D printing mortar [J].
Construction and Building Materials, 2019, 227: 116600.

[78] Chen M, Liu B, et al. Rheological parameters, thixotropy and creep of 3D-printed calcium ulfoaluminate
cement composites modified by bentonite [J]. Composites Part B Engineering, 2020, 186: 107821.

[79] Rahul A V, Santhanam M, et al. 3D printable concrete: Mixture design and test methods [J].
Cement and Concrete Composites, 2019, 97: 12-23.

[80] Nazar S, Yang J, Thomas B S, et al. Rheological properties of cementitious composites with and
without nano-materials: A comprehensive review [J]. Journal of Cleaner Production, 2020,
272: 122701.

[81] Chaves Figueiredo S, Romero Rodrıguez C R, et al. An approach to develop printable strain hardening
cementitious composites [J]. Materials & Design, 2019, 169: 107651.

[82] Chen M, Li L, et al. Rheological and mechanical properties of admixtures modified 3D printing
sulphoaluminate cementitious materials [J]. Construction and Building Materials, 2018, 189:
601-611.

[83] Yuan Q, Zhou D, et al. On the measurement of evolution of structural build-up of cement paste with
time by static yield stress test vs. small amplitude oscillatory shear test [J]. Cement and Concrete
Research, 2017, 99: 183-189.

[84] Ferron R P, Gregori A, et al. Rheological method to evaluate structural buildup in self-consolidating
concrete cement pastes [J]. ACI Materials Journal, 2007, 104: 242-250.

[85] Roussel N, Cussigh F. Distinct-layer casting of SCC: The mechanical consequences of thixotropy [J].
Cement and Concrete Research, 2008, 38: 624-632.

[86] Flatt R J. Dispersion forces in cement suspensions [J]. Cement and Concrete Research, 2004, 34:
399-408.

[87] Khayat K H, Saric-Coric M, et al. Influence of thixotropy on stability characteristics of cement grout
and concrete [J]. ACI Materials Journal, 2002, 99: 234-241.

[88] Jiao D, De Schryver R, et al. Thixotropic structural build-up of cement-based materials: A state-of-
the-art review [J]. Cement and Concrete Composites, 2021, 122: 104152.

[89] Ferron R D, Shah S, et al. Aggregation and breakage kinetics of fresh cement paste [J]. Cement and
Concrete Research, 2013, 50: 1-10.

[90] Qian Y, Schutter G D. Enhancing thixotropy of fresh cement pastes with nanoclay in presence of
polycarboxylate ether superplasticizer (PCE) [J]. Cement and Concrete Research, 2018, 111:
15-22.

[91] Tregger N A, Pakula M E, et al. Influence of clays on the rheology of cement pastes [J]. Cement and
Concrete Research, 2010, 40: 384-391.

[92] Banfill P F. The rheology of fresh cement and concrete-a review [C]. In Proceedings of the 11th
international cement chemistry congress, South Africa, 2003, 50-62.

[93] Wolfs R J M，Bos F P，et al. Hardened properties of 3D printed concrete：The influence of process parameters on interlayer adhesion [J]. Cement and Concrete Research，2019，119：132-140.

[94] Tay Y，Ting G，et al. Time gap effect on bond strength of 3D-printed concrete [J]. Virtual and Physical Prototyping，2018，14：1500420.

[95] Gillette R W. Performance of bonded concrete overlay [J]. Journal Proceedings，1963，60：39-49.

[96] Austin S，Robins P，et al. Tensile bond testing of concrete repairs [J]. Materials and Structures，1995，28：249-259.

[97] Pigeon M，Saucier F. Durability of repaired concrete structures [M] .// Malhotra V M，ed. Advances in Concrete Technology. Ottawa：Energy，Mines and Resources Canada，1992：741-773.

[98] Sanjayan J，Nematollahi B，et al. Effect of surface moisture on inter-layer strength of 3D printed concrete [J]. Construction and Building Materials，2018，172：468-475.

[99] Keita E，Bessaies-Bey H，et al. Weak bond strength between successive layers in extrusion-based additive manufacturing：Measurement and physical origin [J]. Cement and Concrete Research，2019，123：105787.

[100] Liu G，Lu W，et al. Interlayer shear strength of roller compacted concrete (RCC) with various interlayer treatments [J]. Construction and Building Materials，2018，166：647-656.

[101] Wu H，Jiang Y，et al. Research on interlayer bonding properties of 3D printing cement-based materials [J]. New Building Materials，2019，12：5-8.

[102] Geng Z F，She W，et al. Layer-interface properties in 3D printed concrete：Dual hierarchical structure and micromechanical characterization [J]. Cement and Concrete Research，2020，138：106220.

[103] Yao H，Yuan Q，et al. The relationship between the rheological behavior and interlayer bonding properties of 3D printing cementitious materials with the addition of attapulgite [J]. Construction and Building Materials，2022，316：125809.

[104] Panda B，Sonat C，et al. Use of magnesium-silicatehydrate (M-S-H) cement mixes in 3D printing applications [J]. Cement and Concrete Composites，2021，117：103901.

[105] Akbar A，Javid S，et al. A new photogrammetry method to study the relationship between thixotropy and bond strength of multi-layers casting of self- consolidating concrete [J]. Construction and Building Materials，2019，204：530-540.

[106] Zhang Y，Zhang Y S，et al. Hardened properties and durability of large-scale 3D printed cement-based materials [J]. Materials and Structures，2021，54：45.

[107] Xu Y Q，Yuan Q，et al. Correlation of interlayer properties and rheological behaviors of 3DPC with various printing time intervals [J]. Additive Manufacturing，2021，47：102327.

[108] Assaad J，Issa C. Preliminary study on interfacial bond strength due to successive casting lifts of self-consolidating concrete-effect of thixotropy [J]. Construction and Building Materials，2016，126：351-360.

[109] Xiao J Z，Liu H R，et al. Finite element analysis on the anisotropic behavior of 3D printed concrete under compression and flexure [J]. Additive Manufacturing，2021，39：101712.

[110] Weng Y W，Li M Y，et al. Synchronized concrete and bonding agent deposition system for interlayer bond strength enhancement in 3D concrete printing [J]. Automation in Construction，2021，123：103546.

［111］ He L W，Chow W T，et al. Effects of interlayer notch and shear stress on interlayer strength of 3D printed cement paste ［J］. Additive Manufacturing，2020，36：101390.

［112］ Xie H，Li G，et al. Microstructure model of the interfacial zone between fresh and old concrete ［J］. Journal of Wuhan University of Technology，2002，17：64-68.

［113］ Nerella V N，Hempel S，et al. Effects of layer-interface properties on mechanical performance of concrete elements produced by extrusion-based 3D-printing ［J］. Construction and Building Materials，2019，205：586-601.

2023年全球主要国家水泥产量：41亿吨

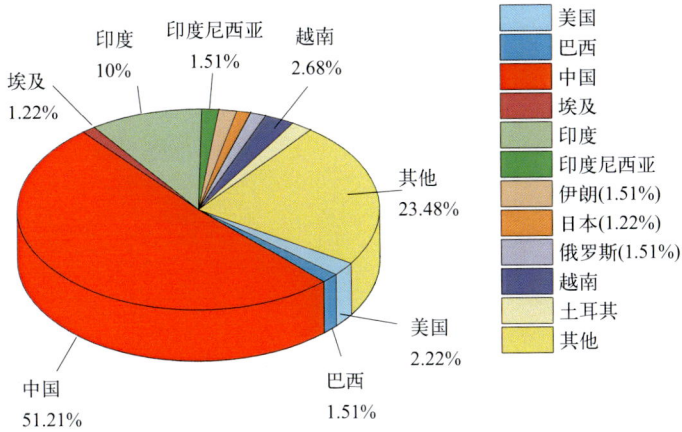

图 1.18　2023 年世界水泥产量（数据来源：美国地质调查局）

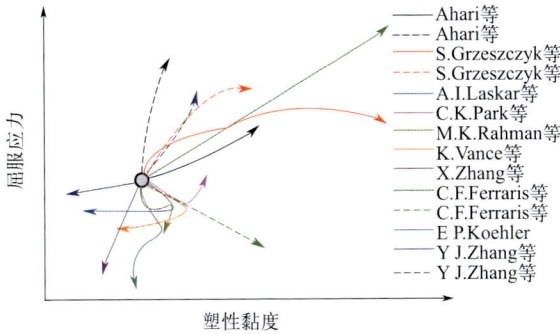

图 2.3　粉煤灰对流变性能影响的典型结果[35]

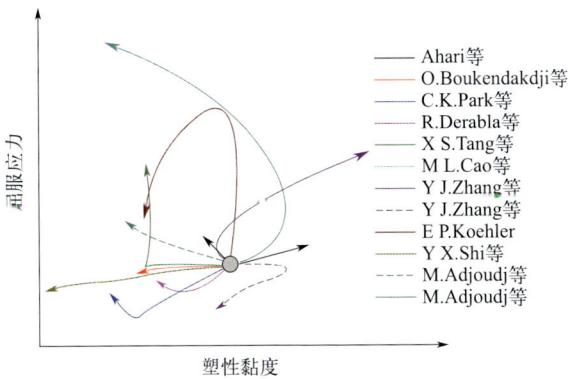

图 2.4　矿渣对流变性能影响的典型结果[35]

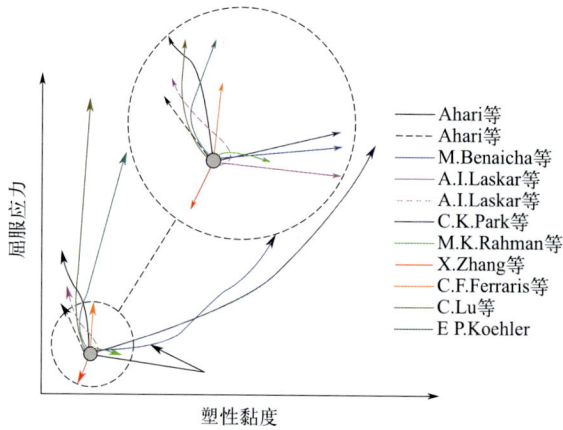

图 2.5 硅灰对流变性能影响的典型结果[35]

图例：
Ahari等
Ahari等
M.Benaicha等
A.I.Laskar等
A.I.Laskar等
C.K.Park等
M.K.Rahman等
X.Zhang等
C.F.Ferraris等
C.Lu等
E P.Koehler

纵轴：屈服应力
横轴：塑性黏度

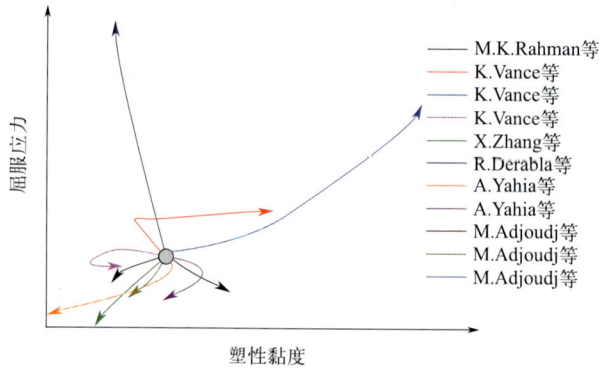

图 2.7 石灰石粉末对流变性能影响的典型结果[35]

图例：
M.K.Rahman等
K.Vance等
K.Vance等
K.Vance等
X.Zhang等
R.Derabla等
A.Yahia等
A.Yahia等
M.Adjoudj等
M.Adjoudj等
M.Adjoudj等

纵轴：屈服应力
横轴：塑性黏度

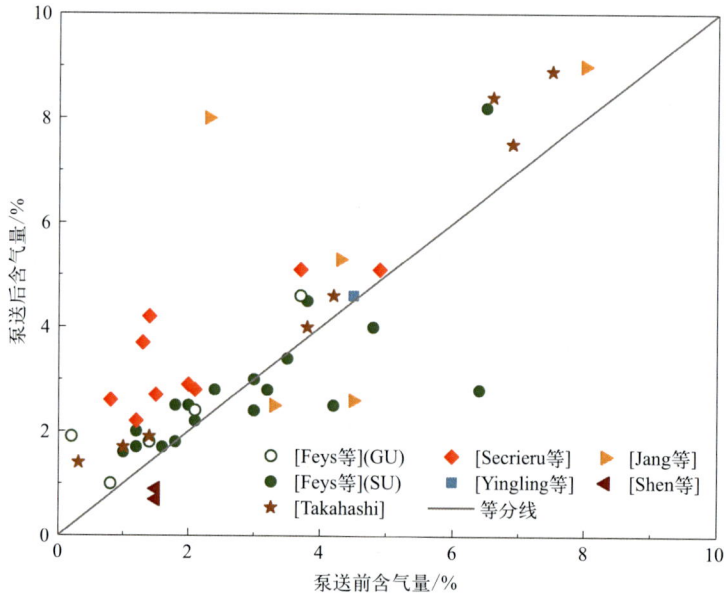

图 10.5 水平泵管实验中泵送前后新拌混凝土的含气量变化[39]

数据来自文献[7,8,37,40-42]，GU 为 Feys 等在根特大学进行的实验；

SU 为 Feys 等在舍布鲁克大学完成的实验

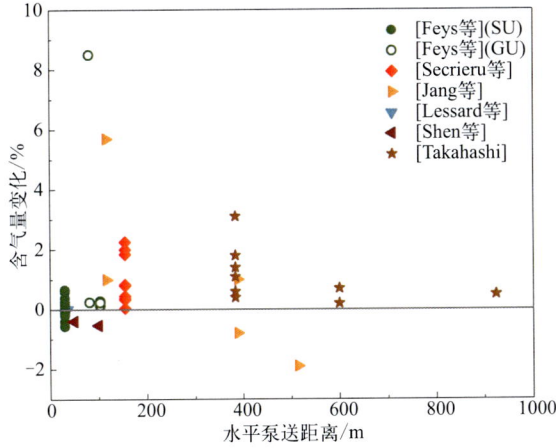

图 10.6 水平管中含气量的变化率[39]

数据来自文献[7,8,37,40-42],灰线为含气量变化为 0 的指示线

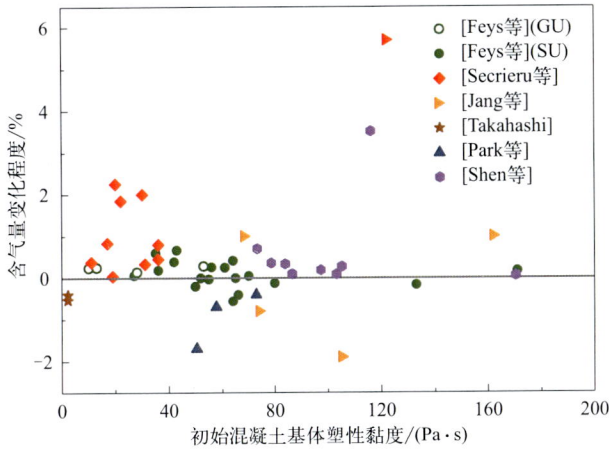

图 10.9 混凝土初始黏度与泵送后含气量的变化[39]

数据来自文献[7,8,40,42,50,51]

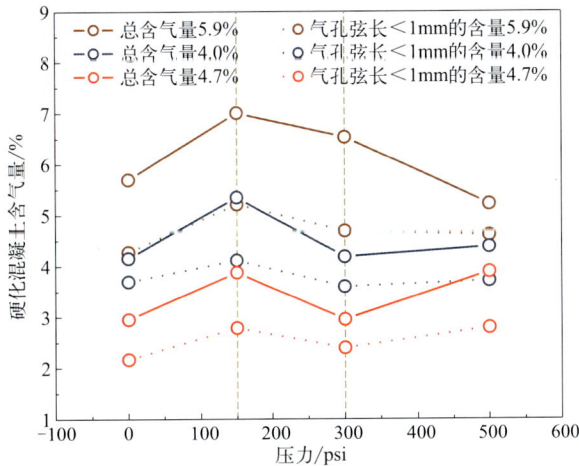

图 10.10 新拌含气量会影响不同施加压力下材料硬化后的含气量[39]

数据来自文献[43]

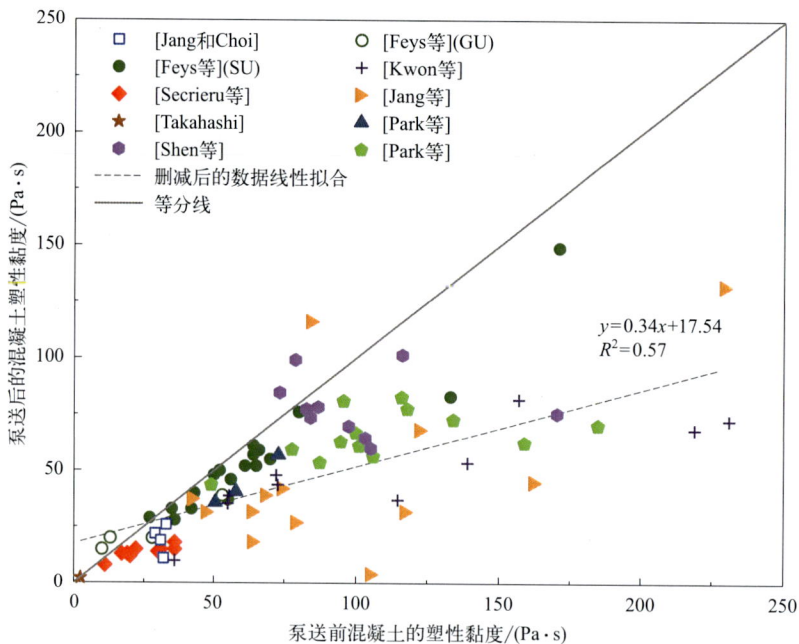

图 10.11　泵送前后混凝土塞流区塑性黏度对比[39]

文献[51]的数据是使用了改进 Bingham 模型的初始切向黏度，而不是塑性黏度，因此，其数据仅供参考，
线性拟合时不予考虑，数据来自文献[4,5,7,8,29,42,50,51,53]

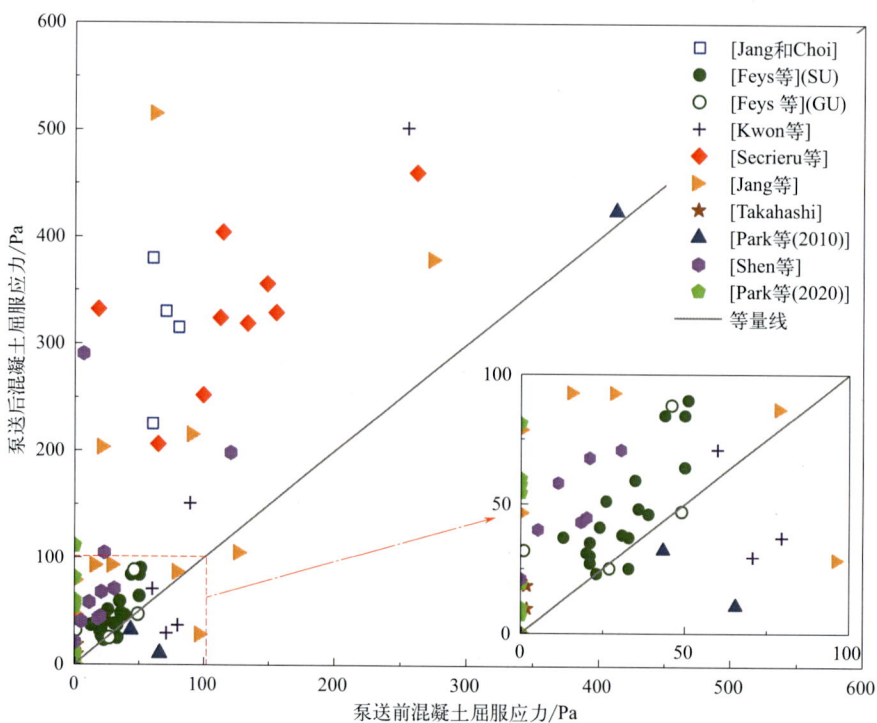

图 10.12　泵送前后混凝土塞流区屈服应力对比[39]

数据来自文献[4,5,7,8,29,42,50,51,53]

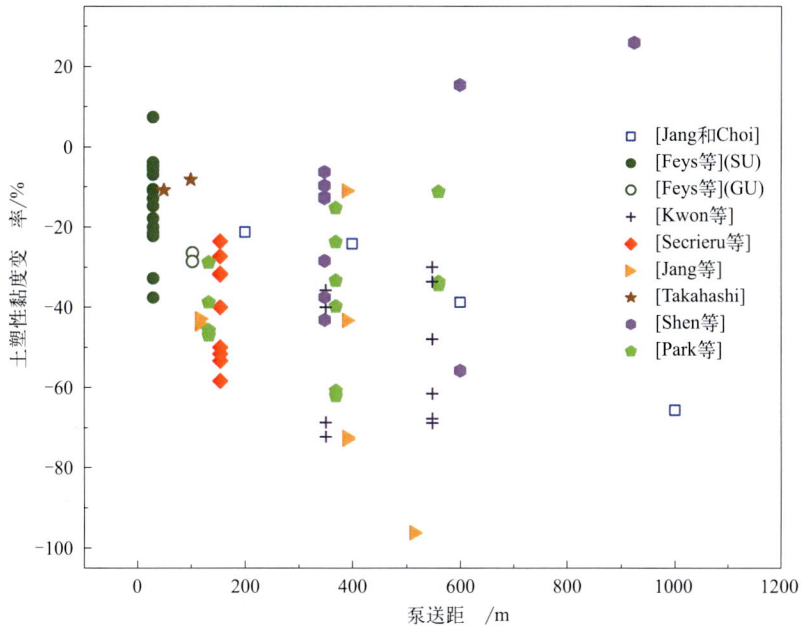

图 10.13 泵送距离与混凝土塞流区塑性黏度变化的关系[39]

数据来自文献[4,5,7,8,29,42,51,53]

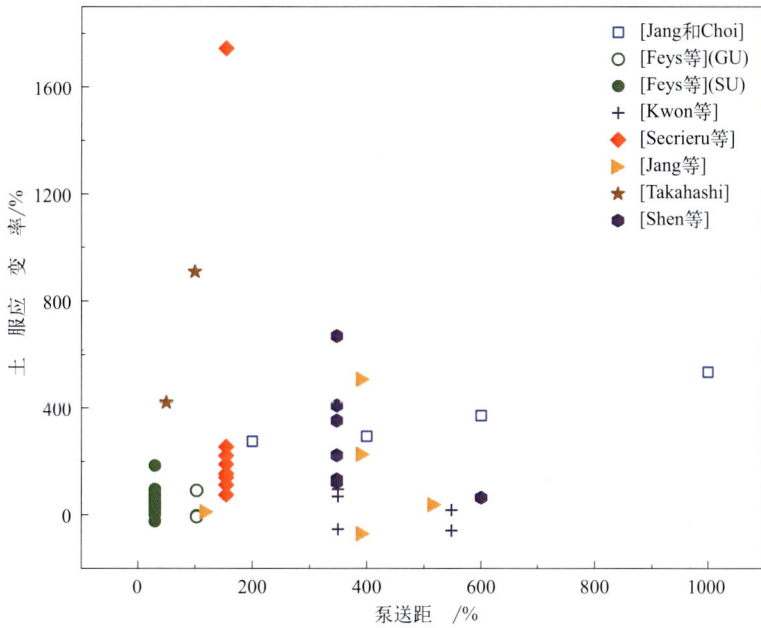

图 10.14 泵送距离与混凝土塞流区屈服应力变化的关系[39]

数据来自文献[4,5,7,8,29,42,51]